国家自然科学基金项目(51778428)资助课题成果

An Introduction to Integrated Conservation (3rd ed.)

A Way for the Protection of Culture Heritage and Historic Environment

历史城市保护学导论(第三版)

——文化遗产和历史环境保护的一种整体性方法

张松 著

同济大学出版社

图书在版编目（CIP）数据

历史城市保护学导论：文化遗产及历史环境保护的一种整体性方法/张松著.--3版.
上海：同济大学出版社，2022.1
ISBN 978-7-5608-7860-7

Ⅰ．①历… Ⅱ．①张… Ⅲ．①古城－文物保护－研究－世界 ② 古城－城市规划－
研究－世界 Ⅳ．①TU984.11

中国版本图书馆CIP数据核字(2021)第157031号

历史城市保护学导论：文化遗产和历史环境保护的一种整体性方法(第三版)
著　　作　　张　松
出版策划　　萧霏霏(xff66@aliyun.com)
责任编辑　　陈立群(clq8384@126.com)
视觉策划　　育德文传
装帧设计　　昭　阳
电脑制作　　宋　玲　唐　斌
责任校对　　徐春莲

出版发行　同济大学出版社www.tongjipress.com.cn
　　　　　上海市四平路1239号　邮编 200092　电话 021-65985622
经　　销　全国各地新华书店
印　　刷　上海锦良印刷厂
成品规格　170mm×213mm　368面
字　　数　445000
版　　次　2022年1月第3版　2022年1月第1次印刷
书　　号　ISBN 978-7-5608-7860-7
定　　价　78.00元

第三版前言

　　《历史城市保护学导论——文化遗产和历史环境保护的一种整体性方法》(以下简称《保护学导论》)初版于2001年12月，2008年3月增补修订后出版第二版。时光飞逝如烟，一转眼已经过去了20年。20年来，我国文化遗产、建筑遗产和历史城市保护的理论和实践都有了长足的发展，相关专著、论文和译著也有大量出版。总体上看，相对于文化遗产和建筑遗产而言，城市保护或者历史文化名城保护依然还存在着一定的差距，建筑遗产保护相关教材已出版近10种，城市保护的相关书籍还是少了许多。

　　因此，今年2月底，本书责编陈立群先生说起现在还是有部分院校采用《保护学导论》作为教材或教学参考读物，需要加印，同时建议对第二版进行适当修订。本以为适当更新数据做一点删减和修正应该很快可以完成这件事，没想到进入修订之后，所花费时间和精力远远超出了预期。当然，对之前书中存在的明显差错和遗漏，作为作者也是汗颜，无地自容，真心要向读者朋友们致歉。

　　由此也说明修订是很有必要的。这次修订可以说是一部老书的"有机更新"过程，大的结构基本没有改变，但对相关章节的内容进行了充实、修订和完善，更新了相关重要数据，修正了明显的错误和不够严谨或全面的表述。删除了"第十三章　世界遗产城市的保护与发展战略——以云南丽江为例"，"第十四章　历史城镇的保护与旅游发展规划——以平遥古城为例"，这两章内容本来是实证案例研究，今天两座历史文化名城(世界遗产地)的情况已经发生比较大的变化，需要进行新的跟踪调研，只是更新数据无法满足更新要求，删除之后也可以减少本书体量，以便对其他章节进行必要的深化和补充。

　　第三版也可以称为《保护学导论》3.0版，虽然结构基本没变，相关重点内容还是做了系统的更新改造，当然一些改动可能需要仔细阅读才能发现。总之，希望在未来数年中拙著还能够为我国历史文化名城名镇名村的保护管理实践提供一点借鉴参考，同时能够继续作为高校相关专业本科生或研究生课程教材或教学参考书使用。

20年来，感谢广大读者朋友的厚爱与鼓励，认识或不认识的读者都曾指出过文中的一些错误和纰漏，相信在这一版中均已得到全面修正。

最后，感谢国家自然科学基金资助项目(51778428，51378351，50578111)的支持，有关历史城市保护理论相关研究成果能够为本书的修订提供支撑。感谢同济大学建筑与城市规划学院、同济规划院的领导和同事多年来的指导与帮助，感谢上海同济城市规划设计研究院有限公司"出版资助课题"的资助，感谢同济大学出版社出版了包括《保护学导论》在内的数种书籍，特别是责编陈立群先生作为第一读者直接发现问题和相关讨论带来的启发，让《保护学导论》得以顺利完成升级再次面世。

张　松

2021.6.20

再版前言

拙著《历史城市保护学导论》2001年12月正式出版，2003年3月重印过一次，重印时对排版、印刷中出现的明显错误进行了订正。转眼就过了6年时间，这些年来，国内城市遗产保护事业有了极大的发展，同时也依然面临着巨大的挑战。由于读者的阅读需求，出版社打算再版本书，最初计划尽可能维持书稿的原貌，只更新其中的相关数据，在具体进行修订工作中还是做了部分的增补。这部分主要包括以下内容。

第八章 建筑遗产保护的原则问题探讨，论述了建筑遗产保护的历史性、原真性和完整性等基本原则及其理论，并对我国建筑遗产保护的现实问题做了初步的探讨。

第十章 产业遗产的保护与适应性再利用，也是近些年较为热门的话题。本章主要结合上海的实践探索，在国际产业遗产保护潮流的大背景下，分析了我国产业遗产保护所面临的机遇与挑战、产业遗产的保护与适应性再利用的设计策略，以及国内外产业遗产再利用的成功案例等。

第十一章 文化遗产保护的国际宪章和重要文件，介绍了遗产保护的相关国际机构和国际保护宪章的萌芽与原型，对ICOMOS主要宪章与宣言、UNESCO的相关建议文件等进行较为系统和全面的梳理，希望通过国际保护宪章带来的有益启示和帮助，促进国内文化遗产保护尽快真正与国际接轨。

第十三章 世界遗产城市的保护与发展战略，以云南丽江古城为例，分析世界遗产城市的特色构成，思考世界遗产城市的发展战略问题，并对丽江古城的整体性保护与可持续发展、少数民族文化与社会结构的维护，以及世界遗产地的管理策略与操作措施进行了阐明与探讨。

作者希望通过这些调整，使得书中有关城市建筑遗产保护的讨论能够相对完整一些，世界遗产丽江古城案例分析，可作为世界文化遗产平遥古城保护案例的一个参照，有助更全面地理解我国文化遗产城市保护工作的特殊性和紧迫性。

因上述增补，书稿的有关章节自然相应也做了一些调整，除数据方面尽可能更新补充外，部分文字也做了适当修改。

　　除去相关资料在教学和科研过程中的收集积累外，文字写作和修改工作全靠"十一黄金周"七天七夜的苦战，在长假结束时，一些媒体对黄金周休假形式和制度开展大批判之际，本人不得不感谢带来七天与世隔绝时日的黄金周啊！

张　松

2007.10.10

初版前言

　　城市，既是地域文化的象征，又是文化过程的产物。历史上形成的城市，作为仅次于语言的人类文明的第二大创造，同语言文字一样，丰富多彩、各具特色。而且，利用自然环境条件建设城市，尊重历史文脉改造旧城，应该是城市规划和建设的基本原则。因地制宜、场所精神是城市规划的艺术性的直接体现，也就是古人所说的"因天材，就地利"。

　　然而，不知从何时开始，传统民居、历史街区甚至连文物古迹，都似乎成了经济发展、开发建设的绊脚石。新区(包括各类开发区)开发时，对地形地貌、风土特征、地域个性熟视无睹；旧城更新中，数百年来形成的富有人情味和鲜明特色的古老城区，经过一场"脱胎换骨"打造、消失殆尽；迅猛且快速推进的城市化，以"旧貌变新颜"换来"千城一面"的无个性的都市空间。简而言之，今天的中国城市面临着整体危机：环境危机、特色危机、文化危机……

　　与此同时，越来越多的人们已经认识到：历史环境保护、文化资产活用、地方特色维护等课题，是城市建设发展过程中不可或缺的因素。然而，历史保护的现实状况却不容乐观。文物古迹、近代建筑、历史街区、文化名城遭遇历史上最为广泛、最大规模的"建设性破坏"，假古董泛滥成灾、欧陆风盛行不衰、人造景观蔓延各地，大广场、大草坪、形象工程、献礼工程成为领导者与新闻媒体的关注重点，等等。这一切都告诉人们，需要反思城市规划理念、城市设计手法、城市管理目标、城市保护政策……

　　本书的写作即是基于上述时代背景，在对中国历史文化名城保护规划理论进行多年研究，以及参与大量保护规划设计实践的基础上，以对国外文化遗产和历史环境保护的理论与实践的分析为中心，试图全面论述文化遗产的概念、保护的含义与意义，并以历史城市保护为核心，阐述整体性(或整合性)保护的理论与规划方法。

　　绪论部分，对历史保护的概念、含义和范畴进行了辨析与梳理；

　　第一章探讨了历史城市保护对于可持续发展战略的实践意义，以及文化生态与文化多样性、环境权与历史环境保护立法等问题。

第二章从水文化、城市形态、历史街区、城市天际线等方面，分析了历史保护对城市特色维护与塑造的作用与意义。

第三章探讨了历史城市的城市设计方法，着重分析了历史保护与城市设计的关系，城市多样性、公共空间、城市建设艺术以及保护中的公众参与问题。

第四章介绍了国外20世纪遗产保护的DOCOMOMO运动、日本近现代建筑保护与再利用的情况，分析了中国近代遗产保护的特别意义和上海产业遗产保护的未来前景。

第五章以法国和意大利(博洛尼亚)为研究案例，对欧洲历史城市整体性保护的理论与实践进行了较为全面、透彻的探讨。

第六章为有关美国历史保护与规划控制的内容，包含联邦、州和地方政府的税收优惠措施和经济政策以及通过土地用途管制和区划奖励、开发权转移、美观规则等来切实保护历史建筑和历史地段的情况。

第七章回顾和介绍了日本历史保护法制的形成过程与最新动态，揭示其保护制度与法规体系的主要特征。

第八章对国外文物登录制度进行了比较研究，分析了英、美、日三国文物登录的标准与范围、登录制度的特征与意义以及减税等经济优惠政策。

第九章剖析了世界文化遗产保护的理念与方法，特别是原真性观念、文化景观、遗产城镇的保护等重要问题与最新发展。

第十章以中国的平遥古城为例，探讨了历史城镇的保护与旅游开发的关系，历史文化名城的总体规划以及历史城镇发展的文化战略。

目 录

绪论·· 15

第一章　城市保护与可持续发展·························· 33

一、城市保护的生态环境观···························· 35

二、文化生态与文化多样性···························· 39

三、保护作为可持续发展的具体行动···················· 42

四、环境权与历史环境保护立法························ 49

第二章　历史遗产保护与城市特色维护················ 53

一、城市特色的含义································· 54

二、水——城市的生命与灵魂·························· 57

三、城市形态和空间特色的保护························ 62

四、历史地段和历史保护区·························· 68

五、城市天际线的保护······························ 71

六、城市特色的维护与塑造·························· 77

第三章　城市设计与历史名城保护 ···································· 83

一、城市设计与历史保护的关系 ···································· 84

二、城市性状态的认识与保护 ···································· 95

三、历史保护的规划设计方法 ···································· 102

第四章　欧洲历史城市的整体性保护理论与实践 ···················· 113

一、战后欧洲文化遗产保护的趋势 ···································· 114

二、法国遗产保护的思想与体系 ···································· 119

三、博洛尼亚的"反开发"保护实践 ···································· 134

第五章　美国的历史保护、税收政策及设计管控 ···················· 143

一、美国的历史保护概况 ···································· 145

二、联邦保护法和组织机构 ···································· 155

三、经济和税收的优惠政策 ···································· 160

四、规划管理与美观控制 ···································· 163

五、地方政府层面的历史保护 ···································· 169

第六章　日本历史环境保护的法律、政策和公众参与 ···················· 177

一、战前文化财保护法的萌芽 ···································· 178

二、战后文化财保护制度的确立 ···································· 181

三、历史环境保护的法律与政策 ···································· 185

四、文化景观和历史风致维护改善 ···································· 202

五、历史环境保护历程回顾与未来展望 ···································· 204

第七章　英美日三国登录保护制度比较･･･････････････････････ 209

一、英国的登录建筑保护制度 ････････････････････････････････ 210

二、美国的历史性场所国家登录 ･･････････････････････････････ 215

三、日本的文化财登录保护制度 ･･････････････････････････････ 217

四、登录保护制度的比较与思考 ･･････････････････････････････ 221

第八章　建筑遗产保护的基本准则･･････････････････････････ 227

一、"建筑遗产"的概念及特征 ･･････････････････････････････ 228

二、建筑遗产保护的原真性 ････････････････････････････････ 232

三、建筑遗产保护的完整性与连续性 ･････････････････････････ 235

四、中国建筑遗产保护中的现实问题 ･････････････････････････ 238

第九章　20世纪遗产的保护与记录･････････････････････････ 243

一、20世纪遗产的保护运动 ･･････････････････････････････ 245

二、日本近代建筑的保护与再利用 ･･･････････････････････････ 253

三、中国近代遗产保护的文化意义 ･･･････････････････････････ 260

第十章　产业遗产的保护与适应性再利用･･･････････････････ 265

一、国际产业遗产保护潮流概述 ･･････････････････････････････ 266

二、上海产业遗产的基本状况与保护意义 ･････････････････････ 275

三、上海产业遗产保护利用的实践探索 ･･･････････････････････ 281

四、我国产业遗产保护的机遇与挑战 ･････････････････････････ 294

第十一章　文化遗产保护国际宪章和重要文件………………………… 297

一、国际保护宪章的萌芽与原型 ……………………………………… 298

二、国际保护文件的百年历程 ………………………………………… 301

三、UNESCO国际公约与建议 ………………………………………… 306

四、城市保护相关国际文件 …………………………………………… 310

五、国际宪章带给我们的启示 ………………………………………… 317

第十二章　世界文化遗产保护的理念与方法………………………… 319

一、世界遗产的基本理念 ……………………………………………… 320

二、遗产保护的原真性与完整性 ……………………………………… 327

三、文化景观的价值与类别 …………………………………………… 331

四、文化遗产与自然遗产的关系 ……………………………………… 334

五、世界遗产城镇的保护 ……………………………………………… 340

六、21世纪遗产保护面临的挑战与课题 ……………………………… 351

参考文献 ………………………………………………………………… 358

绪　论

一、"重建时代"到来的启示

数十年前，美国未来研究会(IAF)为美国建筑协会(AIA)提出了 2000年构想计划，其中对未来发展趋势的预测中提到，20世纪末及以后的一个时期为"重建时代"。由于现有建筑物在逐年变旧和增多，翻修重建房屋的需求必然会在长时期内持续增长。90年代以后，由于城区缺少新建房屋用地，公众普遍关注保存当地著名建筑，加上税法有利于人们把旧房屋内部翻新，所有这些将有助于使"建设时代"转变到"重建时代"。[①]

日本综合研究开发机构编写的《事典·90年代日本的课题》一书中认为：大多数城市已迎来人口稳定期，形成了稳定的地区文化和共同体基础，给城市建设带来了重要转机，建筑的时代过渡到了维护管理的时代[②]。事实上，进入21世纪以来，日本的国土规划和城乡发展政策，基本上都是为应对人口负增长和环境问题展开的。中国不少城市和地区现在也已开始面对老龄化和少子化带来的诸多现实问题与挑战。

中国城市建设发展虽说还未达到发达国家的水准，但城市旧城区各项设施暴露出越来越多的矛盾，居住环境质量已成为城市政府和市民共同关心的重大问题。90年代，在全国近30亿平方米住宅中，1/3左右需加以改造或改善，旧城改造工作已作为一项综合性的重大工程提到各级政府的日程上来[③]。从上海市90年代以来的基本建设项目投资额统计数据看，更新改造所占比重也呈逐年上升趋势，与此同时，中心城区房屋改造和拆迁的规模也在逐年增加，一直以来针对所谓二级以下旧里为主地区进行的大规模旧城改造似乎从未停息过。

中国人多地少，城市建设不能多占土地。法国巴黎建筑学院院长P·葛莱孟指出：中国的城市规划与建设应尊重本地的历史与现实交织而成的社会和经济网络结构，不能占用大片土地来建立松散的城市结构，这样做不符合中国国情，应该"在城市中建设城市"[④]。21世纪以来，中国几乎所有大中城市都将面临城市更新的重任，中国的城市规划以往忽视而如今再也不能忽视的现实正是老旧城区的保护、改善和更新。

"重建时代"的到来以及"在城市中建设城市"，将带给我们怎样的启示呢？如何对待已形成的历史环境肌理、建成文化传统？这些问题已引起世界许多国家城市建设规划界

---

① 薄贵培, 坦怀编译. 90年代美国建筑发展趋势[J].建筑学报, 1991 (10)：56～63.
② 日本综合研究开发机构. 事典·90年代日本的课题[M].北京：经济管理出版社, 1989.
③ 城市规划通讯[J]. 1991 (1) .
④ 张在元. 在城市中建设城市——P·葛莱孟论中国城市规划与建设[J].城市规划, 1988 (2)：34-35 .
⑤ 赵大壮, 陈刚."中体西学"完善发展中国城市规划法[J].城市规划汇刊, 1991 (5)：15～18.

图0.1 最后的点火仪式 (出处: *The Conservation and European Cities*, MIT Press, 1979)

的关注，而近三十年来我国城市旧城改造规模渐大，且大多采取"大拆大建、推倒重来"的方式，有重蹈国外旧城改造覆辙的危机。加之在思想观念上还没有引起足够重视，有学者甚至称："拿出魄力，忍痛牺牲一点，彻底改变整个旧城破旧的面貌。"[⑤]此举恰恰是出现城市特色危机的直接原因之一。对在城市中客观存在的历史环境如何保留、继承乃至更新的问题，无论是千年的古都，还是近代崛起的都市，都应当在规划建设时认真考虑。众所周知，对城市遗产的破坏主要来自两大方面：一是自然性破坏，二是人为性破坏。和平时代的人为破坏多为近年来人们谈及较多的"建设性破坏"，防止和减少"建设性破坏"，从根本上讲不是技术性问题，而是思想认识问题，更新观念、提高认识是极其重要的环节，也是必须优先解决的问题(图0.1)。

近二三十年来，我们创造了世界史上一个又一个的爆破之最，同时也创下了拆毁历史建筑一项项触目惊心的记录。广州在兴建高架道路、地铁和旧城改造过程中已使历史城区面目全非，保护古城、抢救建筑遗产的呼声越来越高。就在这样的形势下，50年代建成的

图0.2 广州体育馆爆破过程 (潘劲松摄)

"广州体育馆"在一阵爆炸声中化为乌有，而且少有媒体关心其命运。广州体育馆总建筑面积43000平方米，由比赛馆、拳击馆等六部分组成，是著名建筑师林克明(1900~1999)的早期代表作(图0.2)。1987年第6届全运会前夕进行过全面改造，在当时主要设施为全国领先水平。近年来，又有特区开发开放的地标、著名建筑师作品"深圳体育馆"(2019)，新中国成立十周年建成的北京"十大建筑"之一"北京工人体育场"(2020)等优秀现代建筑被拆毁，而大量普通建筑、历史住区和乡土建筑被拆除的规模之大更是令人震惊。

对上述种种现象，著名历史保护专家阮仪三教授、景观规划专家俞孔坚教授等都曾撰文呼吁、批评，认为大拆大建是破坏历史、破坏文化、破坏环境之举；广场之风，景观大道等"城市化妆"运动现象，有其深刻的政治、历史及社会经济背景，它是中国快速城市化进程的必然，是急功近利、追求速效政绩的一种反映。俞教授还分析了此举的三大祸患："拆东补西，只为脸上贴金；摧残生命，劳民伤财；生态恶化，助邪遏正。总之，病态的城市化妆心理，导致了病态的大树移植之风盛行，若不引起重视，祸害无穷。"

二、"新时代"的新要求

2015年12月，时隔37年后，中央城市工作会议在北京召开，习近平总书记在会上发表重要讲话，分析城市发展面临的形势，明确做好城市工作的指导思想、总体思路、重点任务。会议提出要认识、尊重、顺应城市发展规律，端正城市发展指导思想；增强城市宜居性；改革完善城市规划。地方政府要在"建设"与"管理"两端着力，转变城市发展方式，完善城市治理体系，提高城市治理能力，解决"城市病"等突出问题。

会议结束后，中共中央、国务院发布《关于进一步加强城市规划建设管理工作的若干意见》。《意见》开篇就明确指出："城市是经济社会发展和人民生产生活的重要载体，是现代文明的标志。新中国成立特别是改革开放以来，我国城市规划建设管理工作成就显著，城市规划法律法规和实施机制基本形成，基础设施明显改善，公共服务和管理水平持续提升，在促进经济社会发展、优化城乡布局、完善城市功能、增进民生福祉等方面发挥了重要作用。同时务必清醒地看到，城市规划建设管理中还存在一些突出问题：城市规划前瞻性、严肃性、强制性和公开性不够，城市建筑贪大、媚洋、求怪等乱象丛生，特色缺失，文化传承堪忧；城市建设盲目追求规模扩张，节约集约程度不高；依法治理城市力度不够，违法建设、大拆大建问题突出，公共产品和服务供给不足，环境污染、交通拥堵等'城市病'蔓延加重。"

《意见》要求："积极适应和引领经济发展新常态，把城市规划好、建设好、管理好，对促进以人为核心的新型城镇化发展，建设美丽中国，实现'两个一百年'奋斗目标和中华民族伟大复兴的中国梦具有重要现实意义和深远历史意义。""牢固树立和贯彻落实创新、协调、绿色、开放、共享的发展理念，认识、尊重、顺应城市发展规律，更好发挥法治的引领和规范作用，依法规划、建设和管理城市，贯彻'适用、经济、绿色、美观'的建筑方针，着力转变城市发展方式，着力塑造城市特色风貌，着力提升城市环境质量，着力创新城市管理服务。"

针对塑造城市特色风貌，意见从提高城市设计水平、加强建筑设计管理和保护历史文化风貌等三方面做出了具体的指导。要求"有序实施城市修补和有机更新，解决老城区环境品质下降、空间秩序混乱、历史文化遗产损毁等问题"，"通过城市设计……协调城市景观风貌，体现城市地域特征、民族特色和时代风貌"。显然，以存量规划为基本特征的城市空间规划需要更多地关注土地的复合价值，认清城市土地作为资源、资产和资本的不同属性，将城市环境的整体质量、公共利益和社会公正作为存量发展的价值目标，将建成遗产保护置于城市更新的优先和引导性位置，并在新的策略和机制建设中以可持续发展目标为导向。

在具体措施和设计方面，正如习近平总书记多次强调的，要更多采用"微改造"的"绣花"功夫，对历史文化街区进行修复，像对待"老人"一样尊重和善待城市中的老建筑，保留城市历史文化记忆。历史文化街区和历史建筑是城乡记忆的物质留存，是人民群众乡愁的见证，是城乡深厚历史底蕴和特色风貌的体现，具有不可再生的宝贵价值。在城乡建设中做好历史文化街区和历史建筑的保护工作，对于坚定文化自信、弘扬中华优秀传统文化、塑造城镇风貌特色、推动城乡高质量发展具有重要意义。

此后，住房和城乡建设部围绕加强历史文化街区和历史建筑保护、实施城市更新行动等重点工作发布了一系列文件，要求加强历史文化街区和历史建筑普查认定工作，按照"应保尽保"的原则，建立长效保护管理机制。各地应加大投入，积极开展历史文化街区保护修复工作，在尊重街区整体格局和风貌的前提下进行创新性的更新改造、持续利用。通过城市有机更新推动城市结构调整优化和品质提升，转变城市开发建设方式，全面提升城市发展质量、不断满足人民群众日益增长的美好生活需要。

三、名城保护进程的简要回顾

我国的历史名城保护最早可追溯到1950年代初，梁思成先生对古都北京保护的研究及其后来对北京城市规划、城墙利用的"梁陈方案"。自80年代起，国务院对北京、苏州、桂林等城市总体规划的批复中，也提出了历史保护的要求。

80年代初，随着经济建设的发展，城市规模一再扩大，在城市规划和建设过程中不注意保存城市遗产，致使一些古建筑、遗址、墓葬、碑碣、名胜遭到不同程度破坏，以及在基本建设和旅游业发展过程中，又出现了一些新问题。针对上述情况，1982年2月8日，国务院批转了国家建委、文物管理局和城市建设总局《关于保护我国历史文化名城的请示》，批准了北京等24个有重大历史价值和革命意义的城市为国家第一批历史文化名城。自此，"历史文化名城"的概念正式明确提出，历史文化名城保护的研究从此兴起。

国务院文件指出："保护一批历史文化名城，对于继承悠久的文化遗产，发扬光荣的革命传统，进行爱国主义教育，建设社会主义精神文明，扩大我国的国际影响，都有着积极的意义。""许多历史文化名城是我国古代政治、经济、文化的中心，或者是近代革命运动和发生重大历史事件的重要城市。在这些历史文化名城的地面和地下，保存了大量的历史文物和革命文物，体现了中华民族的悠久历史、光荣的革命传统与光辉灿烂的文化。"

1986年12月8日国务院批转建设部、文化部《关于请公布第二批国家历史文化名城名单的报告》，批准上海等38个城市为第二批国家历史文化名城，并明确了历史文化名城的审批标准，保护规划的要求以及历史文化保护区的概念，将历史文化名城保护向深度与广度方面推进了一步。1994年1月4日又公布了哈尔滨等37个第三批国家历史文化名城，2001年增补河北山海关、湖南凤凰，2004年增补河南濮阳，2005年增补安徽安庆，2007年增补山

---

① 建设部，国家文物局.全国历史文化名城保护工作会议纪要.建规[1993]900号文件.

东泰安、海南海口、浙江金华、安徽绩溪、新疆的吐鲁番和特克斯、江苏无锡，2009年元月增补江苏南通为国家历史文化名城，直到2021年，国务院增补云南省通海县、安徽省黟县为国家历史文化名城，名城总数累计达137个(表0.1)。

历史文化名城是具有中国特色的历史城市保护制度：首先，它是一项保护措施，而不仅仅是一项荣誉；其次，它要保护的是历史城市，而非城市中分散的文物古迹；第三，历史文化名城保护的内容可归纳为：保护文物古迹、历史建筑和历史文化街区，保护和延续历史城区古城的肌理格局和风貌特色以及山水形胜，继承和发扬优秀传统文化；第四，"历史文化名城要制定保护规划并纳入城市总体规划，明确界定保护范围，制定有效的保护管理措施"[①]。

经过40多年的保护实践，历史文化名城取得了巨大的成就，为城乡文化遗产保护利用，城市特色塑造发扬，丰富市民群众的物质和精神生活做出了积极贡献。城市现代化建设与历史文化传统的保护传承，不是相互割裂、更不是相互对立的，而是有机联系、相得益彰的。保护好城市的自然遗产和文化遗产，本身就是城市现代化建设的重要内容，也是城市现代文明进步的重要标志。现代化建设与历史文化遗产交相辉映，既显示了现代文明的崭新风貌，又

表0.1　　　　　　　　　　　　国家历史文化名城一览表

序号	行政区划	第一批(1982年2月公布)	第二批(1986年12月公布)	第三批(1994年1月公布)	增补	小计
1	北京	北京				1
2	天津		天津			1
3	上海		上海			1
4	重庆		重庆			1
5	河北	承德	保定	正定、邯郸	山海关，2001 蔚县，2018	6
6	山西	大同	平遥	祁县、新绛、代县	太原，2011	6
7	内蒙古		呼和浩特			1
8	辽宁		沈阳		辽阳，2020	2
9	吉林			吉林、集安	长春，2017	3
10	黑龙江			哈尔滨	齐齐哈尔，2014	2
11	江苏	南京、扬州、苏州	镇江、常熟、淮安、徐州		无锡，2007 南通，2009 宜兴，2011 泰州，2013 常州，2014 高邮，2016	13

国家历史文化名城一览表

序号	行政区划	第一批 (1982年2月公布)	第二批 (1986年12月公布)	第三批 (1994年1月公布)	增补	小计
12	浙江	杭州、绍兴	宁波	衢州、临海	金华，2007 嘉兴，2011 湖州，2014 温州，2016 龙泉，2017	10
13	安徽		亳州、寿县、歙县		安庆，2005 绩溪，2007 黟县，2021	6
14	福建	泉州	福州、漳州	长汀		4
15	江西	景德镇	南昌	赣州	瑞金，2014	4
16	山东	曲阜	济南	青岛、聊城、邹城、临淄（淄博）	泰安，2007 蓬莱，2011 烟台、青州，2013	10
17	河南	洛阳、开封	安阳、南阳、商丘	郑州、浚县	濮阳，2004	8
18	湖北	荆州	武汉、襄樊	钟祥、随州		5
19	湖南	长沙		岳阳	凤凰，2001 永州，2016	4
20	广东	广州	潮州	肇庆、佛山、梅州、雷州	中山，2011 惠州，2014	8
21	广西	桂林		柳州	北海，2010	3
22	海南			琼山*	海口，2007	1
23	四川	成都	阆中、自贡、宜宾	乐山、都江堰、泸州	会理，2011	8
24	贵州	遵义	镇远			2
25	云南	昆明、大理	丽江	建水、巍山	会泽，2013 通海，2021	7
26	西藏	拉萨	日喀则	江孜		3
27	陕西	西安、延安	榆林、韩城	咸阳、汉中		6
28	甘肃		武威、张掖、敦煌	天水		4
29	青海			同仁		1
30	宁夏		银川			1
31	新疆		喀什		吐鲁番，2007 特克斯，2007 库车，2012 伊宁，2012	5
	合计	24	38	37	39	137

(*"琼山"和"海口"因合并，"琼山"不再出现在历史文化名城名单)

保持了历史文化风貌，是城市可持续发展战略性方向。另一方面，历史文化名城保护的理论与实践虽然取得了不小的成绩，但仔细观察认真思考就会发现现实中依然存在一些突出问题。

(1) 消极静态的保护

由于历史文化名城保护工作始于文化遗产受到"建设性破坏"的紧急情况下，"历史文化名城"起初可以说是作为一种限制性规定，或者说是作为一种行政措施而诞生的。因而导致我国某些历史名城保护规划以一种静态的、消极的方式为主，以划定保护范围、限制建筑高度、体量甚至建筑风格、形式为主要内容，以为"历史文化名城保护规划就是以保护城市地区文物古迹、风景名胜及其环境为重点的专项规划"[①]，而没有将历史保护规划作为总体规划的有机组成部分，在总体规划、城市设计中充分注意保护历史文化传统，维护并发扬城市的格局特色、街巷景观和场所精神。

(2) 片面单一的保存

历史文化名城的概念与标准是依据《文物保护法》中规定的"保存文物特别丰富并且具有重大历史价值或者革命纪念意义的城市"而确定的，由于这个标准不够严谨，保护工作难免一片面。因为"文物主要指革命遗址、纪念建筑物、古文化遗址、古墓葬、古建筑、石窟寺、石刻、纪念物以及各时代珍贵的艺术品，工艺美术品"[②]，以保存文物的数量和历史价值、革命意义作为选定历史文化名城的标准，一是脱离城市物质环境(physical environment)；二是没有考虑历史城区和传统肌理保存的实际状况；三是缺乏科学的评价参照体系与可比性。其结果常常是，重"古"(antiquity)轻"近"(modernity)。保护级别的划分、文物建筑的确定，多以历史长短"论资排辈"，有的研究人员把历史价值分类量化为：南北朝以前10分，民国至今2分，相差整5倍，而实际操作中的偏差可能还要大于这个数值[③]。重传统建筑等遗产(heritage)，轻城市文脉环境(urban context)。只有文物建筑的保护，缺乏历史建筑群、历史环境的保护观念。由于没有历史街区、历史保护区整体保护的观念，使得传统建筑与历史环境相割裂，城市的历史环境意象、文化景观特征不断遭到大的破坏。

(3) 建设性破坏严重

由于基础理论研究不足，必然导致实践中的迷茫与失误："全面保护古城风貌"就成了仿古"大屋顶"泛滥的保护伞；"仿古一条街"的建设成了许多名城的建设时髦；热衷在古城做"假古董"，而旧城改造、开发建设中对有特色的民居全部推倒拆除，毫不留情、决不

① 城乡建设环境保护部. 关于加强历史文化名城规划工作的通知, 1983.
② 参见《中华人民共和国文物保护法》, 1982.
③ 参见谢庚龙. 定性定量估计文物古迹的内在价值[J]. 城市规划, 1990 (6)：42~44.

图0.3.1 新建高层建筑对眺望金山视线廊道的破坏(左); 图0.3.2 金山寺内新建大殿对历史环境景观的破坏

手软, 一般城市中, 历史地段的消失状况就更为惊人; 或者错误理解历史保护的思想, 对古旧建筑等盲目整修一新, 造成一种新的"保护性破坏"。

理论与实践的脱节: 一是指理论没有超前性, 不能指导建设实践; 二是指理论对规划、建设中出现的许多问题未能深入研究; 三是指规划与建设各行其是, 即使是很重视名城保护, 规划管理较好的城市, 也有一些问题出现。

例如, 镇江市沿江分布有金山、焦山、北固山, 三山遥相呼应, 其形态特征已铸成城市重要的标志性轮廓, 而名扬中外的金山寺是始建于东晋的著名佛教胜地, 其独树一帜的"寺裹山"建筑风格在我国佛寺建筑中影响深远。但由于近年来落实宗教政策带来香火旺盛, 寺庙方面兴建的大雄宝殿建筑, 其体量之大, 色彩之艳, 无论是对山体环境, 还是对原有建筑组群、视觉景观都造成极大的破坏(图0.3)。

苏州观前街是国内较早辟为步行商业街的实例之一, 也是古城的特色街道。1990年落成位于观前街人民路口的新商业大楼, 使观前街成了两组建筑物之间的通道, 线型的传统特色商业街变成了点状的现代购物中心, 不仅对人民路交通产生严重干扰, 而且使城市特征的可识别性和场所精神丧失殆尽。后来的干将路改造, 更是对古城的严重破坏。

1993年10月在湖北襄樊召开了首次全国历史文化名城保护工作会议和第六次名城研讨会, 建设部副部长叶如棠作了题为"正确处理发展与保护的关系, 努力开创历史文化名城保护工作的新局面"的报告, 指出当前历史文化名城保护工作存在的突出问题是"建设性"破坏现象越来越严重, 已经到了必须严加制止的时候。应该说, 当前名城保护面临的挑战仍然是"建设性破坏"和"破坏性建设"得不到有效制止, 在旧城改造中"大拆大建"带来的破坏非常严重, 在许多地方造成的损失已无法挽回。

---

① W·鲍尔. 城市的发展过程[M]. 倪文彦译. 北京: 中国建筑工业出版社, 1981.

四、历史城市保护的含义

1. 城市保护的基本概念

"城市保护"一词在国内一些城市规划专业教材中很少出现，《中国大百科全书——建筑·城市规划·风景园林卷》中也未收入，但它确实是一个极为重要的概念。"保护"是城市发展中一个重要的战略组成部分，也是城市规划中必不可少的组成内容。

英国学者W·鲍尔认为：所谓保存(preservation)是指对建筑物或建筑群保持它们原来的样子，而保护(conservation)主要是指对现有的美好城市环境予以保护，但在保持其原有特点和规模的条件下，可以对它作些修改、重建或使它现代化。复兴(rehabilitation)是综合性的工作，包括有选择的保存、保护和改建，目的是改善一个地区的整体环境，方法是采用环境管理、植栽，增建儿童游戏场，停车场等设施，以及使一些私人住宅现代化等。复兴是代替全部推倒重盖和全面改建的一个重要方案，但至今未被充分利用[①]。日本在历史环境保护领域的主要用语有，"保存"(preservation)、"保护"(protection)、"保全"(conservation)。"保存"有"冻结现状"的含义，"保护"为"积极地守护现有的东西"。与此相对，"保全"可理解为"一个更广泛的概念，包含保存、保护的概念，在接受开发、变化要素的同时，包含了创造对人而言无论是短期还是长期都必不可少的环境条件和新的平衡的那种动态的努力"。换句话说，保全并不是把环境保护在现有状态下的静态概念，而是要使与人相关而不断变化的自然环境和历史环境质量不致下降的动态概念(表0.2)。

参照中国国家标准《历史文化名城保护规划标准》等技术规范，给出相关专业术语的基本定义。

"保护"(conservation)，对保护项目及其环境所进行的科学调查、勘测、鉴定、评估、登录、修缮、维修、改善、利用等活动，包括对历史建筑、传统民居等的修缮和维修，以及对历史文化街区、历史地段等历史环境的整治、改善和复兴。

"保存修缮"(preservation)，文物古迹的保护方式，包括日常保养、防护加固、现状

表0.2   保护、再生等相关概念比较

保护·再生	保存、保护、再利用、更新（中国）
	保存、保護、保全、再生、活用（日本）
	Protection、Safeguard、Maintenance、Preservation、Conservation Revitalization、Rehabilitation、Regeneration Reinventing、Adaptive reuse、Adaptation

表0.3	历史环境的相关概念	
历史环境 Historic Environment	历史文化名城、历史文化街区、历史文化保护区、历史风貌区、历史地段等(中国)
	传统的建造物保存地区、歴史風土保存地区、歴史の町並み（日本）
	Conservation Area、Archeological Area（英国）
	Historic District/Area、National Heritage Areas、Historic Town（美国）
	Sectrurs Sauvegardés（法国）
	centri storici（意大利）
	Places of Cultural Significance（澳大利亚）

修整、重点修复等。一般不允许改变文物原状。

"维修""修补"(refurbishment)，对历史建筑及历史环境要素不改变外观特征的加固和保护性复原活动，以恢复或再生历史建筑建成环境的良好景观、肌理和活力。

"改善"(improvement)，在不改变外观特征的前提下，对历史建筑所进行的调整、完善内部布局及相关设施的修建活动。

"整治"(rehabilitation)，为了保持历史城区和历史文化街区风貌完整性，提升建成环境品质所进行的各项干预和治理活动，包括对建筑外观、街巷环境的整治，基础设施强化、公共空间整理及美化。

历史环境保护是从文物保护出发，保护历史建筑(群)、传统街巷、历史街区，以及与之形成整体的自然环境和场地特征，对可能有损历史环境空间品质和景观特色的建设项目实施规划控制，进而保护城市的独特个性和魅力场所，增加城市吸引力。历史环境保护不能像文物保护那样，不是要绝对地保护某些特定建筑，而是要从整体上保护城镇建设的特色。而且，在保护历史环境的同时，也同样要重视自然环境保护。这也是目前世界各国遗产保护运动所共同强调的。如1975年UNESCO通过的《世界遗产公约》，其重要特点就在于，同时努力保护文化与自然两方面的遗产。因而，鉴于人与环境的众多联系，历史环境

表0.4	文化遗产的相关概念
文化遗产（不可移动部分） Cultural Heritage （1）纪念物（Monuments） （2）建筑群（Groups of Buildings） （3）场所（Sites）	文物、历史建筑（中国）
	文化财、传建群（日本）
	Cultural Property/Lised Building（英国）
	Historic Places、Historic Properties、Historic Landmark（美国）
	bien cultural（法国）
	Kulturgut（德国）

保护的整体性方法，既是逻辑的必然，也具有革命性意义(表0.3)。

"文化遗产"这一术语指的是具有历史、美学、考古、科学、文化人类学或人类学价值的古迹、建筑群和遗址。今天，遗产已不再只是一种全社会思想的简单代表，它往往更多地与社会中的特定部门联系在一起，与一个社会群体相关联。在这一过程中，遗产的性质和地位都发生了变化。现在，遗产与纪念性、特性和文化均属同一思想范畴。

人类文化遗产的整体领域是无形的，因为它存在于人的头脑中。无形遗产的概念"包括构成社会或社会团体特性的精神、物质、知识和感情特点的文化复合物"，它"不仅包括艺术品和文字，而且包括生活方式、人类的基本权利、价值体系、传统和信仰"[①]。

任何文化遗产不仅是对过去的继承，而且是经过漫长历史演变保留下来的某些物质特征和文化的结晶。人类是其所属文化最重要的标记，并应得出相应的结论，人类未来真正的共同财富是有创造的多样性(表0.4)。

2. 城市保护的主要内容

在20世纪，城市保护(urban conservation)发端于英、法、意等欧洲国家，对第二次世界大战后城市快速盲目发展的反思促成了全球范围城市遗产保护运动的兴起。欧美城市保护运动得以兴起是一种是对传统的尊重，同时也是与损失的过程相关联的，与城市空间和传统景观的破坏息息相关。1975年，"欧洲建筑遗产年"期间通过的《欧洲建筑遗产宪章》确立了整体性保护(integrated conservation)政策，将遗产保护作为城乡规划中的重要目标，从法律、管理、财政、技术等多方面为实施城市遗产整体性保护提供支持。

城市保护不仅意味着历史文化名城中一个文物古迹或历史地段的保护，而且还包括对城市经济、社会和文化结构中各种积极因素的保护与利用。只有全面分析城市结构，找到值得保护或需要保护的区域和对象，使其得到有效保护管理，才能使潜在的经济效益得到发挥，从而有利于城市的长远发展。"保护的基本目的不是要留住时光，而是要敏锐地调适变化的力量。保护是作为历史产物和未来改造者对当代的一种理解。"[②]因而，有必要将可持续性和城市保护思想作为一个同等重要的部分融入城市空间规划与环境资源管理之中。

城市保护是对影响城市环境的众多方面进行的综合性保护，为弄清城市保护的对象和范围，我们有必要了解城市环境的构成。城市环境可分为自然环境、人工环境和人文环境

---

① H. L. Gornham. Maintaining the Spirit of Place: A Process for the Preservation of Town Character, Arizone: PDA Publishers, 1985.
② 克劳德·法布里齐奥. 多样性万岁! [J].信使, 1997 (12)，12.

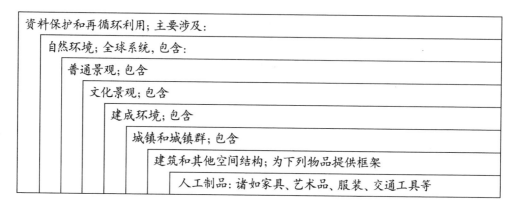

图0.4 保护工作的层次及其关系
(出处: Jan Rosvall, *Conservation Design Model Focused on the Purpose to "Save Historic Göteborg"*)

三大部分,对城市环境的影响因素则更为广泛。针对环境影响的物质状态方面,便有城市环境保护的分支,生态系方面有自然保护、城市生态保护,社会及审美性方面则有历史保护、城市景观保护、城市特色保护等内容。

遗产保护作为城市规划的一项主要内容,远远超出了历史建筑博物馆式或单纯的对古建筑保护的做法,将历史文化资产和古旧建筑保护列入城市规划的通盘考虑,除了有经济方面的利益之外,还有文化方面的效益,历史保护不再是城市规划所涉及的边缘因素,而已成为有理论有实践的重要学科分支(图0.4)。

3. 历史保护的含义

历史保护可以定义为:为降低文化遗产和历史环境衰败的速度而对变化进行的动态管理。对文化、科学和自然遗产进行细致的保护,干预行为应加以限制,以确保使用的技术和材料不致妨碍未来的处理、经得起时间检验。保护需要综合社会、经济和文化发展规划,并且要在各个层面加以整合。

历史保护学作为一门新兴学科,在建筑学、城市规划、风景园林、环境保护、历史社会学、文化人类学等领域备受注目。美国学者迈克尔·索兹沃斯(Michael Southworth)收集了1972年以来城市规划设计的138个实例资料,详细分析了所收集实例资料中符合其研究技术要求、来自40个城市的70份资料。并结合以前的研究成果,对1950~1972年、1972~1989年两个不同时期的城市设计做了比较研究,发现两个时期的城市规划设计所涉及环境质量问题的排序基本相似,明显不同的一点表现在历史保护方面。在近20年的实例中,它排在第6位，是研究的主要问题，而在60年代则很少涉及[①]。

城市在其发展演变过程中所经历的沧桑变化，显示并着重说明了城市的发展是具有延续性规律的，历史保护就是要保持历史发展的延续性，因此它不仅应侧重于历史古迹的保护，还要保护那些表面似乎破旧，但反映城市过去发展历程的历史街区、中心区和旧城区部分，正如人们易于理解的："建筑是形象的艺术，而城市是记忆的艺术。"一个没有旧建筑和旧城区的城市，如同一个没有记忆的人一样。一个长久保持的记忆——哪怕是一个不太完美的记忆，就像儿时那些经常充满片面偏见的记忆一样——可能超出记忆的领域而表现为一种态度，或表现为一种情调(emotional tone)，甚至表现为一种哲学观点。城市记忆反映了城市的个性特征，是历史信息的真实反映、文化景观多样性的表现。

城市历史保护"不只是为了过去而过去，而是为了现在而尊重过去"[②]。从某种意义上讲，城市中保护、更新和再开发三部分是不断变化、交替进行的，也是城市基本而持续的生命现象。不应该片面鼓励新形式的开发而牺牲城市遗产，或过分强调保护旧建筑而牺牲城市的舒适性和宜居性。好的城市规划设计要取得同一时代多样性和同一性的均衡，使城市能协调共生，有机成长。也就是说，真正的保护不是要重现已逝去的旧时风貌，而是要保留现存的美好环境，并指出未来可能的发展方向。要避免具有吸引力而且能继续使用的生活场所遭受不适当地改变甚至破坏。也就是说，保护的目标常常是要保持当地居民生活方式的稳定性，防止社会生活频繁、过度地变迁。"保护"既是认识城市，指导城市建设的观念尺度，也是规划设计的方法，同时还是未来要实现的历史文化与自然生态等综合性规划目标。

五、城市遗产保护的意义

1. 可持续发展就是保护+发展

现代社会有个奇怪的习惯，总爱抹掉自己的痕迹，保护城市遗产的责任就是要保持城市的集体记忆。因此，当铭记历史已成为一项事业或一种管理工具时，流通于世界各地的图像和信息却因数量过多而使我们的选择越来越随心所欲，这种令人困惑的局面使我们的评价标准混乱不堪，而且降低了对文化多样性的重视程度。例如，即使西方在相信其文化遗产的源头在雅典的时代，却依然可以眼看着雅典卫城的消失而泰然处之。直到1960年，在拯救努比亚诸神庙时，才发现"对我们来说，雕像的继续存在已变成生命的某种体现"。

---

① 转引自赵大壮. 了解·辨析·吸收[J]. 世界建筑, 1991 (5) : 8~12.
② F. 吉伯德等著. 市镇设计[M]. 程里尧译. 北京: 中国建筑工业出版社, 1983.

城市文化遗产是人类的共同财富，保护文化遗产不仅是每个国家的重要职责，同时也是国际社会的共同义务。城市是人类社会物质文明和精神文明的结晶，也是一种文化现象。城市既是历史文化的载体，又是社会经济的文化景观。保持城镇景观的连续性，保护乡土建筑的地方特色，保存街巷空间的记忆，是人类现代文明发展的需要，是可持续发展战略的具体行动。

切实保护与合理利用文化遗产是世界各国城市建设的战略性发展方向。"美"业已成为我们时代最具魅力的神秘事物之一，正是这一说不清道不明的特质，把埃及的杰作跟法国大教堂里或阿兹特克神庙里或印度或中国石窟里的雕塑、跟塞尚和凡·高的绘画、跟已故和健在的最伟大艺术家们——简而言之，跟最重要的世界文明的全部宝藏，联结在了一起。

保护文化遗产是拯救世界濒危文物古迹的需要。遗留在世界各地的大量珍贵文物，由于自然环境的破坏和遭受自然灾害的打击，一直处于危险状态中。发展中国家大规模迅猛的开发建设和旧城改造也给历史古迹、历史环境等带来了严重的"建设性破坏"。

保护城市遗产是延续历史文脉，实现社会稳定和可持续发展的需要。城市在历史发展过程中形成的众多历史建筑、传统风貌和街巷形态，是维持一定地域社区结构的物质基础，而这些历史环境和居住社区，又是联系世世代代生活于此人们的精神纽带。

保护城市遗产可以为发展文化观光产业创造条件。世界上具有丰富文化遗产的地方，旅游业往往十分发达。保护好各地的文化遗产(包括有形和无形文化遗产)，还可以为振兴地方经济与地方文化发挥积极作用。

2. 遗产保护的社会学意义

2005年国务院《关于加强文化遗产保护的通知》指出："文化遗产包括物质文化遗产和非物质文化遗产。物质文化遗产是具有历史、艺术和科学价值的文物，包括古遗址、古墓葬、古建筑、石窟寺、石刻、壁画、近代现代重要史迹及代表性建筑等不可移动文物，历史上各时代的重要实物、艺术品、文献、手稿、图书资料等可移动文物，以及在建筑式样、分布均匀或与环境景色结合方面具有突出普遍价值的历史文化名城(街区、村镇)。非物质文化遗产是指各种以非物质形态存在的与群众生活密切相关、世代相承的传统文化表现形式，包括口头传统、传统表演艺术、民俗活动和礼仪与节庆、有关自然界和宇宙的民间传统知识和实践、传统手工艺技能等以及与上述传统文化表现形式相关的文化空间。"

文化遗产是人类文明的结晶，是人类共有的财富。文化遗产又是不可再生的社会资本。随着经济全球化和现代化进程的加快，我国的文化生态正在发生巨大变化，文化遗产及其生存环境受到严重威胁。不少历史文化名城、历史文化街区、古镇、古村落、古建筑、古遗址及风景名胜区整体风貌遭到破坏。由于过度开发和不合理利用，许多重要文化遗产消亡或失传。在文化遗存相对丰富的少数民族聚居地区，由于人们生活环境和条件的变迁，民族或区域文化特色消失加快。

2005年以来，我国文化遗产保护工作，从被动的抢救性保护转向主动和积极保护的新阶段，但以往保护对象的确立大都以现有历史遗存为目标。对发掘这些保护对象在城市特色系统中的意义，对其如何构成一个整体，形成城市特色的空间价值等问题缺乏系统研究。历史城市的魅力与价值是任何相似物都不可替代的。城市是人类文化发展的重要标志，也是人类所创造的一种文化景观。城市建筑不单是为使用功能而建造，还是地方文化和环境艺术的直接反映，是提高城市综合竞争力、建设现代化城市不可或缺的文化资源和景观要素。

党的十九大报告确立了基本实现社会主义现代化，建成富强民主文明和谐美丽的社会主义现代化强国的近远期战略目标。"我们要建设的现代化是人与自然和谐共生的现代化，既要创造更多物质财富和精神财富以满足人民日益增长的美好生活需要，也要提供更多优质生态产品以满足人民日益增长的优美生态环境需要。必须坚持节约优先、保护优先、自然恢复为主的方针，形成节约资源和保护环境的空间格局、产业结构、生产方式、生活方式，还自然以宁静、和谐、美丽。"

因此，必须走有中国特色的城镇化道路，努力形成资源节约、环境友好、经济高效、社会和谐的城镇发展新格局。按照民主法治、公平正义、诚信友爱、充满活力、安定有序、人与自然和谐共生的总要求，在新时代高质量发展进程中，切实保护城市遗产具有十分重要的战略意义。

城市建筑遗产是一种具有社会、经济、文化和精神价值的不可替代的资本，应节约利用这些文化资源。城市建筑遗产远非一件奢侈品，它更是一种经济财富，能节省社会资源。一方面，只要为新的功能发展提供适当条件，历史城镇和古村落会有利于社会整合。它们可以实现功能的良性扩展和更为良好的社会混合，避免出现严重的社会分层现象。另一方面，保护好公共空间的场地特征和场所精神，城镇和乡村的自然和社会结构也将会得到很好保存，从而提供可靠平台来维持富有意义的建筑环境。总之，历史城区和历史文化街区的组织结构和物质形态，有益于维持社会平衡与和谐。

3. 城市可持续发展的重要组成

历史城市的保护战略需要对实际情况进行完整判断和研究。保护策略要获得成功就需要在保护的同时为发展变化留有余地。另一方面，对历史城市、历史街区的保护，通常说来，只有当能有效调控促使该地区发展改变经济力量的情况下，保护目标才能得以实现。

"城市保护如果不需要更多的规划，那么它至少还需要一个多样性的、弹性的、敏感地对发展进行观察的、能够快速做出反应的规划。"[①]过去，对城市规划而言，历史保护虽然说不上是一种全新的工作，却很少被全面重视；今天，我们更重视城市的个性，以此来保证城市居民易于识别其城市生活环境，从而增强人们的环境意识和责任感。

在保护中要减少消极因素，如各种污染源、交通拥堵、不适当的住区改造、以及其他有害因素，如地方经济生活和服务业短缺等。需要发展标准化的科技监测手段和学术研究方法，以便在现实(real life)操作层面进行可靠的观察和记录。需要发展与社会文化和技术材料两方面有关的整体保护规划模型，以及能处理长期的、生活循环成本的方法，建立类似环境审计(environmental audits)制度的保护审计(conservation audits)制度。制定保护质量标准，提高符合标准、用于保护产品生产的成本效益和质量，开发应用技术和程序，为高质量标准、注重长期成本效益的建成环境和文化资源保护，提供长久开放的各类设施。

建立保护工作的合作体系与保护信息网络，具体包含以下内容。

① 多学科的研究方法；

② 有效的学术和职业的国际网络；

③ 建立有效的信息网络和系统，获得来自用户、厂商、行政管理部门(包括研究与开发、公众和市场各方的)等相关团体的反馈信息。

总之，文化遗产保护作为城市发展战略的一个重要组成部分，已成为规划建设中必不可少的内容。城市历史保护不仅意味着文物古迹或历史地段的保护，而且还包括保护与利用城市经济、社会和文化结构中的各种积极因素。城市遗产保护已远远超出了历史建筑博物馆式或单纯保存文物古迹的做法，将历史文化资产和古建筑保护列入城市规划的通盘考虑，除了有经济方面的利益外，更有环境、社会、文化方面的综合效益。

今天，"建成遗产保护"(built heritage conservation)已成为城乡规划的重要组成部分，也是每个城市在其建设发展过程中都应注意的问题，保护问题不应囿于"历史文化名城"这一特定范畴中。正是基于这样的考虑，本书在对文化遗产和历史环境整体性保护方法的探讨中，较多涉及了城市设计、城市更新、景观管理等方面问题，以便能正确认识遗产保护的观念与价值，准确把握历史环境保护的尺度与方法，推进城市保护实践的全面健康发展。

---

① G. 阿尔伯斯. 城市规划理论与实践概论[J]. 吴唯佳译. 北京：科学出版社，2000，232.

第一章 城市保护与可持续发展

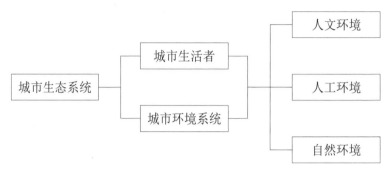

图1.1 城市生态系统组成示意图

城市生态系统是以人为主体,以既有自然环境、又有人工环境的生物和非生物两个方面为"环境",共同构成的一个复杂、开放的巨大系统,是一个人类生态系统(图1.1)。

人类在城市中的所有活动,包括生产、生活等各种经济和社会活动,都会对城市生态产生影响,人口愈密集,活动规模愈大,影响也就愈大。在某种意义上,人类在城市中的发展建设活动所经历的过程,也就是改造原有生态系统,塑造新的城市生态系统的过程。尽管各类城市的形成原因不同,建设发展速度不同,但都是在以农业或牧业为主的居民点、矿区、港口等各种类型自然生态系统或半自然生态系统基础上改造而形成。无论我们是否意识到、是否承认,人类的建设活动、经济活动、社会活动都可能对原有生态系统进行改造利用。城市生态系统形成后,人类的活动仍然主导城市生态系统的发展变化,其前景有两个:一个是保持良好循环,使开发建设、经济社会与环境协调发展,环境质量不断改善;另一个是走向恶性循环,使城市生态系统遭受严重破坏,环境质量不断恶化,甚至导致人类无法生存。特别是在世界迅速城市化的进程中,人的生命和古老的生态系统都将经历新的挑战。

城市是有机生命体,规划需要从社会、经济、环境和文化等维度理解并切实关注城市的可持续性(sustainability)。如何认识、尊重、顺应城市发展规律建设管理城市,将直接关系到生态文明建设的规划目标实现。城市保护(urban conservation)与可持续发展有着完全一致的目标,可以说,城市保护是实现生态文明建设目标的先决条件。

历史保护对保持良好的生态系统有积极意义,城市保护作为社会发展目标要实现的自然、生态、文化等综合效果,既是一种观念,也是一种方法。我们面对自然环境与历史环境,再不能以陌生的态度来对待,而应当用人类历史、自然及生态等综合科学知识来分析、判断,并做出决策和管理规划。因此,城市保护具有过去我们不曾认识到的城市生态学上的重要意义。

澳大利亚经济学家戴维·思罗斯比(David Throsby)提出了可持续性六原则:物质福利与非物质福利、代际公平与动态效率、代内公平、维持多样性、谨慎性原则、维持文化系统与承认相互依赖性。强调开发必须既是文化可持续的,又是环境可持续的行为,需要从"城市文化结构、社区价值观和从环境敏感性与文化敏感性角度对城市设计前景再思考"[1]。

一、 城市保护的生态环境观

1.历史资产是不可再生的资源

环境包括土地、海洋、空气和生物,是变化的。能否有意识地改变环境,使其更适应世界上的人和其他生物的需要呢?回答应该是肯定的,但要做到这一点,必须先了解环境、环境中的生物及其相互作用,也就是说要了解生态学。这是城市规划的基本前提,它可以阐明有关目标的种种选择和实现这些目标的具体措施。

一个社会想要长久生存和发展,就必须遵循一项明确而周密的全球保护政策。第二次世界大战后,基于技术进步、无限乐观情绪所形成的工业生产、城市发展及土地利用原理,今天仍在影响人们的思维与行动。今后,功利主义的发展观念将被基于可持续发展(Sustainable Development)的保护优先思想所取代。城市建成环境以及各种人工制品和材料,在保存和使用其结构时,应当作为主要的物质、社会、文化和经济资源对待,而不是被当作未来发展的障碍。经过筛选出的文化资源更是人类遗产的重要组成部分,需要长期保护与合理利用。因而,整体性保护(Integrated Conservation)的概念会成为问题的核心,也就是说,广泛的物质文化遗产应被看作无可替代的社会、文化和经济资源,必须根据跨学科知识给予持续和专业化的保持与维护。专业技能通常可用于两种截然不同的目的:保护与改造。在这两个目的之间,存在着一种顺应未来发展和社会稳定所必须采取的稳妥的关系处理方式。

资源是在目前或可能的技术水准和经济条件下,可供人类利用的那部分原料。它可分为"可再生(replaceable resources)"与"不可再生(irreplaceable resources)"两类。再生的意义包含繁殖(reproduction)与再循环(recycle)两个层次。再循环使用旧建筑,有利于减少资源使用量和残余物排放量,改善城市环境,保护生物圈,合理利用有限的资源。历史建筑、历史环境可作为再开发(redevelopment)、再利用(reuse)的潜在资源。正因为如此,在国外,

---

① 戴维·思罗斯比. 经济学与文化[M]. 王志标、张峥嵘译. 北京: 中国人民大学出版社, 2011.

城市保护不仅是一个生物学问题或工程技术问题，而已经发展成为国家或地区的政治和社会经济问题。

而且，历史环境还可作为文化观光资源。旅游观光一般有两种类型：一是举办活动，即按照古老传统，每年在一定时候举行某种文化活动，以此吸引游客；一是参观文物古迹、古建筑、历史环境，即观赏独特的地域风光，了解风土人情、风俗习惯，得到教益。看看宫殿寺院、名人故居当然也会有所收获，而城市中完整的历史环境，有特色的居住街区，具有生动的吸引力，更能引起人们内心的激动，对游人也更能带来愉悦感。因为在日常生活中，人们的心情往往更易感知愉悦，精神更为充实。为旅游观光而举办的文化活动也需要相应的环境气氛来烘托，传统行事、民俗活动也需要真实的历史环境提供"舞台"，以实现完美的展示。

显然，历史环境并非为观光活动而存在，而是由居住在此的人们所创造、适宜居住和生活的环境空间。因此，保护历史环境的目的也应使市民生活更丰富多彩，从而实现保护地方文化等更高层次的长远目标。把具有历史价值的古老城镇整个送进历史博物馆的设想既不现实也没有意义。历史保护应强调维持原有居民的社会人际关系，尽量将居住生活与历史保护、观光游览等有机结合。城市规划师不可能是生活的改革者，只是形式的赋予者。一个城市没有了人，没有了普通人的生活，也就没有了真正的地域文化或社区文化的存在。

2. 旧建筑储存着能源(energy)

耶鲁大学一位教授提出"城市是一个新矿藏"(mining the cities)的概念，自然界中的矿藏绝大多数不可再生。城市则是利用各种资源矿藏建设起来，包括钢材、木材、水泥、沙子、塑料等材料，同时还要消耗大量能源。放眼望去，城市里所有的生活生产用品、家用产品、生产设备、整个城市的建筑等都是利用资源、消耗能源而形成的。这些资源一旦到了使用寿命就被抛弃是不科学和对环境不友好的，它们并非废品，而是可重新利用的矿藏和资源[①]。各类资源的循环利用，体现了"从摇篮到摇篮"(cradle to cradle)的环保新理念。

"生态系统"(ecosystem)是一个与人类关系最密切的概念。生态学研究有机体或有机群体与环境之间的动态关系，有关自然界中能量与信息的互补原理，对历史保护也大有启示。诺贝尔化学奖获得者弗雷德里克·索迪(Frederick Soddy，1877~1956)指出，热力学定律"最终控制着政治制度的兴盛与衰亡，国家的自由与奴役，商务与实业的命脉，贫困与富裕的起源，以及人类总的物质福利"。人类所参与的每一项物质活动都受热力学第一定律、第二定律(即熵定律)的严密制约[②]。热力学第一定律告诉我们：能量既不能被创造也不能被

表1.1 写字楼单位建筑面积能耗

写字楼规模	建筑面积（平方英尺[3]）	能耗（千瓦时/平方英尺）
小型	<25000	17.8
中型	25000~50000	20.0
大型	>50000	26.5

消灭。也就是说，能量的现实状况存在于各类物质中。由于能量可转化，因而人们开发一种新能量时，要密切关注能量变为资源而耗散进入系统的状况。

互补性原理，在能量变化过程与信息变化过程之同源关系中也得到了证实。"知识就是力量"的名言，描述了能量与信息之间不可分割的关系，我们需要能量来获得信息，反之亦然。由于信息比能量有更高的放大率，因而符号象征的适应性往往比物质形体的适应性更有效和节省能源。建筑就是能量和信息在形式上的变化过程，历史建筑从诞生至今已积累了大量信息，对它的保护就是要尽可能维持其所储存的原有信息。

由此我们亦不难理解历史建筑往往比新建筑更具魅力。可是，今天城市中的旧区都被列为更新改造对象，尽管其空间形态符合人们的生活习惯。这些历史街区在开发建设中不得不被夷为平地，居民被安置到遥远的城市边缘区。而"新建的摩天大楼的基本能耗是传统建筑能耗的四倍，更不用说它带来的材料的浪费和急剧的社会变化"[4](表1.1)。

3. 历史保护的环境经济观

由于历史的原因导致旧城改造成为城市发展过程中的必然趋势。在旧城改造中常常提及兼顾三大效益，即社会效益、环境效益、经济效益的统一。然而在实践中，却多受经济效益牵制，大拆大迁，推倒重建，高拆建比、高容积率、高出房率，成为某些开发公司追求的主要目标。因此，有必要从整体上、深层次考察历史保护的经济效益问题，更新价值观念，消除人们心头的某些疑虑。

环境经济学，较早被称为污染经济学或公害经济学，也被称为生态经济学。在环境经济学中，有一种"外部不经济论"(external diseconomy)，它基于"市场的失败"，将公害和环境破坏作为"外部不经济效果"来看待。经济学中所谓外部性(externality)，是指实际经济活动中，生产者或消费者的活动对其他消费者或生产者超越活动主体范围的利害影响。

---

① 江世亮. 城市是一个新矿藏——中国工程院院士钱易教授访谈录[N]. 文汇报, 2007.01.07.
② 杰里米·里夫金, 特德·霍华德. 熵: 一种新的世界观[M]. 吕明, 袁舟译. 上海: 上海译文出版社, 1987.
③ 1平方英尺≈0.929平方米, 下同.
④ A. G. 汉贝尔. 关于城市远景的主导思想[C]. 曹力鸥译. 国际建协20届大会论文, 1999, 97.

外部效益，是一个经济活动社会效益与私人效益之差值。当外部效益表现为环境质量改善，从而提高人体健康水平、资产增值和美观享受等有益效果时，这种外部效益就称"环境效益"(environmental benefit)。

对环境的价值认识不只是指单一环境因子的价值，而是指环境因子综合时的相关价值。与时代变化一样，主体、环境和媒体条件等也在不断变化，环境因子的价值也在发生历史性变化。此外，环境价值还可评价为直接或间接价值，对人类的功能价值、对生态系统的价值、对文化的价值，等等。因此，在不同时期，应当对环境价值予以不同的认识和评价。按照新的价值观进行环境设计，在环境规划设计中尽可能发挥环境价值(value of the environment)。

据有关专家分析：在一定条件下改造旧房与建新房相比有三大优点，工期短、投资少、效益高[①]。然而，一概而论，以为改建、维修比推倒重建经济效益好不能令人信服，也不科学。但是，由于全球面临资源危机，在旧城改造中应有环境经济学观念。旧建筑作为潜在资源，储存着能源，盲目拆除浪费资源与能源。新建高楼有大量能耗，拆除旧建筑的废弃垃圾也会直接影响生态环境，计算经济效益不能只局限于开发上的投入产出方面，不能仅考虑少数人或某一集团利益，应有全局观念。多数旧改项目，拆建比、容积率定的很高，破坏了城市社会的网络结构，未能满足居住的通风、日照要求，同时增加了旧城区的人口密度、基础设施负荷，将许多潜在问题转移到城市身上，将拆除旧房的经济损失也全部转移到新建房屋上。

保护历史环境和文化景观，是旧城改建中保持规划结构历史延续性必须认真解决的问题，不仅涉及个别历史建筑，而且涉及整个历史城区，涉及文化遗产的传承利用。被人称为"隐形科学"的城市文脉问题，是旧城改建中最复杂、最棘手的问题之一，必须对旧城区改造采取审慎而灵活的方法。旧城区历史文脉的丧失无法用任何新的形式重现，拆除历史建筑也没有其他办法能够补偿。城市贫困现象并不会因动迁而彻底解决，只会随动迁转移到新的地区，而贫困总是不可抗拒地导致对环境和资源毁灭性、掠夺性的开发。环境和资源的破坏又导致进一步的贫穷化，形成一种恶性循环。一个以贫困为特征的地区，将难以摆脱生态失调、环境退化、资源枯竭所带来的灾难。

① 朱伯龙、刘祖华. 建筑改造工程学[M].上海：同济大学出版社, 1998.
② 岸根卓郎著.迈向21世纪的国土规划——城乡融合系统设计[M]. 高文琛译. 北京：科学出版社, 1990.
③ 参见若薇. 真正刘晓庆米豆腐[N]. 经济日报, 1991.12.4.

由高层化、标准化、规格化所象征的功能主义城市的出现，使过多人口集中在一个地方，那种非自然的集合式住宅，不利于培养宽宏的心胸和创造性，只能形成缺乏人性的冷漠社会。21世纪发展政策的基本方向必须从过去那种以"物质·数量·效率"为中心的规划，转到以"身心·质量·富裕"为中心的规划方向上来，并循此方向求得发展、成长[②]。综合的有机联系且无法分割的社会功能与结构，本身就是多样的整合与交叉，也导致社会、环境、经济三个效益相互包容，难以割裂。

即便从微观经济效益角度看，在多数情况下，一座坚固的旧建筑可以改建得符合现代化的要求，而造价比建造一座同样规模的新建筑低。况且，我们现在对历史环境和"人文资源"的开发利用还很不够。例如：电影《芙蓉镇》外景拍摄地湘西王村，由于旅游业发展，"刘晓庆"、胡玉香米豆腐摊子骤增，价钱也从每碗2角涨到1元，而拍片时胡玉香的设摊点买卖最兴隆，号称"真正刘晓庆米豆腐"，店内高挂"芙蓉姐"玉照以示其正宗，而且比别处贵5角。米豆腐在这里不仅是一种湘西小吃，同时能满足消费者的精神需求，人们情愿花钱买"我吃过真正刘晓庆米豆腐"这种感觉[③]。商品的"情感价值"可转化为经济效益，人文资源的垄断可产生超额利润，已为不少有识之士认识并运用于经营中。和其他自然资源一样，一般而言，人文资源只能开发利用，很难创造。现在的问题是：我们一边大量复制"假古董"，创造"人造景观"；一边让大量宝贵的、真正的人文资源闲置，甚至是毁坏。与湘西小镇相比，许多大中城市在人文资源保护、开发和利用方面，还须积极探索。

二、文化生态与文化多样性

1. 文化生态学的意义

生态文化是从人统治自然的文化过渡到人与自然和谐发展的文化。用生态学的基本观点观察现实事物，处理现实问题，采用科学认识生态学的途径，或科学的生态思维，使人类的认识和实践"生态化"，使社会文化各领域具有明显的生态保护意识，生态文化正成为一股新的世界潮流。以上论述，可以说基于生态文化观念。下面再从文化生态学角度谈谈历史保护问题。

文化生态学是以人类在创造文化的过程中，与自然环境及人工环境的相互关系为对象的一门学科，既涉及作为文化载体的人，又关系到环境，故成为两者的结合点，其使命是把握文化生存与文化环境的调适与内在联系。人类与其文化生态是双向同构关系，人创造了环境，环境也塑造了人。

1962年，美国生物学家莱切尔·卡逊(Rachel Carson，1907～1964)女士出版的《寂静的春天》，让人们注意到现代文明给自然环境带来令人惊颤的后果。此后，日趋严重的环境污染问题成为全球关注重点，从而促进了新型保护技术的发展，改变了人们的生活方式，开创了环境友好的新型生产方式和设备利用局面，进而采用更有效的发展规划和技术，以此为长期繁荣和社会稳定奠定良好基础。然而，人们用了更长时间才意识到，同样的问题也会使文化生态受到威胁，它涉及极具特色的文化遗产、一般性建筑和人工环境，还有部分普通人工制品，构成了日常生活环境中不可或缺的内容。

城市是人类文明的产物和标志，城市文明是城市内在文化特质的综合反映。每个城市都是一个地域性社会有机体，同时也是一个特定文化丛(cultural cluster)。一个城市的文化(包括物质文化、制度文化和精神文化)是多样性与同一性的统一。因此，城市意味着人类技术发展，是文化进步的最高表现，无论按照怎样的标准，它都是结构十分复杂的文化实体。

文化作为历史的投影，是一个在特定空间发展起来的历史范畴，世界上不存在超越时空的文化。不同民族在不同的生活环境中逐渐形成各具风格的生产方式与生活方式，养育了各种文化类型。同一民族又因生活环境变迁和文化自身的运动规律，在不同历史阶段其文化呈现各异的形态，即所谓"文变染乎世情，兴废系乎时序"[1]。文化传统是由历史沿袭而来的思想、道德、风俗、艺术、制度等与人类实践活动有关的各种生活方式，它产生于文化继承性和变异性相统一的特性中，即任何时代的文化都是在前代文化基础上形成和发展起来的。

今天，在全球化浪潮中，文化发展显然有"趋同"之势，而且，每一种文化都在全球性文化出现的过程中，不得不有所取舍与修正。相对而言，每一种文化都有可能从其他文化中吸取新因素，以适应新形势。现代社会中，人们有一种普遍的概念，认为在发达国家里，其城市地区在经济、社会、文化及景观上，越来越相似。在欧洲，甚至有伦敦、巴黎及罗马等历史文化名城"美国化"了的说法[2]。在日本，地方城市形象与景观趋同现象严重，因此有"东京COPE"的说法。所以在经济全球化过程中，保护地方文化和城镇个性尤为迫切和重要。

人类社会越是现代化，人们就越珍视自己的历史文化。城市实体环境(physical environment)作为一种符号系统，蕴含着复杂多样的意义，这些历史性建成环境在向人们传播着丰富的文化内涵。城市历史的保护就是要使这些历史文化内涵延续，并且让子孙后代了解先民的生活习俗及奋斗经历。历史建筑和历史景观在城市中扮演着重要角色，代表了人类文化的最高境界，是历史的见证，它的存在使城市的发展具有连贯性，使民众对传统文化有更深层的认识和理解。

2. 文化多样性保护

1992 年在里约热内卢召开的世界环境与发展大会通过的《21世纪议程》中，首次提出"文化多样性"(cultural diversity)概念，扩展了原有"生物多样性"的范畴。1996年伊斯坦布尔"人居二"会议，在关于"可持续人居环境"(sustainable habitat)的论述中，强调工作网络、公众参与及地方政府的作用，主张从生活品质角度重新定义增长和发展，保护文化传统、建成环境的多样性。

历史经验告诉我们，社会结构、价值观念和人的本性不可能像技术那样快地改变。人类在社会、文化、制度和环境等方面需要一定程度的连续性，而未能保持这种连续性正是现代城市社会冲突的根源所在。正如刘易斯·芒福德(Lewis Mumford)所言，"城市是一部具体、真实的人类文化记录簿"。城市的历史建筑、空间形态、环境特色是其文化价值最直观、生动的写照。在城市化过程中，始终面临保护城市特有历史风貌，继承、发扬文化传统的艰巨任务，如何维护城市中有价值的个性特征，完好保存并发展城市的文化价值，"在创造技术上的合理环境的同时，把过去保护好，使新的环境在以后的年代里也能发挥其个性"③，这是文化生态保护的需要，也是世界性的城市问题，人类通过多样的文化谱写了自身发展的历史篇章，文化多样性是人类在地球上生存的特征。而且，"历史上一切文化发展过程都是生态平衡过程"④。

"为了成功地达到他们的目标，人们必须考虑到他们在其中活动的，由过去变化而来的现实环境。不考虑这些环境，人们就会注定以唯意志论的方式行事，那就是忽视对现实的认识，因而也就不能保证达到他们所追求的目标。"⑤然而，工业文明的价值观只承认经济增长的重要性，忽视甚至无视经济发展永远不可能摆脱生态环境的制约。不知道工业文明日积月累的环境代价将不仅造成某种文明的衰落，而且影响整个人类的生存基础。"经济利益实际上成了主要的甚至是唯一的价值杠杆和文明发展的最高目的，其他目的(无论口头

---

① 文心雕龙·时序
② 理查德·伊尔斯、克拉伦斯·沃尔顿. 城市和城市问题[M]. 古潜译. 香港: 今日世界出版社, 1977.
③ 大不列颠百科全书, 第18卷.
④ 周谷城. 论中西文化交融[M]//中国文化书院讲演录编委会. 中外文化比较研究——中国文化书院讲演录第二集. 北京: 生活·读书·新知三联书店, 1988.
⑤ 托波尔斯基. 张家哲等译.历史学方法论[M]. 北京: 华夏出版社, 1990.

上喊得多响)都沦为从属的、可有可无的东西。"①

工业文明的价值观还带给我们解不开的"现代化情结","一厢情愿地认准一旦现代化实现便万事大吉，明天便会发现任何事情都有正面和负面，它们像一张纸的两面，中间不能分开，必然一起到来"②。如何事先采取相应对策，避免或减少负面因子影响，以免落入"现代化陷阱"，城市规划有不可推辞的责任。说到底，城市的现代化，包括整个城市生活、城市人口的现代化，它是高度文化的体现。现代化本身就包含珍重和保护历史文化，二者是融合一体的关系。事实上，历史保护与现代化建设的有机融合，"在当代中国城市发展中，是极为艰难的，这是中国城市规划师、建筑师和市长们面临的历史任务"③。

没有过去就没有现在，没有过去和现在就没有未来。现在怎样，只能依据过去是怎样的才能理解。过去是怎样的可以解释现在怎样，但不能预测将来会怎样。许多过去的事物已留下其证据。它们已被写在地形学、解剖学、生理学、形态学、历史学等书籍上了，虽然有些内容太含糊而无法阅读。现场、实景和实物是最好的教科书，可以将一切实际情况告诉那些愿意了解和能够理解的人们。

自然本质上是多种多样的。人类社会保护自然演进过程的价值，也就保护了人类社会自身。因此，开发建设只适应在既无各种危险又无害于自然演进的地区进行。

三、保护作为可持续发展的具体行动

1. 城市保护与可持续城市

城市是多元和包容的空间，是合作和参与的中心，是身份认同和文化遗产的源泉。城市的发展是我们这个时代决定性的大趋势之一。与此同时，它也将带来巨大的社会、经济和环境变革，进而给各级政府和决策者带来新的挑战。

2016年，为了解决社会、经济、环境和文化维度的发展问题，联合国正式启动《变革我们的世界：2030年可持续发展议程》，议程确立了全球可持续发展目标(SDGs)，包括17个大目标和169个具体目标。其中，"目标11：营造包容、安全、韧性和可持续的城市和人居

---

① 陈敏豪. 我看生态文化与可持续发展[J].方法, 1998(3), 28.
② 冯骥才. 文化的自审, 我是冯骥才[M]. 北京: 团结出版社, 1996: 230.
③ 陈为邦. 经济、文化、城市建筑环境艺术[M]//顾孟潮, 张在元. 中国建筑评析与展望. 天津: 天津科学技术出版社, 1989.

环境"和"目标12：确保可持续的消费和生产模式"两大目标，与城市发展及规划管理的关系最为密切。

2016年10月，联合国第三次住房和城市可持续发展大会(简称"人居三")在厄瓜多尔首都基多举行，大会正式审议通过了《新城市议程：为所有人建设可持续城市和人居的基多宣言》(New Urban Agenda：Quito Declaration on Sustainable Cities and Human Settlements for All)。"人居三"清晰传达了一个信息：城市化需要改变模式，以便更好地应对当代面临的挑战，解决不平等、气候变化、非正规、不安全以及不可持续的城市扩张方式等问题。要建设形成包容、安全、韧性和可持续的城市和人居环境，决策者需要解决气候变化影响、日益加剧的不平等、居民身心健康等相关问题。各种外部因素正在改变和影响世界各地的城市，不可持续的城市化正在损害人类的社会经济结构，包括人民福祉和环境健康。

《基多宣言》是指导未来20年住房和城市可持续发展的纲领性文件，它强调建设一个更加包容、安全、为所有人(for all people)的城市，世界各国应当创造条件，让所有人共享城市繁荣并拥有体面的工作。城市可持续发展和管理与人民的生活质量密切相关，如何规划好我们的城市和人居，保持城市社区的凝聚力和安全性，推动创新发展和绿色发展，需要规划思想理念的转变与拓展，规划管理机制体制的转型与变革。

"环境"是指一个地区的自然和人文背景，"环境观"指的是人们对环境的认识和看法。而人类赖以生存的生态系统所处的环境包括自然环境与人文环境，"历史环境"包含建成环境与人文环境，文物古迹必须在一定历史环境中才有完整的意义。正确的"历史环境观"既重视历史环境保护的物质价值，又重视对历史环境文化价值的理解。

城市保护既是一门科学，也是一种态度或行为方式。城市保护包含对城市经济、社会和文化结构中各种积极因素的保护与利用。在不断变化的城市环境中，城市保护应通过保留历史精华并使其适应于、有助于当今需求的方式，增进建成环境的韧性。尽管城市保护基本上与物质环境方面相关，但与社会、经济领域也有密切联系。毫无疑问，历史建筑的保护与利用、历史街区的保护与再生、历史城镇的保护与复兴正是可持续发展战略具体而富实效的行动(表1.2)。

发展是一个过程，是人民对更好生活的向往，对幸福生活的追求。"可持续发展"思想，是1980年代随着人类对自然认识的发展，反思人类过往行为得出的结论。"可持续发展"思想形成于漫长的环境保护历程之中，简要回顾美国自然资源保存与日本历史环境保护的历程，有助于我们更清晰地理解"可持续发展"的思想内涵。

表1.2   城市保护涉及的主要对象范畴示意

大类	小类	要素或实例
城市环境保护	自然环境	水、空气、动物、植物
	人工环境	建筑、街巷、城镇、村落
	人文环境	风俗习俗、民艺、技艺
城市生态保护	自然生态	斑块、廊道、生物链、生物多样性
	文化生态	文化多样性、包容性
	经济生态	传统产业、本土产业、特色经济
城市景观保护	自然景观	河流、山体、地形、地貌
	历史景观	历史园林、历史河道、历史街道
	人文活动	节庆、祭祀、旅游、购物
城市特色保护	场所精神（genius loci）	场所感、可识别性、认同感
	地方特征	传统肌理、十大景、八大景
	街道风貌	胡同、里弄、街头店铺
城市遗产保护	自然遗产	历史河道、古树名木
	文化遗产	文物古迹、历史文化街区、历史城镇
	无形文化遗产	传统艺术、传统技艺

2. 美国的自然保护思想

(1) 环境保全思想的出现

在人类社会近代自然保护历史上，美国的实践探索非常有特色，许多自然保护思想源于美国。1872年建立的黄石国家公园即以保护优美景色与公共利益为目的；1885年在纽约建立的Adirondack公园则作为"永久保留地"予以保存。

19世纪，美国在森林保护方面创造了"保全"(conservation)的用语。西奥多·罗斯福执政时期的政府顾问、林业局长官吉福德·平肖(Gifford Pinchot，1865～1946)提出的"保全"概念是美国首次为环境立法和政策所采纳的思想之一，因此它也被认为是美国现代环境主义的源头。但"保全"的概念并不意味着"保存主义"(preservationist)或"荒野运动"(wilderness movement)。当时环境保全的思想可归结为，"为了大多数人的利益和长远利益，有计划开发和合理利用大自然"。

当时自然环境保持的内涵即资源管理目标只是为了功利主义观念，其特点是资源如果不利用就是一种"浪费"，土地不利用即为废地。

(2) 自然保存主义思想

自然保存主义者的领袖人物是约翰·缪尔(John Muir，1838～1914)。他认为，在所谓"文明化"过程中，人类的精神和本性遭到压抑和扭曲。而原始山林正是帮助人类恢复本性和力量的唯一去处。人类早期的原始生活已在人类的本性中植入一种向往探险、自由和接触自然的渴望。这种渴望是"文明化"的都市生活无法满足的。他主张把美国最好的原始森林作为人类精神的"圣殿"加以保存。

缪尔认为，自然界的一切生物原本和谐共处。可悲的是人类的文明化过程扭曲了人类对人与其他生物关系的认识。人类忽视了其他生物的存在价值。因此，缪尔呼吁人们重视其他生物在宇宙中的地位。在他看来，保存自然，是帮助人类摆脱"文明化"的扭曲和恢复人类本性的需要。基于其"人类像需要面包一样需要自然美"的理念，1892年组织成立了塞尔拉俱乐部，为建立和保护约塞米蒂国家公园(Yosemite National Park)开展了长达10年的斗争。作为现代环境保护运动的发起人，缪尔使环境意识从少数智者和学者的书房与沙龙进入国家的政策与政治层面。

自然保全主义者吉福德·平肖提出了另一主张，即自然资源保护政策的基本原则是利用，把每一寸土地和资源投入使用，使之为大多数人服务。这场争论反映了美国社会的两种观念环境，一种提倡自然保护，强调自然的美学价值；另一种强调资源的经济价值，认为自然资源应为人民服务，管理森林的活动应具有营利性。

美国环境史学者唐纳德·思维恩(Donald C. Swain)采取"审美资源保护主义"(aesthetic conservationism)和"功利主义资源保护主义"(utilitarian conservationism)的概念，分析吉福德·平肖倡导的自然资源保护思想与约翰·缪尔基于自然审美的自然资源保护思想。他认为，1916年《国家公园局组织法》的通过宣告了以吉福德·平肖为首的林业局主导全国自然资源管理时代的终结以及功利主义保护哲学的式微，而国家公园局的建立是"美国资源保护运动史上的里程碑"，"标志着美国审美保护主义时代的来临"[①]。

(3) 世代间平衡的保护原则

80年代提出的可持续发展理念，源于人类对以资源消耗为主要特征的工业文明进步观的反思，其核心思想是，经济发展应与保护资源、生态环境保护协调一致，满足当前需要不能削弱后代生存与发展所必需的环境、资源和能源，让子孙后代能够享受充分的资源和良好的资源环境。人类的可持续发展必须将环境问题同经济、社会和文化发展结合起来，

---

① 高科. 1872～1928 年美国国家公园建设的历史考察[D]. 沈阳：东北师范大学，2017.

树立环境与发展相协调的新发展观。自然环境、人工环境和人文环境是一个有机统一体，是人类社会过去、现在和未来的连接体，也是城市生产、生活和生态之间平衡或融合所形成的肌理和生境。

美国法学教授爱蒂丝·布朗·魏伊丝(Edith B. Weiss)女士在其80年代著作《公平地对待未来人类：国际法、共同遗产与世代间衡平》中，提出了关于环境的世代间平衡的三条保护原则[①]：

第一，要求各世代像将来世代在解决自身问题、实现自己价值之际不对可能的选择作不当限制那样，保护自然、文化资源基础的多样性。各世代有享有与前世代所享有多样性相当的多样性权利。该原则称为"保护选择"(conservation of options)原则。

第二，要求各世代要像继承不差于现世代地球状况那样维持地球质量，并有享受相当地球质量的权利。该原则称为"保护质量"(conservation of quality)原则。"保护质量"原则包括了多样性原则，两者互为补充。

第三，各世代应将过去世代继承遗产平衡的使用权赋予各成员，为了将来世代要保护这种使用权。该原则称为"保护使用"(conservation of access)原则。

环境的世代间平衡是指我们与现代的其他成员及过去和将来的世代一起，共有地球的自然和文化环境。任何时候，各世代既是地球恩惠的受益人，同时也是将来地球的管理者和托管人。今天的"可持续发展"思想，其内涵也包括了维系世代间公平的理念。

3. 日本的主动型环境保护运动——历史城镇保护

有关日本历史环境保护的情况，在本书饭岛第六章中有较详细的介绍，这里只就其概况做一点相关说明。依照日本环境社会学者饭岛伸子的研究，日本的环境运动按其历史和现状可分为以下四种类型[②]：①反公害——受害者运动；②反开发运动；③反"公害输出"运动；④环境保护运动。其中第四种类型是以保护建成环境为主要目的，包括历史建筑、街道格局、城镇景观等历史文化环境的保护，以及受英国影响而设立的以开展自然保护为中心的国民信托(national trust)基金和组织。

前三类环境保护运动，是抗议或反对伴随工业化和城市化而发生或可能发生的健康危害、生活破坏和环境破坏运动。而第四类环境保护运动是一种公众运动，也是主动型环境保护运动，以修复已遭破坏的环境为目的，避免可能发生的环境破坏，希望把地域环境或社区生活恢复到未被工业化和开发行为破坏前的良好状态。

第四类环境保护运动把更理想的环境作为运动的最终目标，是为地域社会的生活者、地球上栖息的所有生物以及将来诞生的新生命更有意义的创造性活动。但是在人类社会，总有一些群体把环境当作自己的特权加以利用，其结果破坏了更多生者的健康和环境，于是人们不得不修复遭破坏的环境。今后这种以修复被破坏环境为目的的环境保护还会继续下去。而且，人类社会发展到第四类型的环境运动能发挥实质性作用时，无论对人类还是地球上所有生物，其生存环境都将变成一个理想乐园。

历史环境对社区生活环境的形成极为重要，1970年代后期人们才开始普遍而自觉认识到这一点。从对公害问题追究法律责任开始，人们注意研究保护自然环境、舒适生活的相关法律问题。与此相应，对于具有社会文化特征的历史环境而言，在公民环境权的性质和构成方面具有共通性。历史环境最重要的构成要素为建成文化遗产。社会经济生活的急剧变革所带来的古墓葬、地下文物等历史遗构的破坏问题，已引起民众关注。

历史环境是属于民族的宝贵遗产，对它的保护是人类生存不可欠缺的条件。环境保护与反核维和行动目标一致是一个很重要的观点。日本科学工作者协会举办的第四届综合学术研究会，在"主题报告"中将公害、环境破坏界定为威胁人类生存的"慢性危机"，将核战争概括为"急性危机"，呼吁科学工作者参与环境保护和反核维和运动。对把环境破坏界定为"慢性危机"，把核战争概括为"急性危机"的这一分法，科学工作者会议内部也存在不同意见，但重要之处在于指出了环境破坏和核战争都是威胁人类生存的重大危机。从此，地方各类保护协会牵头进行的市民保护运动，在全国各地风起云涌。

今天，在一定意义上，环境问题是日本社会变革极重要的中心环节。在日本，尽管人们都在高喊"要珍惜环境"，但环境问题仍成了资本逻辑和生活逻辑尖锐对立的矛盾焦点。日本社会学专家甚至认为："不仅日本的资本主义在21世纪能否继续生存下去取决于资本一方能否实现由现行掠夺环境型经济体制向环境保全型经济体制转换。而且，以社会主义为目标的革命主体能否实现社会主义，也取决于他们能否提出解决环境问题的未来社会计划。"③

4. 城市保护的双重使命

有人认为，20世纪是环境破坏的世纪④。虽然，环境破坏并非始于20世纪，它同人类

① 转引自汪劲. 环境法律的理念与价值追求——环境立法目的论[M]. 北京: 法律出版社, 2000: 230~233, 97.
② 饭岛伸子. 环境社会学[M]. 包智明译. 社会科学文献出版社, 1999, 97.
③ 岩佐茂. 中文版序[M]//环境的思想——环境保护与马克思主义的结合处, 韩立新等译. 北京: 中央编译出版社, 1997.
④ 岩佐茂. 序[M]//环境的思想——环境保护与马克思主义的结合处, 韩立新等译. 北京: 中央编译出版社, 1997.

文明一道很早就存在，但其严重化则始于近代。在资本主义形成过程中，由于蒸汽机的发明，煤炭、石油的使用，发生了产业革命，环境破坏也日趋严重。但到19世纪为止，环境破坏还仅限于局部范围，而"全球规模环境破坏"正是从20世纪开始发生的。

20世纪，城市扩展往往以牺牲自然环境，消耗生态资源为代价。城市建设面临的基本矛盾是"保护与发展"，处于经济快速发展阶段的第三世界国家的城市，矛盾更为突出。今后，如何在发展中保护环境成为城市建设中的重要课题。

可持续发展理论作为20世纪人类认识世界的重要成果，是人类反思自身发展历程后新的发展观。城市可持续发展的概念具有巨大潜力和完整性，其实质包含着城市历史、自然环境保护与利用的重要课题。"可持续发展"是一个崭新观念。作为国际社会和各国公认的发展战略，它是人类社会在处理发展、环境、资源、人口关系上付出巨大代价后，为了人类未来生存和发展做出的唯一可行的明智选择，是人类发展观、自然观、价值观和道德观发生重大变化从而进入新文明时代的里程碑。可持续发展战略，可以实现保护和发展之间长期一致的和谐。

历史文化与自然生态两者是支撑城市持续发展的重要方面。1987年，联合国世界环境与发展委员会(WCED)发布《我们共同的未来》(Our Common Future)，即《布伦特兰报告》(The Brundtland Report)，将"可持续发展"定义为满足当代人需要而不妨碍后代人满足其自身需要能力的发展。城市历史保护正是要求在利用建筑遗产附加价值时不破坏其美学价值，并传诸后人。

目前，国内舆论和许多城镇都把"可持续发展"摆在城市开发、建设的首要位置。遗憾的是尽管"可持续发展"理论讨论热火朝天，但"'可持续发展'远不是眼下被关注的问题。其标志之一便是迄今为止'可持续发展'在中国几乎还没遇到什么异议。这说明它还远没有构成一种现实力量并足以触动现行的政策、体制与道德取向"[①]。所以，"可持续发展"不应成为平庸政客的口头禅、追求经济利益的时髦包装或没有具体行动的空洞口号。

可持续发展理论对"资源"的认识已不再局限于自然资源，而是包括了文化景观资源、人力资本(human capital)等更完整的内容，体现了人类对人与自然关系更丰富规律的认识，反映了人类理念的进步。可持续发展与城市保护应利用大自然的循环力量，以实现与城乡生态系统持续能力相适应的增长模式。可持续发展倡导自然及物质财产的保护和管理，特别强调保持生物多样性(bio-diversity)。世界各地大量历史城市正是由那些来自不同

---

① 郑易生，钱薏红. 前言[M]//深度忧患——当代中国的可持续发展问题. 北京：今日中国出版社，1998.

国家、地区、人种的人类群体共同创造的结晶，城市的特征通过文化多样性得到加强，这正体现了广义的生态多样性。

城市保护具有保护城市自然环境和文化资源的双重使命。这种自然与历史同一的理念，从世界文化遗产关于"文化景观"的标准中可见一斑，并与可持续发展理念一致。城市保护不再是单一的文物建筑保护，而是更多立足于尊重城市自然环境、历史文化轨迹，重新认识并充分利用"自然—经济—社会"复合系统中的存量资源，不断丰富城市内涵，这是城市保护的根本所在。城市可持续发展包括经济、社会及文化等方面。在现实中有活力的城市必须为经济提供发展机会，增加社会凝聚力，保障健康、安全的居住环境以及保持场所归属感和认同感。城市保护的目标与上述可持续发展目标相一致。

四、环境权与历史环境保护立法

1. 环境权思想的诞生过程

1970年3月在日本东京召开了国际社会科学评议会有关公害问题的国际会议(ISSC)。会上，美国环境法奠基人约瑟夫·L·萨克斯(Joseph L. Sax, 1936~2014)介绍了美国环境权问题最新进展，经过讨论，会议对环境权的属性和价值形成了一定共识，认为"在优良环境中生存是人的基本权利"。实际上，1969年日本东京都制定的《公害条例》中虽未使用环境权这一概念，但已提出了类似的想法。

以此为契机，1970年秋在新潟县举行的日本律师联合会第13次拥护人权大会上，仁藤一、池尾隆良两名律师提出了"过健康文化的生活"，"享受优良环境是环境权，这一环境权可看作是基本人权"的主张，引起了巨大反响。当时的公害对策还仅仅停留在对已发生的公害采取对症治疗做法上，而环境权的基本理念则以地方居民生存权为基础，保全环境，预防公害。因此，环境权受到了遭受公害影响的人们及致力保护环境者的欢迎并被寄予厚望。

1972年，在斯德哥尔摩举行的联合国人类环境会议上发表的《人类环境宣言》，以"人有在保持尊严与福利的环境中享受自由、平等以及幸福生活的基本权利"这一条款表明了环境权观点；1992年地球首脑会议《关于环境与开发的里约热内卢宣言》的"第一原则"也以"人类拥有与自然协调的、健康的生产和活动的权利"的形式写明了环境权。

环境权是公民享受、并可以支配良好环境的权利。每个公民都有维持健康文明生活、追求舒适愉快生活的权利。环境权属于人的基本生存权范畴，同时具有人格权特征。与环境权密切相关的还有日照(通风)权、居住(定居)权、眺望(景观)权等法学理念。环境权的确立、环境权思想的发展，赋予了居民对自然环境和社会环境拥有排他性支配权，若有破坏环境的现象发生，居民可立即加以制止。

我国《宪法》明文规定："国家保护和改善生活环境和生态环境，防治污染和其他公害"(第二十六条)，"国家依照法律规定保护公民的私有财产权和继承权""公民的人格尊严不受侵犯""中华人民共和国公民的住宅不受侵犯。禁止非法搜查或者非法侵入公民的住宅。"(第十三条、第三十八条、第三十九条)。城市规划建设、历史环境保护必须体现宪法精神、体现对人的关怀，要尊重和维护每个公民的环境权(包括居住权、日照权等)。也就是说，在城市中人人都应享有最基本的"住的权利"。再也不能默默忍受自然与人文环境的双重破坏与残害，甚至在恶性的房地产炒作下，连一间栖身的"空壳"也无从获得。

根据中国有关法律条文规定，公民的环境权(environmental rights)一般包括以下主要内容：

(1) 公民有在良好、适宜、健康环境中生活的权利。这是保障公民身体健康的首要条件，也是公民环境权内容的基本组成部分。具体包括：①宁静权，指公民享有不受噪声、振动污染的权利；②日照权，指公民有享受阳光照射不被阻挡的权利；③通风权，指公民有享受周围环境有良好通风条件的权利；④眺望权，指公民享有视线不被阻挡的权利；⑤清洁水权，指公民享有饮用清洁、卫生水的权利；⑥清洁空气权，指公民有呼吸新鲜、清洁空气的权利；⑦优美环境享有权，指公民享有对风景名胜区等具有特殊文化价值的环境观赏游玩的权利等。

(2) 公民有参与国家环境管理的权利。

(3) 公民有监督和举报污染破坏环境行为的权利。根据中国《环境保护法》规定，一切单位和个人都有权对污染和破坏环境的单位和个人进行举报。

现实的城市生活中，通过维护市民环境权来保护城市景观的事例，近年出现在青岛。2000年12月20日《齐鲁晚报》以"状告规划局、讨要'环境权'"为标题作了以下报道，青岛300名市民以青岛市规划局批准在音乐广场北侧建立住宅区，破坏广场景观，侵害了自己的优美环境享受权为由，将青岛市城市规划局告上了法庭。这一事件充分反映了我国市民对环境问题的关心和日益增加的环境权意识。

2. 舒适环境(amenity)的思想

amenity一词一般译为"舒适环境""舒适性""宜人的""宜居"等意思，原来是在城市规划理论中为确保居住环境舒适性而使用的概念。但是随城市"乱开发"，出现生活环境破坏现象，舒适环境思想与环境保护运动联系起来了。所以，舒适环境的思想与作为基本人权的环境权有直接联系。舒适环境思想以环境权思想为根据，并可看作是环境权思想的一个具体展开。

1977年，日本经济协作开发机构(OECD)环境委员会发表报告《日本的环境政策》，得出这样的结论："日本虽然在防止与排除公害斗争上取得了一定胜利，但在提高环境质量的斗争中还未尝胜果。"与此相对应，日本政府开始把环境政策重点从公害对策转移到舒适环境保全上来，1977年，设置"舒适环境座谈会"，并使之成为环境厅长官的咨询机构。

而把舒适环境思想纳入公害环境问题的是日本环境协会的《日本城市环境宣言》(第二次大阪会议，1980年)。该宣言称"我们确信有享受良好城市环境的基本人权"，"城市建设只有靠市民的自治才能取得成果"。这是"站在居民立场上的舒适环境宣言"。

在这一状况下，公害是在舒适环境丧失过程中发生，不彻底解决公害问题就不可能建立舒适环境，反对公害运动与追求舒适环境居民运动的协作、关联、结合，是80年代后半期日本的环境保护课题。在城市里增加绿化面积、创造将汽车驱逐出去的城市空间等舒适环境的主张本身可以说就是环境保护运动。

如果说环境权的根据在于生存权以及追求幸福权的话，那么作为基本人权的环境权当然也包括关心环境质量和追求舒适环境的思想。因为，舒适环境思想在努力创造宜人环境上比其他任何思想都更积极。追求舒适环境的市民运动，包含有发生在大城市的要求恢复自然的环境的运动；保护历史城镇的运动；追求城市文化复兴的运动等。

与此同时，市民环境运动从反对公害逐步转向不许破坏环境的自然保护以及改善生活环境的积极保护。认为环境权是基本人权、追求居住舒适环境的思想得到普及，防止环境破坏的环境影响评价(environmental impact assessment)等政策措施得以法制化。

城市环境品质与城市居民身心健康直接相关，城市空间形态对人的品格形成也有潜在影响。要通过立法在保护有形的、物质实体生活环境同时，还要保护与居民精神生活、文化传统有密切联系的人文环境。

3.环境保护立法理念的转变

环境问题随着人类进化和发展不断演变发展起来，其主要特点归纳起来有：① 环境状态改变的不可逆转性；② 环境危害的长期性；③ 环境资源的有限性；④ 环境要素的整体性；⑤ 环境问题的不确定性。

环境问题的出现是与整个人类社会和经济的繁荣发展紧密联系在一起的。破坏还是保全自然环境，很大程度上取决于社会民主的成熟度。资本主义社会，资本逻辑无休止地破坏着环境，对此赞成还是反对，与社会民主程度密切相关。考虑到这一点，我们不难发现环境保护运动本身对促进和发展社会民主至关重要。而且西方民众发起的环境保护运动促进了西方环境立法的发展。

《布伦特兰报告》指出："国家和国际的法律往往落后于事态发展。今天，步伐迅速加快和范围日益广泛的环境基础对发展的影响，将法律制度远远地抛在后面。人类的法律必须重新制定，以使人类的活动与自然的永恒的普遍规律相协调。"

传统的环境保护法、城市规划法的价值观与立法理念的基础是以人类利益为中心的，而且这种理念已统治了人类数千年。这种价值观在其权利本位上，把人类作为地球万物之首和大自然的统治者，即权利主体；而把大自然和人类生存环境作为被统治者，即人类权益的客体。确立现代环境法目的的价值观和理念基础，就必须实现两个转变：从"人类利益中心主义"向"生态利益中心主义"转变，从"人类利益优先"向"生态利益优先"转变[①]。而传统环境法，作为规范人的行为的治国工具，含有伦理、道德因素，却排斥人情，有关自然法则的内容更少[②]。

现代环境立法的目的应当是：在不排除保护人类自身权利与利益的前提下，确立"平衡世代间利益，实现经济社会的可持续发展"和"保护人类的环境权与生态世界的自然的权利"这两大目标。而国内现行城市规划和环境保护方面的法律，从整体上看多是"见物不见人"，缺少提高市民生活水准，维护良好生活环境，保障公民环境权的条文。市民只有遵守、服从城市规划和环境保护要求的义务，没有明确居民应享受的环境权益。这些不能不说是历史环境保护中的极大遗憾。

在国家机制、法规体系尚未完善时，将整体及可持续保护原则应用于工业化国家将面临很大挑战，尽管保护运动在大小政治层面上均有所展开。但关于促进这项实践的研究成果仍然表明，我们需要把历史保护在一定范围内作为一种保证(pledge)。目前，我国正在法治国家建设道路上迈进，而安全是法治最基本的价值。人的基本安全，意味着每个公民的人身权利和财产权利不受非法侵犯。也就是说，"法治下的秩序是通过个人权利的落实和国家权力的程序化、规范化而形成的和平状态"[③]。真正的法治，应保障每一个人都有不受侵犯的私人活动领域。

---

① 此为汪劲《环境法律的理念与价值追求——环境立法目的论》一书的研究结论。
② 此为汪劲《环境法律的理念与价值追求——环境立法目的论》一书金瑞林所撰序，3.
③ 董郁玉. 推进政治体制改革、建设法治国家[J]. 方法，1998 (3)，8.

第二章 历史遗产保护与城市特色维护

城市特色是建成环境物质形态与地域文化的综合构成，是特定条件下的城市符号系统所形成的差异性特征和人们的视觉认知过程。多数情况下，城市特色并不是那些短时打造的标志性建筑和奇特景观，也不是那些鼓舞人心的口号和图像，而是已成为集体记忆和日常体验的真实生活场所。城市的空间形态是城市市民生活习惯和社会关系赖以维系的物质基础，作为物质生活空间的历史环境被破坏，"意味着把人类几个世纪的合作和忠诚一笔勾销"。保护地域文化赖以生存的物质环境，是城市特色维护的基础，而不是以城市现代化的名义重塑城市物质空间环境甚至破坏历史环境，从而导致城市特色的丧失和历史文化的衰灭。

　　城市特色由建成环境和生活空间的意象与场所精神具体体现，是城市的功能结构、社会的经济文化、地域的自然历史在空间上的综合反映。城市特色与社会生活和历史风貌息息相关，特色风貌等视觉形象蕴含着人与社会的内在关系，反映了地区文化的历史积淀。城市魅力，由城市的历史文化积淀、空间肌理文脉和生活环境细节形成，得到广泛认同、充满魅力的城市特色只能是长期培育的结果。

　　未来，城市空间和建成环境的规划管理，无论是更新改造、还是保护改善，都应当更加关注城市物质环境空间和非物质的生活文化的多样性、包容性，注重城市环境应变性(responsive)能力的提升。与之相应，需要更加关注城市更新实践的文化导向、社会公平和空间公正，积极推进城市有机更新，在存量规划实施和管理过程中促进全方位公众参与相关实践探索。

一、城市特色的含义

　　城市特色是一定时空条件下，城市社会为了自身的生存和发展，以当时所达到的文明手段，利用自然、改造自然所创造的有别于其他城市的、物质和精神成果的外在表现形式。一个城市的特色是它区别于其他城市的符号系统，是其个性特征的真实反映。正如刘易斯·芒福德(Lewis Mumford)在论述先古城市形式时所言："城市都具有各自突出的个性，这个性是如此强烈，如此充满'性格特征'，以致可以说，城市从一开始便具有人类性格的许多特征。"[①]

　　城市特色是人们对一个城市内容与形式的特点，褒义的、形象性、艺术性的概括。城市特色是城市作为审美对象的审美特征，是一种能为人们的感官所感受，并能够由感性认识上升到理性认识，获得对该城市所具有个性风貌特点认识的一种感性特征[②]。因而，城市物质环境特征是城市特色极其重要的组成部分，它包含着深刻的社会内涵，与政治、经济、社会、文化、科学技术、思维方式、价值标准等多种因素相联系。

一个城市的特色，多经历了几十年、几百年乃至上千年的积淀而成。形成难，毁坏易，一朝损毁，数十载难以恢复，甚至根本不可能恢复。每个城市的特色同样又不能移动和相互替代，是各自城市历史与文化的积淀，是由市民从感知、认识到认同的过程。现在的城市问题是，一方面，在自身发展过程中不注意维护和塑造城市特色；另一方面又热衷于修建新的标志性建筑、城市广场和形象工程，导致城市面貌千篇一律，城市特色迅速消失。可以说世界范围内，城市普遍出现了"特色危机"(identity crisis)和"故乡丧失"的问题。

1980年代初，我国城市规划界前辈任震英先生等人就发出了"城市要发展、特色不能丢"[3]的呼吁，四十多年过去了，情况不仅没有多少好转，而且特色消亡的局面似乎更为严峻了。现在的规划设计越来越注重理性调控，注重城市的功能和时效性，忽视城市历史文脉和场所精神(genius loci/spirit of place)的把握与体现。在旧城改造中，本来富有地方特色与人情味的地区，没有针对城市的形成历史与形态特征，进行仔细调查研究和分析评估，就进行规划设计，沿街历史建筑一下子都成了"违章建筑"，不是正在拆除，就是将要改造。每一座城市的规划思想、设计方法、管理模式和规范标准愈加单一与趋同，开发建设的城市空间、街道面貌怎么可能避免千篇一律(sameness)呢(图2.1)？

维护历史城市空间与建成环境的固有品质，对保护与提升城市的历史特色及美观有着非常积极的意义。所谓中国特色的城市建设，必须经由历史遗产保护才能实现。文化传统、历史环境是城市特色中的关键因素，有历史的东西存在才会让我们感受到这个城市的风格及其真正的历史文化价值。就像老人脸上有岁月留下的痕迹，这是其整个人生中非常重要的写照。一个真正有特色的城市并不全由新的、光亮的高楼大厦构成，而是借着具有历史价值的老建筑突显其城市风格。"城市的主要功能是化力为形，化能量为文化，化死物为活灵灵的艺术形象，化生物繁衍为社会创新"，"最优化的城市经济模式应是关怀人，陶冶人。"[4]而人类正是凭借城市发展这一阶梯，一步步提高自己，丰富自己，甚至达到超越神灵的境地。

① 刘易斯·芒福德. 城市发展史——起源、演变与前景[M]. 倪文彦、宋俊岭译. 北京: 中国建筑工业出版社, 2005, 85.
② 马武定, "城市特色"问题再议[J]. 城市规划, 1991(4).
③ 任震英、任致远. 城市要发展、特色不能丢[J]. 城市规划资料汇编, 1980(总No.9); 城市要发展、特色不能丢(续)[J]. 城市规划汇刊, 1985(2).
④ 刘易斯·芒福德. 城市发展史: 起源、演变和前景[M]. 倪文彦、宋俊岭译. 北京: 中国建筑工业出版社, 2005, 582.

图2.1 千城一面，名"城"实亡(李忠关翔，中国漫画，1999.11)

美国学者H. L. Garnham在《维护场所精神——城市特色的保护过程》一书中，阐明了构成城市识别性的主要成分为：①实体环境特征和面貌(Physical Features and Appearance)；②可观察的活动和功能(Observable Activities and Functions)；③含义或象征(Meaning or Symbols)。他认为鲜明的特色与强烈的地方感受取决于建筑风格、气候、独特的自然环境、记忆与隐喻、地方材料的使用、技艺、重要建筑和桥梁选址的敏感性(Sensitivity)、文化差异与历史、人的价值观、高质量的公共环境、日常性和季节性的全城活动等方面，可见城市特色问题涉及面之广。

城市特色构成的实体形态要素包括以下几方面：① 自然环境(natural environment)，② 母体建筑(matrix building)，③ 标志性建筑(landmark building)，④ 城市规划布局(urban planning)。自然环境指城市中的山峦、河流、湖泊、公园、绿地等；母体建筑指城市的一般民用建筑物及组合方式，如北京老城的四合院及胡同、上海的石库门里弄等；标志性建筑指具有象征性的公共建筑，如图书馆、博物馆、剧场、庙宇、车站码头等；城市规划布局指对城市建筑与环境、城市道路与功能的关系，城市母体建筑与标志性建筑的关系，在空间上的协调等设计管控。

二、水——城市的生命与灵魂

1. 城市的自然景观与文化景观

《论语》有"知者乐水、仁者乐山"之说。"如果说山与大多数城市有关，则水与所有城市有关。"[1]古代的城市选址、规划布局受风水思想影响很大，讲究"藏风得水"，"依山者甚多，亦须有水可通舟楫，而后可建，不然只是堡塞去处。"[2]"凡立国都，非于大山之下，必于广川之上，高毋近阜，而水用足，下毋近水，而沟防省。"[3]可见对城市选址而言，"水"比"山"更为重要。充足的水源是城市选址最重要的必备条件之一，城市发展一刻也离不开水，城市的历史文化也与水息息相关。

英国艺术评论家、伦敦设计博物馆原馆长迪耶·萨迪奇(Deyan Sudjic)在《城市的语言》(*The Language of Cities*)一书中指出，水是每个城市的核心。"水为所有城市赋予生命。水让污染处理系统得以实现，也定义着城市的边界。没有供水，城市就会停止生长。寻求控制稀缺水源的城市会试图吞并水源所依附的土地。水，以河流和港口的形式为城市带来贸易，以及使之兴盛的居民。"[4]

城市之水既是自然的，也是人工的；既是物质的，又是精神的。水对于城市生态系统至关重要，它制约着城市经济、社会的发展规模和发展速度，水体污染直接影响城市的水质和水量，水的循环过程维持了地球上一切有生命的东西，人类生活在为水所支配的自然体系中，并由此生存下来，同时得到心灵的慰藉。水的功能往往表现出多层次性，人们无论是从精神上或肉体上与作为基本生存条件的水都有着深切的关联(图2.2)。

事实上，由于人的活动和影响，城市之水已非纯自然景观，而演变为城市的文化景观(cultural landscape)。正如哈特向所言："在任何地方只有一个景观：如果那里没有人，就不能是文化景观；如果人已进入了舞台，自然景观就一去不复返了。"[5]所以，保护城市之水不仅是自然、环境、生态方面的需要，而且还有文化、景观、美学方面的意义。考察人类对水的利用，可以发现水文化的诸关系(图2.3)。

---

[1] 杨春淮. 城市景观规划的理论建构与方法探讨. 黄石市规划局科研报告, 1987.
[2] 转引自何晓昕. 风水探源[M]. 南京: 东南大学出版社, 1990.
[3] 管子·度地
[4] 迪耶·萨迪奇著, 城市的语言[M]. 张孝锋译. 北京: 东方出版社, 2020: 68.
[5] 转引自王恩涌. 文化景观[J]. 地理知识, 1990 (7) : 27-28.

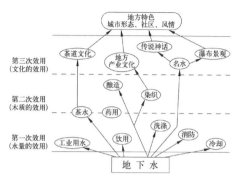

图2.2 水的效用(以地下水为例)

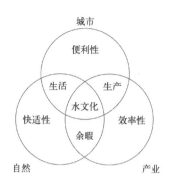

图2.3 水文化的关系

2. 水景观的保护与创造

河流孕育着城市的生命,酝酿着城市的灵气,蕴藏着城市的历史。"自古以来,人类的文明与水共存。人类在河流、湖泊之滨,发展起富有'水与绿'的城市。"①(图2.4)世界上著名的水都——威尼斯、阿姆斯特丹、苏州自然是一刻也离不开水的,其他一些历史名城亦伴随河流而成长,如伦敦—泰晤士河、巴黎—塞纳河、罗马—台伯河、佛罗伦萨—阿诺河等。伦敦离不开泰晤士河、伦敦塔、威斯敏斯特、特拉法加广场,乃至伦敦城内的圣保罗大教堂也或多或少受到这条河流对城市建设的影响。流经布达佩斯的多瑙河把城市分为两部分,同时又把城市联合成为建筑与环境统一谐调的整体。世界上许多城市的景观特色在于其令人流连忘返的"城市倒影",这些城市的景观与水完美契合。

水城威尼斯位于意大利东北部,全城以一条长45公里的运河为"主街",177条水路为"支街",加上2300条水巷、428座桥梁,成为闻名世界的水城(图2.5)。1987年,威尼斯及潟湖以符合文化遗产的6条标准被列入《世界遗产名录》。而污染和风化也一直威胁着其杰出的建筑和艺术遗产。水陆两栖生活对威尼斯人

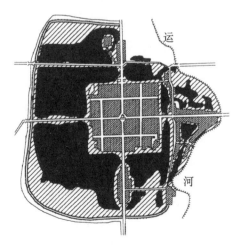

图2.4 山东聊城老城与水体的关系

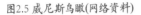

图2.5 威尼斯鸟瞰(网络资料)

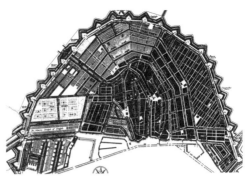

图2.6 阿姆斯特丹平面图(西村幸夫, 1997)

来说并不陌生。由于亚得里亚海海面升高和城市地基下陷，1500年来威尼斯城一直在缓慢下沉。数个世纪来，洪水逐渐侵蚀着威尼斯16世纪建造宫殿的地基，潮湿多盐气候也威胁着堪称无价之宝的壁画等艺术杰作。最近几年情况尤为危急。2000年圣诞节期间，威尼斯城经历了一次前所未有的17天紧急状态。其严重程度终于迫使意大利政府在拖延数十年后决定立即采取措施拯救威尼斯：把威尼斯易受水灾区圣马可广场加高0.1米，修缮城市地下排污系统等。还有一项把威尼斯与亚得里亚海隔开的摩西计划：当海潮高度超过1米时，将升起79个水下闸门，把威尼斯潟湖与亚得里亚海暂时隔开。尽管该项工程耗资巨大，为了抢救人类的共同遗产，意大利人一直在为此努力。

荷兰首都阿姆斯特丹，城内有100多个小岛、100多条运河和1000多座桥梁，河道四通八达，游艇无处不到。阿姆斯特丹是从一个叫阿姆斯特尔(Amstel)的小河河口居民点发展起来的。早期在河道周围开凿了一条三面环城的运河并筑有城墙，构成了以后城市河网的最初骨架。从16世纪开始，人们就在这个基础上陆续规划开凿了若干条同心圆式运河，河道宽20多米。然后再用几条自老城中心放射出去的运河和街道将其联系起来，形成一个严谨整齐的蜘蛛网式的结构(图2.6)。这里房屋都建在木桩上，王宫靠13659根木桩作为基础来支撑。由于这里每星期要换两次水，同时禁止污水排入河道，所以河水清澈。

历史上，国内一些城市的河流曾经水体严重污染，水系横遭破坏。不仅是水城苏州、绍兴的状况不堪，其他大城市也是如此。以上海为例，1980年代末，苏州河浙江路段水质污染严重，在全国主要河流105个被评价的重要河段中，是其中2个达到5级水质的河段

---

① 大阪国际水都市长会议精神

图2.7 原福新面粉厂(郑宪章摄)

之一。主要污染物挥发酚、大肠杆菌和氨氢浓度已分别超过国家标准14.6倍、237倍、6.1倍，黄浦江水质状况也令人甚忧，吴淞口段水质已达4级，只能满足农业灌溉^①。经过近30年环境治理，苏州河水质有了极大改善，值得欣慰。可是，滨河地区的高强度房地产开发，对美丽的苏州河岸又带来了新的威胁。

　　历史上相当长一段时期，上海的发展沿苏州河由东向西推进。苏州河两岸恒丰路以西地区，为近代上海民族工业集中的沪西工业区。远东最大的机器面粉工厂——福新面粉厂就诞生在此(图2.7)；化学工业家吴蕴初创办的天厨味精厂，为中国最早的味精厂；30年代建设的上海啤酒厂由著名建筑师邬达克(Laszlo E. Hudec，1893~1958)设计；上海造币厂、中华印刷厂等都是本行业早期代表。还有横跨苏州河的一座座桥梁，也是反映上海发展变化的一个侧面。

　　在城市规划建设特别是旧城改造时，要善于发现城市与建筑环境中变化缓慢或基本稳定的那些特点，因为它们构成了不同的城市特色类型。就正进行的苏州河改造工程而言，对这一历史地段的环境整治，应与新区开发建设不同，必须非常敏锐地对待现存环境的一切。我们面对的是承载上海近代产业兴衰的一段历史河道，这是其独特场所精神之所在。苏州河沿岸历史环境理应予以保护性开发利用，使其死而复生、价值重现。今天，苏州河的航运功能正逐步淡化，其生态环境和文化景观上的潜在魅力将取而代之。因此在大力治理苏州河污染、更新改造两岸工厂仓库的同时，切不可遗忘自古以来人类文明就与水共存，城市的历史文化也与水息息相关。苏州河作为上海百年发展，特别是城市工商业发展的一种历史记忆，苏州河沿岸产业建筑遗产既是工业发展的缩影，也是城市发展的历史见证。工厂、仓库、码头、货栈、桥梁、弄堂、古旧建筑是珍贵的历史遗存，是不可再生的文化资本，是亟待开发利用的景观资源。如何保护与开发利用，是城市规划、旧城改建中必须认真思考的问题。

3. 水精神的体现

"逝者如斯夫"，历史就像滔滔东去的河水，一去不复返。但江河流水之间又有某种连贯性、继承性，有源有流，前后相继。

人类起源于水，人的躯体之内大部分是水。古人云："人，水也。男女精气合，而水流形。"[②]水在人的生理过程中起着重要作用，我们需要经常接触生存环境中的水，如不珍惜所有各种形状的水域，地球上就不会有水了。水是生命之源，也是城市的命脉。河流作为在城市中残留下来的宝贵自然空间，既是城市的自然遗产，也是社会的文化遗产。今天，人们开始强烈要求与水接近，城市滨水区开发或再开发在各个方面开始为人们所关注。

如果说过去河流孕育了古老的文明，而今日河边时代再次开始了。水面对调节和改善城市气候，担负行洪排涝任务，美化城市景观，丰富城市生活，维护城市特色，甚至在烈日炎炎的夏日里，给人以清凉、舒适和爽快的感觉方面皆有积极作用。

就城市而言，对水的保护与利用是一个大的系统工程，包括水体保存 → 水质保护 → 水系维持 → 水环境治理 → 滨水区开发 → 水景观设计 → 水空间营造 → 水活动组织 → 水文化展示等在内的系统工程。

城市中不仅要有水，还能见水(visible)，能参与其中(accessible)。如果说感受(apperception)是经验的，那么信息交流就是参与性的。在人与河流、与水分离现象日趋加剧过程

---

① 苏州河浙江路段水质污染严重已达5级[N].劳动报，1989.6.17.
② 《管子·水地》

中，期望能产生一个人与水、与河流共生的局面，出现"知水""亲水""敬水""爱水"的良好倾向。

过去，城市滨水区多为工业码头、仓库、货栈、工厂、道路占据，造成"有水之处难见水，能见水处水难见"的现象。近年由于对洪泛之畏惧和对水域发展认识的偏颇，许多城市的滨水空间越来越没人情味。例如上海的黄浦江沿线208公里防汛墙(包括外滩地段)按千年一遇标准，由5.8米加高到6.9米，造成河流与城市发展及人民生活在文化上、景观上之严重阻隔。无论对外滩的环境，还是对滨水区(waterfront)特色都是重大损失。

"水者何也，万物之本原也，诸生之宗室也，美恶、贤不肖、愚俊之所产也。"[①]水作为生命之源，本性柔弱、能方能圆，顺乎自然、而不强求，正所谓"上善若水"也。人对待水的态度应该有"水的精神"才好。

"重新认识这个老朋友——'水'，发展它的潜力，相信未来之水域发展将是融合游憩、休闲、娱乐与社经发展之都市建设核心。而如何智慧地运用这一资产，将是你我今后之挑战。"[②]保存天然水面和河流并流经全市，水系将城市像网一样网起来。"实现人与水的相互接触，建筑根植于水的循环并有机结合起来的水域网络，将有利于稳定、安全充裕的国土和城市的形成。"[③]滨水活动是城市生活的重要组成部分，人对水表现出的亲水感是人的一种天性。

三、城市形态和空间特色的保护

1. 城市形态——时代成就的体现

城市是人类文明程度的高度体现。著名建筑史学家西格弗里德·吉迪翁(Sigfried Giedion，1888~1968)就曾告诫人们："只有城市的形态才能确实地表现出一个时代的建筑成就，以及在那个时期人们组织自己生活的能力所达到的水平。"[④]城市形态是人类社会经济活动在空间上的投影，是城市社会、经济、文化的综合表征，是在特定地理环境和一定的经济发展阶段中，人类各种活动与自然环境因素相互作用的综合结果。

---

①《管子·水地》
② 张隆盛.水是都市的生命[J]. (台) 建筑师, 1987 (10) .
③ 日本综合研究开发机构.事典·90年代日本课题[M].北京: 经济管理出版社, 1989.
④ 转引自饶戎.整合中的都市与建筑[J].建筑学报, 2000 (9) , 33.
⑤ 参见武进.中国城市形态: 结构、特征及其演变[M].南京: 江苏科学技术出版社, 1990.

"城市形态是人类社会、经济和自然三种环境系统构成的复杂空间系统，反映了过去和现在城市文化、技术和社会行为的历史过程，是城市历史文化的综合表征。其构成要素可概括为道路网、街区、节点、城市用地和发展轴等可见物质实体以及其他无形因素。"⑤城市形态的发展是一个漫长的历史过程，现存的城市形态是不同历史阶段城市形态的积累，其变化总是以原有的形态为基础，并在空间上对其存在依附现象，因此，城市形态具有连续性，历史上形成的形态将对其后的发展长期产生重要影响。

　　然而，今天我们城市许多富有历史意义的平面结构、城市意象正在被破坏，这既是现代城市建设的失误，也是一个深刻教训。这种破坏主要表现在两方面：一是城市规划展望未来多，研究过去少，新的总体规划布局与过去形成的传统形态没有任何关联，缺乏对过去、对历史的理解和尊重，中断了空间上的历史延续性，破坏了城市文脉关系，在新旧城区间人为制造了"断裂带"；二是盲目追求"豪迈壮观的蓝图"，城市规划总少不了"大广场""大转盘"，"大方格、宽马路、短支路"的路网模式比比皆是，甚至强行将旧城区历史形态纳入规划中的放射加环路或其他什么模式路网中，对旧区道路一味拓宽取直，忘记

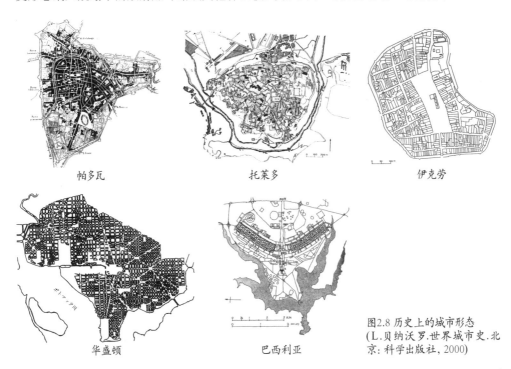

帕多瓦　　　　　　　托莱多　　　　　　　伊克劳

华盛顿　　　　　　　巴西利亚

图2.8 历史上的城市形态
(L.贝纳沃罗.世界城市史.北
京:科学出版社, 2000)

了"在城市规划上，应以人的尺度作为出发点。"①其结果必然导致历史地区丧失，场所精神瓦解，城市特色消亡。

在历史长河中，由于生产力水平不同，经济结构、社会结构、自然环境不同，以及生活方式、科学技术、民族文化、心理和交通等因素影响，形成了城市某一时期特定的形态特征。有建筑史学家甚至认为："城市发展史可以被解释成为几何形式(独裁政治和官僚政治必然遵循形式)和自由形式(适合人们生活的形式)的冲突史。"②(图2.8)

18世纪前，西欧城市发展缓慢，手工业生产方式和与之相联系的社会结构和生活方式长期以来没有多大变化。产业革命后，情况有了很大改变，社会化大生产出现、商业经济的发展、社会生活方式的改变，特别是现代化交通工具的出现，对城市格局和空间形态提出了新的要求。例如城墙的历史作用已消亡，原有路网面临交通方式改变的冲击。在这种形势下，如何处理好这些关系，对保护城市传统格局和空间形态无疑具有重要意义。

作为城市传统格局的重要组成内容，历史上形成的路网对城市空间形态构成有举足轻重的影响。由于保护传统路网格局对维护城市空间特色意义重大，因此国外城市一般都不轻易改动历史城市的路网结构。1666年，伦敦大火毁掉了老城80%的街道。在讨论重建城市的方案时，当时的著名建筑师克里斯托弗·雷恩(Christopher Wren)、伊夫林(John Evelyn)和胡克(Robert Hooke)三人曾分别向国王提出了重新划分街道的建议，但均未被采纳。尽管其中有商业利益的考虑和财产所有权等问题影响，但也说明对城市历史结构和平面形态问题一般持慎重态度。③

2. 形态拼贴与结构整合

城市的平面形态往往决定着其空间形式，代表着一个城市的成长与演变，也代表着该城市的地理与空间特色。每一座历史悠久的城市皆显示出其独特性格，是城市与其所处世界相适应时的一种特殊表现方式，反映城市与环境间的关系，是一个社会概念；同时又是城市对所处环境进行探索的品性与本质，是一种精神状态。譬如：人在纽约市街上步行的

---

① M·贝歇尔. 关于城市规划问题.

② 布鲁诺·赛维著. 席云平等译. 现代建筑语言[M].北京: 中国建筑工业出版社, 2005.

③ 王瑞珠.国外历史名城总体规划中的几个问题(二)——名城传统格局及空间形态的保护[J]. 城市规划, 1992 (4).

④ 桢文彦.城市哲学[J]. 世界建筑, 1988 (4).

⑤ 有关上海"拼贴城市"的论述，参见拙文"近代上海城市特征分析"[C]//第四次中国近代建筑研讨会论文集. 北京: 中国建筑工业出版社, 1993.

图2.9 行人在不同街道上行走的感受(Francis Tibbalds. *MAKING PEOPLE-FRIENDLY TOWNS: Improving the Public Envionmentin Towns and Citse.* Longman House,1992)

体验，不同于在旧金山或威尼斯街道上步行的体验。同样，在北京大街上漫步的感受，也不同于在上海或苏州街巷活动时的感受(图2.9)。

　　"城市的结构其实就是一种为存在于地域社会的特有文化中的集团意志所左右的构图。正是由于这方面的原因，城市的结构与单体建筑不同，它的构图形态更富于传统性和习惯性。"④在历史进程中，城市由不同时代的建造层积形成，从形式上看很像拼贴画，如果我们不了解它存在于城市社会中纵横交错文化网络中每个节点的含义，也就不可能形成对城市形态的真正认识。

　　以上海为例，由于近代政治、经济社会方面的多元格局，决定了上海城市形态的典型拼贴形式，反映出多元并存的空间特征，从文化尺度看，似乎中国传统的城镇与近代城市是两个不同系统，前者为农业文化之自然产物，后者是西方近代社会在技术革命后的结果。上海多元共存的城市形态与风格迥异的建筑物，使城市呈现出鲜明个性——"拼贴城市"⑤。

　　老城厢为典型中国传统封闭式县城格局，城周九里、城门有七，"城内街衢狭隘、车马不通"，街巷尺度很小，体现了"小空间"的价值与情趣。公共租界的市容风貌、建筑风格反映了外侨的影响，明显与中国城区不同，出现了现代资本主义特征的商业街和新型市

图2.10 上海老城厢、苏州河边棚户区、五角场放射路网、原租界典型里弄住宅肌理(左起，Google earth)

中心区。租界的道路骨架为棋盘方格路网形式，虽然考虑了机动车行驶，但商业功能及地价因素影响更大，为了增加临街店面，路网密度极大，英租界棋盘街一带，道路间距只有40米左右。江湾五角场地区按照"大上海都市计划"中新市中心格局建设，道路网采用放射路与小方格相结合方式，是当时规划设计中的时髦形式。虽然由于时局变化，该规划未能全面实施，但干道网所形成的平面格局在城市中还是留下了历史印记(图2.10)。

由于历史原因及社会、经济条件的变化，上海的城市形态已有很大变化，但这种存在于地域社会特有文脉中、由集团意志与客观规律所左右的构造形式，富于传统性和习惯性，直到今天，我们依然可以发现这些街巷空间的形式特征，感受到不同场所的个性与情调。

意大利建筑家阿尔多·罗西(Aldo Rossi，1931~1997)认为：城市的组织构造(fabric)由两种元素构成，其一是由建筑物形成的街道和广场而组成城市的结构(texture)；其二是纪念物(monuments)，即大尺度建筑，两者带给每个城市独特的个性，体现城市的记忆(The Memory of the City)。因而在一个原有的城市，特别是在老城区进行改建，应当尊重城市原来的组织结构，如同织补一块衣料或毛毯一样小心谨慎(图2.11)。并且，"对于城市规划，把城市一部分一部分有效地衔接起来，并不一定能使城市结构更为有效地发

图2.11 锡耶纳中心区(Francis Tibbalds. *MAKING PEOPLE-FRIENDLY TOWNS: Improving the Public Environmentin Towns and Cites.* Longman House,1992)

挥作用，而将城市各部分加以保护，常常可以使城市结构更为有效"[①]。

3. 城市肌理与传统街巷

与其他城市一样，历史名城空间形态的形成，可以分为有机生长和规划建设两大类别。文化名城一般都具有悠久的历史，开始阶段很多只是中心区或宫殿庙宇部分经过精心设计而形成，其他部分则按有机生长方式通过长期的自发演变，逐渐形成。历史上的城市发展一般比较缓慢，发展中遇到的各种问题在长期演化过程中逐渐协调和解决，即使有些规划建设，也只限于美化城市面貌的老城改建之类。只是到产业革命后，城市迅速发展，新城和老城关系问题才变得更加突出。在这种形势下，及时确定城市的总体布局结构，明确老城地位和主要功能划分，确定城市用地发展方向，就成为城市规划中首先面临的战略性问题，也是名城保护工作中首先要解决的问题。

在解决历史城市的问题时采取的任何新方法，都应以古代的基本思想为依据，因为古代城市就是在同样思想的指导下，建成其物质秩序。今天的城镇之所以杂乱无章，其真正原因恰恰在于放弃或遗忘了这些原则。在历史城镇中，过去为公众共享的滨水空间、步行空间和开敞空间远比今天丰富，因此需要在古城中恢复向人们提供某些最基本的东西。

对传统街道进行保护、更新和改造，难度较大。在历史城市中特别是有价值的历史街区，一味拓展机动车道宽度，修建城市高架路，在人们享有交通便利的同时，新建道路将原有城市肌理破坏殆尽，与原来的城市风貌及建筑尺度产生严重冲突，城市景观被肢解成碎片。城市外部空间处于无序的混沌状态。在解决旧城道路交通问题时，首先应认识到城市是一个活动肌体，要求历史上形成的路网一成不变是不现实的。国外实践证明：在保护传统道路系统，在解决交通问题方面，作用最大的还是城市地铁；发展城市公共交通，减少私人交通量，作为一种辅助手段，往往能取得很好的效果。

对威尼斯和阿姆斯特丹这样的水城，保护水网是城市格局保护的重要方面，街道格局保护的各项原则同样适用。可能由于河道拓宽和改道比地面街道更困难，以舟代车的威尼斯很早就已实行航速分行原则：大运河上行驶快速船；支线运河上行驶慢船。它们和陆上人行道网络一起，在保持临水城市特色的同时，形成了完整的交通体系。阿姆斯特丹还建设了城市铁道和地铁，而在街道狭窄的老城区，基本以步行和自行车交通为主。

总之，维护城市的形态特征实际上已包含维护历史建筑的意义，一个城市街道空间的

---

① 史密森语，转引自刘滨谊，新的探索——史密森夫妇近况[J].时代建筑，1989 (3) .

特色与两旁建筑的高度及立面形式关系密切。最好的路线应导致综合效益最大而社会损失最小。在老城内开辟新干道，必然会影响老城的传统格局和空间尺度。苏州古城干将路的开辟与拓宽严重损害了古城传统空间特色，街道拓展使街道、建筑和河道的空间尺度发生变化。在城市设计过程中，设计一个街道空间，除了维护及加强城市形态特征外，实际上几乎等于是如何维护及强调两旁历史建筑，以及其他新建筑与历史建筑的相互配合与协调。

城市肌理对城市建筑有着极大控制力，无论建筑的解决方式多么出色，都无法克服其所在城市肌理的限制。保留城市肌理个性化的价值形态，是激发城市建筑创作活力的源泉，它是建筑在城市空间深层结构上的形态依据，为建筑设计提供了场所暗示及场所空间的内在逻辑，是建筑设计的切入点。

四、历史地段和历史保护区

1. 历史地段的概念

当历史保护从文物建筑保护走向历史文化环境整体性保护时，一个极为重要的概念"历史地段(historic district)出现了。历史地段是指那些地域建筑风貌比较完整，空间格局和街巷景观具有一定历史特色，与居民的集体记忆和情感有一定关联的地区，包含具有一定历史特色景观和空间意象的地带。历史地段反映了社会生活和文化多样性，在自然环境、人工环境和人文环境诸方面成为城市历史的活的见证(living witness)。国内与之相关的概念还有"历史文化街区""历史风貌区""历史建筑群""风貌地区""传统风貌地区"以及"历史文化保护区"等。"风貌"一词往往让人只注重建筑的外观、外貌，"传统"常常代表古老的中华文化，"建筑群"则难以反映环境特色和关联性。比较而言，"历史地段""历史文化街区"能更全面、更灵活地表达历史环境的整体意义。

历史地段的保护是对历史环境全面整体的保护，也是对城市特色的维护。活的历史地段至今仍在城市生活中起着重要作用，它们在千百年的历史长河中不断积淀、发展，有很强的生命力，最能体现城市特色，也是文化旅游中最吸引人的场所。保护好历史地段，对当地居民也十分重要，能提高人们的文化素养，推动精神文明建设，增加民族自豪感，增强城市活力。

"人类的每一种功能作用，人类相互交往中的每一种实验，每一项技术上的进展，规划建筑方面的每一种风格形式，所有这些，都可以在它拥挤的市中心区找到。"[①]然而，城市中心历史地段改造实践中的某些现象，严重损害了城市环境中已形成的面貌，一些具有历史文化价值的城市景观和整个地段成了牺牲品，居民们已认不出原来习以为常的城市环境，同一性功能遭到破坏，从反面也证明了历史地段保护的重要。

与文物古迹保护相比，历史文化街区保护有着更广泛的现实意义，作为国家公布的历史文化名城在国内外均有重要的影响力，数量可能不会太多。而历史地段可在同一城市进行比较性分析研究，对历史相对久远、历史建筑比较集中、有地方特色的地段，可由市、县人民政府核定公布。

历史地段/历史街区保护，受到社会、政治、经济、文化等方面影响，在一个封闭式缓慢发展的社会，历史地段的变化往往很小；反之，在一开放型、经济迅速起飞的社会，历史地段常常遇到巨大压力。在现代社会中生产方式、交通运输、生活方式的急剧改变，都不断破坏原有城市包括历史地段的结构与形态，正如有人所言："城市建筑，是以破坏为前提的建设。"因而，对历史地段的保护，不是把它看成一成不变的现状冻结，而是对长年累月蓄积下来的物质、技术和精神方面的遗产有一个历史的、正确的评价和继承。

《华盛顿宪章》指出："所有城市社区，不论是随时间逐渐发展起来的，还是有意创建的，都是各时代社会多样性的表现。""历史城区，不论大小，其中包括城市、城镇以及历史中心或居住区，也包括其自然的和人造的环境。除了它们的历史文献作用之外，这些地区体现着传统的城市文化的价值。""这些文化财产无论其规模多小，均构成人类的记忆。"

在历史文化街区中，可找寻到城市发展的踪迹和印记，将这些踪迹和印记整理出来并再现这一发展脉络，在现代城市建设中着意经营、强化，就能延续和继承城市历史，脱离浮浅和庸俗的格调，提高城市文化内涵。因而，城市特色保护的重点在于历史文化街区的保护与复兴。通常情况下，城市中的历史遗产或特色风貌往往差别很大，应按其不同特点和情况，划定一定的保护范围，针对构成城市特色的、不同的风貌地区采取针对性的保护对策措施。

2. 保护区的划定与规划控制

历史地段保护最重要的内容之一就是划定保护区(Conservation Area)，历史保护区是为保护历史地段的整体环境，协调周围景观，而划定一定范围的建设控制地带。由于历史地段的多样复杂性，决定了保护区范围划定的灵活性，必须根据具体情况因地制宜确定，历

---

① 刘易斯·芒福德. 城市发展史：起源、演变和前景[M]. 倪文彦、宋俊岭译. 北京：中国建筑工业出版社，2005，573.

史地段在特殊情况下可能就是文物建筑等文化遗产(Heritage)占地范围本身,有时可能是一处场地(Site),或者一个完整街区(Block),甚至可以是整个历史城镇(Town)。一般而言:保护区≥历史地段≥文化遗产,若历史地段范围较小时,保护区可划的相对大些,若历史地段范围很大,则保护区可划小些。在国内实践中,保护区往往划定"核心保护区、建设控制区、环境协调区"等区分。而国外在保护区划定时,往往只有一个保护范围界限,反映出法制的严肃性、可操作性及重视历史保护的普遍性。在这样的背景下,新的设计作品需要与自然环境、历史景观协调共生,这也是当代建筑师一项自觉性的任务。

目前,我国的历史保护区划定,与悠久的历史文化相比数量太少,同时缺乏严格的法律管理依据,保护区内的建设管理也缺乏细致的法规可循。英国1967年的《城市宜人环境法》(Civic Amenities Act)规定,地方政府有责任对其管辖地区内具有特别建筑或历史意义的地区(Areas of Special Architectural or Historical Interests)划定保护区,以保护或改善这些地区的环境和特色。保护区一经确立,区内必须实施更严格的设计控制措施。所有规划都必须注意保护或改善其特色和外观,在保护区内不得随意拆除现存建筑,法案还对保护古树名木提出了要求。1988年英国环境部第8号文件指出:保护区范围可大可小,大的保护区可以是一个完整城镇,小的可以是一个广场,或一排联排式住宅,或一小组建筑。通常情况下,保护区是登录建筑(listed buildings)比较集中的地区,但保护区有时也不一定包括登录建筑。保护区划定的关键是其整体"特色",而非单体建筑。所以一组优美的建筑、街道形态、开放空间、古树名木、村庄绿化或历史、考古价值的场地等都可划为保护区。

保护区的保护目的主要是改善和提高(enhancement)其价值与特色,所以可以改变保护区的建筑设施以适应现代生活需要。这些内容包括:①消除影响保护区特色的因素。如改善不适当的街道小品,闲置地段绿化,各类工程明线下埋等。②积极控制新建筑的使用性质和设计。如地面铺装改善,恢复原有建筑细部等。③防止为了提高保护区商业吸引力,进行人为"美化"(prettification)。④反对肤浅的仿古。⑤在修复、修缮、改善时,最好考虑采用原有自然材质,避免使用仿造材料替换。另外,严格控制建筑外立面细部和街道小品设施等[①]。

在保护区,主要从"特色"和"环境"两个主要方面控制新建筑的设计。由于"特色"不易把握,一般都是从城市环境的历史演变、空间形态、建筑类型、尺度、体量、材料、色彩、立面虚实比例、门面比例等对新建筑进行设计控制引导。

---

① 张杰.英国保护区的发展与现状,文化遗产保护培训班(北京·平遥)讲义,2000.

五、城市天际线的保护

1. 天际线的形成与演变

以天空为背景的一幢或一组建筑物以及其他物体所构成的轮廓线或剪影称为天际线。城市天际线是生活事实的物质反映，有成为艺术作品的可能，但它的形成，本质上并非预想秩序的结果，而是成长过程中逐渐形成、演变和发展的。天际线形成和变化的主要因素可归为地形特征(Topography Character)，建设规划控制(Development Control)，建筑风格(Architectural Style)以及动态作用过程(Dynamic Processes)等。

美不胜收的城市都有显著的特点。这些特点可能来自城市的地理位置，来自人的创造，或两者的结合。当城市建在美丽、引人入胜的环境中或资源丰富的地方时，常会对场地特征加以保护、利用和强化，而不是抹杀和消除场地的天赋特征，这样才可能出现独特

图2.12 纽约曼哈顿城市天际线(Francis Tibbalds. *MAK-ING PEOPLE-FRIENDLY TOWNS: Improving the Public Environmentin Towns and Cites.* Longman House,1992)

图2.13 罗马城市天际线(Nigel Hawkes. *STRUCTURES: The Way Things Are Built.* New York: Macmillan Publishing Company)

的城市景观和城市天际线。如世界遗产地诺曼底圣·米歇尔的人工建筑群与山岩浑然一体，使自然界增添了美色；美国纽约曼哈顿地区受区划(Zoning)的退后(Setback)限制，天际线呈锯齿状或台阶形(图2.12)；罗马的垂直建筑物轮廓线十分清晰，教堂是最重要的建筑，教堂轮廓主宰着城市天际线(图2.13)。

历史上，城市的变迁速度缓慢而悠闲，天际线变化也谨慎有序；今天，我们的城市天际线一夜间就会发生变化，高层建筑、超高层摩天大楼很快在城市中耸立起来，高度和体量一个超过一个，一幢使一幢"相形见绌"。由于景观变化速度和建设步伐加快，它们不断变更着城市的轮廓，改写着城市的天际线；相比之下，我们对各种变迁缺乏有效控制机制，在塑造重要城市意象方面也缺少规划指导。因此，在规划控制中应强调有效保护历史上形成的天际线，对其周边环境建设与改变要采取审慎态度。

历史性天际线不是轻易建成的，其独特风貌是无数工匠和大众努力的结果，是无数专业人员和各时代不同建筑风格的设计师利用当时的科技手段和建筑材料，所留下的城市发展的视觉记录。它们能给予人一种微妙的乐趣，使人感受到人工因素不是强加的，仿佛由自然环境中生长出来，让人们能够理解地方特性，从城市建成环境系统中找到方向。

"天际线的美感经验——它们的视觉美及感染力——取决于三项要素：一是自身的形式；二是周围的环境——照明、气候、空气等；三是观赏者的心境、爱好和联想。"[1]空间是城市的基本存在形式，离开这一点，城市规划就没有存在的意义。

2. 优美天际线的保护

维护一个城市中独特的天际线及建筑物高度，不仅合乎审美需要，同时对城市与市民间形成的方向感与认同感等颇为重要。几乎世界上有名而美丽的城市皆有独特的天际线，威尼斯、巴黎、旧金山、佛罗伦萨、上海等城市的天际线，不但一望就可辨认其个性，并使人们心中留下对该城市的深刻印象。

保护传统的城市天际线，是保持城市特色的必要条件。天际线保持越完整，城市特色就越鲜明。因而，为保持优美的历史性天际线，必须控制城市局部地区的建筑高度。意大利历史城市的空间轮廓多以教堂顶和钟塔顶为控制标准，一切新建筑高度皆予以严格限制，如罗马中心区建筑高度至今不超过圣·彼得教堂穹顶采光塔高度(137.8米)；佛罗伦萨在一片低矮的红色坡顶建筑中，只有老市政厅佛契奥宫的雉堞方塔(1299年建)和圣玛利亚大教堂

---

[1] Wayne Attoe. 天际线美学[J]. 朱斌译. 国外城市规划, 1987(3).

图2.14 佛罗伦萨城市天际线(建筑的故事，上海科学技术出版社，2001)

的穹顶(1434年建)最为突出，是全城空间构图的主导因素，是古老城市的标志(图2.14)。

　　巴黎是一个具有人性尺度的城市，其主要原因之一是城市建筑和街道本身尺度和谐。从1784年起到1967年，巴黎在五次修改城市规划的过程中，对城市道路与两边建筑高度比例关系曾反复推敲，努力保持新旧建筑和谐统一。香榭丽舍大街由于实施高度控制，因而达到整体效果的统一和完整。但是，在巴黎也有失败的教训，1950年代高层建筑盛行时，在市中心区车站附近也盖了一幢当时欧洲最高(210米)58层的蒙巴纳斯大厦，不仅破坏了优美的城市天际线，也破坏了历史环境的氛围，成为城市建设中的败笔(图2.15)。

　　因此，要保护好城市天际线，除了必须保护作为轮廓主体的建筑本身外，更重要的是要控制周边面上的建筑高度，以保证这些主要建筑在天际线上的地位不受影响。由于城市主要纪念性建筑物一般都属重点保护对象，有较好的维护条件，因而保护工作的难处往往在于控制周围面上形成轮廓线低缓部分建筑的高度、体量和尺度。如何突出具有历史意义的城市天际线，以及如何控制周围建筑物的高度，以配合标志性建筑，是城市设计过程中必须考虑的问题。人们没有办法创造性地规划一个静态社会或一个静态环境，两者都不可能存在。"除开理解变迁的重要性，并作为一种挑战去迎接它，此外，还没有任何一本戒书去指导变

图2.15 巴黎中心的蒙巴纳斯大厦

迁。"①当然，控制的僵硬性和目标的狭隘性，也将导致城市视觉环境景观的单调与乏味。

3. 上海外滩天际线保护的意义及原则

外滩是上海市中心城区12个历史文化风貌区之一，也是最具上海大都市特征的城市旅游景区。上海的近代建筑是中国建筑的珍贵财富，也是世界建筑的宝库，既有创新，也有折衷，还有拼贴。

由于城市结构和城市肌理组织的关系，大多数外滩建筑都表现出以立面为主导，并与街道有机结合的特点。从这些大量作品中显现出上海城市的风貌与特色，构成了上海既和谐又矛盾的城市空间景观。可以说，"上海，连同它在近百年来成长发展的格局，一直是现代中国的缩影"②，而外滩又是这缩影中最典型、最具特色的历史地区。外滩历史建筑群构成的城市天际线，也是国内最美的城市天际线之一。

近代上海特殊的政治、经济条件使城市建筑文化汇聚成一种包罗万象、海纳百川的特征，不仅有西方文化的影响，又有着早在西方文化进入上海以前就十分强烈的传统文化和

---

① L. 哈普林. 城市[J]. 恩其译. 国外城市规划, 1990(2).
② 罗兹·墨非. 上海——现代中国的钥匙[M]. 上海社会科学院历史研究所编译. 上海: 上海人民出版社, 1986.

地缘文化影响。所以，上海的近代建筑有着十分丰富的文化内涵和历史意义。

外滩天际线是近百年历史变迁、积淀而形成的，在社会、历史、经济、地理等各种因素影响下，经过岁月积淀，为大众所认同，最终成为上海形象的标志。它的发展演变大致可分为三个阶段：从开埠到19世纪末，建筑大体上以二层砖木结构为主，天际线低平，无起伏变化；到20世纪初，建筑大多更新重建，出现了砖石结构和钢筋混凝土建筑，以3、4层为主，装饰性强，天际线略有起伏；30年代，受西方摩天楼影响，加之建筑技术、施工水平提高，建筑高度有了突破，出现了10多层的高楼大厦，这时期基本形成了今天我们所能看到的、富有节奏与韵律的外滩天际线(图2.16)。

外滩建筑所使用的材料和建筑色彩极为协调，建筑风格多为西方古典主义样式，立面构图大多对称、严谨，竖向横向都有明显的三段划分。建筑物基本高度为6层左右，而且多数建筑的基底层及建筑檐口有一个大致相同的高度。主要标志性建筑构成的外滩天际线三处重点：汇丰银行+海关大楼—和平饭店+中国银行—上海大厦，其突出高度多在基本高度之上、在略低于这个高度的幅度内变化。重点间的距离250~300米，这样就形成了既变化又协调的优美天际线的韵律和节奏(图2.17)。

人们常把车站、码头等人流集散点比作城市的窗口。从这一意义上讲，外滩就是上海的"城市之眼"(city eye)、城市的正立面(facade)。日本建筑理论家芦原义信在比较巴黎埃菲尔铁塔与东京塔的特征时指出："如果把埃菲尔铁塔从巴黎除掉会怎样呢？那就像从

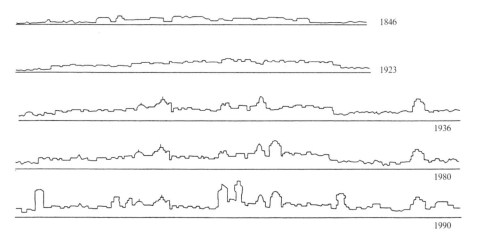

图2.16 不同年代的上海外滩天际线

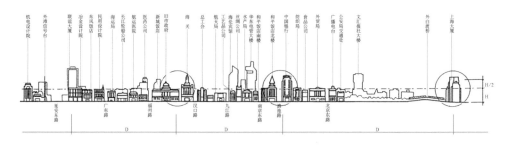

图2.17 1990年代初上海外滩建筑意象分析

巴黎除掉香榭丽舍大街、凯旋门、巴黎歌剧院或卢浮宫一样，会给巴黎的可识别性造成毁灭性的打击。"①同样，外滩建筑的可识别性，是上海城市特色最重要的空间要素，如同人的眼睛一样重要，失去或遭受损坏都将给城市识别性带来灾难性损失。从同是城市中最具特色的地段以及城市标志性形象方面看，外滩在上海城市中的文化价值，应不低于紫禁城在古都北京所具有的重要场所意义。紫禁城中轴线的庄严、辉煌，外滩轮廓线的和谐、典雅，都是构成城市特色的点睛之笔，没有了其存在，城市便失去了个性和灵气。

然而，由于数十年来高层建筑、超高层建筑在旧城区开发建设失控，加之又缺乏统一协调的规划控制和城市设计指导，因而不少新建高楼大厦，不仅没有强化外滩建筑意象，反而对外滩优美的天际轮廓线产生了严重干扰，是旧城改造中的败笔。外滩建筑群的"可识别性"和"关联性"受到严重威胁。

因此，对外滩历史文化风貌内的新建筑都应严格控制，第一是最重要的距离原则，距离外滩建筑群越近，规划控制应越严；第二是高度原则，若新建筑高度控制在外滩建筑群基本高度以下(低于6层)，则对天际线影响很小，反之则大，所以要严格控制新建筑高度；第三是体量、尺度原则，因为原有建筑的体量和尺度已无法改变，与现在的巨型建筑相比是小的，如建设过多大体量、大尺度建筑，势必将原有建筑的气势压下去；第四是建筑材料原则，采用新型建材不可避免，但需认真考虑其色彩、质地、肌理感觉，尽量与历史建筑形成关联性"对话"。

---

① 芦原义信. 街道的美学[M]. 尹培桐译. 武汉: 华中理工大学出版社, 1979.
② 转引自杨小波、吴庆书等. 城市生态学, 209.

六、城市特色的维护与塑造

1. "特色危机"的病因初探

不同时期的社会文化背景和政治历史事件都会对各地形成区别于异地的特色产生各种影响。过去，每个城市由各自的特征而形成了特色，这些特征帮助我们易于识别每一处场所和地方。并且，城市在创造性方面的贡献不由其规模大小所决定。如伦敦作为国际银行业的中心、日内瓦作为国际会议中心、巴黎作为国家文化和政治中心、纽约作为新大陆的自由象征、维也纳作为音乐的殿堂、威尼斯作为一个来自人们想象中的不平凡的梦幻等等。可是，今天多数城市的景观大同小异，没有思想、没有文化、没有美感，更谈不上历史文脉和场所精神的体现与创造。正如前英国皇家建筑师学会会长帕金森(Parkinson)所言，"全世界有一个很大的危机，我们的城市正在趋向同一个模样。这是很遗憾的，因为我们生活中许多情趣来自多样化和地方特色"[2]。

通过建筑和城市设计，所有的人居环境都表达了其发展过程中的一些重要内容。地形、气候、不同的建筑材料，甚至变化中的政治、社会和经济状况，以及科学技术的进步等，都在我们的建筑形式和功能中得到反映。在过去的世纪中，大多数建筑是由当地的建筑材料建造的，其形式同时适应社会需求和气候的自然条件。而现在，建筑的设计、方法和材料正越来越国际化和标准化，它们更多地随时尚而变化，而不是讲究实效。

城市的大规模开发、无序扩展，往往以牺牲自然环境，消耗大量资源、能源为代价，而简单复制西洋文化又带来城市文化大范围的失血症。虽然我们很难全面分析"特色危机"(identity crisis)产生的原因，但当今生活环境的文化特征可以给我们一个参照体系。

① 这是一个以城市为主要空间的生存环境。

② 城市化在其发展过程中，不但使大批人口集中在城市里，使得劳动场所和家庭分离开来，而且加速了工业化的进程。

③ 城市化和工业化的另一个表述是高度的市场化。在消费社会里，一切形象都带有商品属性。因此，高度的市场化必然带来人类物质和精神生产的商品化。

也就是说，我们今天的生存环境逐渐远离了乡土的、原野的自然形态，趋向于一种人造的形象符号化的城市环境。这是我们现实的生存境况，是值得深究的文化生态。我们的文化正在进入城市文化、媒介文化和消费文化，三者合力塑造了当代形象符号的基本属性。

现在，全球化的"设计+建造"形式，没有任何区域或文化特点，城市中充斥着遍及世界的平庸建筑，甚至连市中心也是如此。在城市形象和文化上，深圳想成为香港，上海

图2.18 迈向未来的广州

则想成为纽约。北京、上海本来就是世界大都市，但"名都城"非要用"罗马花园""里昂花园"为名。而今日上海的经济活力而言，恐怕早已超过里昂这个古老的工业城市了①。不仅如此，据在上海完成了多个设计项目的法国建筑师P·克莱蒙特(P. Clement)讲："中国人总是希望我们设计法国式的工程，但是每次我们的设计都反映出他们自身的文化。"②盲目崇洋媚外反映在一些城市的建设过程中，方案设计往往受西方形式和风格影响，是美国式的或"欧陆风"的东西。而对本地区特定文化特色和文化根基考虑甚少，甚至根本没有考虑。例如，上海浦东新区、新兴城市深圳，大多数建筑更适合纽约、芝加哥或洛杉矶的文脉，而不适合具有5000年历史文化的中国(图2.18)③。

与此同时，墨西哥、加尔各答、孟买、开罗、雅加达、首尔、德里、马尼拉、德黑兰、卡拉奇、波哥大以及拉各斯都在不公正和人类冲突中变得难以管理，就像古人对建筑巨石一样无可奈何。这些城市中的许多地方已变成了环境和精神荒漠。

城市特色不能复制、不应克隆、不可凭空臆造，是极其简单的道理。然而，城市建设中"赶时髦""一窝蜂"现象依然十分严重。A城建设一个广场，B城就要建造更多更大的广场；A城的广场20公顷，B城的广场至少要100公顷；A城植树造林，B城则"大树搬进城"；等等。相互交流、相互学习规划建设经验是好事，但如果不是学其理念和精神，而是仿效其行动和形式，甚至相互攀比、追风头、赶浪潮，就不可思议、令人无法理解了。过去，曾以搞运动的方式开展经济工作，吃尽了苦头。今天，不按客观规律办事、不因地制宜的规划、不实事求是的建设，其结果只能是为惨痛教训多缴"学费"和难以抹去的"城市败笔"。"楚王好细腰，宫中多饿死"，上行下效，凡事一窝蜂的时代应该过去了④。

2. 如何依靠文化塑造城市特色

21世纪初，沪上媒体对"十五"期间将率先重点建设"一城九镇"一事作了系列报道。从城镇发展特别是促进小城镇发展角度看，这是非常明智的决策。然而，要以所谓"拿来主义"精神，借"脑"建设"万国城镇"，并把这些城镇建设为"英国风格""法国风格""德国风格""荷兰风格"……的大胆设想，则是缺乏历史文化、科学常识的短视举措。

诚然，建设"万国城镇"的设想，反映人们对近年来小城镇建设"千城一面"现象的强烈不满，以及决策层关心、重视城镇特色问题的决心，实在是一桩大好事。但是，城镇特色、场所精神只是城镇的功能结构、社会的经济文化、地域的自然历史，在空间上的综合体现。城镇特色反映了人类城市文明的历史积淀。因此，不可能在短期内制造、抄袭、移植甚至克隆出一个特色来，一个有魅力的城镇特色只能认认真真长期培植和持续维护管理。

著名电影导演张艺谋在谈到他拍的电影多为农村题材时说，由于中国城市不仅在建筑风格、城市形象方面完全西化，城市居民甚至在生活方式、时尚、爱好等方面也呈现出明显的"崇洋"倾向。在这种大环境下，他没有办法拍出有中国特色的城市电影来。我们的城市规划师、建筑师可能会认为张艺谋的谈话过于偏激。但是，城市中许多昔日美好的景观、传统街巷和环境，就是在20世纪高歌猛进的"大破坏"和"大发展"中消失的，这却是不争的事实。所以"特色危机"现象，值得我们每一个规划师、建筑师认真反思。

文化是塑造城市特色的重要依据。伊利尔·沙里宁在许多年前就尖锐指出："许多人士把城镇规划当作纯技术的问题，在进行规划时只管就事论事，而忽视了重大的精神要求。由于城镇规划往往被降低到处理肤浅的实际事务的地位，所以它逐渐给人以一种平庸单调的印象。"⑤城市规划设计中不应忘记，世界是包含于形式中的大量信息的表露，而形式是信息的交流，是事物内涵意义的呈现。城市规划设计应在一定程度上注重表现形式魅力。"对某些艺术来说形式就是内容，没有形式，艺术本身就失去了存在的空间，甚至失去了存在的意义。"⑥城市是一种"自然"现象，同时也是一种环境艺术。城市规划设计必须对城市形式有一定构想，否则，城市美的创造，空间艺术的表达等均无法探索(图2.19)。

---

① 张庭伟. 城市高速发展中的城市设计问题: 关于城市设计原则的讨论[J].城市规划汇刊, 2001(3).
② P. 克莱门特.城市设计概念与战略: 历史延续性与空间延续性[J]. 世界建筑, 2001(6).
③ W. C. 斯德沃特, 建筑教育: 文化与环境在21世纪的主导地位[C]. 刘念雄译. 国际建协20届大会论文, 157.
④ 汪劲, 环境法律的理念与价值追求——环境立法目的论, 金瑞林所撰序, 4.
⑤ 伊利尔·沙里宁. 城市: 它的发展、衰败与未来[M]. 顾启源译. 北京:中国建筑工业出版社
⑥ 蒋子龙. 形式的魅力[J]. 随笔, 1988 (6) .

图2.19 伦敦的特拉法加广场(Francis Tibbalds. *MAKING PEOPLE-FRIENDLY TOWNS: Improving the Public Environmentin Towns and Cites*. Longman House,1992)

　　近年来随着经济的活跃，我国不少城市特别是历史城市中，大拆大建的开发方式，使城镇历史记忆的文本化为乌有。人们在努力创造未来的同时，却丢掉了自己的过去，这种损失是文化性的，进而造成我们对自身建筑文化价值的认识不清，由对自己传统的忘却，

图2.20 福建土楼(陈立群摄)

导致了在设计中的文化"失语"。由于地域辽阔，气候多样及千百年来中国人所特有的理想聚居理念，为后人留下了丰富的城镇类型与空间肌理。北京胡同、上海里弄、广东骑楼、徽州村落、江南古镇、福建土楼等(图2.20)，这些个性化的空间形态，正是城镇的特色所在。保护它们，既为人类留下了珍贵的文化遗产，也为城镇规划设计留下了活的教材。值得我们认真学习研究，吸取乡土中国的营养。要知道，地图上每一则微细的乡镇地名注记，都藏有人文及地方特色。无数记忆和无数特色，组成极其丰富而细腻的地图肌理。

如何创造一个人性化的城市环境？早在20世纪六七十年代，意大利建筑师阿尔多·罗西面对现代功能主义在西方城市建设中的泛滥，在重申场所精神的同时，提出了城市集体记忆的新概念，在集体记忆的心理学构架中理解历史建筑，通过探讨城市本身的内在逻辑与形式发展，指出城市本身就是居民的集体记忆，场所和市民之间的这种关系成为城市和环境的主导形象，有助于理解城市空间结构保护的重要意义。今天，无论是发达国家还是发展中国家都十分重视城市历史保护，并将其作为地方特色保护的基础。以寻找城市特性的基础——从自然特征和建成环境中，选择有表现力和有价值的、对新的发展起限制作用和提供适当机会的各种要素。进化的演变是城市唯一最恒久的特性，而如何控制这种变化，实现新和旧的最佳结合，是一个永恒的课题。

所有伟大的时代都曾留下当时的建筑风格和城镇风貌特色，为什么我们不试图去探索新世纪的地方风格和城镇特色呢？显然，走有中国特色的城镇建设发展的道路是艰难而困苦的，然而我们没有理由拒绝这一机遇和挑战。

3. 守正创新作为城市特色创造的原则

一切城市的特色，都是一定历史条件造成的，都是历史老人的"产儿"，我们的责任只是面对历史，正视历史。历史文化积淀、传统文化根基是城市现代化的基石，也是城市创新改革的出发点。历史环境及文化资源是城市创新的基础，保护再生是城市创新的一条重要途径。

今天，在我们建造了大量建筑的同时，常常又在为极少有建筑可以成为经典而困惑。正如清华大学教授、两院院士吴良镛先生10多年前就已指出的："短短不足20年时间内，尽管房子建了不少，但是'千城一面'，这些未经消化的形式主义舶来品破坏了城市的文脉肌理；为了寻找和塑造特色，决策者不顾一切地推介形象工程，热衷于'有想法'和'不一样'。通过'国际招标'推出的各种千奇百怪的城市规划和建筑设计方案告诉人们，合理的一般都不行，不问功能造价，只要'新奇'就行。"①

"创新是一个民族的灵魂"，创新越多、承袭也越多。如果没有约束，其实也不会有真正的创新。即便是建筑大师或老资历的建筑权威，也不应忘记，城市建设规划是建立在一座城市特有的历史条件、时代需求、人文背景等基础之上的，应综合考虑该城市独具的地理环境、市民心理、审美情趣、风俗时尚等诸多因素。

城市建设中追求大广场、摩天大楼，并且相互攀比、恶性竞争的现象，其实质也是没有创新意识的直接反映。李渔在《闲情偶寄》"居室部·房舍第一"中指出："土木之事，最忌奢靡。匪特庶民之家，当崇俭朴，即王公大人，亦当以此为尚。盖居室之制，贵精不贵丽，贵新奇大雅，不贵纤巧烂漫。凡人止好富丽者，非好富丽，因其不能创异标新，舍富丽无所见长，只得以此塞责。"

城市规划、建筑设计的创新应当是具体的，在城市建设、街道景观、交通管理、社区设施等方面，城市的创新怎样才能得到更为直接的体现是城市政府、管理部门和普通市民都应当关心的问题。只有这样，才能真正实现"城市，让生活更美好"的理想和目标。历史是无法逃避的，新的东西往往是从旧土壤里产生出来。新与旧的关系不是相互取代、相互对峙的。

保护历史环境和文化景观，是旧城改造中保持城市结构的历史延续性所必须认真解决的课题，不仅涉及单体历史建筑，而且与历史文化街区，甚至整个建成环境遗产的保护、传承和利用密切相关。从保护城市遗产出发，注重城市建设与社会文化的协调发展，充分利用现存的资源条件，调动和发挥各方面的积极性，用法律手段促成良性的保护机制形成，是十分必要而迫切的任务。

---

① 陈建辉. 吴良镛: 中国建筑师如何迎接"城市化" [N]. 经济日报, 2006.4.12.

第三章 城市设计与历史名城保护

1960年代与乔纳森·巴奈特同时成为纽约市首批城市设计小组成员，后任佐治亚理工大学建筑学院教授的迈克尔·多宾斯(Michael Dobbins)在《城市设计与人》一书前言中指出："城市设计是一个既复杂而又抽象的概念。在不同的人眼中有着不同的解读。对于那些未直接参与城市设计实践的人和未意识到城市设计对日常生活影响的人而言，它就没有太深刻的意义。"为了解决公共环境质量退化的问题城市设计应运而生，并且，"城市设计描绘了所有城市化地区的设计及其功能——地区的风貌及其运转方式……城市设计是城市风貌塑造与人居环境建设的根本。人们对其所居住场所产生的由衷自豪感是优秀城市设计的一个标志"。[①]

近年来，国内以城市设计为主要工具对城市景观风貌进行管控的城市越来越多。城市是一种结构复杂的现象，好的城市(good cities)往往是在合理有序、清晰易读的城市形态与城市活力之间的一种平衡。城市保护和城市设计是为了保持一座城市的城市性(urbanity)而采取的必要对策措施，也就是通过研究良好的城市形态、活力、街道生活、城市文化与城市设计原则和管理策略之间的有机关系，在此基础上，结合自身实际需求和条件实现活力城市(active city)的设计目标。城市设计，在空间形态和传统肌理保护，强化城市地区特质、场所特色和历史文脉延续性等方面可以做出积极的贡献。

一、城市设计与历史保护的关系

1. 对"城市设计"的再认识

60年代以来，发达国家的城市把改善内城生活环境放在非常突出的位置，而且评价城市先进性的标准已转向"历史、文化和环境"，从注重空间转为注重场所，其含义包括空间、时间、交往、活动意义等综合内容[②]。正是在同一时期，现代城市设计开始在欧美兴起，这并不是一个偶然的巧合，而是一种历史的必然。《不列颠百科全书》指出：城市设计是为达到人类的社会、经济、审美或技术等目标而在物质环境方面所做的构思。现代城市设计包括三个层次内容：一是工程项目设计；二是系统设计；三是城市或区域设计，包括区域土地利用政策、新城建设、旧区更新改造、历史保护等设计。而国内大量的城市设计实践表明，大规模、快速发展时期的中国城市设计，缺少对历史保护、地方文脉、场所精神(Genius Loci)的尊重和理解。因此，有必要重新认识城市设计的理念和意义。

早在70年代初，英国规划师W·鲍尔(Walter Bor，1916~1999)在《城市的发展过程》中批评了当时的两种错误观点，他指出：在规划过程中城市设计的作用常常被误解。有些人认为城市设计只是美的控制，主要是建筑物外观，这是一种陈词滥调；另一些人转向了另一极端，希望为整个城市做三维空间设计，照他们的想法，城镇应进行彻底改建。

90年代初，国内对城市设计的看法大体分为两大类。多数人主张加强城市设计工作，但也有人忧心忡忡，怕城市设计"走过头"，认为城市设计是锦上添花之举，是"打扮面貌、脸上贴金"，因而提出"在人们刚刚解决了'温饱'问题的情况下"，"需将多少财力和人力放在这些研究上"。还有认为，城市设计"很大程度上取决于全民文化水准、生活水平和审美情趣的提高"，现阶段开展是"超前的"，仿佛城市设计是贵族阶层的专利。

如果认为城市设计"古已有之"，古代城市设计仅仅是以美观、构图为内容，那么现代城市设计远非如此。"设计"(design)是在大规模现代化工业生产基础上产生的，由工程技术设计中分化出来发展为独立的专业领域。在设计中，物品生产中美的因素与通常所指的非美的因素紧密相连，技术和艺术密切结合，使设计出的产品其美学价值和实用功能统一、融合成为一个完美整体，从而既满足人们物质上的需要，又尽可能得到精神上美的享受。

设计是一种创造性活动。城市设计，实际上是一个文化创造问题。一方面，一个时代的设计文化，是对当时整个社会文化背景，包括政治环境、经济状况、工业化水平、文化政策、审美修养、国际交流等方面发展的直接反映；另一方面，一个国家的设计文化，也与其民族的设计历史、民族特色、设计观念与审美思维方式等特性密不可分③。

在工业社会或现代社会中，当人与机器发生关系时，总是"工具理性"或"计算理性"占主导，为克服这种片面性，一向作为"工具理性"典型表现的设计领域，一反常态，越来越追求"一种无目的性的，不可预料的和无法准确测定的抒情价值"，大量的设计为创造"种种能引起人的美感与诗意的物品"。人们正在证明或已经证明，"设计应该被认为是一个技术的或艺术的活动，而不是一个科学活动"。"设计……似乎可以变成过去各自单方面发展的科学技术和人文文化之间一个基本的和必要的链条或第三要素。"④

城市设计是人的一种复杂的创造性活动，其最重要因素有四个方面：自然、社会、文化和人。正是由于现代城市规划在解决工业化、城市化所带来的众多城市问题时，出发点与着眼点是"物"，因而导致以强调"人"为中心的现代城市设计的崛起。

美国伊利诺伊(芝加哥)大学张庭伟教授在《城市高速发展中的城市设计问题：关于城市设计原则的讨论》一文中，论述了城市设计的四条主要原则：城市设计的文脉性、城市

① 迈克尔·多宾斯. 城市设计与人[M]. 奚雪松等译. 北京：电子工业出版社，2013：前言.
② 参见沈玉麟. 外国城市建设史[M]. 北京：中国建筑工业出版社，1989.
③ 斯蒂芬·贝利，菲利普·加纳. 20世纪风格与设计[M]. 罗筠筠译. 成都：四川人民出版社，2000：译者的话.
④ 马克·第亚尼. 非物质社会——后工业世界的设计、文化与技术[M]. 滕守尧译. 成都：四川人民出版社，1997.

设计的社会性和公众性、城市设计的累积性①。这些原则，正是国内城市设计理论与实践中所忽略的内容，也是本章论述历史保护与城市设计相互关系中，所要强调的重点问题。

历史城市的规划设计课题，包含如何继承与发展历史上留存下来的环境空间，还要考虑市民日常生活，即城市社会网络的设计。这也是欧洲城市整体性保护(integrated conservation)理念的核心理念所在。拥有欧洲最古老大学和步行列柱廊街道空间的意大利中世纪城市博洛尼亚(Bologna)，以历史中心区保护和平民阶层住宅供给为手段，既继承了历史遗产又培育发展了在这些历史城市中的市民生活，直到今天这座古城依然生机勃勃。从60年代后期开始，博洛尼亚的规划建设不仅包括城市风貌保护，而且在更广泛的、一般性的城市设计方法和过程中都做了先驱性探索(参见第四章第三节)。

对城市设计师而言，最困难的任务之一也许是在历史环境中布置和设计新建筑，使新建筑与周边城市景观融为协调的整体。比起单体历史建筑更重要得是整个地区的原有城市结构，以及街道和空间之间的联系。许多欧洲历史城镇有一个非常突出的特点，就是街道、广场与各时代建筑群之间非常自然、和谐，如果把整个历史街道进行拓宽改造，或对某些历史住宅随意改建，或者采用一些不协调的建筑材料，就会损害城市的历史环境景观。

意大利著名建筑学家阿尔多·罗西(Aldo Rossi)认为："场所是某一个特定地点与其中建筑物之间的某种关系。它既独一无二又具有普遍性。场所的品质或一个原生的场所是研究建筑或城市的一个因素，环境空间是由场所精神(Genius Loci)，地方守护神来控制的，这个中间角色掌握了所有将要发生在其中的事情。"②所以说，对环境空间"场所精神"的保护应是城市设计中的重要课题。

在进行实体环境开发时，必须认真考虑根植于本地的社会文化特征及其属性。而且从城市设计的角度看，维护一个城市的平面形态，就是维护一个城市的空间特色，并合乎城市设计目标中的历史延续性、方向感、认同感等极为重要的因素。城市设计不但必须对保护修缮具有重要价值的建筑群做贡献，而且对那些虽不符合现代生活标准，但通过必要的更新改造能促进整个历史地区复兴的历史环境保护做贡献。

还有一个似乎是国内既有城市设计论述中大多忽略了的问题，只看到了作为观念、思想的城市设计，而没有看到作为方法、手段的城市设计。的确，"一个良好的城市设计绝非设计者笔下浪漫花哨的图表与模型，而是一连串都市行政的过程"。作为思想观念，自然可以贯穿于城市规划各个阶段，渗透到建筑设计、工程设计各个领域；作为方法、手段的城市设计与城市规划、工程设计的关系就略为复杂，因为城市设计有时覆盖了城市规划、工程设计的部分内容，这正是多学科相互交叉渗透的反映，何况是相近领域，关注点均为人、空间、环境、城市。只是我们再不能忽略城市设计的实践作用。

在此引用日本东京大学西村幸夫(Nishimura Yukio)教授在《城市设计思潮备忘录》③一文中对城市设计特征的论述，有助于我们全面理解城市设计的基本理念。

首先，除极少数例外，作为实务的城市设计，不可能像在白色画布上作画一样随意进行。如何评价现存的空间结构与城市历史，必须作为城市设计的第一步。而且，只有寻找与现存城市空间的文脉关系，新的城市设计才会产生作用。从这一层意义上讲，城市设计可以成为好的社会设计的手段。

其次，不言而喻，充分认知城市空间这一可操作的实体，是这一切的前提条件。城市意象的继承和象征意义的创造，依赖于超越实体环境的城市设计战略。在以空间构成为目标构思最终效果的同时，必须考虑由此带来的形式上的意味。当然其他设计行为也要认真思考这一点，但对以城市空间为对象的城市设计工作尤其重要。

第三，由于城市设计除特殊情况外都是对城市进行部分的设计，所以与其他部分的关联性决定了设计的有效性。城市设计不能自身实现完整性，而是以融入整体结构为前提，这是城市设计有很强社会性的例证。虽说是部分设计，却又不能只考虑局部利益，要明确城市设计在整个城市发展政策中的定位，它只是城市综合设计中的一环。

第四，城市设计不能只停留在艺术家式的构想。城市设计实现的过程是城市社会意志决定的过程。因此，城市设计也是一项充分考虑了达成协议过程的综合性战略。但是不能只着眼于各种关系，更要以实现未来形象目标为主轴反复设计、协调。而关系设计与最终形态的设计常常有矛盾。

第五，城市设计项目只有当其开始被城市生活者(包括居民、就业者、游客等)利用才有意义。城市生活者无法认同的设计，无论其具有多高艺术价值也无法评价。因此城市设计评价的基础，不应是那些实体模糊的"设计感觉"。竣工的设计项目只为居民提供了一个舞台，各种各样的活动才使它充满生机。所以，社区居民喜爱的城市空间才是好的空间，看上去漂亮、谁也不去利用的空间是"不良空间"。要在社区居民中寻求新的得到广泛支持的设计，这种美观意识极其重要。但所谓的关系设计，其目标并非简单迎合居民口味，而是要以提倡现代美学意识，在更广阔的视野中寻求"美观"概念。

第六，城市设计是一种永无止境的设计形式。例如一个广场的设计，竣工只意味着广

① 张庭伟. 城市高速发展中的城市设计问题：关于城市设计原则的讨论[J].城市规划汇刊, 2001(3).
② 阿尔多·罗西. 城市建筑学[M]. 黄士钧译. 北京：中国建筑工业出版社, 2006：103.
③ 西村幸夫. 城市设计思潮备忘录[J]. 张松译. 新建筑, 1999(6).

场与周围环境关系趋于成熟的开始，使用者的到来和参与活动的情况才可反映广场的使用效果。以此而论，竣工时的环境设计是未完成的，与其他设计行为不同，这一未完的设计充满意义。从这一意义上也可以说，城市设计是一项永无止境的活动。

第七，城市设计有两个方向：由直接设计来实现目标的刚性设计和以对他人的设计行为间接控制来达到最终目的的柔性设计。柔性设计通常以规划控制、建筑控制的形式来约束个人的设计行为。此外，还有另一种方法，就是通过改变人们对城市的认识来实现自发性改变空间形态的目的。"城市设计就是关系的设计"的表述正是基于这一观念。由于有柔性设计存在，设计空间与非设计空间越来越难以区别。如果考虑到在悠久历史中形成的具有独特趣味的城市空间，正如美国建筑理论家克里斯托弗·亚历山大(Christopher Alexander)在《建筑的永恒之道》(*The Timeless Way of Building*)中所定义的"无名特质(quality without a name)"，也许，城市生活方式即可看作城市设计的结果。

2. 历史保护——另一类型的城市设计

一般而言，城市设计有三种类型，第一种是发展的规划设计，主要目的是以发展带动一个地方。第二种是社区设计，与欧美等发达国家不同，在高速城市化进程中我们的城市一直以新建开发为导向，而欧美等国家地方政府的城市规划设计，从根本上讲是以社区为导向，不然地方社区的生活品质就得不到政策制度照顾。社区规划设计是伴随1960年代的社区运动、邻里运动而开始的，迫使地方政府必须将此作为市政工作重点。第三种则是保护的规划设计，其目的是以保护为城市发展的基本价值观。这三种类型其实涵盖了三个不同方向，而在国内后两种方向至今还很少受到应有的重视。

历史保护可以说是另一类型的城市规划，城市设计师必须反省并建立"保护"与"社区参与"的观念。

城市设计作为一门独立专业类型已有60多年历史，美国是现代城市设计重要发源地之一。在经历了60年代的联邦城市更新计划之后城市设计有了快速发展。60年代出现了第一次城市设计高潮，各种理论和设计方案层出不穷，很多理论和实践对今天的城市设计仍有一定参考意义。其中以纽约市总城市设计师乔纳森·巴奈特(Jonathan Barnett)等人对城市形态理论的应用、强调从制度和技术层面塑造城市公共空间的观念，仍是今天城市设计的基本共识。乔纳森·巴奈特在《作为公共政策的城市设计》中明确指出："城市设计是一个实际问题。"(City design is a real-life problem)它既不应沉溺在逃跑主义的畅想中举步不前，也不能像早期现代主义者那样将城市全部推倒重建；必须通过一个"连续性决策过程"塑造城市空间的环境品质，所以应将城市设计作为"公共政策"，这才是现代城市设计的概念。"解决今天的城市设计问题，套用传统观念已经无济于事"。他有一句广为流传的名言："设计城市而不是设计建筑。"(Designing cities without designing buildings)

进入21世纪，人们普遍认为保存历史建筑和城市形态的延续性比"现代化"更重要，这也是为什么巴奈特等人的城市设计理论至今仍被人们接受的原因之一。世界上所有美丽城市的发展过程都具有以下特征：①在这些城市里都有着丰富多彩的、历史形成的城市形态；②这些城市都有着丰富的建筑和城市景观、形成了完整表达建筑和城市意象的符号系统。正如巴奈特指出的："过去的极大的艺术手笔，关注和奉献、设计和建造出的建筑在城市更新中的逐渐消失，必将给人们带来一连串的失落和空虚感。"

在现代建筑运动早期，城市设计师曾忽略历史城市特有的人性价值，20世纪六七十年代起美国城市设计已越来越重视使用者的需求、公共空间、步行空间、历史保护与利用，以及强化社区特点和可识别性等问题。每一块地都有其历史，每一个空间都有那一个空间的历史，也许有一棵老树，也许有一件事情发生在那里。当我们把这些内容融入新的设计时，它们一定会让新的设计更丰富、更有意义。做城市设计时，要知道一个地块、一个空间原来是怎么形成的，才能知道它未来可以做什么，这样的设计才可能有地方性。

从城市设计控制技术维度看，在英国，70年代的历史保护运动推动了城市设计控制方法和技术的发展，城市设计控制方法和技术的完善与历史保护地区的开发控制紧密相关[①]。英国的城市设计控制采取双重标准，在各类历史保护区实施严格和全面的设计控制，已形成了较成熟的方法与技术以及公众参与的民主决策过程，这套方法对其他地区也有十分积极的借鉴意义，并在其他地区做了推广。作为英国现行城乡规划体系的核心，1990年的规划法再次明确了地方发展规划作为开发控制的依据。1992年的规划政策指导文件又强调了制定城市设计政策(Design Policies)的重要性。1994年、1995年，环境部推进提高城乡环境品质(Quality in Town and Country)和城市设计运动(Urban Design Campaign)两项计划，环境品质与城市设计政策成为新一轮地方规划中最令人关注的议题。将历史保护纳入社区发展，以社区发展为主要目标，因此保护是一种手法，一种工具，用来实现社区发展的目的。

3. 历史保护与城市生长

"城市从其起源时代开始便是一种特殊的构造，它专门用来贮存并流传人类文明的

---

① 唐子来, 李明. 英国的城市设计控制[J]. 国外城市规划, 2001(2).

成果，这种构造致密而紧凑，足以用最小的空间容纳最多的设施；同时又能扩大自身的结构，以适应不断变化的需求和社会发展更加繁复的形式，从而保存不断积累起来的社会遗产……城市乃是人类之爱的一个器官。"①城市是不断变化、生长的有机体，城市生长由零起步，经历了漫长的历史和一系列的演变过程。具有良好形态、人性空间和地方特色的城市，无一不经过漫长的历史阶段生长形成，从建筑群到城市广场，乃至整个城市都在历史岁月中生长形成，留下了丰富的历史文化积淀(图3.1)。

从历史上看，不同时代的风格能相互协调的例子并不罕见。例如，"作为奇特构图系统，中世纪城市是响应于无数个人决策而'生长'出来的"(西蒙语)(图3.2)。只要看看威尼斯的圣马可广场建筑群，人们就可以明白，所谓相互协调的原则绝不是一种空洞的美学理论和虚幻理想。

圣马可广场的建造过程持续了近1000年(从9世纪到19世纪拿破仑统治时间)。广场周围建筑风格极其多样：圣马可大教堂是拜占庭风格作品，旁边的总督宫表现出哥特建筑风格，总督宫对面桑索维诺设计的图书馆属于意大利文艺复兴时期风格。使用的材料也变化多样：广场地面几何形式的图案由彩色大理石铺砌，大教堂立面采用了金碧辉煌的马赛克镶嵌，总督宫的实墙面用的是白色和玫瑰色大理石和砂岩，钟塔塔身以红砖构成，而后面图书馆的立面则是白色大理石。如此丰富的内容、如此风格多样的建筑作品，连同那些从世界各地弄来的建筑和雕刻部件，能在一个广场上协调地配合在一起，取得举世公认的浑

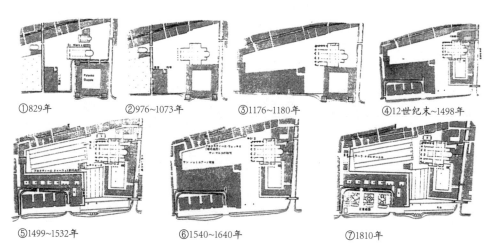

①829年　②976~1073年　③1176~1180年　④12世纪末~1498年

⑤1499~1532年　⑥1540~1640年　⑦1810年

图3.1 威尼斯圣马可广场的形成过程(语る中世·イタリア山岳都市, 鹿岛出版会, 1977)

图3.2 威尼斯圣马可广场鸟瞰(网络资料)

然一体、高度和谐的效果，全在于广场各建筑之间在高度和体量上的互相呼应，在比例和尺度上的精巧配合，大教堂的复杂体形与图书馆简单而严谨的古典形式相对照，垂直的高塔赋予广场生动的轮廓造型，并与周围建筑的水平线条形成对比。

可是，"在艺术层面上，城市设计的历史发展同建筑及其他视觉艺术的发展完全失去了联系……在艺术母题方面，现代的城市设计匮乏得令人吃惊。笔直的建筑界面和立方体

---

① 刘易斯·芒福德. 城市发展史——起源、演变和前景[M]. 倪文彦, 宋俊岭译. 北京: 中国建筑工业出版社, 1989.

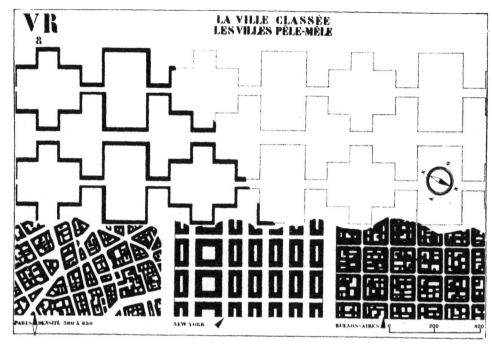

图3.3 柯布西耶设计的阳光城与巴黎、纽约、布宜诺斯艾利斯等城市的形态比较(L.贝纳沃罗.世界城市史.北京：科学出版社, 2000)

式的街坊便是一切，这使得他和历史的遗产背道而驰"[①]。一味现代化的、把城市只当成容纳人的机器，而不考虑城市事实上是一个提供居住、工作及休闲的场所(place)。城市机械文明所带来的刻板划一、紧张、倦怠是现代人患上的可怕的文明病，是隐藏在每个城市人心灵深处的阴影。

功能主义的现代城市规划手法，常常同城市的生长过程相悖，并且缺乏历史线索的牵引、演变规律的探求、地方文化的尊重，使城市生长在某种程度上脱离了正确轨道，错误地走向了有悖于城市发展规律的歧途(图3.3)。

城市空间的文化价值本身，随着时间流逝，随着城市发展变化而日趋提高，城市各个局部的统一及相互联系也日趋加强。如果说建筑技术是随时代变化而进步，而建筑"艺术这种进步性是不明显的，甚至不一定有什么进步性"。"在1990年代先进的建筑材料和建筑形式的基础上所赖以确立起来的建筑艺术风格，不一定就高出1890年代的艺术风格"[②]。

建筑艺术是永恒的、独立的，其价值不但不会随时间推移而丧失，反而会不断提升。另一方面，19世纪、20世纪的历史遗产在重要性上并不一定亚于更早时代的历史遗迹和文化遗产。城市历史文化的延续性是城市协调发展的必要条件，因此，要维持城市历史文脉的延续性，防止城市的衰败。

4. 城市需要真实的历史记忆

人生的幸福由两部分组成：物质生活和精神生活。探寻历史记忆可以丰富、拓展人的精神生活。把代表某一时期的历史建筑和历史街区保护下来，正是这一倾向的表现。一个人、一座城市、一个民族，都是由三个环节组成：过去、现在和将来[③]。

今天我们的城市景观、建筑形象为何不能令人产生愉悦感？问题恐怕不仅在建筑单体方面，而且还在城市整体环境上。城市是由各种经济与社会力量塑造而成，建筑只扮演着有限角色。而最好的东西往往是经过人的、时间的、空间的考验而保留下来，我们在规划未来生活、发展新的生活环境时，要好好运用它。"即使在西方，特别动人的都市景观都是过去的产物。自威尼斯小巷的浪漫到巴黎大街的古典莫不是历史的遗迹，即使是波士顿与旧金山山坡上的市区也有百年或近百年的历史了。自从人类不再把建造城市当作一种艺术之后，城市的美感就逐渐消失了，西方国家的城市予人之深刻印象是因为小心保存了古代流传下来的城市与建筑。"[④]

建筑是石头的史书。正如温士顿·邱吉尔（Winston Churchill）所言："我们造就了建筑，而建筑又造就了我们(We shape our buildings and they shape us.)。"[⑤]历史建筑，既是见证前人耕耘的凭藉，也是研究城镇文化的根据。思想与观念的变迁，无不渗透于城市形态和建筑风格中。凯文·林奇（Kevin Lynch，1918~1984）认为，古迹既是组成城市特征的重要坐标，更是辨认城市领域的关键。

难怪有学者质疑："欧洲的古堡与碎石子路自不必说，最崇尚'新'的美国，不论耶鲁大学或普林斯顿大学，或宾州画家安德鲁·怀斯故乡的老木屋改成的博物馆，甚至纽约中央公园专供游客怀古的马车，历史的'原貌'保护得几乎'原封不动'。日本的京都、奈良，整个城市几乎是博物馆。这些最现代化的发达国家，他们容忍'落后'，保护'古

① 卡米洛·西特. 遵循艺术原则的城市设计[M]. 王骞译. 武汉：华中科技大学出版社, 2020: 91.
② 赵鑫珊.建筑是首哲理诗——对建筑艺术的哲学思考[M]. 天津：百花文艺出版社, 1998, 99.
③ 同上: 356.
④ 汉宝德. 现代城市的宿命[J]. Dialogue建筑, 1999 (29), 39.
⑤ 转引自胡德瑞, 何建清. 城市生长的分析研究, 55.

图3.4 人造景观的尴尬(缪印堂编著.幽默画赏析大王.上海远东出版社, 1999)

旧'。这里面令吾人反躬自省、震惊不已的，究竟是一种什么精神素质？一种什么可怕的历史文化意识？而过去最富历史精神的中华民族，这些素质几乎完全消失。这是为什么？"

"许多人会想到古迹遭受破坏，痛心疾首。的确，有为了'破旧立新'的'革命需要'，有为了'现代化'的建设，为了社区的繁荣，许多古迹毁弃了。于是有保存古迹之政策，不过，在面目全非的现实中保留一个翻修一新的'古迹'，似乎没有什么意义。我们需要的是整个国家社会应该有一个贯穿昨日、今日与明日，富于历史感的文化设计。"①

脱离了历史源起的空间关系，一座座新建的现代"假古董"，从本质上看也是一种"建设性破坏"。它混淆了真文化遗产与"伪文化"复制品的是非；损害了历史遗产的独特性，多数仿古建筑、人造景观都是模仿，甚至抄袭传统建筑而建造，这种抄袭行为明显违反《文物保护法》已经全部毁坏的文物不得重新修建的精神；同时"假古董"盛行，阻碍了新建筑的创新和建筑文化发展。有人以为"假古董"这种建筑形式就是"既有时代气息，又有民族特色"的代表，新建筑的创作方向，这完全是一个误区。遗憾的是，30多年来中国大地上已建设了太多伪文化之作。正如作家冯骥才所言："伪文化在当今中国，可谓铺天盖地，波澜壮阔。几乎每一种具有魅力的文化，都必有浩浩荡荡却毫无魅力的伪文化；甚至每一部古典文学名著，都演化出一座荒唐可笑的娱乐场，如'西游记宫''封神榜宫''水浒宫'，等等。小到各种工艺名品，大到亭台楼阁、城池要塞，直至开封的那条仿造古代的大街……在街上踱步，两旁的房宇店铺，全都像影城那样散发着虚假的气息。没有特定的年代特征，没有细节的设计，没有历史积淀，更谈不上历史感和美感(图3.4)。"

贾平凹的小说《废都》中的描述既有代表性又揭示了伪文化泛滥根本原因，在此不妨引用如下：

西京是十二朝古都，文化积淀深厚是资本也是负担。各层干部和群众思维趋于保守，故长期以来经济发展比沿海省市远远落后，若如前几任的市长那样面面俱抓，常因企业老化，城建欠账多，用尽十分力，往往只有三分效果，且当今任职总是三年或五载就得调动，长远规划难以完成便又人事更新；与其这样，倒不如抓别人不抓之业，如发展文化和旅游，短期内倒有政绩出现。市长大受启发……一时间，上京索要拨款，在下四处集资，干了一宗千古不朽之宏业，即修复了西京城墙，疏通了城河，沿城河边建成极富地方特色的娱乐场。又改建了三条大街：一条为仿唐建筑街，专售书画、瓷器；一条为仿宋建筑街，专营全市乃至全省民间小吃；一条仿明、清建筑街，集中了所有民间工艺品、土特产。

显然，城市建设和城市设计中，历史文化资源是绝佳素材。但必须在过去与现在、现在与未来的结合上做文章，改善和创造城市历史文化传统得以延续和发展的环境与条件。而且，一个好的城市是一群有远见、有理想、有认知的工作者与有能力的领导者，在有共同认知的前提下，长期努力奋斗塑造而成。1960年代，美国波士顿市在凯文·怀特(Kevin H. White，1929~2012)市长及发展局埃德·罗格(Edward J. Logue，1921~2000)局长的带领下，完成了文化港口城市发展的成功规划实践。纽约市市长约翰·林赛(John V. Lindsay，1921~2000)在1960年代与其城市设计幕僚乔纳森·巴奈特等人，将纽约国际都市目标向前推进了一大步。1980年代法国文化部长在密特朗总统带领下，使巴黎成为欧洲文化之都。巴塞罗那长达20年的城市发展与建设，也是在诸位市长领导城市规划局及建设局的配合下，才有今日辉煌的成果[2]。

总之，历史城市的魅力与价值是任何相似物都不可替代的。从前人们建造"传统的城市"，那些可爱的街道、广场适合当时的社会生活。由于战后现代主义建筑撕裂了城市空间，因而，在火车、汽车出现前那些愉快日子里所产生的神话般的城市似乎不可避免成为当今城市设计的楷模。

二、城市性状态的认识与保护

1. 城市多样性的保护

在很长时期内，无论在政治方面还是在社会方面，城市都被认为具有与周边地域不同特性的场。生活的自由性与随意性是城市的魅力所在，但城市的文化，诸如商品、技术等都有移动的可能性，城市发展也促进了周边地域的城市化。城市化反过来又使城市特性逐

---

① 何怀生. 人生论: 孤独的滋味——说进步.转引自Dialogue建筑, 1999, No.29, 60.
② 白瑾. 都市设计不再只是寻求Big Idea[J]. Dialogue建筑, 1999 (29) : 116.

步淡化,当我们询问城市为何物时,答案成为无解之谜。

城市性状态(urbanism)的含义,与狭义的城市空间以及在此基础上展开的以政治、社会、经济制度问题为对象的城市研究相对照,第一,城市性状态研究的视野从空间上扩大了;第二,不仅是物质文明,还包括精神文明;第三,由于视野扩大,无论在地域方面,还是在时间方面都有了比较的可能。文明与都市生活紧密关联,不可分割。当言及"文雅"(urbanity)、"礼貌"(civility)、"有教养"(politeness)时,我们所指的也是那种城市中的生活方式或行为举止。城市生活不仅比农村生活更为多样,而且也比后者花费更多。城市既赋予了文明以价值,也已为追求科学和艺术、追求物质享受提供了各种手段。

早在1961年,简·雅各布斯(Jane Jacobs,1916~2006)出版的《美国大城市死与生》(*The Death and Life of Great American Cities*),以其鲜明的建设性的批判的立场,宣言般地提出了"多样性是大城市的天性"(Diversity is nature to big cities)的观念,城市的活力来源于多样性(图3.5),正是那些远离城市真实生活的正统的城市规划理论和乌托邦的城市模式、机械的和单一功能导向的旧城改造毁掉了城市的多样性,扼杀了城市活力。"对雅各布斯而言,城市不是一件艺术品。换句话说,一座城市永远不是完成的作品,也不可能是某一愿景的产物。雅各布斯,与控诉罗伯特·摩西的经典作品《权力掮客》(*The Power Broker*)的作者罗伯特·卡洛一起,让主张推倒重来的城市转型理念受到广泛的质疑。"[①]

雅各布斯认为,城市是人类聚居的产物,成千上万的人聚集在城市里,他们的兴趣、能力、需求、财富甚至口味又千差万别。因此,无论从经济角度还是从社会角度看,城市都需要尽可能错综复杂并相互支持的功用多样性,来满足人们的生活需求。针对大城市中心的衰败问题,她提出挽救现代城市的首要措施是必须认识到城市的多样性与传统空间的混合利用之间的相互支持。并进一步提出了四点著名补救措施:保留老房子从而为传统中小企业提供场所,保持较高的居住密度从而产生复杂需求,增加沿街小店铺从而增加街道活动,减小街区尺度从而增加居民接触。

按照现代城市规划理论进行的旧城更新(urban renewal),贬低了高密度、小尺度街坊和开放空间的混合使用等传统城市的肌理特征的价值。过去由环境造就的多样性正在迅速消失,并且被几乎毫无重点的大片聚落景观淹没。丧失感觉,环境会变得平淡无味。就空间、地点和差异性而言,大体上可以举出四种"良好城市"的一般模型[②]:①排他的或

---

① 迪耶·萨迪奇. 城市的语言[M]. 张孝铎译. 北京:东方出版社,2020:28.
② Inglis, C.. *Multiculturalism: New policy responses to diversity, Management of Social Transformations*. 1996.

分裂的城市，其极端例子是实行种族隔离的城市。这种"分而治之"的城市规划政策，企图把不同少数民族之间的接触减到最低以避免冲突。②实行同化的城市，意在消解民族或种族间的差别。这两种模型都有强烈、确定而规范化的立场，但与现代自由开明社会的价值观水火不相容。③多元文化城市，又可分为两种：一种是自上而下操纵的多元文化主义；另一种是包容吸收型的多元文化主义。④承认差异的城市，包容性与排他性之于社区共同体，具有同等的重要性。

图3.5 城市活动的多样性(Francis Tibbalds.*MAK-ING PEOPLE-FRIENDLY TOWNS: Improving the Public Environmentin Towns and Cites*. Longman House,1992)

各种不同类型的城市应呈现各自特色，而不应"千城一面"；另一方面，城市本身，特别是大城市，其内部空间也应是富有多样化、个性特色的社区"拼贴"，而不应全是整齐划一的大广场、大马路等单一的形式构成。在城市建设中不是缺少设计素材和创造灵感，而是缺少发现。要发现地方的潜在资源、发现居民的潜在能力、发现场所的潜在价值。

城市文化必须实现多元化，社区可居性要高。除了地方特色外，为保护历史环境的良好品质，阻止破坏性建设侵入，必须制定城市景观规划条例，对开发项目实施必要控制。每件事物本身都独一无二，以前没有存在过，以后也决不会被一个完全相同的形式所继承。独特性(uniqueness)是它对所有事物和所有生命形式看法的基础，依据这一点，尊重自然的问题才有了基础。不过，独特性不仅具有不寻常的特殊属性，而且也具有到处可见的普遍属性。因此，我们不得不承认每一种独特性没有优越和低劣之分，直截了当的就是独特性。

英国设计评论家迪耶·萨迪奇在《城市的语言》中指出："城市既是一件艺术品，也是一个道德系统和技术体系，同时反映着一种人们共同的生活方式，而界定城市的标准可能仅剩两条：其一，它是否能创造财富，至少让穷人不像过去那样一贫如洗；其二，它是否允许同性恋者按照自己选择的方式生活，正如它为信仰宗教的人提供宽容。"[1]

"差异政治"理论学者I. M. 杨(Iris Marion Young)，把城市生活看作是陌生人的共处，同时提出了实现这种共处的城市生活四要素，所有这些都与多元文化主义和公民权利相关[2]。

① 不排他的社会分化："按照这一理想，不同群体之间的关系不是包容或排斥的问题，而是互相混合杂处而又不陷于整齐划一。"一个好的城市，人们从一个街区走到另一个街区，意识不到前者在哪里结束，后者从哪里开始。在合乎规范的理想城市生活中，边界是开放的、不明确的。

② 丰富多彩：社会空间分化为多种用途，即空间并不在某一特定时刻仅仅行使某种单一功能。欧洲城市中某些类似村庄的古老街区值得重视，在那里居住、工作和游戏相互密切结合，街道生活丰富多彩，不像现代城郊住宅区的功能那么单调。

③ "情欲过剩"(eroticism)：是指对方深厚的吸引力，以及因城市的新奇感而来的那种畏惧和愉悦。这种感觉部分来自城市美。有的城镇规划中已把少数民族社区的存在当做城市景观中异国情调或富有刺激性的要素。在此，重要的是谁来控制和影响城市空间及其景观的美学规划。

④ 宣传活动：包括公共场所的政治行为，与其他观点遭遇、听取他人论点，见识不同政见，等等。

通常，城市化是通过增加边界内密度及扩大边界来进行，并总是以消耗城市的开敞空间(open space)为代价。在快速城市化过程中，城市中应有天然和野性的东西存在。喜好几何图形的规划设计师，主张把城市用绿环圈起来，把绿环保留下来或插进农业、公共事业和诸如此类活动。这种绿带通过法律来强制实施，确保使之成为永久性绿地，在没有其他可供选择方案的情况下，它是成功的。但很显然，在这条绿带内外本来的自然条件没什么不同，这条绿带不一定是最适合农业或游憩活动的地方。从生态学角度建议，大城市地区内保留作为开敞空间的土地应按土地的自然演进过程(Natural-process Lands)来选择，即该土地应是在本质上适合于"绿"的功能的：这就是大城市地区内自然的位置[3]。

从自然发展过程中寻找大城市地区的开敞空间(Metropolitan Open Space from Natural Process)。问题不在于绝对面积有多少，而是如何分布。开敞空间分布应反映自然的演进过程。"自然是最好的园艺设计师"。创造良好景观的目标，远比单纯的功能复杂。把自然中最引人注目的和美感特性的东西开发利用起来，真实地表现自然。

今天，城市建筑似乎被虚拟媒体所带动、有趋于放弃它多维的物质性特征，而倾向一诱人但终究不可及的写实虚像。人们体验城市公共空间的多样性，如今已愈来愈通过图像、符号和表征而不是通过直接的、无中介的社会互动。这是否是人们应注意和警惕的不良倾向。

2. 城市的公共性与公共空间

许多西方学者探讨城市公共空间的衰落问题，认为其焦点表现在下述三方面④：

① 公共空间私有化。由于私人或企业控制地盘扩大，城市的公共空间正在消失或变得支离破碎。商业街、公司广场、节日商场等陆续兴起，私人控制取代了公众准入。越来越多地有警察把守、非"体面入流者"不得入内的非公共场所在城市中形成。

②公共场所商品化。继空间私有化而来的是空间日益为金钱拜物教所统治，城市中许多空间之是否准入，日益重要的依据是，你是消费者抑或仅仅是公民。城市的公共空间在中产阶级的消费实践中又获得了新的意义，这是公共场所上流阶层化的结果。

③公共空间"军事化"。如与地面上先进的计算机系统和追踪设施相联，由警用直升飞机在城市上空巡逻，雇佣私家保安公司，建筑风格和建筑式样都着眼于便于防卫，等等。

由于公共空间作为行使公民权利场所的重要性，城市中公共空间衰落的问题引起了广泛关注。近年来，我国城市高级居住小区占据具有较好生态环境质量和景观品质的地段，甚至将绿地等开放空间占为己有，星级化物业管理方式，以及庞大的住区保安队伍，等等，好像已超过了国外占据城市公共空间的水准。城市设计师不应忘记，今天的规划不是为特权阶层少数人的，而是为全体市民，为富人，更要为平民百姓设计、着想。正如雅各布斯所言："只有当所有的人都是城市的创造者时，城市才有能力为所有的人提供一些东西。"⑤

建成环境从本质上应为使用者提供民主的氛围，通过最大的选择性为使用者创造丰富的选择机会，这种环境即为共鸣的环境(responsive environments)。"公共空间，是'非常热闹、人人都可提出自我主张和意见'的场所，不应是有权人一锤定音的'一言堂'"。"在社区营造过程中，每个角色都应被照顾。简单以'多数票'的民主决策原则，或少数精英分子的意见代替居民共识，对社区发展，都不是健康的态度。社区营造的关键是耐心，并且要以长远规划来经营。与此同时我们也不应忘记：所有的社区发展美景，都是从梦想开始的。地方是人生活的空间，社区营造提供了改造地方的动力，然而，就社区营造

① 迪耶·萨迪奇. 城市的语言[M]. 张孝铎译. 北京: 东方出版社, 2020: 4.
② 转引自阿里斯戴尔·罗杰斯, 多元文化主义和公民权利空间, 273~275.
③ I. L. 麦克哈格. 设计结合自然[M]. 芮经纬译. 北京: 中国建筑工业出版社, 86~87.
④ 阿里斯戴尔·罗杰斯, 多元文化主义和公民权利空间[M]//中国社会科学杂志社编, 社会转型: 多文化多民族社会, 北京: 社会科学文献出版社, 268~269.
⑤ 简·雅各布斯. 美国大城市死与生[M]. 金衡山译. 南京: 译林出版社, 2005: 262.

的过程及目标而言，其实，它要改造的是人。"①

国内城市开发建设，在经济基础、技术手段和设计水准等方面同国外发达地区相比，差距越来越小。但是，我们的城市为什么总是无法创造出舒适、美好，特别是有个性的生活环境呢？

原因也许是多方面的，但其中有一点不容忽视，讨论和评论城市设计、建筑创作总是局限于"圈内人"，思考如何跟上世界潮流，向往世界大师的设计，追求"欧陆风"。但是在欧洲、日本甚至美国的历史城镇中，传统商业街呈现出的亲切感、和谐美和宜人尺度，是由本地市民自行针对建筑设计、更新建设等行为，约法三章得来的综合成果。适用、精致、耐看的街道小品设施，是居民与设计师共同讨论、用心考虑，规划设计的。在城市设计中必须明白一个道理，能使生活环境变得美好的关键人物，是真正关心周围环境的本地居民。

从历史上看，在很长一段时期内，步行一直是城市最主要的交通方式，在早期甚至是唯一手段。欧洲中世纪的城市街道正是在这样的前提下形成的。可以说，它们是步行者的城市。用脚行动很不错，这一四处走动的原始方式，与现代城市中人们的其他行动方式相比，还是十分有效的。

今天，这样的街道系统虽然富有艺术情趣，却不能适应各种机动车辆的需要。当马车开始出现时，这种矛盾已表现出来。如果说马车的出现是第一次冲击，那么，以后有轨电车，特别是汽车的出现所引起的震动更可想而知了。在这种情形下，城市的传统道路网系统能否继续存在，是摆在人们面前一个无法回避的问题。

新的交通工具不仅对道路宽度、线型、坡度及路面提出了新要求，从更深的意义上说，它也更新了人们传统的街道美学观念。对于步行者来说，景物的丰富和多变是必要的，这样才能产生步移景异效果。但是当人们坐在行进速度较快的车辆上时，就要求景物能有一定的重复量，这样才能产生较深的印象。对于前者，细部是重要的，因为人们可以时时驻足观赏；对于后者，整体的效果、节奏和韵律更为关键。

因此，在城市设计中，还要捍卫步行权利、恢复步行空间的文明与价值。保持小尺度街区和街道上的各种小店铺，用以增加街道生活中人们相互见面的机会，从而增强街道安全感。期望能通过新的运行技术，提高这种原始流动性的程度，来捍卫步行价值。

3. 不应忽视城市建设的艺术性

被西方学者称为现代城市设计第一人的奥地利建筑师、城市设计师卡米洛·西特(Camillo Sitte，1843~1903)在1889年出版的《遵循艺术原则的城市设计》的导言中指出："体会和理解亚里士多德所言，一座城市应该安全，同时也应让人感到愉悦，这正总结出了城市设计的根本原则。要实现后者，则意味着城市设计不只是一个技术性问题，而在自身及最高意义上，都是一个艺术性的问题。"[2]

《遵循艺术原则的城市设计》一书，阐述了工业革命前城市建设与设计的理论，探讨了城市设计(Städtebau)艺术性原则和手法，尤其重视行人视角下的真实体验。西特致力当代建筑的研究，而不是回顾过去。认为古城属于过去，属于历史，因此古城应像陈列在博物馆的展品一样受到保护，整个城市就像一座博物馆。而且，古城是基于历史价值和艺术价值的古代艺术品。这种城市博物馆概念由三种尺度组成：城市尺度、城市中心尺度、城市区域尺度。并且，"现代的生活和技术都不允许人们对古老的进行忠实的模仿。除非我们执意要陷入没有结果的幻想，否则那就是不能再使用的知识。古代大师的优美成果堪称范本，我们必须以另一种方式延续其生机。而不是不作思考地去复制。只有对其加以检视，弄清这类成果中的本质的组成部分，并在现代条件下成功和富有意义对其加以运用，才有可能在看似贫瘠的土地上重获一粒可以绽放的种子"[3]。

西特认为城市规划设计首先是一种城市艺术。这就意味着城市是美学价值集中体现的艺术创造，希腊广场和罗马古城等就是典范之代表。但现代城市却缺乏这种美感，这主要是由于土地的私有化分割、房屋拥挤、标准化、规范化以及对称性所造成。西特通过对城市形态的分析，第一次把从古代到巴洛克时期的公共广场作为一种城市典型。他认为，在对古城中心的空间清理过程中常常忽略了一些因素，如纪念物具有观演性(staging of monuments)、围合的特点，公众广场的对称性、建筑各元素间的差别和联结以及建筑空间和外围空间的关系。

城市是历史价值的传播中介，从历史城市的现存空间中，人们可以找到如何建设新城的新观念。根据其观点，如果可能那就必须保护古城，如果没有这个可能，那就不能把从历史城市中学到的知识运用到新城建设中。技术进步带来城市空间的三种变化：延伸(建筑区域)、规模扩大(建筑自身)、新功能(交通和通信)。现代城市是技术价值的传播中介，在技术上和古城之间存在着断代。

历史城市的广场和街道设计中，通过对广场与街道的比例、尺度、连续的立面、围合感及细部处理等表现手法，突出以人为中心的设计理念，这些古老城市中优秀的设计传统

① 夏铸九. 序[M]//西村幸夫. 故乡魅力俱乐部. 王惠君译. 台北：远流出版社，1997.
② 卡米洛·西特. 遵循艺术原则的城市设计[M]. 王骞译. 武汉：华中科技大学出版社，2020，2.
③ 卡米洛·西特. 遵循艺术原则的城市设计[M]. 王骞译. 武汉：华中科技大学出版社，2020，119.

带给人们美好的感受。而近年来国内经济高速发展，给城市面貌带来影响，留下缺憾：街道变成了"车河"，建筑和广场巨大无比且四处"露风"。中国传统的城市美，在大中城市中由于道路尺度改变和旧房拆除已彻底消失了[①]。1980年代，城市规划管理中开始推广的"控制性详细规划"方法，将规划设计推向了理性的更高层面，甚至限制了建筑创作和城市设计。事实上，"控规"难以解决城市设计中有关人与环境之间精神上、情绪上的关联，以及方向感(orientation)、归属感(sense of belongings)等更深层的心理要求及审美活动。

城市美(city beauty)对人的健康和幸福也至关重要，所以美观上和社会方面的考虑必须与经济上的考虑同步，在某些情况下美学上的考虑甚至是决定性的。与对全球化和后现代主义的反思一样，对文化现象和文化政策的思考也正在转型，尤其是以唤醒社区公民意识和公共领域参与行动为主轴的"社区营造"运动方兴未艾。在全球化过程中，地方意识和地方感越来越受重视，公共艺术作为一种文化思潮，是一个跟"社区营造"几乎彼此呼应的方向。对落实公共艺术设置程序的构想，就是以社区参与和公共化精神为出发点。

此外，好的公共艺术是一个城市景观风貌和地方认同不可或缺的要素。现代社会经常忽略城市建筑作为一种艺术的特质，只是将其视为一项工程。如果建筑物本身的美学层次不能提升，那么即使一座精心制作的公共艺术品也不见得就有那么大的魔力去改变这座建筑物的艺术性或可观性。

三、历史保护的规划设计方法

1. 保护规划的基本要求

历史保护不是城市规划中可有可无的内容，而是城市规划中极为重要的、有机的组成部分。"历史文化名城保护规划就是以保护城市地区文物古迹、风景名胜及其环境为重点的专项规划"[②]的看法不够全面。"名城保护的方法，应该完全不同于一般的文物保护的方法，从某种意义上说，名城是一个大文物，但它是一个有生命的大文物，做好名城的保护工作一定要从城市整体出发，而不能单从名城的几个珍贵的文物点或几个地段着眼。"[③]因此，名城保护规划首先要满足以下基本要求：

① 保护规划要在分析城市现状问题、展望未来前景的同时，注重研究城市发展历史的

---

① 古城与城市设计——访意杂谈[N]. 中国建设报，2001.1.5.
② 城乡建设环境保护部. 关于加强历史文化名城规划工作的通知，1983.
③ 阮仪三. 旧城新录[M]. 上海：同济大学出版社，1988.

过去，历史地理解城市的今天，尊重城市的过去，满足历史文化延续的要求，并使未来的发展从中得到启迪；

② 保护规划要牢记一个城市中最重要的事情是"人"，满足人的物质生活需要，精神上环境感受的需要及其他文化艺术活动要求，体现对人的关怀；

③ 保护规划要与城市设计、景观规划紧密结合，尤其在出现"重理轻情"趋向的今天，更要注重空间情调、城市特色、视觉环境方面的保护、引导和控制；

④ 保护规划应是综合、积极、动态的规划，要满足城市作为生命有机体正常运转及城市现代化建设的多功能要求。

一个保护规划方案的产生，需要综合自然的(Natural)、文化的(Cultural)和视觉的(Visual)因素，协调生态、环境、文化、景观及其他方面的要求(图3.6)。

一个较完整的历史遗产保护规划和有关文本至少应包括以下内容：

① 历史文化遗产资源普查、分析、评估；

② 历史建筑类别、等级确定；

③ 历史风貌、空间特色的分析与评价；

④ 历史保护区的划定；

⑤ 视觉景观分析、建筑高度分区控制；

⑥ 历史环境更新、整治及再开发利用；

⑦ 历史保护相关法规、政策的制定；

⑧ 公众参与、宣传、教育及文化活动。

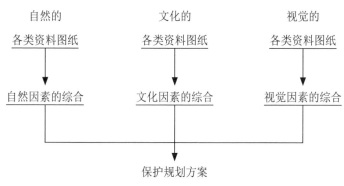

图3.6 保护规划方案的制定过程

2. 历史保护中的公众参与

在历史保护规划实践中，不能缺少切实的公众参与(public participation)。城市的本质，是产生和存在于人类历史发展一定阶段的一种社会形态。"参与"和"活动"是构成城市的重要因素，城市之所以成为一种艺术，最大特点在于"参与性"——它需要人们在其中穿梭活动(图3.7)。一个城市必须经由人在其中参与活动才能获得体验，唯有如此，才能使人对该城市特有的感受涌现出来，城市特色才能由此完整体现。

近年来，不少城市的历史地段更新改造或仿古一条街建设缺少吸引力和人情味，其原因之一就在于把原有居民都赶跑了，落了个"白茫茫一片真干净"。城市景观的魅力在于其多样性与高生命力(城市人文活动强度)。何况，"熙熙攘攘，自古为中国城市生活的特色"[①]，而一定程度的"杂乱无章"，也是城市景观特色的表现(图3.8)。

图3.7 城市的参与性(Francis Tibbalds. *MAKING PEOPLE-FRIENDLY TOWNS: Improving the Public Environmentin Towns and Cites*. Longman House, 1992)

当然，这种参与只是一种一般性的、浅层面的活动而已。这里所论及的公众参与，其实质是一种让众多市民参与那些与其生活环境息息相关的保护政策和保护规划的制定和决策过程中去的方法和途径，是一种制度性的社会活动。公众参与是随着政治民主化过程必然出现的民主行为，是衡量一个社会民主程度的重要标志之一。市民不仅应参到各项城市活动中，而且还应直接参与城市规划、历史保护的实践中。H. L. Garnham所著《保持场所精神——城镇特色保护的过程》一书介绍，就是以专家和市民共同组成工作小组，从资料搜集、情况分析、方案比较到研究决策整个过程中，自始至终进行着不同形式、不同规模的公众参与活动。中国由于城市规划领域公众参与还未全面展开，伴随政治生活民主化程度提升必然会产生更切实的公众参与。何况公众参与也是分阶段、有层次的，我们完全可以从低层面向高层面逐渐推进，从"有限参与"过渡到"立法参与"[②](图3.9)。

图3.8 杂乱无序的街道(《上海47°》)

意大利是世界上历史城市保护工作做得最好的国家之一，1950年代刚开始保护工作时，所处境况也不比我们现在好多少。在历史保护初期，其公众参与活动多是宣传、教育、说服之类事情[③]。由此可见媒体宣传、普及教育工作非常重要。相比之下，我们在遗产保护宣传、环境教育等方面，比起其他某些方面的宣传显得薄弱多了。

国内少数学者认为目前全民文化水准不高，经济发展也刚刚起步，开展历史保护不符合民众意愿，是超前行为。其实，"人按其本性就是艺术家，他随时随地都竭力想使自己的生活美丽。他想要不再做那种只是吃吃喝喝，然后就极无意识地、半机械式地生产子女的动物"(高尔基语)。而且，只要能够妥善处理好居住环境改善与特色风貌维护的关系，历史环境保护就会受到大多数市民的拥护。前些年，在浙江定海、云南建水、江苏扬州等

---

① 陈正祥. 中国文化地理[M]. 北京: 生活·读书·新知三联书店, 1983.
② "有限参与论"与"立法参与论", 参见刘奇志. 公众参与城市规划的基础研究[D]. 上海: 同济大学, 1990.
③ 参见Historic Preservation, Bologna, Italy, 见: *The Scope of Social Architecture*

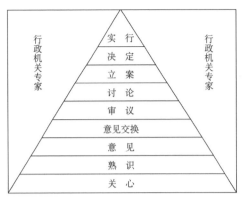

行政机关专家

实 行
决 定
立 案
讨 论
审 议
意见交换
意 见
熟 识
关 心

行政机关专家

图3.9 公众参与层次示意图

地的"古城保卫战"中,市民通过法律手段、寻求媒体支持与呼吁,表现出的巨大热情和力量远远超出了人们的想象。

完全由政府部门、专家权威"自上而下"开展规划的方法,已落后于"人民城市人民建,人民城市为人民"时代要求。现今正是由城镇居民为主体、政府与专家给予适当引导、"自下而上"推动家园建设和历史环境保护的重要时期。城市设计和城市环境的改善,可藉由全体市民共同参与来提升其价值。城市规划、社区规划的新观念要求通过公众参与,从关爱自己"所见所及"的社区环境做起。城市和街区的历史记忆(historical memory)没有替代性(alternative)。公众参与的目的,是使城市设计得以顺利推行和实施,并保持个性化的社区环境和良好的邻里关系。

与公众参与同样重要的就是要通过立法保护历史环境,我国目前还没有一部有关历史城市保护的法规。文物保护法规中有关文物建筑、名胜古迹的保护条文多是博物馆式保存的要求,历史文化名城保护传承至今还没有国家法律。这些年在城市开发和旧城改造中,对老城区和历史文化街区的大规模拆毁得不到及时制止,一个很重要原因就是缺乏法律依据。因此,迫切需要进行历史环境保护的立法工作。由于历史保护对城市生态环境、城市文化发展、城市特色维护、城市景观创造都有积极意义,所以我们也应制定一些有关政策,如补助金制度、经济补偿办法、开发权转移等,在政策上给予倾斜,确保历史街区不受开发建设的干扰或遭"建设性破坏"。就历史保护而言,西方发达国家制定了一系列严格的法律和政策措施,有效控制了开发商的"图利"行为,保护了城市文化遗产,丰富了城镇的景观特征。

在城市设计中,当地居民的意识极其重要。设计城市者是市民,是市民的意识。这一观念决定了城市设计与其他领域有很大不同。城市规划设计的主体是众多市民,所以与规划设计内容有关的信息要尽可能公开。而且不只是对现在的人,还要以未来的人为对象。

同样,城市保护是一个过程,在该过程中,建立地方居民的主体性。城市空间文化,其实是一个社区认同文化。因为是一种文化,所以它对时间、空间、对人的看法不同。在空间上要求适宜居住;对时间要求可持续发展;对人的要求是参与性的。因此,保护过程就是一个地区居民主体性的重建过程。希望在不远的将来，公共和私人力量能联合起来，共同参加实施保护规划的过程。实现规划所必需的公共管制力量，要从加强现有管理力量开始，扩大到完全由新的地方自治力量代替，这首先需要国家立法。

实现规划需要有一个公共的和私人的参与过程，现有的管制力量将得到补充，不断得到新的管制力量的充实。实现城市的地方自治，需要政策和策略，必须分为近期目标、中期目标和长远目标，逐步完善形成。不过事物总是一分为二的，国外城市的公众参与发展到今天，也有学者提出异议，认为公众意见是"无名权威"(Anonymous Authorities)，人们成了公众意见的奴隶。

总之，市民需要居住的权利，城市建设需要社区参与，人类需要历史文化记忆。国土空间规划、城市规划必须落实到社区，从每一个市民身边做起。

3. 规划设计应尊重城市的历史

阿尔多·罗西认为："城市是历史。城市本身就是一座历史博物馆……城市成了历史教科书。'城市的灵魂'成了城市的历史，成了城墙上的标记，成了城市的记忆和独有的明确特征。"[①]诚然，文物古迹的总和并不等于历史的全部，多么壮观的遗迹也不能替代整个城市的历史过程。而且，城市不只是一个实体环境空间，其发展还是一个动态过程。与城市相关的历史具有自身发展特点，具有不可逆性。

价值观念重建是解决问题的关键，现有的功利主义想法，习惯把发展与保护对立起来。城市规划范畴广大、争议更多，对遗产保护却难以形成共识。城市的可持续发展至少应以保护为前提或发展与保护并进。如果违背可持续发展原则，甚至"知其不可为而为之"，最后受株连的不仅是某一个城市，而可能是整个生态环境。虽说一些城市客观上存在土地不足的事实，但这并不能要求文物古迹、遗址和历史街区必须为城市建设让路。在城市规划中，土地利用与历史保护应相互协调，以成就城市环境的和谐、城市景观的多样性。

守旧亦如创新，有时甚至比创新还困难。历史环境保护不仅涉及古人，其结果将直接或间接影响全体居民及子孙后代。文物古迹不是过去名词，而是城市的一部分，且是组成城市特征的关键部分，也是市民识别城市意象的主要指引。我们应以历史保护与有效利用作为未来城市规划工作的指导。

英国著名城市规划师W·鲍尔在《城市的发展过程》一书中，阐述了全力支持对整个城

---

① 阿尔多·罗西. 城市建筑学[M]. 黄士钧译. 北京: 中国建筑工业出版社, 2006: 128.

市历史环境加以保护的五点理由：①

① 保留整个历史街区能丰富城镇视觉环境、增加市民选择机会，如果他们不喜欢当代新创造的环境，则可以选择在这些历史环境中生活和工作。

② 在当今变化多端、日新月异的时代，如果还有一个稳定的共同基础，那就是这些历史街区所具有的吸引人的持久不变的氛围，它令人精神振作、心情安定，并有所依托。

③ 现在有种理论认为建筑物占地越大越好。充分利用现代施工技术，加上施工组织上的改变也倾向于把许多小单位合成一个大单位，这样就驱使当今建筑物的规模越来越大，变成没有特点、像图表一样的建筑，好的还能被人接受，坏的单调得令人生厌。把城镇中过去建得各有特点，规模尺度亲切宜人的大部分地区保留起来，就能保持原有的当地风光和特点，并能与新建设互相呼应。

④ 一些古老地区和一些老镇是我们最大的商业资产之一。英国的国际旅游发展很快，就是靠这些古老地区吸引外国旅游者。

⑤ 最后，不能不分好坏地把老建筑和老城镇遗弃不管，而应当把一些有价值的历史街区精心照管好，这是对后代应负的重要责任。

任何对历史环境设计的讨论，首先应当考虑现有城市的布局和面貌是如何建立起来的，并要了解过去城市设计的构思。我们的祖先创建了他们的城市环境，通过长期的演变过程，或有意识地专心致志地设计，解决了当时的需要和意愿。在为今天和明天的社会需要创造高质量城市环境时，可从先人的经验和智慧中学到许多东西。这就需要我们对古老的优美建筑和建筑群，对城市空间的形式和特点，以及对城镇中有历史意义的各部分要有透彻的理解，并制订保存、保护和复兴历史遗产的实施方案。

正如我国著名城市规划专家周干峙(1930~2014)院士在《护城踪录——阮仪三作品集》(2001)序言所指出的，保护城市历史文化的重要性已得到全世界公认，并体现在众多国际文件和实际工作中。但有两方面问题值得认真思考②：

① 要从城市工作的整体看待历史文化保护工作。一个没有历史特色的城市，将被看作是一个没文化的城市，也不可能是一个真正现代化的城市。保护历史文化名城的问题，已远不只是保住一些文物或历史地段的风貌，也远不只是国家规定的若干个历史文化名城，所有城市不可避免，实际上超越了文化本身，是一个涉及城市社会、经济等带有整体性、全局性的问题。

② 要从社会发展全局看待历史文化保护工作。只有处理好城市历史文化的可持续发展，才可能取得良好社会经济效益。许多发达国家(如英、法、美等国)在城市建设中很少

再采用旧城改造(reconstruction)、改建更新(renovation)等方式,而是采用整修(refurbishment)和再生(regeneration)等新的理念和方法,在历史街区和古城复兴中取得显著实效。

4. "大拆大建"的旧改方式必须转变

城市设计演变至今已不再只是寻求"伟大的构想"或"新奇的构思",城市是一个相当复杂的综合体系,在追求有个性的城市环境的作业过程中,设计者需从各个层面将好的理念落实到城市的每一个角落。过去那种以风格创造为唯一志向的现代形式主义的城市设计师,应转变为以服务人民为志向的另一类城市设计师。

罗西指出:"城市本身就是市民们的集体记忆,而且城市和记忆一样,与物体和场所相联。城市是集体记忆的场所。这种场所和市民之间的关系于是成为城市中建筑和环境的主导形象(predominant image),而当某些建筑体成为其记忆的一部分时,新的建筑体就会出现。从这种十分积极的意义上来看,伟大的思想从城市历史中涌现出来,并且塑造了城市的形式。"③

"城市是时间的艺术"。时间是指历史及历史上沉淀而流传下来的东西。在城市景观的世界里,不仅有空间美,更有时间之美。正如简·雅各布斯指出的:"表面上,老城市看起来缺乏秩序,其实背后有一种神奇的秩序在维持着街道的安全和城市的自由——这正是老城市的成功之处。这是一种复杂的秩序。其实质是城市互相关联的人行道用途,为它带来了一个又一个驻足的目光。正是这种目光充满着运动和变化,尽管这是生活,不是艺术,我们或许可以发挥想象力,称之为城市的艺术形态,将它比拟为舞蹈——不是那种简单、准确的舞蹈,每个人都在同一时刻起脚、转身、弯腰,而是一种复杂的芭蕾,每个舞蹈演员在整体中都表现出自己的独特风格,但又相互映衬,组成一个秩序井然,相互和谐的整体。"④

老城区是维系人们精神与物质世界存在的根,老城区街区的大量丧失,使居住者失去了对场所的认同感与归属感。而老城历史文化环境(context)的丧失无法用新的形式重现。"一个城市,尤其是一个古老的大城市,是思想和艺术品的宝库,其中包括建筑、空间和各种场所。它们表达了演变的需要、时势和建造者那个时代的风尚。"⑤城市保护包含对资源的合理利用,这在城市设计中最为重要。为了社会利益,我们应该合理利用这一资源。

---

① W·鲍尔. 城市的发展过程[M]. 倪文彦译. 北京:中国建筑工业出版社,1981.
② 周干峙. 序言. [M]//阮仪三. 护城踪录——阮仪三作品集. 上海:同济大学出版社,2001.
③ 阿尔多·罗西. 城市建筑学[M]. 黄士钧译. 北京:中国建筑工业出版社,2006:130~131.
④ 简·雅各布斯. 美国大城市死与生[M]. 金衡山译. 南京:译林出版社,2005:52.
⑤ 杰拉尔德·迪克斯. 建筑、保护和文脉:建筑和城市设计中的传统和演变[C]//陈寒凝译. 国际建协20届大会论文,1999.

作为一个世纪来科技和商业发展的结果，城市中心总是处于适应更多用途和人口的压力下，然而许多城市中心却有一种错综复杂的特性，很容易被增长的交通和旧改所破坏。取代所有旧事物来满足新的要求会浪费资源，而且很昂贵(参见第一章论述)，并且还将会毁灭一个地区甚至整个城市。

无须讳言，中国现代城市的蓝本是美国城市，并且近年来还在日益美国化——这是一个非常糟糕的趋势。在好大喜功的持续不断的旧改中传统的城市文化难以为继，在经济利益左右下，市中心的宿命似乎就是夷为平地、里外三新、脱胎换骨、彻底变貌。

美国战后的城市更新(urban renewal)是政府主导的一项不成功的大计划。联邦政府于1949年通过《住房法》(Housing Acts)，开始了城市中心的再开发运动，这可视为城市更新(urban renewal)运动的开始。联邦政府解决城市问题的第一次尝试基本上是失败的，城市更新等于黑人住户搬家，获得实惠的是相关房地产商人等。具有讽刺意味的是，城市更新后期即出现了第一次城市危机。实践证明，城市更新做法比较理想化，尽管有些成就，但总体上看，中心城市居住条件和收入水平仍每况愈下。大规模更新改造计划缺少弹性和选择性，排斥中小商业，必然会破坏城市多样性，是一种"天生浪费的方式"，耗费巨资却贡献不大；并未真正减少贫民窟，仅是将贫民窟移到别处，在更大范围里造就新的贫民窟；使资金更多更容易流失到投机市场中，给城市经济带来不良影响。"大规模计划只能使建筑师们血液澎湃，使政客、地产商们血液澎湃，而广大普通居民则总是成为牺牲品(图3.10)。"1973年，被尼克松政府宣布结束，代之以"住房与社区发展计划"(Housing and Community Development)。

英国也经历过始于战后重建的推土机时代(Age of the Bulldozer)，但1970年代初即开始考虑采取较为温和而不太激进的办法，不搞大规模拆建，也放弃了试图修建大量汽车道路和停车场来满足私人小汽车的发展需要。战后的重建经验证明，绝大多数彻底更新大拆大建的做法，并不像人们想象的那样成功。对城市进行太多的大手术，不但旷日持久，而且常常留下难看的疤痕和令人遗憾的败笔。

1970年代，德国城市更新的目标已发生转变，不再是拆除和新建，不再大规模替换那些不受欢迎的19世纪建筑和城市结构，而是整治和改善现存建筑，对其修缮并安装现代化设施。只有当确实没有办法时，才考虑采取新建措施，这时也要考虑是否还有保存城市结构的可能。这些变化显然不全是规划思考的结果，更多的则来自住宅市场中冷酷的经济现实。那种指望利用新的、昂贵的住宅来替代旧的、廉价的住房，以使社会所有阶层通过逐层"过滤"方式都得到好处的想法，实在难以实现[①]。德国对老城区采取"谨慎的城市更

图3.10 雄心勃勃的城市规划(L.贝纳沃罗.世界城市史.北京: 科学出版社, 2000)

新"和"批判的历史保护"的态度, 值得我们学习借鉴。

　　简而言之, 审视今天的城市和城市规划的状况, 会发现还是缺乏整体的城市建理想。"政治上的长远的展望已经让位给短期的获得选民支持和获得重新当选的热望了吗? 城市真的已经屈从于房地产资金流通的商业化了吗?"②

　　前车之覆、后车之鉴。城市发展规划必须与地区目标一致, 不加控制的发展必然是破坏性的。不加控制的发展会是分散而随意发生的, 对地区环境特征不加区别的一刀切, 城市随意扩张、蔓延, 也许缓慢但肯定会使城市自然环境和历史环境特征逐步消失, 无可挽回地破坏所有美丽和使人难忘的景色(图3.11)。而遵守城市保护的原则, 能防止破坏和保证提高环境质量, 让开发建设与自然环境演进过程相匹配。

① 参见G. 阿尔伯斯. 城市规划理论与实践概论[M]. 吴唯佳译. 北京: 科学出版社, 2000.
② A. G. 汉贝尔. 关于城市远景的主导思想[M]//曹力鸥译. 国际建协20届大会论文, 1999: 101.

图3.11 丽江新区欧洲街

每一处人居环境都有它独特的品质，这源于其所处的地理因素、政治、经济和社会的状况以及以后的发展影响。城市保护不仅是针对外在或外观的东西，而是要变成社区的保护。不只是保护精致、美观大宅子，必须尊重各民族、各地区居民的愿望与选择。不同情况需要不同的解决办法，比较好的保护方法是让每一民族或社区的发展符合自身的文化特色、地理环境、经济状况。

最后，在制定一个历史文化名城的发展规划时，面临的挑战可能是，应当依据何种标准保护现存的城市空间结构和传统形态肌理，这种保护保存若要适应现代生活条件，其必要的改变应保持在怎样的程度，以及为此可能需要投入多少资金。但是，对一个健康的现代城市而言，保护体现传统文化思想的历史风貌、空间格局和街巷肌理，传承地方丰富的文化遗产和优秀传统文化，对记录着市民的集体记忆和共同情感的历史环境进行保护管理，是其必然且优先的选择。

第四章 欧洲历史城市的整体性保护理论与实践

自文艺复兴时期开始出现纪念物的研究、修复，到18世纪的唯理主义、启蒙运动，再到19、20世纪的文化遗产保护立法，欧洲国家的遗产保护体系不断发展与完善，在建筑遗产保护上取得了杰出的成就。

随着二次大战后大规模的住宅重建和新建，城市中大量的历史建筑迅速消失，导致人们的怀旧情绪日益增长、保护意识不断增强。70年代是欧洲城市保护最有意义的时期，这与当时的社会经济背景相关，石油危机以及由此引发的经济问题，使新的开发建设项目出现滑坡，也促使人们开始思考充分利用老城原有设施和既有资源。

以"为了我们过去的未来"(A Future for Our Past)为宗旨，欧洲理事会发起的1975年"欧洲建筑遗产年"(European Architectural Heritage Year)是该时期最重要也最为成功的运动，旨在保存和保护欧洲的建筑遗产。遗产年活动强调了城市集合体(urbanistic ensembles)保护的重要性，随着历史纪念物类别多元化，同时提升了公众参与纪念物保护法律和行政管理重要性的认识，对欧洲产生了广泛和持续的影响。

欧洲提倡并支持世界范围内文化遗产保护工作的历史已经超过了半个多世纪，积极参与相关国际组织创立，鼓励对其保护原则的运用及其政策的采用，在世界文化和自然遗产保护方面的国际合作方面也做出了积极贡献。欧洲各国的文化遗产都得到了很好保护，从单体纪念性建筑到整个历史城市。欧洲城市建筑遗产保护的成功经验，无疑对我们具有积极的参考借鉴价值，本章以历史城市整体性保护(integrated conservation)为中心，以法国遗产保护制度体系和意大利历史名城博洛尼亚(Bologna)为重点，进行全面介绍和深入分析。

一、 战后欧洲文化遗产保护的趋势

1. 华沙重建的启示

人口多而资源并不十分丰富，文化发达且平均生活水准高，这是欧洲社会的普遍特点。尽管欧洲各国在政治、经济方面有一定差异，但在致力保护文化遗产方面都有很大作为。欧洲现代意义上的历史建筑保护工作从20世纪开始，广泛的公众参与推动了轰轰烈烈的历史遗产保护运动；与此同时，国家也通过立法加强了历史建筑和城市遗产保护。经过多年发展，有关古迹和建筑遗产的保护体系已相当完善，但将历史城市作为整体进行保护的历史则要晚得多。

针对历史城市实施整体性保护的观念，始于战后的欧洲国家。在轰炸过后的废墟上，人们迷惘地面对现代文明带来的毁灭和破坏状况，过去形成的历史遗产被人类自身彻底毁坏。由于城市形式涉及政治、经济、文化上的意义，在战后重建过程中，不同的论述和实践不可避免出现了冲突与对立。有关保护的论述也多种多样，有再开发取向的，也有旅游观光取向的；有社会运动的，也有民族主义、政治计划的。

二战结束后一段时期内，几乎整个欧洲都企图在城市被炸毁地区内，兴建大量公共住宅，并在建成区内进行大规模开发建设。其中的例外，似乎只有波兰华沙的重建规划。华沙在二次大战中几乎被完全摧毁，80%~90%的建筑被毁，城市基础设施也多毁于战火，战争结束时城市人口只有16.2万，仅为战前城市人口126.5万的12.8%[①]。二战后，他们在原址按原有形式重建了城市中心区。这一行动，当时被西欧的城市规划师视为一种极端的乡愁情结。

实际上这是凝聚波兰人爱国热情的重要政治性与历史性重建规划。1945年2月，波兰政府为了尽快重建首都，成立首都重建办公室负责制定"华沙重建规划"。重建历史中心区的建筑，是当时波兰人民的强烈愿望，有发扬民族精神，恢复传统文化的重要意义。在经济方面，修复被破坏的给排水系统、道路和桥梁等设施，也比完全新建一座130万人口的城市更为合理。

"华沙重建规划"的指导思想是不仅要恢复重建，更主要是本着改善城市环境，提高人民生活条件的基本出发点，对原有城市布局和结构进行更新改造。具体措施有：①调整土地使用功能，将城市分为居住区和工作区；②重建华沙古城，并把它有机组织到城市布局中；③新辟一条自北向南穿城而过的绿色廊道，以及扩展维斯瓦河沿岸的绿廊，形成楔形绿地，从郊外深入城市中心，与街道、广场、街坊、房屋结合起来，使自然与建筑密切配合，形成整体；④降低建筑密度，扩大开敞空间面积，改善居住环境；⑤在城市南北主干道元帅大街和东西主干道热合乌列斯基大街交叉处建设新的城市中心和中央火车站；⑥发展维斯瓦河东岸布拉格新区，形成城市副中心。

在技术方面，华沙重建并非一味地复原、复旧，在修复工程中，煤气管线等公共设施都基本安置进去。城市面貌是古老的，依然保留了市民记忆中的场所感，但内部设施和生活条件已大为改善。这种方式已成为后来历史建筑保护中设施更新、环境整治的主要模式。经过4年恢复重建，华沙这座当时被西方世界普遍认为已完全毁灭的城市，重新担负起首都的功能，使全世界为之震惊。

美国著名城市规划理论家刘易斯·芒福德曾称赞重建规划为华沙未来的发展奠定了良好

---

① 王蒙徽. 华沙现代城市规划思想述评[J].世界建筑, 1991(5): 21~24.

基础,规划是建立在充分考虑自然环境条件和现实需要的基础上,同时也表现了新时代的特点。正因为如此,1980年,战后重建的华沙历史中心区(Historic Centre of Warsaw),经过评估,以符合世界文化遗产第2条和第6条标准被联合国教科文组织(UNESCO)列入《世界遗产名录》。世界遗产委员会认为:在1944年8月华沙起义期间,超过85%的华沙历史中心区被纳粹军队摧毁。战争结束后,经过5年的市民重建运动,老城得到了精心的恢复,教堂、宫殿和集市应有尽有。这是对13世纪至20世纪历史跨度的城区几乎完全重建的一个杰出案例。

2. 历史城市保护概况

1960年代以后,随着战后大规模的住宅重建和新建,城市中大量历史建筑迅速消失,导致人们怀旧情绪加重和保护意识增强。1975年"欧洲建筑遗产年"活动中欧洲议会部长委员会通过的《关于建筑遗产的欧洲宪章》,明确了建筑遗产保护的现实意义。特别强调建筑遗产是"人类记忆"的重要部分,它提供了一个均衡和完美生活所不能或缺的环境条件。

城镇历史地区的保护必须作为整个规划政策中的一部分;这些地区具有历史的、艺术的、实用的价值,应该受到特殊对待,不能把它从原有环境中分离出来,而要把它看作是整体的一部分,尽量尊重其文化价值。作为"欧洲建筑遗产年"的重要事件欧洲建筑遗产大会在阿姆斯特丹举行,此次会议通过的《阿姆斯特丹宣言》指出,"建筑遗产保护应该成为城市和区域规划不可或缺的部分","区域规划政策必须考虑建筑遗产的保护,并有利于保护"。而且,上述两份文件都对"整体性保护(integrated conservation)"的思想与方法做了充分阐述。从此,整体性保护理念和实践探索在欧洲开始走向成熟。

在实践方面,60年代是欧洲城市保护的起步时期。如英国在1968年由环境部主持,选派了特别顾问对巴斯(Bath)、奇彻斯特(Chichester)、彻斯特(Chester)和约克(York)四个古城进行了保护研究,并于1969年完成,其中彻斯特的成绩较为显著。在此基础上,于1970年和1973年进行了两期保护规划试点,取得了良好效果。

德国则从1959年起开始鼓励各地在建设规划中以试点方式,优先考虑整体翻新旧城区的适当措施。此后,联邦政府直接资助了少数城市研究和示范项目。1971年,随着《城市建设促进法》付诸实施,地方性的城市更新和发展试点经验推广至全国。联邦和各州政府都依法开始制定有关促进城市发展、保存和更新具体措施的年度计划。至70年代末,内城居住环境的改善已成为德国城市更新政策的焦点。今天,德国的建筑遗产保护活动已成为社会生活的一个组成部分。建筑遗产的文化意义、历史意义受到高度重视,并且被认为是城市和乡村基本的、不可改变的历史面貌,历史建筑在城市和乡村的社会生活中起着积极作用。

意大利的许多历史名城如博洛尼亚、米兰、都灵、热那亚、罗马等也都在1976年《内罗毕建议》通过后，按照其方针制定了积极保护老城等历史地区及其周围环境，并使之适应于现代生活的需要，其内容不仅涉及历史中心区，也涉及具有历史意义的郊区。

1978年联合国教科文组织开始确定自然风景、文物古迹为世界自然和文化遗产，欧洲的一些历史城镇作为"世界遗产城市"被列入《世界遗产名录》。至今，这些城市文化就是欧洲文化的代表。然而，战后经济快速发展时期，以技术和金融发展为中心的欧洲城市越来越缺少人情味和人性尺度。因此，为促进欧洲各国通过城市开展文化交流和文化创造，1983年，希腊当时的文化部长迈尔库里(Melina Mercouri)邀欧洲各国文化部长齐聚雅典，并表达了"文化、艺术和创造力的重要性，丝毫不亚于技术、商业和经济"的观点，而欧洲各国相互间的文化交流远远不够。她为此提出举办欧洲文化交流活动的想法。欧盟文化部长会议采纳了其建议，决定从1985年开始，每年从欧盟国家城市中选出至少一个城市为"欧洲文化城市"(The European Cities of Culture)，获选城市全年将举办各种民俗文艺表演活动，以彰显当地独特的文化色彩，宣传和展示欧洲文化的丰富多样性。

1999年，欧盟决定将"欧洲文化城市"改称为"欧洲文化之都"(The European Capitals of Culture)，并决定非欧盟会员国也可申请角逐欧洲文化首都，将从2009年开始每年评选一老一新两个城市联合举办"欧洲文化之都"活动。多年来，众多欧洲历史城市当选过"欧洲文化之都"，在享受"欧洲文化之都"称号的一年时间内，该市不仅有机会展示本市、本地区具有象征性的文化亮点、文化遗产和文化领域的发展与创新，而且吸引欧盟其他成员国的艺术家、表演家到该市表演和展出。这些城市也利用当选文化之都之际彻底改造自己的文化基地和设施。通过举办文化之都活动，扩大了这些城市的知名度，吸引了更多的游客，促进了文化旅游业的发展。

此外，1985年欧盟和欧洲理事会还共同发起了"欧洲遗产日"(The European Heritage Days)活动，并成为在欧洲最受欢迎的参与性文化活动之一。欧洲遗产日每年9月在《欧洲文化公约》50个签署国举行，在每个国家，由地区和地方当局、公民和私人团体以及数千名志愿者组成的网络负责组织相关活动。

在欧洲遗产日，数以千计的历史古迹和建筑遗产敞开大门，让人们了解欧洲共同的文化遗产，并理解保护欧洲遗产的重要性。

3. 遗产保护趋势与前景

经历了二次大战后数十年的发展，遗产保护已成为欧洲先进国家的主流思潮。由保护可供人们欣赏的艺术品，发展到保护各种作为社会、文化见证的历史建筑与环境，进而保护与人们当下日常生活休戚相关的历史街区及至整个历史城镇。由保护物质实体发展到无形的城镇传统文化等更广泛的保护领域。这种现象反映了人类现代文明发展的必然趋势，保护与发展已成为各国的共同目标。城市遗产保护取代了战后的城市更新，成为社区建设的主要方式。

从保护对象看，过去只有杰出的、在历史上或艺术史上占有重要地位的文物古迹、代表性作品及名人故居等杰出历史遗产才考虑保护。现在许多由于时光流逝而获得文化意义、不同历史时期的一般建、构筑物，社会发展的实物见证以及无形文化遗产等，都被列入各种保护名录。

从保护范围看，保护已不再限于文物古迹、历史建筑本身，而是扩大到周边环境和自然环境，从单一的文化艺术作品扩大到与人们日常生活密切相关的历史街区、历史城镇和村落，也就是说从点的保护扩大到历史地段乃至城市整体历史环境的保护。

在历史遗产保护的深度方面，过去对文物建筑、历史保护区和历史城镇的保护，注重物质实体方面。现在除物质环境外，已开始保护具有浓郁地方特色的典型社会环境和民族文化传统，保护和发掘构成城镇精神文明的、更广泛的内容。也就是说，从单体的保护演进到对自然环境、历史环境、人文环境进行整体综合性的保护。

在保护方法及手段上，亦由过去单纯文物考古和建筑修复演进为多学科共同参与的综合行为，采用各种技术手段，进行调查、识别、评估、保护、展示、开发、利用，具有多学科、综合性和多样化的特点。传统文化的保护也从建筑师、规划师、文物专家的技术行为转变为广泛的由社会调查和公众参与构成的遗产保护运动。历史城镇的保护规划已演变成为一个市民参与过程，这是因为遗产保护不只是技术问题，还牵涉社区居民的意识问题。

总之，文化遗产保护脱胎于历史纪念物保护，但其后的演变已远远超越了建筑范畴。不仅保护对象不断扩展，而且保护对策也更为多样与成熟。遗产保护也成为政府发展的政策规定，城市规划中的重要价值取向。保护已从纯粹纪念意义上的关注走向规划意义上的关注，从物质形态的解决转而为在一个更大系统内寻找对策(涉及经济、社会、环境、生态等诸多领域)。遗产保护也由建筑与规划的边缘地位而成长为一门有着相当独立性和综合性的、日益科学化的学科分支，并被纳入各国立法、教育、城市建设与规划的各个政策体系中。保护工作由少数专家的呼吁，演变为全体民众参与的保护运动。城市遗产保护不只是对少数特殊城市和街区的特殊规定，已成为维持城市特色和增强市民荣誉感的手段。

二、法国遗产保护的思想与体系

1.历史纪念物保护立法

法国的历史遗产保护的观念产生于18世纪末。始于1789年的法国大革命对整个国家的历史遗产造成了空前的破坏,国家委员会没收了国王、修道院和许多贵族的财产,毁掉了其中许多古物、艺术品,这是一种反对以前统治的革命行动。这就是被布卢瓦主教H.格里高利(Henri Grégoire,1750~1831)谴责的空前的"破坏行为"(vandalisme)[①]。

法国大革命期间,古迹保存主要是为了巩固国家利益,民用建筑委员会负责管理国家宫殿、国家纪念物的维护修缮。随后,包括著名文化人士普罗斯佩·梅里美(Prosper Mérimée,1803~1870)、卢多维奇·维泰(Ludovic Vitet,1802~1873)在内的有识之士直接推动了历史遗迹的保护。1830年,法国成立了历史纪念物相关机构,并设立历史纪念物督查长一职。1837年,法国成立了直接受内政部管理的历史纪念物委员会,并开始对法国境内的历史纪念物进行普查和保护,直接针对委员会"指定"的宫殿等历史纪念物的干预行为提出意见,进行指导。

从19世纪末起,法国政府就开始通过立法并付诸实施来保护建筑、城市和风景等方面的历史文化遗产。最初的历史遗产概念仅限于历史纪念物,但是在整整一个世纪的发展历程中,保护的对象已由历史纪念物保护扩展到城市和乡村历史景观的整体保护,遗产概念已有包罗万象的趋势。

1887年3月30日,通过《关于保护具有历史与艺术意义的纪念物和艺术品的法律》(*Loi du 30 Mars 1887 Pour La Conservation Des Monuments et Objets D'art Ayant Un Intérêt Historique et Artistique*),这是第一部有关历史纪念物保护法律,是法国遗产保护法制化的开端。

1906年4月21日,通过《关于保护具有艺术特质的遗迹和自然纪念物的法律》(*Loi du 21 Avril 1906 Organisant La Protection Des Sites et Monuments Naturels de Caractère Artistique*)。

1913年12月31日,通过《关于历史纪念物保护法》(*Loi du 31 décembre 1913 sur les monuments historiques protège*),该法确立了列级和登录两种保护方式,一种是非常严格的"列级历史纪念物"(Monument Historique Classé),另一种是相对灵活的"登录历史纪念物"(Monument Historique Inscrit)。

---

① vandalism又译汪达尔主义,指对艺术品、纪念物的恣意毁坏、破坏行为。

1930年5月2日，通过《关于重新组织对具有艺术、历史、科学、传奇或如画景观特征的自然纪念物和遗迹进行保护的法律》(*Loi du 2 Mai 1930 Ayant Pour Objet de Réorganiser la Protection Des Monuments Naturels et Des Sites de Caractère Artistique, Historique, Scientifique, Légendaire ou Pittoresque*，简称《自然景观地保护法》)。

1943年2月25日，通过《历史纪念物周边环境法》(*Loi du 25 février 1943 qui, instituant le régime juridique dit « des abords »*)，考虑到保护对象周边环境应当与历史纪念物相协调，因而，纪念物周边半径500米范围同时列入保护范围。

2. "遗产"概念的扩展

在法国的城市建设中，文化遗产保护已成为发展的基本原则之一，历史遗产的评价标准和管理办法也日趋成熟。法国政府有着漫长的中央集权制历史和传统，过去通过强有力的全国性政策，推进文化遗产保护工作。当文化遗产保护转向基于社区的保护过程时，这一变化显得尤为明显。在遗产概念的转变过程中，甚至可以发现一种"法国模式"，这也许是法语"遗产"(patrimoine)一词本身就包含着"家园"(patrie)一词的缘故。

"遗产"一词在较老的词典中，解释为父母传给子女的财物；而新的词典对它的定义为历史之见证，"遗产"也被认为是当今社会全体人民的继承物。

这一思想是从1830年代初确立的"历史纪念物"(Monument Historique)概念中发展而来的[①]。1913年通过立法确立的列级和登录保护制度赋予其法律保护的意义，历史纪念物，如罗马的古输水道或沙特尔教堂，被视为不争的、永久性的历史见证。

回顾历史，可看到遗产概念各阶段变化分明的过程。第一阶段建立起宗教遗产的概念，包括教会遗址及其宝库；第二阶段为贵族遗产，富丽堂皇的宅第、武器和织物；第三阶段是君王和学者的遗产，这些遗产本身具有学术性，涉及藏书、手稿等。此后进入具有决定意义的遗产概念发展阶段，在这一阶段才真正形成了科学的遗产概念，即不再用于其原有目的，而是因其悠久历史获得了一种完全不同用途的财产。

1967年，巴黎大众艺术和传统博物馆开馆。从此，遗产概念在下述三方面不断扩展：

① 由于工业考古和对19世纪历史的兴趣，将包括当代物品在内的现代遗产列入其中；

② 由于40年代末~70年代中期(即法国三十年辉煌发展年代)改革浪潮而消逝的日常生活世界的见证，如舞蹈、歌曲、烹饪和手工艺品等；

③ 非艺术和非历史的自然遗产、科技遗产及传统与民间传说类遗产。

到今天，终于形成了人们所熟悉的，民主的、基于社区的、有着重要心理学意义的遗产概念。遗产已不再只是一种全社会思想的简单代表，更多是与社会中的特定部门联系在一起，与一定的社会群体相关联的一种存在。遗产概念这种呈指数态的发展变化，清晰的反映了一种彻底的民主进程和这一表达形式的不断扩展。

从仅仅是祖辈传给我们的遗产发展到了与文化认同概念密切相关的象征性遗产，从看得见的物质实体遗产发展到了看不见的无形文化遗产，从国家拥有的遗产发展到了社会的、民族的和基于社区的遗产。简而言之，遗产概念经历了从"特殊的"遗产系统走向"一般的"遗产系统，从作为历史的遗产时代走向了作为纪念的遗产时代的过程[②]。

毫无疑问，遗产(patrimoine)一词是今天在法国使用频率最高的词语之一。据历史学家的看法，从1970年代起，该词已成功取代了自启蒙运动以来的"美术"和"古迹"这两种重要的概念[③]。

在这一发展过程中，"遗产"的性质和地位都发生了重大变化。现在，遗产与纪念性、文化认同等同属一类思想范畴。具有历史、艺术、科学价值的文化遗产，是属于整个民族的，不仅属于当代人，而且也属于子孙后代，它们是伟大民族的财产。法国在世界经济和政治方面的领先地位，取决于它在历史上科学、文化领域所取得的成就，而这些历史纪念物、艺术品以及其他文化财产正是法兰西民族认同的有力物证。

早期从艺术和审美价值的观点出发，将风格特征突出的建筑作为一种可供观赏的艺术"作品"，挑选出来进行保存，这些纪念性建筑代表或印证了法兰西民族文化发展和艺术创造的历史。今天，对建筑的、城市的、环境的文化遗产从人文学科角度综合加以认识，特别是历史学、人类学、社会学的研究与分析，人们将遗产视为社会集体意识的"记忆场所"。正如历史学家皮埃尔·诺拉(Pierre Nora)所指出的，这种"记忆的场所"不仅指称纪念性建筑或实体环境，还包括"象征性标志，礼俗表达方式，节日庆典，纪念活动，以及历史上民族的代表人物等"。法国的文化遗产保护与传播政策已将无形文化价值与建筑和城市遗产的价值提升紧密结合。

3. 从历史纪念物到城市遗产

历史建筑的一般含义是指在它建造多年后变成的纪念物，它与历史性和艺术性直接相关。在西方历史中，一般认为对历史纪念物的第一次定义是在15世纪的意大利。而实际上，在法国古物博物学者A. L.米林(Aubin-Louis Millin，1759~1818)所著《国家古物或纪念

---

①、② 皮埃尔·诺拉.一种正当其时的思想[J].信使，1997(12): 14~16.
③ 转引自李军.什么是文化遗产？——对一个当代观念的知识考古[M]//王璜生.美术馆: 图像理论(上).上海: 上海书店出版社，2006.

物收藏》(Antiquités nationales, ou, Recueil de monumens)第一卷中，就提到"历史纪念物"，所指的历史建筑为从古代到15~18世纪一直延续下来的建筑物。后来"历史建筑"一词在19世纪后半叶的法文词典中也出现过，时任法国内务大臣弗朗索瓦·基佐(Francois Guizot，1787~1874)在19世纪早期的演说中也曾使用过该词[①]。

　　法国在欧洲乃至全世界都是最早立法保护历史纪念物的国家，其立法程序清晰且充满理性。1830年法国任命了第一位历史纪念物督察长，1837年成立了全国性的历史纪念物委员会来管理国家纪念物。虽然当时缺乏财政支持，但政府仍不愿和地方性古物收藏团体合作。1840年在第二任督察长普罗斯佩·梅里美的领导下，开始对古建筑进行普查登记，这是欧洲最早的一份历史纪念物清单。自1913年《历史纪念物保护法》起，开始由国家公务员取代志愿者开始保护历史建筑，成立了历史纪念物委员会。该法从历史和艺术角度明确了作为动产和不动产的历史纪念物[②]。由此明确了历史建筑保护的公益性。

　　从1860年到1960年，欧洲对历史建筑的保护以及实践几乎没有太大变化。1931年，第一届有关历史纪念物修复的国际会议在雅典召开，但直到1954年，《雅典宪章》才经过欧洲议会审议得以正式公布。从15世纪到20世纪60年代早期历史性建筑概念的演变过程中得知，当时要成为历史性建筑至少需要该建筑物有400年历史。正是由于工业革命的出现使建筑的发展产生历史断代现象，从而才开始把历史城镇作为保护对象。事实上，历史城市遗产的概念早已由牛津大学艺术学教授约翰·拉斯金(John Ruskin，1819~1900)提出。19世纪后半叶，西班牙城市规划师、工程师伊尔德方斯·塞尔达(Ildefonso Cerdá Suñer，1815~1876)是保留老城、设计19世纪巴塞罗那"扩展区"的著名人士，也是第一位提出将城镇作为科学理论研究对象的人，他最早提出"城市化"(urbanizatción)这个重要的专业用语。而1904年才在英语中出现了城镇规划(town planning)一词，直到1920年代，地理学家才开始对"城镇规划"投入更多关注。在19世纪末至20世纪末的城市建设发展过程中，通常旧的城市肌理往往作为城市化进程中的障碍被彻底破坏和排斥。

　　古斯塔沃·乔万诺尼(Gustavo Giovannoni，1873~1947)，为20世纪上半叶意大利建筑学、城市规划和城市保护领域的关键人物。他的科学修复理论影响了意大利和欧洲的保护和规划立法，包括他为1931年《雅典宪章》做出贡献后，在1932年出版的《意大利保护宪

---

① 参见Raymond Rocher(石雷). 欧洲建筑与城市遗产概念及其发展(一)——欧洲历史性建筑遗产[J]. 童乔慧、李百浩译. 华中建筑, 2001(1): 80-81.
② "movable historic building"是指历史建筑中的家具、绘画、雕塑或建筑断片等；"inmovable historic building"是指土地、房屋等无法移动的财产。

章》(*Carta del Restauro*)。

1913年，他发表了一篇影响深远的论文"老城市和新建筑：罗马文艺复兴时期的地区"(Vecchie città ed edilizia nuova. Il quartiere del Rinascimento a Roma)，其后在1931年出版的同名书籍中收集该文，并扩展完善相关理论，文章论述了新旧城市尺度与隶属于20世纪的美学观念之间的联系，系统阐述了旧的城市与新的功能必须彼此平衡的现实问题，提出应当保留历史中心区神话般的社会和环境"价值"(valori)，在留下城市怀旧之情的同时，伴随而来的是为发展制定解决功能性需求的设计方案。显然，乔万诺尼在将现代规划要求整合到历史城镇中心方面发挥了重要作用。

乔万诺尼根据其历史、艺术或社会重要性区分"主要"(major)和"次要"(minor)建筑。因为环境是主要和次要建筑之间的逻辑结果。主要建筑是指公共建筑，次要建筑是指住宅。他认为，次要建筑作为一个整体(即一个历史城镇的城市背景)将比主要纪念碑具有更高的整体价值。破坏主要历史建筑周边环境如同给这幢建筑判了死刑一样。因而，对古城而言保护次要建筑比主要建筑更重要，古城的每个片断都应统一在总体设计中。它的使用价值是与社会连续性以及技术网络系统相联系的。历史建筑统一在目前的城市肌理中。事实上，乔万诺尼的理论正是20世纪60年代以后欧洲相关"保护区"法规的雏形。

1960年代后，欧洲的建筑与城市遗产保护观点经历了一个快速发展的阶段。60年代以前，保护对象是建筑单体和著名的纪念物，如古建筑遗址、中世纪宗教建筑、古城堡等。从60年代开始，保护对象有了新的变化，开始对次要建筑(如住宅)、乡土建筑(如村落、民居)、工业建筑(如工厂、车站)、城市肌理和人居环境(如城市街区、城市区域、村镇、城市综合体)进行保护。由于认识到城市是人类最伟大的成就之一，各国政府开始制定政策，用津贴和免税等方法鼓励私人保护、修缮和利用历史建筑。

4. 从周边环境保护到历史保护区

1913年颁布的《历史纪念物保护法》奠定了法国遗产保护法规体系的基础。30年代，对单体的"历史纪念物"的艺术、历史和科学价值的认识，逐渐扩展到自然遗产方面，出现了保护自然遗产的立法。在《历史纪念物保护法》中，范围仅限于文物建筑周围以及与所保护对象有直接联系并与保护的安全与卫生条件密切相关的部分。到60年代，将"城市遗产"视为人类世代传递下来的文化信息的意识被接受，终于产生了"历史保护区(Secteur Sauvegardé)"的保护立法。

1930年的法国《自然景观地保护法》，首次将具有艺术、历史、科学、传奇或如画景观特征的自然纪念物和遗迹(Des Monuments Naturels et Des Sites de Caractère Artistique, Historique, Scientifique, Légendaire ou Pittoresque)列为保护对象。1957年修正后增加了"自然保护区"。与历史纪念物的相似，分为"列级"自然景观地和"登录"自然景观地两类。截至2013年9月的数据表明，已有近2700个列级场所，总面积103万公顷；近4000个登录地点，占地面积约150万公顷。总体而言，该项保护措施涉及法国约4%的国土。

由于文物建筑周围的环境与建筑物本身的历史价值与美学价值是直接联系在一起的。40年代起法国又开始立法保护文物建筑周边环境(Abords des Monuments Historiques)。1943年2月25日通过的《历史纪念物周边环境法》规定：一座建筑根据《历史纪念物保护法》一旦列级或登录保护，对其周边范围的保护即刻生效，在其半径500米范围内的建设都将受到一定管控，并受纪念建筑视线通廊条件的限制。这就是说，从历史纪念建筑位置到周边建筑或从周边建筑位置到纪念建筑互为可视的关系得到保护管控。

法律规定：与历史纪念物组成一体性组群的不动产或不动产组群，或可能有助于保护或利用的不动产或不动产组群，以周边环境的名义受到保护；对周边环境的保护适用于以历史纪念物为中心的 500 米为半径的可视范围内的不动产，无论该不动产上是否带有建筑物；周边环境保护具有影响土地使用的公共地役权属性，该公共地役权以对文化遗产进行保护、维护和利用为目的。

这一法定约束条件要求：任何可能变更历史纪念建筑周边环境风貌的方案必须经由法国国家建筑师(Architecte des Bâtiments de France，ABF)批准。在该500米半径周边范围内，拆除和建设许可证一定要取得法国国家建筑师同意后方可进行。文物建筑周围区域的保护方式包括：①严格控制区域内的一切建设活动；②修复与文物建筑紧邻的建筑；③保存围绕文物建筑的街道广场的空间特性(街道小品、地面铺装，街道照明等)；④保护文物建筑周围的自然环境(树木、植栽等)。

1962年颁布第62-903号法律，《关于保护法国历史和美学遗产并促进不动产修复的补充立法》[简称《马尔罗法》(Malraux Act)]，它并非一项独立的法律，而是将历史地区保护问题植入城市规划法中的特别法令。整个法律条文只有两条，主要意为：① 在历史、美学方面具有特色的地区，以及通过对整体或局部地区建筑的保护、改造可获得价值提升的地区，可以设立并划定有明确边界的"保护区"；② 自相关部门发布法令和划定保护区之日起，所有会影响建筑物状态的工程项目都必须申请并得到建设许可或特殊工程许可。只有在工程项目符合保护区"保护与价值提升规划"(le Plan de sauvegarde et de mise en valeur，PSMV)相关要求时才能颁发建设许可。在这期间，保护区内的工程项目暂停时间通常不超过两年。

该法以划定"保护区(Secteur Sauvegardé，SSs)"的形式开展历史环境整体保护与提升，它确立了两个目标：①保护与利用历史遗产，文物建筑与其周围环境应一起加以保护。因其历史价值、美学价值及文化价值和城市肌理密不可分；②促进城市发展，对历史保护区的保护与利用应为保护区焕发生机提供多种途径，规划不应局限于历史遗产保护，同时要从城市发展角度出发，利用合法有效手段，促进历史保护区合理的新陈代谢，整体保护，修缮整治及更新利用都适用该法(图4.1)。

　　在实际操作过程中"保护区"是由一个被称作"保护与价值提升规划(Plan de Sauvegarde et de Mise en Valeur，PSMV)"的一系列法规和规划图所确定。它更多趋向于对"保护区"

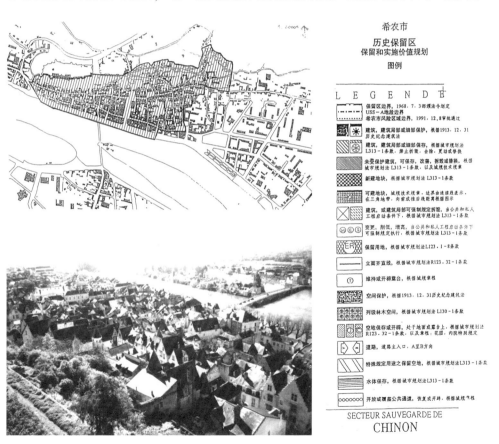

图4.1 法国希农历史保护区

进行适当再利用。规划提出两点：对临街建筑进行保护和修复；清除城市街区内部的违法建筑和临时搭建建筑。对房主而言，他们也愿意对老房子进行修缮，因为政府有相关经济补助或减税政策支持这一行为度。

在法律效应上，保护与价值提升规划将在保护区范围内取代一切其他城市规划文件，例如土地占用规划(Plan d'occupation des Sols，POS)。首先，保护与价值提升规划(PSMV)确立建筑和城市遗产的保留和价值利用的准则。规划内容包含建筑及空间处置方法，如整体保护、立面保护、部分保护、花园或内院的保护，以及整治、改造、重建、拆除等。保护区的保护与价值提升规划在法律意义上属于城市规划法所规定的城市规划文件(图4.2)。

简而言之，历史保护区的重点在"城市遗产"，考虑历史街区的整体性。与"建筑遗产"不同，"建筑遗产"主要侧重于引人注目的纪念性建筑物以及纪念物的周边环境。

5. 对建筑、城市和风景的区域性保护

建筑、城市和风景遗产保护区(Zones de Protection du Patrimoine Architectural Urbain et Paysager，ZPPAUP)是在1993年1月8日通过的《建筑、城市和风景遗产保护法》中明确的保护对象，该法令简称为《风景法》，实际上是1983年1月7日《建筑和城市遗产保护法》的补充和完善，在1983年创设建筑和城市遗产保护区基础上增加了"风景"遗产的内容。提出这个概念表明国家对整片的包括建筑群、自然风景、田园风光等广义遗产开始实行更大范围的区域性保护。

建立建筑、城市和景观遗产保护区的目的在于，通过对一个或数个毗邻城镇中富于特色的建筑、城市、风景的元素进行研究鉴别，保持区域的识别性。保护区范围划定须根据涉及的城市政府和国家建筑师(ABF)的意见，然后由地区遗产和风景名胜地保护委员会批示、完成公共意见调查后，由地区行政长官颁布法令宣布。

建筑、城市和景观遗产保护区有一个明确的划定范围，在法规及管理程序上，它主要取代区内被保护的历史纪念物周边范围的保护法律。区内任何建筑外观改变的工程均须通过国家建筑师(ABF)批准。此外，建筑、城市和景观遗产保护区范围一经划定，即取代区内各项"登录"自然景观地。ZPPAUP制度的确立是由地方与国家共同协作完成的，其目标是为了妥善保护地方的文化遗产。地方与国家通过合约方式开展协作，地方政府负责城市的发展建设，国家则负责保护该地区的国家文化遗产。

建筑、城市和风景遗产保护区的确立适用于所有地区——不论是城市建成区还是乡村地区，不论规模大小。同时范围可以跨地区，只要具有历史、文化等价值。它可以是城镇

图4.2 法国Saintes历史保护区规划图则(上)，法国Saintes历史保护区(下左)；图4.3 Saintes建筑、城市和风景遗产保护区(下右)

中心的历史街区，也可以是自然风景区。虽然其中并没有列级文物建筑，但对其保护有利于最大限度保持地方特色。

建筑、城市和风景遗产保护区政策使地方与国家的权力职责明确分工。它使现有的历史遗产保护体制更加完善，可以从多方面保护历史遗产。建筑、城市和风景遗产保护区政策打破了文物建筑周围500米半径范围的保护局限，起到了更好的保护作用。

建筑、城市和风景历史保护区是保护区的补充。位于保护区周围的城市区域被确立为建筑、城市和风景遗产保护区后，可以延续保护区的城市性格，同时在土地利用规划指导下进行合理建设。事实上，保护与发展是互补的：一方面，土地占用规划使城市能在经济、社会和其他功能上得以健康发展；另一方面，建筑、城市和风景遗产保护区政策使得城乡文化得到良好发展(图4.3)。

2010年7月12日，通过了《国家环境承诺法》，也称为"格雷内尔Ⅱ号法"(Grenelle Ⅱ Law)，主要内容包括为了实现可持续发展既定目标，在建筑与城市化、交通运输、能源与气候、生物多样性、健康和治理等6个主要领域所需采取的具体行动。其中创立了新的保护区域，称为"建筑和遗产价值提升区域"(aires de mise en valeur de l'architecture et du patrimoine，AVAP)，将在未来五年内(即2015年7月13日前)替换ZPPAUP。2011年12月19日，通过了建筑和遗产价值提升区域相关法令。

AVAP将作为城市发展的真正驱动力，而不仅是管理和促进遗产的工具。最为重要的是通过其丰富的建筑、自然等遗产来改善社区环境、丰富社区生活。建筑遗产是动态的、可修复、可回收，并从社会和经济的角度加以利用的资源。

2016年7月7日，通过《关于创意自由、建筑和遗产的法律》，旨在促进文化创意与建筑和遗产保护利用更好的结合，发挥更加积极的作用。

2016年7月7日，通过《关于创意自由、建筑和遗产的法律》，旨在促进文化创意与建筑和遗产保护利用更好的结合，发挥更加积极的作用。

6. 保护机制、保护规划及管理措施

按照法国《遗产法典》，"遗产"，包括所有可移动或不可移动的，属于公有或私有财产的，具有历史、艺术、考古学、美学、科学或技术价值的财产。法国的建筑、城市与风景遗产保护可分为三个层次：①历史纪念物及周边环境；②历史保护区；③建筑、城市和

---

① 参见石雷、邹欢. 城市历史遗产保护：从文物建筑到历史保护区[J]. 世界建筑，2001(6)：26~29.

表4.1

法国历史环境保护情况一览表处(2005年数据)

时间	法律	保护对象	主要成果	备注
1913年	历史纪念物保护法	历史建筑、文物、纪念物等	42000处	其中：列级14500处、登录27500处
1930年	自然景观地保护法	自然风景、名胜地	7350处(2456ha)	其中：列级自然景观地：2650处(806 ha)、登录自然景观地：4700处(1650ha)
1943年	历史纪念物周边环境法	纪念物500米半径范围内	42000处 总面积达300万ha	
1962年	马尔罗法 (Loi Malraux)	历史保护区	100处	63处规划已审批 37处规划在研究中
1983/ 1993年	建筑、城市和风景遗产保护法	建筑、城市和风景保护区	900处	500处已建立 400处在研究中 划入保护区后取代500米半径保护和登录风景名胜地

(出处：据法国专家Alain Marinos先生的演讲报告《法国建筑和遗产：遗产管理的工具箱》)

风景遗产保护区。

2017年，法国有45285处受保护的历史纪念物，其中31768处为列级保护，有13517处为登录保护。从产权状况看，其中44％为私人所有，41％为市政当局，4％为州政府。按类型划分，其中历史住宅和宗教建筑各占1/3。另外，约有 30万件动产(13.5万多件为列级，约15万件为登记)和1400 多台管风琴。

据2016 年的数据，全法国有110个历史保护区，大约覆盖6 000公顷的土地，其中有大约80万名居民生活在保护区。还有一些城市正在向国家申请在其市内确立历史保护区(图4.4)。法国全国约有1000个"建筑、城市与风景遗产保护区"，合计约占法国国土面积的6％。而在一些省份已达到16%的比例，在一些城市甚至高达50%。文化遗产已毋庸置疑地成为法国人生活环境的一个重要部分。大多数建筑、城市和风景遗产保护区位于乡村，但在城市中的指定也越来越多[1]。

(1) 法国国家建筑师

1983年1月7日颁布的有关中央权力下放的法律规定了地方城市在城市规划和国土整治上拥有更大自主权。从此，只要已有经审批的用地规划的地方城市将完全握有编制城市规划文件的权责，包括用地规划，城市总体发展规划，以及颁发用地许可(包括拆除许可)，建设许可，以及其他城市规划法指定的工程许可证。尚未制定土地占用规划(POS)的城市，这方面的权责仍由国家掌握，特别是那些农业城镇。

图4.4 法国历史保护区分布图

在法国，建筑、城市和风景遗产区的保护涉及许多部门，其中责任最直接也最重要的是"法国国家建筑师"，他们是全法国建筑师与城市规划师的一部分，平均每个省区两名。"法国国家建筑师"制度确立于1946年，作为全法国建筑师与城市规划师的一部分，他们的管辖权限非常大，其职责范围包括：①领导各省区建筑与历史遗产局的工作；②负责各级历史遗产的鉴定与保护管理工作；③负责实施保护与改善建筑、城市和风景遗产区的工作，包括文物建筑周围区域，保护区以及建筑、城市与风景保护区域；④参与建筑与城市改善的工作等。

1993年起在"法国国家建筑师"制度基础上设立法国建筑-城市规划师(Architecte et Urbaniste de L'etat, AUE)制度，其职责为：使国家历史遗产保护政策与城市发展规划融为一体。具体分工如下：法国国家建筑师一般任职于各省区的建筑与历史遗产局(SDAP)，其专业多为建筑，城市与风景历史遗产；国家城市规划师(AUE)一般任职于各省区的建设管理局(DDE)，其专业多为城市规划与建设。目前法国全国共有390多名国家建筑-城市规划师，其中210人负责遗产保护领域的工作，180人负责城市规划领域的工作。

(2) 保护与价值提升规划的制定

保护区的保护与价值提升规划的作用主要有：①保护城市历史遗产；②作为城市发展的文件，涉及城市社会、经济、功能等各方面；③历史遗产保护、修复、再利用的指导。保护与价值提升规划制定的全过程，由国家管理，如果提案是由地方议会提出，则历史保护区的确立最终由法国参议院批准宣布。整个过程分为4步：①确立历史保护区；②保护与价值提升规划研究；③保护与价值提升规划的内容；④保护与价值提升规划的实施。

保护与价值提升规划(制定由一个或几个专家负责)。这些专家由市长在征得主管部长同意后选定。在保护与利用规划的研究、制定过程中，国家建筑师负责保证该地区的历史遗产保护工作。

在历史遗产方面，保护与价值提升规划要确定历史保护区的保护与修缮的技术条件。对于城市历史遗产的分析研究从以下两方面入手：①历史文献的调查 城市总是在不断地改变，历史文献有助于人们更好地理解今天的城市形态，这些文献可以为我们提供这样一些信息：城市选址与环境的关系，古代城市的遗迹，城市建筑的建造与发展过程，城市道路交通的组织方式。②实地调查 实地调查分为两部分：与城市历史遗产有关的部分，建成空间的研究，即所有的建、构筑物(保护建筑以及与建筑密切相关的室内装饰等)。确定历史保护区范围的标准如下：①此范围应包括所有的城市历史遗产，而不能仅限于历史核心区；②此范围应考虑所有的社会、经济功能。

在社会、经济和功能方面，由于城市历史遗产不是一种装饰，社会经济的分析研究是为了城市的健康发展，这方面的分析调查包括：人口状况、就业状况、保护区的城市形态和功能容量；保护区与其周边地区的居住、商业、交通状况；城市公共设施、服务设施的需求；传统手工业与商业状况；改善商业服务业的方法；保证混合居住的方法等。

(3) 保护与价值提升规划的执行与监督

保护与价值提升规划的文本内容包括：与城市历史有关的所有资料；地区现状、文物建筑现状及专家判定、考古发现及城市空间现状；历史保护区在人口与社会发展、住宅状况、经济活动的安排及城市功能安排，如公共设施、交通、运输、车站、人行道等方面的现状分析及未来预期；城市发展政策与城市历史遗产保护的目标与指向；对待文物建筑以及改善公共空间的措施；决策、执行及财政帮助办法；与城市发展其他文件的配合以及与相关城市规划法令的协调；地区居住发展计划及文件出版宣传计划。

为了更为精确，所有规划图纸均以1/500比例绘制。其图例是保护与利用规划的专有图例。以街坊为单位，规划图给出保护与利用的所有规定。图纸规定针对三类保护与价值提升规划而定。

① 历史建筑的保护、修缮与利用，即必须遵守历史建筑的整体、立面以及残余碎片完全保护；部分或全部保留的建筑；可改善或重建的建筑；可部分或全部拆除的建筑；可拆建、加建或改建的建筑。

② 新建建筑，必须遵守：土地征用许可，与相邻现状建筑形成连续街道立面；建筑红线后退要求；屋顶高度限制；建筑形体及外立面要求，建筑密度(住宅，商业，活动，办公，公共设施等等)；建筑体量限制，街道立面节奏；立面材料等。

③ 城市空间改善，包括绿化及开敞空间，包括需绿化的空间、特殊用途空间、公共空间(含停车空间改善等)、私人空间(庭院，花园等)；保留用地，如道路、公共工程、绿化等；区域内部整体改造工程用地等。

保护与价值提升规划的执行与监督由地方政府在中央相关部门协同下进行。规划由三个部门领导，即历史保护区地方委员会、不包括地方委员会的管理委员会、各相关协会的会长委员会。在取得历史保护区国家委员会的备案同意后，保护与利用规划由地方政府向公众发表，在进行公众调查的两个月期间，所有人都可直接向市长提出意见并记录在案。参照公众意见，历史保护区地方委员会对规划进行修改，再次审议。如没有反对意见，地方议会可直接宣布。修改后的规划文件和国家建筑师及地方议会意见一起被送到历史保护区国家委员会备案。在经过国家相关部门审批后，由法国参议院最后批准宣布。

保护与价值提升规划是适用于所有人的规划文件。在历史保护区范围内，它取代了土地占用规划和城市更新规划。历史保护区内一切建设活动都要在国家建筑师监督指导下进行。

7. 历史街区住宅与环境改善机制

在历史街区居住环境改善和住宅修缮方面，法国有完善的遗产保护体系和住宅保障制度。在法国，推动历史建筑修缮、居住街区复兴的主要政策为"改善居住计划"(opérations programmées d'amélioration de l'habitat, OPAH)。作为一项改善贫困居民生活条件、维持社会平衡的社会工程，"改善居住计划"有两个基本目标：一是改善街区居住环境，使衰败的历史街区重获生命力，融入房地产市场；二是在改善街区物质环境的同时，保证贫困人口能继续居住生活老城区，避免历史街区社会结构剧变。

第二次世界大战结束时，法国面临十分严重的住房危机。政府因此从住房租金中抽头用以构建全国居住改善基金(Fonds National d'Amélioration de l'Habitat，FNAH)，1971年通过的财政法以法国全国居住条件改善工程代办处(Agence Nationale pour l'Amélioration de l'Habitat，ANAH)取代了原有的基金模式。"改善居住计划"(OPAH)设立于1977年，由法国装备部、地方政府和"国家住宅改善机构"(ANAH)共同设立，是推动历史街区复兴的一项重要政策。在1977~1997年的30年间，法国共实施了3000多个改善居住计划，涉及60万套住宅。由于该政策效果良好，1991年列入《法国建设与居住法典》(Code de Construction et D'habitat)，成为一项基本住宅政策。

通过公共部门为业主提供一定比例财政资助，刺激旧建筑修缮工作。政府提供财政资助的比例根据住宅修缮后的用途和价格确定，如私人业主同意在住宅修缮后的9年内[①]按廉租房价格标准出租部分房屋，有的城市政府最高可承担房屋修缮工程费的85%。通过这种政策来保证修缮后的历史建筑能继续维持低廉租金，从而保证贫困居民能继续生活在历史城区，保证历史街区的社会网络结构延续。

住宅改善行动计划不是一项强制性措施。它是建立在国家、ANAH和市政府(或者是跨市合作的公共单位)三方协议基础上的。

该计划是鼓励性质的，并不强制进行改造更新工程，而是为这类工程的开展创造适宜条件。为了激励房屋业主改造更新，市政府要同时开展配套工程：市政设施、商业设施、公共空间规划、兴建公共住宅等。

根据传统的住宅改善行动计划操作模式，ANAH提供的补贴比例平均是工程款的20%(外省30%，巴黎地区50%，如业主愿意签订社会扶助合同)。但这一模式难以适应更复杂的城市和社会情况——当住宅问题涉及贫穷人口、被改造更新后的城区排挤出的人口、居住在卫生条件很差的住宅中的人口；或住宅涉及共有产权时，等等。这也是为什么长期以来，大部分住宅改善行动计划都是在小城市和中等城市，或乡村地区展开。为了应对上述复杂情况，2002年11月，以通报形式将住宅改善行动计划的操作模式划分为：乡村操作模式、共有产业操作模式和城市更新操作模式，同时保留了原来的基本目标——传统住宅

---

① 一些城市已将9年的时限规定延长至12年。

的改造更新模式。

1977年至2003年间，法国各地共开展了大约4000个住宅改善行动计划，平均每年启动 120~200个(2003年启动了132个)。它们的期限一般都是3年(个别也有延长)。平均每年有13000套住房在该行动计划内得以改造更新：7000套用于出租，6000套用于业主自住。2003年，ANAH提供了1.461亿欧元补贴资助，此外还有6000万欧元零利率贷款(prime à l'amélioration de l'habitat, PAM)。

在ANAH几十年的运作经验中，得益于其经济鼓励作用，不仅大力支持了老房子的改造更新、空房重新上市和私人住房维护，而且也成为老城区城市政策实施的核心角色。住宅改善行动计划有力保护了老城区的传统风貌，当然也不能因此就将其看成是解决所有问题的万能药。今天，其主要问题在于面对大型公有产权房屋改造时，原有机制通常难以奏效。

三、博洛尼亚的"反开发"保护实践

在欧洲，对历史建筑、历史城镇的保护，意大利起步早、保护数量多、质量高。从古希腊以来的所有历史阶段，都在意大利留下大量代表性建筑。历史遗产保护，在意大利已成为一种民族自觉，一种人的素质，并已融入风尚习俗中。意大利是历史遗产保护最先进的国家，有成熟的理论和丰富的实践经验，对世界贡献很大。

陈志华先生在《意大利古建筑散记》一书的题记中写道："有几个重要的城市，我去了，却不知为什么当时没有写，如彼鲁迦、蒂伏里、巴勒斯特里纳等，它们都很重要。尤其不该不写的是博洛尼亚，那个城市的历史中心区面积很大，保护得最好，因为那个城市的议会和官员们几十年来坚定而巧妙地与房地产投资商进行了有效的斗争。"他还告诫我们："不遏制房地产投资者，要保护文物建筑和历史文化中心就很难，如果官员们再为虎作伥，那么，一切都完了，什么'夺回古城风貌'都不过是不切实际的空洞口号。"

1. "整体性保护"的理念

博洛尼亚(Bologna)是意大利北部一个富裕、拥有丰富文化遗产的历史名城，被公认为欧洲的文化城市。城市人口大约50万人，是一个人口规模稳定的中等规模城市。它古老的历史中心区位于城市中央，居住人口约10万人，在这里到处可见为保护所做的努力(图4.5)。一个城市具有悠久历史也许并不稀奇，但它既非游人众多的文物古迹观光地，又非环境恶化到非更新改造不可的衰败地区，在当今世界上还是不多见的。

今日博洛尼亚的所在地,自古希腊、古罗马早期以来就有人居住,罗马人于公元前189年在此建居民村。第一次拓荒浪潮中有3000户人家来到这里,其中约有1/5定居在村镇中心,而绝大部分居民分布在附近地区。以后,城市规模迅速扩张,并成为意大利北部最大的城市之一,面积50~80公顷,居民达到数万人,城市用水通过长达70公里的水道配给。

罗马帝国衰败后,博洛尼亚也衰落了。只有新建设的、质量较好的城市东部,利用第一道城墙进行防御得以保留下来。就在这块有4座大门的城墙所包围的土地上,以后形成了中世纪的城市中心。这里有最重要的建筑:主教堂、市政厅、圣佩特罗尼奥会堂、巴雪

图4.5 博洛尼亚历史中心区地图(网络资料)

利卡和恩佐国王的宫殿，以及拉威克那纳东门附近的两座斜塔。整个历史中心区以双塔为标志，五条道路由此放射出去，犹如手掌状一般。

博洛尼亚古城中心是欧洲中世纪和文艺复兴时期最大的建筑群体典范之一，为公元前2世纪建成的罗马古城之一。11世纪后作为地区商业中心逐步繁荣，1088年，建成了著名的欧洲最古老的博洛尼亚大学。15世纪末老城区已基本形成，人口5万人。此后的几个世纪，经济活动、人口增长都没有太大变化，城市空间结构基本维持原状。过去，几乎所有博洛尼亚街道都围有柱廊。按照当时的城市法规规定，柱廊最小高度为7博洛尼亚尺(约2.66米)，使骑马的人能通行。中世纪时大多为木构柱廊，几个世纪后才由石柱取代。16世纪初的城市景观中可以看到许多很高的塔楼，它们是中世纪时第一道城墙内贵族家族的府邸。后来塔楼遭到破坏，或是被拆往拉威克那纳东门旁的两座塔楼上。今天，这两座塔楼仍是这座城市的标志(图4.6)。

19世纪中期，博洛尼亚的发展超越了第三道城墙。19世纪末，随着城市向外扩张，市中心人口开始减少。从战后复兴期到60年代的高速发展期，人口减少倾向更明显。随城市周边地区无秩序膨胀，服务业集中在老城区中心内，其外围贫困化现象严重，老城内人口明显减少。当时的发展计划，以解决战争和房屋老化带来的住宅问题为重点。通过在郊外大规模建设公共住宅的方式来解决住宅问题，此举使郊区化和老城衰败现象更趋严重，出现恶性循环。

在快速发展时期，博洛尼亚完全有发展到100万人口规模大城市的可能性。但他们放弃了大发展，选择了以保护和再生为中心，城市建设与地域发展平衡进行的方向。在博洛尼亚，保护的概念远远超过了过去文化古迹保护的范畴，与城市规划有很深的联系。保护不仅考虑旅游观光和文化事业发展，而且对城市日常活动和市民生活的环境维护更为重视。

博洛尼亚在世界上第一次提出了"把人和房子一起保护"的口号。也就是说，不只是保存历史建筑，更要留住居住其中的生活者。这是全球性的保护新观念，即"整体性保护"(integrated conservation)。将城市发展转向一种遗产保护的美学取向，从历史文化传统的角度，来保护生活于其中的社会阶层和建筑物。这一观念提出的1970年，曾引起建筑界和城市规划界非常激烈的讨论。1974年，在博洛尼亚召开的欧洲议会上，这一思想得到正式肯定，整体性保护成为更新城市历史街区唯一有效的准则。

整体性保护观念反映的意义非常深远。它代表经过19世纪末、20世纪初工业革命之后，人们开始对资本主义发展方向进行深刻反思。保护与发展是历史遗产保护运动中不可避免的一对矛盾，因为保护基本上就是要抗衡"开发"。博洛尼亚的实践，连一般平民百姓

图4.6 博洛尼亚中心区鸟瞰(网络资料)

的房子都要保护，很明显是直接和资本观念相冲突。资本法则一直是把房子和土地都要变成商品。历史中心区的保护规划，控制建新的房屋。它保护的是19世纪工业革命以前的城市肌理，也是资本主义发展以前的遗存。

博洛尼亚古城保护尝试了另一种发展道路，有历史、有文化的城市和社区发展途径。其保护对象远不只是古老的建筑物，而是对整个城市生活的保护和继承。博洛尼亚成功地在历史中心区把居民和古老建筑一起保存，使现代博洛尼亚人能生活在一个充满历史气息，设施先进、环境优美，文化活动丰富多彩的市区中(图4.7)。

博洛尼亚历史中心区保护实践，已成为建筑学、历史保护、城市规划专家学者瞩目的城市保护经典案例。今天，历史城市"整体性保护"理念已成为全世界遗产保护工作者的共同理想，整体性保护是一种活的保护、一种文化保护。不只是保存历史建筑，更重要的是保护居住于其中的人及其社会环境。

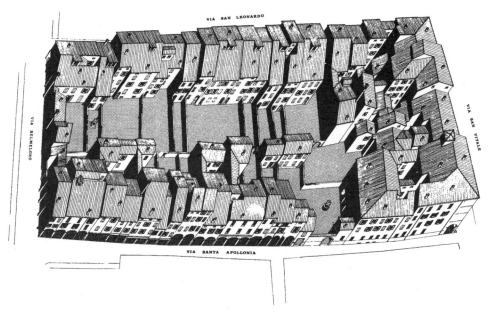

图4.7 博洛尼亚老城住区街坊鸟瞰(L. 贝纳沃罗, 2000)

2.1969年保护规划的特征

博洛尼亚于1960年完成的城市总体规划，主要是针对新区发展的，规划中制定的三项基本原则具有开创性和前瞻性。这三项主要原则为：

① 博洛尼亚不应发展太快，应充分利用现存的各项服务设施，无需进行新的、昂贵的城市建设。这种"反开发"的原则，体现了新的价值观和历史城市的新视野。这一原则强调了对既存建成环境的改善利用优先于新的开发建设。这一观点，正是近年来风靡欧美城市规划界的新方向。

② 优先考虑低收入阶层的集合住宅规划。地方政府所有的资源，都应致力于改善工人阶级居住条件，并提供良好的生活品质。具体建设工作必须公开，同时直接与工会日常工作挂钩。

③ 保护历史遗产和自然环境。

在1960年代的意大利经济快速发展时期，这些观念虽不合时宜，但显然是超前的和先进的。60年代末，博洛尼亚由意大利共产党执政的市政当局，看到多数欧洲和美国城市的不良命运后，希望能够设法避免社会结构重建和快速发展所带来的毁坏。于1969年针对老城历史中心区的保护，聘请来自罗马的著名建筑师塞尔维拉特(Pier Luigi Cervellati)任总规划师，为博洛尼亚制订了古城保护规划。该规划强调：

① 重组市中心生活，而不只是表面性改观或减少道路交通等的成本。保护博洛尼亚人的城市生活。

② 用历史的观点分析有文化价值的建筑和未来的建筑利用，建立保护古城的规则。

③ 科学利用公众住房基金来保护历史环境和改善继续居住的条件。

④ 有选择地利用无人居住的、有历史价值的建筑来提供让人易于理解、有教育意义的社会性服务。

⑤ 强调各层面规划中公众参与的重要性。

博洛尼亚保护规划出自一个共同理念：城市发展必须由公共当局充分有效运用现存法规加以控制和引导，在公共资源和居民之间必须寻求平衡，公众参与和民主管理必须加强。

历史中心区保护规划，宣示了对老城中心区，可能实现"老建筑物和居住在其中的人同时保护"的新途径。保护规划对社会方面的问题非常关注，要求环境改善后，90%的居民必须保留下来，低收入者的租金不应超过其家庭收入的12%~18%，以实现在历史中心区"同样的人住同样的地方"的规划目标。

这样的观念和规划，在建筑和城市规划专业领域引起极大轰动，影响十分深远。它强调保护历史建筑的功能以及它在城市中的地位，其意义与保护它的艺术性同样重要。

3. 保护规划的技术要点

在意大利，多年来对文化的继承，尤其对城市历史中心区的保护，被认为是对历史文化、艺术及自然等方面遗产的一种保护，因为这种遗产受到会使之失去美感的各种因素的威胁与破坏。

历史中心区代表着城市的历史记忆，即市民的集体记忆。我们所说的历史中心区是赋予整个城市个性特征、具有象征意义的场所。但这些纪念性建筑如果没有那些次要建筑陪衬，使人难以理解。如果没有了周围的次要建筑，没有所谓和城市相连的形态肌理，那些标志性历史建筑将失去意义而没有继续存在的理由。因此，为了保护那些与城市肌理息息相关的次要建筑，必须将保护要求落实到保护规划和城市设计之中。

保护规划首先改变了原有的对旧城区的更新改造模式，建立共同遵守的准则，以不破坏历史中心区的空间特征为前提，容许适应现代生活需求的设施与环境改善。在此之前，对历史街区、旧城中心区的态度大致可分为更新改造和冻结保存两种，现在城市政策导向

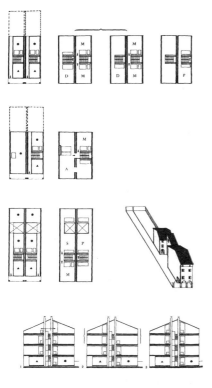

图4.8 博洛尼亚老城区住宅建筑类型分析(阵内秀信, 1995)

已发生变化，倾向于以整治、改善、整建等方式来处理历史建筑和历史街区。而且，明确了保护即意味着文化的保护的原则，尽可能维护现有居民的生活与文化特征。

博洛尼亚历史中心区保护工作考虑问题出发点是基于以下6点：①以建筑价值来衡量建筑质量；②历史建筑保护的层次；③建筑物的社会使用；④建筑物与城市结构的关系，也就是建筑物如何在形式和功能上与其他建筑物和要素相关联；⑤建筑物的年代；⑥建筑物的文化意义。

在此基础上对所有建筑物进行了调查，分析了这些建筑物的特征及再利用可能性，并将其分为4种建筑类型(typology)，设定了符合其空间容量的功能与用途。每一类型建筑允许使用的指标及每一类型建筑允许改造的指标，这些在技术性法规中有具体规定。

类型A——教堂、修道院、宫殿、大学等，适合公众利用、用途改变较容易的大型建筑，可作为供地域或邻里服务的教育、文化设施使用。

类型B——带中庭的贵族及上流阶层住宅，由于结构限制，特别是底层平面，不允许与原有功能有太大不同，只可改为公共或私人文化活动场所。

类型C——16~18世纪建成的劳动者、工匠住宅，开间小、进深大。最适合改造为学生、单身者或年轻夫妇使用的低租金平民住宅，这也是市政当局低收入公共住宅规划的目标。

类型D——带有小院子的中产阶级住宅，适合居住以及其他与建筑结构不矛盾的类似功能使用(图4.8)。

各种建筑物按照上述分类，并按以下6级标准进行修复、再生或重建：

①严格按规定修复，②部分按规定修复，③保护性再生，④有限制条件的重建，⑤拆除重建，⑥拆除不重建。

以此为基础，政府还对5个平民居住的历史街区实施了基础设施改造。但是，博洛尼亚的保护规划并不仅仅依靠这些技术方式,更多依靠民主意志决定与维护居民利益的制度。

4. 与房地产投机行为的斗争

从保护工作一开始就有的问题,就是必须同房地产投机商进行艰苦斗争。那时,意大利房地产投机商习惯于买下一块建筑基地建造房屋,然后就能很快以高出造价四五倍的价格出售。所以,房地产商竭力反对历史中心区的保护规划,认为限制太多,指责保护规划是"盲目崇拜",没有可行性。他们原想推倒重建,现在却被要求维护,包括立面保护。规划控制要求相同的建筑体积,相同的楼层面积,还要使用传统的建筑技术和材料,不能改变住宅原型。

这时大区纪念性建筑监督官也来了。监督官员也认为规划要保护的建筑太多,包括整个历史中心区,这是不能接受的,全保即意味着什么也不保。监督官员说:房地产商这个特殊阶层的建议必须被尊重,并建议重新编制古城保护规划,只需保留纪念性建筑,不必保护没有价值的每一栋住宅。市政府在广大市民支持下并未退却,坚持要求那些改造项目严格遵守保护规划,遵守规划中有法律效力的规范,而监督官员和开发商不得不接受了城市规划部门的意见。保护规划取得了胜利,市民们非常高兴。

1970年代受反主流文化(Counter-culture Movement)运动的影响,欧美审美取向有了很大改变,历史风味的东西受到青睐。博洛尼亚是一个富裕城市,市中心很快就成了高收入者喜爱的居住地区。开发商很快也发现到通过历史建筑保护可以获取经济利益,那些战后离开中心区的中产阶级,也准备返回老城区,而且他们似乎并不在乎花多少钱,可以说所有富有者包括新大款和以前的富人,都渴望住进历史中心区。而业主在经济利益诱惑下,也非常乐意将房地产出售给开发商。一时间,历史中心区又成了如此受人欢迎的地方,面临走向贵族化(gentrification)的转折。

一个复杂混合的历史市中心应该变成一个只为某一社会阶级服务的地方吗?当它成为中上阶层住区后,是否还能被看成是大众文化遗产呢?

该区居民很快就举行了抗议活动。事实上住房问题是非常敏感的社会问题,一场全国范围的运动迫使国家出台新的住房政策。新住宅法在一些方面是有利于历史遗产保护的,例如:当一所房子为公众服务时,只需以其造价即可获得它。

上述情况告诉我们,在理解了"为什么"要保护后,至少还要确切地知道"为了谁"而保护。最初居民对旧住宅的改造利用方案反应并不积极,虽然支持阻止投机商的行动,但内心依然怀疑这些既不卫生、又破烂的房子是否可以被改造为适合居住的住宅。虽然他们认为这些房子应该被保护,而自己又大都希望能住到城郊的新住宅。

所以说，一个城市的修复，只有设计者与使用者——也就是住在历史中心区的人，双方对所保存地区的结构都有深刻了解，才可以开始进行。历史中心区的保护包含着对所有因素的仔细分析与归类。历史城市的发展依照明确的政策导向，并反映了各个层面的建筑方法和建设实践，产生了特定的居住形式，所有这些因素都必须被理解，以便采用适当的技术和设计来正确对待建筑遗产，这不仅需要知识，更需要为实施规划而制定的相关社会政策。

因为社会和经济原因，博洛尼亚历史中心区保护规划不可能是抽象的。它必须是现在及未来使用功能都十分便利的历史中心区，如果不尊重人的需要就不可能有确切的保护。历史中心区保护要求把整个城市统一规划，把历史中心区看作一个整体。如果历史中心区独立于区域环境和城市空间之外，那么这个规划仅仅只能保护传统建筑的风貌。城市是一个复杂的人类实践的混合体，这些实践关系存在于特定的场所和行动。历史中心区不能忽视延续那些大众化用途和功能。不然，保护规划将有极大局限性并有失败的风险。因为这些原因，博洛尼亚尝试的整体性保护方式，其核心就是人比建筑更有价值的思想观念。如果原有社会秩序不能得以完好保留，那么就没法实现真正的城市保护。

可以用下列形式来表述历史中心区保护的目标实现过程：

理解=保护

保护=明确未来的用途

明确未来的用途=管控

结论：理解就是管控

同时，保护必须为相互的知识交流提供机会——避免虚假、强迫、欺骗和故弄玄虚是必不可少的前提条件，应让使用者清楚地知道什么是舒适生活。博洛尼亚整体性保护为真正的公众参与提供了机会，不仅在方案确定上，还在工程实施过程中。

传统城市并不仅仅是集体记忆的表达，也是居民的共同财富，因此也被看成是公共财产。不同社会阶层共同构成了城市的社会肌理，博洛尼亚历史中心区是一个完整城市，它没有把中心区与现代化城郊分开。在历史中心区的社会住房是为贫困居住者保留的，使他们仍能在中心居住下来，这也说明了为什么城市整体性保护的社会目标总是高于建筑保护的一些要求。

2021年7月在福州举行的第44届世界遗产大会上，博洛尼亚拱廊作为"可持续城市生活方式"的象征被列入《世界遗产名录》。此后，大量游客到来是否会影响这座保存完好的历史城市的宁静与和品质，成为未来城市保护管理将面临的新挑战。

第五章 美国的历史保护、税收政策及设计管控

通常，人们以为美国的历史建筑和历史城镇可能比欧洲要少得多，这些历史遗产对人们的日常生活影响也不大。事实上，1960年代美国的城市更新进程，对城市经济结构和空间肌理产生的负面影响，遭到广泛批评。简单化的旧城改造方式也使许多有价值的历史环境遭到破坏。人们在反思城市更新和郊区化的后果后，认识到城市建设中还有非经济因素的考虑，在城市更新改造过程中要认清对经济和社会因素取舍的标准。可以说，60年代以来，美国人对17~19世纪的历史建筑兴趣越来越大，一些杰出的历史和考古遗迹(outstanding historic and archeological sites)，如弗农山庄(Mount Vernon)，作为乔治·华盛顿故居，由于其特殊的历史价值得到了精心修复；历史地区也得到了完整的保护，如首都华盛顿的乔治城(Georgetown)；在近现代建筑遗产保护方面，社会各方曾共同努力保存19世纪后期、第一批典型的美国摩天楼，如位于芝加哥中心市区的路易斯·沙利文(Louis Sullivan，1856~1924)、丹克马·艾德勒(Dankmar Adler，1844~1900)和丹尼尔·伯纳姆(Daniel Hudson Burnham，1846~1912)等著名建筑师设计的作品。

1966年《国家历史保护法》(National Historic Preservation Act，NHPA)的颁布，直到1980年代，为美国历史环境保护的稳步发展时期。1963年纽约拆除宾夕法尼亚车站事件引发的民众愤怒，直接推动了美国社会历史保护运动的进程，导致1965年《纽约市地标法》(New York City Landmarks Law)的颁布，纽约市地标保护委员会(New York City Landmarks Preservation Commission)成立；1966年《国家历史保护法》的通过和1978年美国最高法院支持采用公共行政权保护历史建筑、历史地区和文化纪念物[①]。事实证明，通过支持当地居民和社区的热情、愿望与努力，可以最好地实现国家历史保护目标。

正因为如此，历史并不悠久的美国比较完好地保留了大量见证其发展过程的各个历史时期的历史地区和历史建筑，建立了完善的历史保护制度机制，较好地处理了城市发展与历史建筑保护的关系。正如日本历史环境保护专家西村幸夫的看法："没有多长历史的美国都市中，古旧建筑保存良好；而历史悠久的日本都市中，传统建筑群已被大量的摩天大楼所掩埋。"[②]

国内在讨论历史遗产保护的意义时，大多还停留在历史价值和地区美学特征的范畴，较少涉及实际的经济价值或商业开发价值。现实的情况却是，当公共资金无法资助那些需要或希望得到保护的项目时，经济和商业利益的动机最终就会成为推动历史保护的主要力量。从私人利益角度看，除非某项特殊行为具有一个明确的经济理由，否则该行为很难发生。然而，经济理由常常被置于保护和维护的对立面，保护政策也被认为是一种更为严格的规划管控方法。而在美国的保护法律和管理制度中，对历史保护的经济性和税收优惠政策考虑比较全面，同时将历史地区作为城市规划的要素进行特别的规划管理[③]，这些都是值得我们参考借鉴之处。

一、美国的历史保护概况

1. 历史保护的简史

纵观世界历史遗产保护运动的历程，不同的国家其实有着不同的发展轨迹。在英国，19世纪末萌发了古物保护意识，从保护史前巨石阵(Stonehenge)遗址，到中世纪城堡，再到近现代建筑、现代化遗产和产业遗产保护与适应性再利用(adaptive reuse)。日本的文化财保护出发点是古社寺保存，而后从城郭、庙宇、茶室发展到保护普通人生活居住的传统民居，然后是历史街区、近代建筑、历史景观的保护管理。

在美国，最重要的、现在也作为第一级的保护对象，是与为自由和国家独立而牺牲的英雄有关的史迹，独立战争、南北战争的战场，名人故居等。

① 1920年以前，主要以单体建筑保存为主，为维护纪念物(monuments)的历史景观，对周围建筑的高度实行控制。

② 30年代至60年代前半期，为历史环境保护的初期，30年代，各地方政府开始制定保护条例。

③ 自1966年《国家历史保护法》制定到1980年代前期，为美国历史保护稳步发展时期。

④ 1980年代后期以来，对环境问题有所放松，一些取消了不少与保护有关的优惠政策。90年代以来再度对历史保护和再利用问题引起高度重视

建立美国新的保护观念的关键人物是约翰·B·杰克逊(John B. Jackson，1909~1996)。他把美国的移民传统，一直到现在的工业发展过程都串联起来。即使是在一个小乡村，在别人看来并不起眼的遗迹点，如原住民住宅、少数民族遗迹等，他都认为应该保存。美国早期的历史保护与爱国主义有关。美国是一个移民社会，需要用民族的历史、古迹来团结人民。借由保护文物古迹让一般民众认同美国开国的精神，以及美国的生活方式。所以美国虽然历史很短、缺少传统文化，居民又是从世界各地来的移民，但是他们在建立一个新

---

① 丹尼尔·布鲁斯通. 建筑、景观与记忆——历史保护案例研究[M]. 汪丽君，舒平，王志刚译. 北京，中国建筑工业出版社，2015: 1.
② 西村幸夫.アメリカの歴史的環境保全: 2.
③ K. Frank, P. Petersen (Editor) . Historic Preservation in the USA. Hannah M. Mowat, Jeff Smith, translate. Springer-Verlag Berlin Heidelberg GmbH, 2002.

社会的时候，用一些历史建筑和文化遗产来帮助巩固对这个社会的看法，这是美国早期保护、运用古旧建筑的大致情形。

经过长期的努力，美国历史保护在城市建设发展中已有明显实效。截至2019年，《国家名录》中登录了超过95000处财产，包含180万件具有积极贡献的资源——历史地段、遗迹、建筑物、构筑物和物件。指定国家历史性地标(National Historic Landmark)超过2600处，指定国家遗产区(National Heritage Area)55处。

2. 主要立法及相关大事

在美国早期的历史保护实践中，联邦政府作用有限，没有正式的联邦政策。联邦历史保护两个重要的早期努力发生在1890年代。一是国会通过了旨在保护美国西南部古普韦布洛恩遗址的法律。二是国会获得了数千英亩私人土地，建立了5个国家战场公园，由美国陆军部管理。这两个联邦机构在纪念美国历史上不同寻常的作为，通常被当作美国联邦保护计划起源的标志看待。

二战结束后，为解决住房和交通等一系列问题，美国政府开展了"城市更新运动"和高速公路的建设，使得许多历史建筑和历史遗迹遭到灭顶之灾。与此同时，城市建设和历史遗产保护的矛盾加剧，冲突和抗争时常发生。1963年，纽约著名历史建筑宾夕法尼亚州火车站的拆毁，这一事件成为60年代美国历史保护运动高涨的导火索，1966年《国家历史保护法》的制定，奠定了保护实践的重要基础。

20世纪以来，美国历史保护主要立法和相关事件按时间顺序排列如下：

1906年，颁布《美国古物保存法》(*An Act For the preservation of American antiquities*，简称《古物法》(*The Antiquities Act*)。

1916年，成立国家公园管理局(The National Park Service)。

1935年，颁布《历史遗迹法》(Historic Sites Act)。

1947年，设立国家历史遗迹和建筑委员会(National Council for Historic Sites and Buildings)。

1949年，创建国家历史保护信托基金会(National Trust for Historic Preservation)。

1960年，实施国家历史地标计划(National Historic Landmarks Program，NHLP)。

1966年，颁布《国家历史保护法》(*National Historic Preservatim Act*)、《国家博物馆法》(*The National Museum Act*)。

1969年，颁布《国家环境政策法》(*The National Environmental Policy Act*)、《环境质量改善法》(*The Environmental Quality Improvement Act*)。

1971年，开展文化环境保护与提升(Protection and Enhancement of the Cultural Environment)，国家历史保护周(National Historic Preservation Week)活动。

1974年5月，《考古和历史保护法》(*Archeological and Historic Preservation Act*)颁布。

1977年，颁布《国家邻里政策法》(*The National Neighborhood Policy Act*)。

1977年10月，《考古资源保护法》(*Archaeological Resources Protection Act*)颁布。

1980年，为帮助小城镇保护历史中心区(Historic Downtown Areas)，国家信托基金设立"国家主要街道中心(the National Main Street Center)"。

1981年，国会通过经济复苏税法(The Economic Recovery Tax Act，规定个人所得税的25%可用于历史建筑保护维修。

1984年2月，《伊利诺伊州和密歇根州运河国家遗产走廊法》(*Illinois and Michigan Canal National Heritage Corridor Act*)颁布。

1990年11月，《美国原住民墓葬保护和归还法》(*Native American Graves Protection and Repatriation Act*)颁布。

1994年11月，颁布《国家海洋遗产法》(*National Maritime Heritage Act*)。

1996年11月，《美国战场遗址保护法》(*American Battlefield Protection Act*)颁布。

2005年9月，颁布《国家妇女权利运动史项目法》(*The National Women's Rights History Project Act*)。

2006年10月，《国家遗产区法》(*National Heritage Areas Act*)颁布。

2007年7月，颁布《国家遗产区合作关系法》(*National Heritage Areas Partnership Act*)。

3. 历史保护主要法律及特点

(1) 1906年《古物法》

1906年6月8日，国会通过的《美国古物保存法》，是美国最早的历史保护法律，旨在保护公共土地上的历史、史前的和科学意义的风貌特征。主要内容为国会授权总统将国家拥有或控制的土地上具有历史或科学意义的物件或地区指定为国家纪念物(National Monuments)。

《古物法》为行政部门提供了行政权，以便迅速查明和保护联邦土地上的文化资源。在通过之前，联邦法律没有提供任何手段保障未得到国会授权的国家历史文化资源。《古物法》授权总统宣布联邦土地上的国家纪念物，其中包括"历史地标、历史建筑和史前建筑"，法律还就未来在联邦政府拥有或控制的土地上发现的古物的挖掘制定了指导方针。法律规定，在内务部、农业部和陆军部部长管辖的土地上进行遗址调查、发掘考古遗址和收集古器物均须获得许可，违法行为将处以罚款和监禁。

《古物法》施行以来，通过指定新的国家纪念物或扩展现有的历史遗迹，为子孙后代的体验和拥有，国家致力于珍贵的历史性场所的保护。历任美国总统得以迅速保护反映整个国家历史的古迹、历史遗迹和有重要文化意义的土地，从自由女神像到与塞萨尔·查韦斯(Cesar Chavez)相关的遗迹，已指定150多处国家纪念物，其中包括大峡谷在内的30多个国家公园和8处世界遗产。

(2) 1935年《历史遗迹法》

1935年8月21日国会批准的《历史遗迹法》，确定了将历史保护作为一项国家政策，并授予内务部长制定一项旨在识别和评估文化资源计划的权力。创立了历史地标认证项目，即国家历史地标项目(National Historic Landmarks Programs)。1947年，成立国家历史遗迹和建筑委员会，1949年，改组为国家历史保护信托基金会(National Trust for Historic Preservation, NTHP)。

富兰克林·罗斯福总统认为，《历史遗迹法》"朝着正确方向迈出了出色的一步"。事实证明，该法律在美国的历史保护进程中相当重要。首先，这是美国将"历史保护"作为一项国家政策的最初宣言，法律第一条指出："为了鼓舞国民并维护其利益，保护具有国家意义的历史遗迹、建筑和物件并为公众使用是一项国家政策。"

首先，《历史遗迹法》为未来的保护立法奠定了基础，如1949年创建了国家历史保护信托基金会和1966年的《国家历史保护法》。其次，它将保护管理机构整合为一个单独的机构，即国家公园管理局(NPS，隶属于内政部)。第三，授权内务部长对全国具有重要历史意义的场所和建筑物(包括州政府、地方政府和私人拥有的场所和建筑)进行调查，开展研究，收集历史信息，并就其保存提出建议。对具有国家历史意义的文化资源进行调查和评估的努力最终导致国家历史地标(NHL)的指定，这是至今有效的历史财产联邦认定制度。

1965年后该法被修订为《历史遗迹、建筑、物件和古物法》(*Historic Sites, Buildings, Objects, and Antiquities Act*)。与此法相关保护立法还有1974年5月批准的《考古和历史保护法》，它是由原1960年6月批准的《水库抢救法》(*Reservoir Salvage Act*)修订后形成，也是执行《历史遗迹法》中政策规定的结果，《水库抢救法》授权国家公园管理局可以在水库和水坝建设过程中随时对有可能因此而遭到破坏的"包括器物和标本在内的历史与考古资源"进行抢救性保存。

1979年10月批准的《考古资源保护法》(*Archaeological Resources Protection Act*)在很大程度上取代了《古物法》中有关器物等考古资源保护的相关规定。

(3) 1966年《国家历史保护法》

在20世纪，美国国会通过了多项法律，为联邦历史保护活动建立了框架。这些法规中最全面的是1966年的《国家历史保护法》(NHPA)，该法是一个由坚定的保护主义者经过一个多世纪草根运动后取得胜利的结果。

《国家历史保护法》，确立了保护美国国家遗产不受联邦政府各种开发行为影响的重要性，设立了州历史保护项目拨款计划，建立了国家历史性场所名录(NRHP)，以及将历史财产列入《国家名录》的程序，资助了国家历史保护基金会(The Historic Preservation Fund，HPF)，并成立了历史保护咨询委员会(ACHP)。这部大法自通过以来，国会还多次修订和扩展该法的条文，最近的一次修订是在2016年。

《国家历史保护法》，规定了如何对待那些定义了美国历史的场所。这一国家历史保护政策，决定了历史文化遗址在未来半个世纪的命运。早在1906年的《古物法》和1935年的《历史遗址法》中，就有过促进保护的措施，但没有一项措施像《国家历史保护法》那样具有广泛的影响。

该法的根本动机是使联邦政府从无动于衷的代理人转变成一个促进者、一个有思想的变革的代理人和对子孙后代负责的人，冷漠的代理人通常对不必要的历史资源损失负有责任。它理解联邦政府必须通过开明的政策和做法树立榜样。用该法的表述，联邦政府的作用将是为保护提供"领导"，为保护"做出贡献""给予最大鼓励"，以及"创造条件，使我们的现代社会以及我们的史前的和历史的资源能够以和谐的方式存在"。

(4) 国家指定保护对象类别

国会经常考虑以各种指定将具有特定历史意义的特定财产或地区指定为历史遗产的法案。比较重要的指定保护对象包括，国家纪念物、国家历史公园、国家历史遗迹、国家历史步道、国家遗产区、国家历史地标和国家登录历史性场所(NRHP)等(表5-1)。除国家历史公园外，多数历史对象并不涉及产权管理上的变更，如果涉及重大更改，取决于某种类型遗产可能适用法律中确定的特定管理权限。部分历史遗产指定适用于联邦所有土地(包括由联邦政府管理的土地，以及法律授权联邦收购的土地)，但更多的联邦指定对象授予了非联邦所有和非联邦管理土地上的对象。

国会经常通过立法，采取不同指定方式将某些特定财产或地区确定其具有重要的历史意义的身份。国家遗产区是这样一些场所，历史、文化和自然资源结合在一起形成聚合形态，是国家的重要景观。1984年，伊利诺伊州和密歇根州运河，由里根总统依法签署文件成为第一个国家遗产区。国家遗产区是一种结合了遗产保护、娱乐和经济发展的"新型国

表5-1 历史遗产指定对象比较一览表

名称	授权主体	指定授权	管理机构	选定特征
国家纪念物 (National Monument)	国会，总统	国会指定：单项法律；总统公告：依1906年《古物法》	国家公园管理局 (NPS)，国家土地管理局(BLM)，国家林业局(FS)，以及其他机构	遗址包括自然区域以及具有文化、历史和考古意义的地区；允许用途根据法律或通告以及管理机构规定而有所不同
国家历史公园 (National Historical Park)	国会，总统	单项法律	国家公园管理局 (NPS)	保存与具有国家历史意义的事件或人物有关的场地；通常会扩展到建筑单体或财产之外
国家历史遗迹 (National Historic Site)	国会，或内务部长(早期)	国会指定：单项法律；内政部长指定：依1935年《历史遗迹法》	国家公园管理局 (NPS)，国家林业局(FS)，非联邦实体	大多数遗迹点都以具有历史意义的建筑为特色，如名人故居、发生重大事件的公共建筑或军事要塞
国家历史步道 (National Historic Trail)	国会	1968年《国家步道系统法》及单项法律	国家公园管理局 (NPS)，国家林业局(FS)，国家土地管理局(BLM)，非联邦实体	确定和保护具有国家历史意义的旅游线路；可以包括陆地或水域部分、与线路平行的著名公路，以及沿历史线路形成的链状或网络的地点
国家遗产区 (National Heritage Area)	国会	单项法律	非联邦实体	国会建立的国家遗产区，以支持以社区为中心保护历史、文化和自然资源的倡议；这些遗产区仍由州、地方和/或私人管理，同时接受NPS的财政和技术援助
国家历史地标 (National Historic Landmark)	国会，内务部长	经修正的1966年《国家历史保护法》(NHPA)	主要为非联邦实体	已有2500多处财产被选定为国家历史地标，它们在表明或诠释美国遗产方面具有非凡的价值或品质；多数国家历史地标是非联邦财产，仍由非联邦拥有和管理。国家公园管理局(NPS)只提供技术援助，不提供经济援助，但财产具有可能获得历史保护相关资金补助和税收减免的资格；所有国家历史地标均被列入《国家历史性场所名录》
国家登录历史性场所 (National Register of Historic Places)	国会，内务部长	同上	主要为非联邦实体	已有超过94000处财产列入《国家名录》。依据其在美国历史、建筑、考古学、工程技术和文化上的重要性而选定；大多数为非联邦财产，维持其非联邦所有权和管理权。国家公园管理局(NPS)只提供技术援助，不提供经济援助，但财产具有可能获得历史保护相关资金补助和税收减免的资格

资料来源：根据美国国会研究中心（CRS）资料整理

家公园"。2006年10月批准《国家遗产区法》后，已指定55个国家遗产区。与国家公园不同，国家遗产区是一种大型有人生活居住的景观(large lived-in landscapes)。因此，国家遗产区实体必须与社区合作，以确定如何使遗产与当地利益和需求发生联系。

4. 历史保护的重要意义

历史保护作为城市发展中一个重要战略组成部分，已成为美国城市规划设计中必不可少的重要内容。城市历史保护不仅意味着保护历史古迹或历史地段，而且还包括城市经济、社会和文化结构中各种积极因素的保护与利用。今天美国的历史保护已远远超出了历史建筑博物馆式或单纯对历史古迹保存的做法，将历史文化资产和古旧建筑保护列入城市规划通盘考虑，除了有经济方面的利益，还有文化方面的效益，历史保护不再是城市规划所涉及的边缘因素，而已成为有理论有实践的重要学科分支。

保护的基本目的不是要留住时光，而是要敏锐地调适各种变化力量。保护是从历史资产和未来改造者角度对当代的一种理解。真正的保护不在于重拾过去的风貌，而是要保留现存的事物并指出未来可能的改变方向。要避免具有吸引力且能继续使用的场所遭受不适当改变或破坏。也就是说，保护的目标常常是要保持当地居民生活方式的稳定性，防止社会生活频繁、过度变迁。

1970年代以来，在美国城镇中，五六十年代初期那股不惜一切更新城市建筑的倾向已经停止。如果说过去那段时间在文化上创造了什么引人注目标记的话，那就是美国人在估价砖和泥浆(bricks and mortar)这一遗产方面，有了180°的大转变。一切推倒重来的做法无论从美学、财政和历史连续性等方面看，其代价都无法计算。因为旧建筑是一种储存着的能源，是现成的实物资本和文化资本，而建造新的高楼大厦和商业中心所需钢材、水泥、玻璃和铝材，则需要大量能源去生产。保护历史性建成环境，充分利用有限资源，同保护自然环境、生态环境一样，值得人们关心。能源短缺和泡沫经济时代的出现，使历史保护、旧建筑再生运动具有紧迫感和现实意义。

保护利用旧建筑的风气并不是一件孤立事件，而是整个社会发展的一部分。"建筑物重生：老地方·新用途"，在美国已引起广泛兴趣，著名建筑师迈克尔·格雷夫斯(Michael Graves，1934~2015)在1970~1979年期间，就已完成了20多项历史建筑改建工程的设计。翻修老旧建筑，从这里一座小楼、那里一座消防站这种无计划的状态进入经过周密规划的阶段，已经不是要修复法国式屋顶或新古典式柱廊的问题，而是要活化整条街道、整个街区、整座城镇。从一座建筑物的新生发展至成片历史地区的新生，使死气沉沉的老旧城区

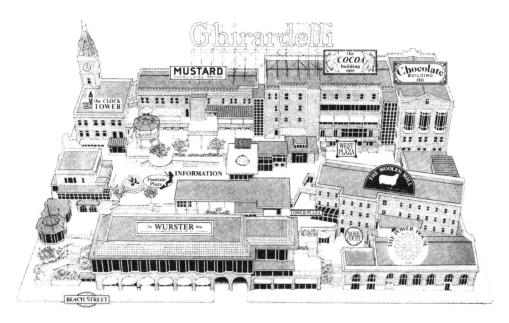

图5.1 旧金山 Ghirardelli 广场

恢复生气。由于全球性资源危机和通货膨胀，人们主张对旧建筑赋予新用途，以谋求经济效益，成本—效益分析在保护历史建筑中得到应用。因为历史建筑原有的投资，包括外装修、建筑设备等仍可利用，因而降低了材料和劳务成本。特殊的税收优惠政策也进一步刺激了历史保护运动的发展。并且旧建筑的历史特征也充当了市场工具，老房子的建筑特色有助于吸引人流，使商业盈利。美国旧金山的吉拉德里(Ghirardelli)旧建筑的再开发利用就是一项成功案例，它是著名景观建筑师劳伦斯·哈普林(Laurence Halprin, 1916~2009)的杰作。这组建筑群原是一座巧克力工厂，经过改造变成了游乐购物中心，吸引了大量零售客流，成了城市中最有魅力的购物空间之一(图5.1)。

5. 历史保护的类型

私人、公共部门和地方政府，在美国历史城镇、历史地段和历史建筑的保护过程中扮演着不同角色，从这一角度考虑可将历史保护分为地方政府主导型(Government-oriented)、民间非盈利型(Private Non-profitable)和不动产市场盈利型(Estate Market Profitable)三类[1]。其目的分别侧重于社区稳定、保护个人财产利益和促进房地产开发。

(1) 地方政府主导型保护

地方政府的重要性与日俱增，因为它更贴近工作、社会、市场和环境。在美国，根据各地的差别具体实施历史保护和环境保护政策的是地方政府，而不是联邦政府。发掘历史地区的动力，带动地方经济、刺激旧城房地产市场，复苏处于衰败中历史中心的社会和经济生活，是许多历史城市努力的方向。

与旅游业发展相结合的整治更新及商业活动、建设滨水区和公共设施，被许多历史城市作为主要发展战略。深层次的文化观光，被认为是利用历史中心的文化资源，复苏城市经济的最好途径。当然，由旅游开发带来的人口过度膨胀，会对中心区其他活动和附近的住宅区造成影响。由地方政府主导的历史保护在私人及社区保护所不能企及的范围，如土地利用控制、交通、公共设施服务、大型项目建设、旅游发展管理等方面可发挥其应有的作用，并能注重公共利益与开发利益间的平衡与取舍。

(2) 立足社区的私有非盈利型保护

美国的社区活动非常活跃且富有成效，其中遍及全国的社区保护(community preservation)起着十分重要的作用。基层社区和居民积极参与历史保护，其动力来自改善自身居住环境，争取环境公平和提升社区品质。在一些敏感的保护问题上有时是以抗议和斗争的形式进行，公众参与形式可以说相当发达和多样。社区保护真正的成功多体现于许多非官方运动中，尤其是在那些官方机构决策力企及不太深入的社区，如低收入社区和非白人社区。这些运动包括基层社区在历史保护及与之紧密联系的低价住房、开放空间、环境、公众健康和社区服务等方面所做的种种努力。

基于社区的私有非盈利型保护的优势在于，在公共资金不足时，能尽可能多吸引公众及私营机构投资，调动他们在改善居住环境方面的积极性。

(3) 市场盈利型保护

此类型的保护主要体现在由私人投资的商业及公共历史建筑的适当再利用(adaptive reuse)上。这类建筑往往占据良好的旧城中心区位，原有功能、设施已不敷使用，产权私有。地标、历史地区的指定，由保护组织收购产权等传统手法可能并不适用。

与将旧建筑拆除、建设高层办公楼、大型购物中心相比，私人业主们更倾向于发挥历史建筑在建筑风格、美学欣赏方面的潜力和优势，避免新建筑所附加的高额建设税收。他们立足于对房地产市场的缜密分析，试图满足市场需求，进行准确的功能定位，其目的是获得更

---

① Weinberg, N..*Preservation in American Towns and Cities*[M]. Colorado: Westview Press, 1979.

大经济回报。此类型保护目前的发展趋势是，作为纯粹商业项目的操作，研究分阶段维修的经济可行性，力图减少维修期间的租金损失，并开始寻求与公共部门合作的可能。

6. 历史保护学与保护专业教育

在英国，Preservation这一词语主要指特殊建筑物的保存和维护，而Conservation一词含义较广，包含了复原、保存、修复、增建、改建等内容。所以英国人在历史环境保护领域，更多使用Conservation一词。在美国，Conservation则多指对自然区、国家公园等自然生态环境的保护，对历史环境、历史地区、历史建筑的保护，多用Preservation或Historic Preservation一词。日语中有"保全""保存"两词与之对应，如"環境保全""歴史保存""歴史的保全"等，但在多数情况下并不严格区分使用。

1964年，在《国家历史保护法》正式批准前两年，美国历史保护的杰出人物詹姆斯·马斯顿·菲奇(James Marston Fitch)和查尔斯·埃米尔·彼得森(Charles Emil Peterson)在哥伦比亚大学创建了美国历史上第一个研究生层次的历史保护(Historic Preservation)专业，该专业的诞生也标志着美国高校培养历史保护专门人才的开始。

1980年代以来，许多大学都开始设置历史保护专业或课程。历史保护学作为一门新兴学科，在建筑学、城市规划、园林景观、环境保护、历史学、人类学等领域备受关注。1981年，全美共有45所大学开设有"历史保护"专业的学士、硕士学位课程，辛辛那提大学、伊利诺伊大学等5所大学开设有博士学位课程。至1989年，设置有"历史保护"专业的大学就已超过100所。

例如，俄亥俄州立大学"历史保护"专业的主要教学课程有：

* 604 19—20世纪美国建筑史与保护学

* 605 历史建筑保护的方法论　价值、意义、保护方法

* 606 建筑保护学：经营与实践

* 607 18世纪以后的建筑技术史

* 621 建筑环境论

* 685 建筑保护学：野外调查

* 685-01 调查方法实践

* 685-02 规划与设计

* 685-03 结构分析与设计

其他一些相关课程，也逐步在历史保护专业中开设，如：

* 保护理论与实践的历史
* 保存技术与修复技术、传统技术与结构
* 保护规划与旧区环境的改善、旧城改造
* 保护规划与旅游资源开发
* 历史保护的经济学：旧建筑的再利用、房地产经营学
* 历史保护法研究
* 文化发展战略、开发与文化、城市设计与文化

二、联邦保护法和组织机构

1966年10月制定的《国家历史保护法》是美国历史环境保护的主要法律依据。依照此法建立了历史环境保护的各级组织机构，联邦政府、州政府及地方政府级的保护机构既相互联系，又各自发挥作用，使以国家登录制度为基础的历史环境保护运动得以全面展开。美国联邦政府推行的国家登录制度，联邦、州两级政府的税收优惠政策，以及各地方政府推行的历史地段保护制度是美国历史环境保护体系中最重要的内容，也是美国历史保护的基石。

1. 国家历史保护法

《国家历史保护法》，是关于历史环境保护综合性政策、措施的基本法律，是美国历史环境保护的基本依据。《国家历史保护法》在其第一条中即声明了立法的重要性，指出：

① 民族的精神和方向根植于历史遗产，并从历史遗产中得到反映；

② 应当保存民族的历史和文化根基，并作为社区生活与发展的鲜活部分，它可以给予美国人民以方向；

③ 对国家遗产具有重要意义的历史财产正在丢失或发生实质性改变，而这些经常是无意发生，且发生的频率越来越高；

④ 保护这些不可替代的遗产符合公共利益，将为后代美国人保留并丰富其文化、教育、美学、感召力、经济和能源效益等不可或缺的传统；

⑤ 面对不断扩大的城市中心、高速公路、住宅、商业和工业发展，目前的政府和非政府的历史保护计划及行动，不足以确保子孙后代真正有机会欣赏和享受我们国家的丰富遗产；

⑥ 增加对国家历史资源的了解，建立更好的识别和管理历史资源的方法，鼓励对其进行保护，将改善联邦或联邦资助项目的规划与执行，并将有助于经济增长和发展；

⑦ 尽管历史保护的主要负担已经由私人机构和个人承担，他们也付出了巨大努力，并且两者应继续发挥重要作用，但联邦政府有必要加快其历史保护计划及行动，最大限度鼓励私人机构和个人的保护行为，并协助州和地方政府以及美国历史保护国家信托基金会(National Trust for Historic Preservation)，扩大和加快其历史保护计划及行动。

《国家历史保护法》确立了美国历史环境保护制度的基本制度体系，这些政策和机制主要包括：

① 为保护国家遗产制定联邦政策，设立国家信托基金会，管理历史保护基金和其他补助金；

② 在联邦与州、联邦与部落之间建立合作伙伴关系；

③ 创立历史性场所国家登录(National Register of Historic Places)制度和国家历史地标计划(National Historic Landmarks Programs)，对登录历史性场所有影响的开发项目审议(review)制度；

④ 授权挑选合格的州历史保护官员(State Historic Preservation Officers，SHPO)；

⑤ 设立历史保护咨询委员会(The Advisory Council on Historic Preservation，ACHP)，负责调配给各州用于保护的国家拨款及国家历史保护信托基金；

⑥ 对联邦机构负责进行相应的保护管理；

⑦ 确定已认定的地方政府在州域范围内的作用。

以上几方面奠定了美国历史环境保护的基石，决定了1966年以后保护运动的发展方

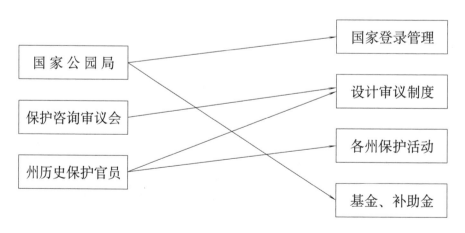

图5.2 各组织机构与各项制度关系示意图

向。而且，依照该法律形成了由国家公园局(National Park Service，NPS)、州历史保护官员(SHPO)以及地方政府保护机构共同构成的历史环境保护的完整组织体系(图5.2)。

《国家历史保护法》确立了一项管理程序，联邦机构在其项目建设可能影响历史遗产时必须遵循，也就是该法第106条规定。

《国家历史保护法》第106条要求联邦机构通过识别历史财产(historic properties)，评估不利影响并解决这些不利影响，来考虑其行动对历史财产的影响。该程序由联邦机构负责，需要听取包括地方、州层面的利益相关者以及历史保护咨询委员会(ACHP)在内的各方意见和建议。

该法第106条规定所有受联邦基金资助以及联邦政府批准的建设项目必须接受评估来衡量它们可能对已列入和即将列入国家历史遗产名录的历史建筑、考古遗址以及其他历史资源所造成的影响。在任何州对拟议的联邦或联邦援助企业具有直接或间接管辖权的任何联邦机构的负责人以及有权许可任何企业的任何联邦部门或独立机构的负责人应在批准任何联邦资金用于该企业之前或在颁发任何许可证(视情况而定)时，应考虑承诺对列入或有资格列入《国家名录》的任何历史地段、遗迹、建筑物、构筑物和物件的影响。任何此类联邦机构的负责人应向根据本法第二条成立的历史保护咨询委员会提供合理的机会，就此类活动表明意见。

除国家公园局外，联邦机构必须根据国家法律和政策履行保护管理文化资源的职责，如国家土地管理局(The Bureau of Land Management)，根据文化资源的相对重要性对其进行管理，致力于保护这些宝贵资源免受损害、破坏和意外损失，同时鼓励和适应通过规划和公众参与确定的适当用途。

2. 历史性场所国家登录

国家登录制度是美国历史环境保护制度的基石，是《国家历史保护法》中对历史环境进行保护管理的重要手段之一。《国家历史保护法》指出，历史性场所国家登录是指国家机构列出的、值得保护的历史性场所名录，是该法确定的巨大的历史保护计划中的核心内容。在联邦、部落、州、地方各级政府以及民众协助下，内政部国家公园管理局负责管理历史性场所的国家登录工作。

在美国的历史、建筑、考古、工程技术及文化方面有重要意义，在场所、设计、环境、材料、工艺、氛围以及关联性上具有完整性的历史地段(districts)、遗迹(sites)、建筑物(buildings)、构筑物(structures)、物件(objects)，有50年以上历史者即可进行登录。登录的历史性场所对各地方政府、州政府或联邦政府而言具有历史意义和文化价值，通过国家登录，唤起全民关心，也促使联邦政府在开发建设、公用事业建设时，对保护历史环境更加关注。而对私人产权的历史建筑，事前必须征得所有者同意(owner consent)。

为了让美国民众具有明确的历史意识，这些国家历史文化的基石，应作为社区生活和社会发展中活的构成部分保存下来。《国家历史保护法》规定了国家登录制度与社区规划与发展等的互动关系，并促使历史性场所在当代美国人的生活中发挥积极作用。

通过国家登录，认定这些文化遗产具有历史、文化、建筑及考古学上特别重要的意义。登录历史性场所是一个荣誉称号，通过税收政策上的优惠措施，激励财产所有者保护历史文化遗产。与联邦政府有关的开发建设项目，如对登录历史性场所可能有不良影响时，必须采用消除这种影响的替代方案(详见第八章)。

3. 与历史保护相关的组织机构

美国的历史环境保护活动在联邦政府、州政府、地方政府(市、区、镇等)三级展开，联邦政府、州政府、地方政府分别设有各自的组织机构。

(1) 联邦政府级机构

① 国家公园局，是内务部下属致力于自然环境与历史环境保护的联邦政府级主要机构。国家公园局最初只是对国家公园(National Park)、国家军事公园(National Military Park)、国家战场遗址(National Battlefield Site)等进行管理的机构。1966年《国家历史保护法》颁布后，国家文物登录制度的管理、历史环境保护基金及补助金的管理一并归于国家公园局。国家公园局的主要部门与职能如下所述：

*文化资产管理部门

——文化资产处(Interagency Resource Division)，负责制定政策、编制保护规划、国家登录制度管理、地标景观(Landmark)管理。

——历史处(History Division)，负责国家历史性标志景观(Historic Landmark)管理、历史资源调查、历史事务管理等。

*文化资产协力部门

——国家公园历史建筑处(Park Historic Architectural Division)，负责国家公园内历史建筑保护计划(Program)、国家公园内的历史遗产登录。

——保护协力处(Preservation Assistance Division)，负责保护技术的援助、保护基金运营管理、其他管理服务

——历史建筑调查处(HABS/HAER Division)，负责历史性美国建筑的调查(Historic American Buildings Survey)与历史性美国工程项目的记录(Historic American Engineering Record)。

*考古部门

——人类学处(Anthropology Division)，负责人类学项目计划(Program)。

——考古协力处(Archaeological Assistance Division)，负责考古活动咨询、技术援助。

② 历史保护咨询委员会(The Advisory Council on Historic Preservation，简称：ACHP)，是依照《国家历史保护法》设立的联邦政府机构。它负责就历史环境保护方面的问题向总统和国会提供咨询与建议。其工作内容如下：

*审议对登录遗产有影响的联邦政府行为(Review)

*向总统和国会提供咨询与建议

*向制定政策和规划的政府部门提供咨询与建议

*向总统和国会提交年度报告

*对政府与民间的历史保护活动进行调整

*对州、市级法规的制定提出建议

*推荐有关法律及税收制度方面的研究成果

*提高大众对历史环境保护的关心程度

*进行历史环境保护的教育工作

历史保护咨询委员会的主要工作为上述前四项，其他内容依内务部安排而进行。第一项中的"联邦政府行为"，包括联邦政府直接参与的建设项目、联邦政府提供补助金的建设项目、联邦政府批准许可的建设项目。

(2) 州政府级机构

① 州历史保护官员配置到各州，负责各州的历史环境保护工作。每年SHPO活动及运营的日常经费由联邦政府以历史保护基金形式支付。SHPO的活动不只局限于联邦政府对州政府的资助项目，还包括制定全州历史环境保护的近远期规划，对联邦政府及地方政府的各项活动给予援助。SHPO的主要活动内容如下：

*进行全州范围的历史资产调查，将成果整理成目录形式进行管理

*全州历史环境保护规划的编制

*实施联邦政府给予资助的州政府项目

*对联邦、州、地方各级政府负责的历史保护项目进行管理

*发现符合登录条件的历史遗产，向国家登录机构提出申请

*与内务部、历史保护咨询委员会一起，对联邦、州政府的那些对历史遗产有影响的开发计划进行检查

*向联邦、州政府机构提供历史保护方面的情报、教育、培训及技术援助

*向地方政府的历史环境保护项目提供资助

*对历史环境保护工作开展活跃的地方政府进行认定

② 州历史保护官员全国大会(National Conference of State Historic Preservation Officer，NCSHPO)是由州历史保护官员创设的全国性大会。其目的是对州政府一级的历史环境保护计划在全国范围内公开并争取经济援助，同时强化SHPO的工作，在全国展开多样的历史文化遗产保护活动。依照《国家历史保护法》于1980年得到正式认可。

(3) 地方政府层面

地方政府级机构为已认定的地方政府(Certified Local Governments，CLG)。已认定的地方政府(CLG)是通过州历史保护官员(SHPO)计划，将联邦、州、地方政府的保护活动联系起来的一种制度。对历史保护工作开展活跃的地方政府由SHPO正式认定、确定。州、联邦政府的计划通过这一制度可扩大到地方政府级。被认定的地方政府(CLG)可直接向国家登录机构推荐历史遗产。联邦政府交付到SHPO的历史保护基金，已认定的地方政府(CLG)具有争取其中至少10%资金的权力，用此资金开展调查工作，制定保护规划。

三、经济和税收的优惠政策

历史保护基金是联邦政府历史保护的主要资金来源。2020财年HPF的拨款总计1.187亿美元，比2019财年的拨款增加了近16%(不包括紧急补充资金)，比2020财年的行政申请增加了约8600万美元。对于2021财年，特朗普政府要求将HPF的资金比2020财年减少约66%。该请求不包括对州、部落、地方政府和非营利组织可用于历史保护的许多联邦赠款计划的财政支持。

考虑到环境问题和资源保护与经济发展紧密相关，所以环境行政必须利用经济和市场手段。其中税收优惠政策是许多国家在环境保护和管理中采用的最常见方法。在历史环境保护方面，对财政资金的考虑同样极其重要，尤其是在美国这个按经济利益行事的国家。对历史建筑是保存还是修缮，是改建还是拆除，哪种方式经济效益最好，往往起关键作用。在这种背景下，为了保护历史环境，美国采取了一系列税制优惠政策和经济优惠措施。联邦政府的税收来源主要为所得税(Income tax)，州政府的税源为所得税、财

产税(Property Tax)、销售税(Sales Tax)等，与各类税收制度相关均有一些优惠政策。

1. 联邦政府的经济优惠政策

(1) 投资税额减免

投资税额减免(Investment Tax Credit)是指对登录文物建筑进行维修时，其所花费用可按一定比例从本年度应缴纳所得税额中扣除。这个比例为：建筑物历史30～40年的为15%，建筑物历史在40年以上的为20%。不过，它只适用于商业建筑、租赁住宅等有经济收益的建筑物改建、修缮，不含本人居住的独立住宅。因为其扣除金额来自该建筑所产生的所得税。而且，享受这一优惠政策的业主必须在今后至少5年内拥有该建筑物。

(2) 加速折旧返还制度(Accelerate Cost Recovery)

一般说来，一栋普通建筑的投资回收期按40年计算。而对登录文物建筑则采取不同的计算方法：维修后的租赁住宅只按27.5年，非居住建筑(办公楼等)按31.5年计算。按照这种算法，每年支出费用的比例就要增加，所有者年收入将减少，应缴纳所得税额相应减少。以此来鼓励对历史建筑的修缮、改建，有利于历史环境的保护。

2. 州政府的税收优惠政策

州一级的税制优惠政策，由于各州税收体制不同而非常不同，归纳起来有以下五类。

(1) 财产税免除

美国有对非营利性团体免除财产税(Property Tax Exemption)的传统。州政府对教育、慈善、宗教性质的历史学会、历史保护组织，通过立法免除其财产税。这在许多州已经制度化。因此，如果历史建筑等文化财产为历史学会或历史保护组织所有时，则免除其财产税。在1992年时已有16个州采取了这一优惠政策。

(2) 所得税减免

修复所需费用的一定比例从其应缴纳所得税中扣除(Abatement)，1992年时已有五个州采用这一措施。由于它只是对所得税部分扣除，而非全额免除，对所得税率很低的州而言并无太大意义。

(3) 税额减少

对纳税人而言，从其应缴纳税金中直接减额是很有吸引力的事情。税额减少(Credit)即从财产所有者应缴纳税额中直接减免。马里兰州已实施将修缮费用从财产税中扣除的办法，其他一些州也在研究相关优惠政策。由于在美国对财产税的减免一般被认为不合法，因此大多数州政府采取从上缴州里的所得税中扣除的办法。

(4) 特例评估(Assessment)

历史建筑的改建再生，往往引起物业升值，从而使应缴财产税额增加。这种一般性评价方法缺少历史保护意识，对历史环境保护不利。因此许多州都在采取不同评价方法：或在一定年限内，对升值部分财产税搁置免征(Tax Deferral)；或在一定年限内仍以改建前估值为标准征收。各州采取不同免征率和不同搁置免征年限。一般，搁置免征年限为5~15年。

(5) 销售税免除

1985年时已有6个州对历史建筑类博物馆的入场券等收入免除销售税(Sales Tax)。其中肯塔基州不仅免除博物馆的销售税，而且对非营利性团体因维持、修复、管理历史建筑而产生的销售税亦实行免除。还有一些州采取将修复费用从销售税中扣除的措施。

3. 其他经济优惠政策

(1) 周转基金制度

周转基金(Revolving Fund)是为了历史环境保护活动而筹集的资金。这种基金必须按时返还，然后为同样目的再次使用，所以称周转基金。有了周转基金支持，许多历史建筑避免了拆毁的厄运。同时，为市中心重新焕发活力做出了贡献。一般而言，周转基金由负责历史环境保护的非营利性组织(NPO)管理，而不是由联邦、州或地方政府管理的。目前，这一措施正在美国各地广泛采用。

周转基金一般按以下两种方式运行：①购入房产，修复后卖出或直接卖出(Acquisition and Resale)；②贷款(Lending)。

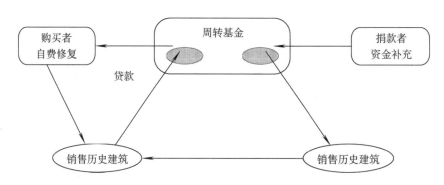

图5.3 佐治亚州Savannah市周转基金运行模式

方式① 是购置将面临拆毁危机的历史建筑，无论是否修复，转售有保护意愿的个人或机构。其优点是在历史建筑即将拆除之际，立刻购买，防止其遭到破坏。

方式② 对那些有购买历史建筑意愿的人提供资金贷款，像银行一样发挥作用。

也还有对以方式①购置了历史建筑的个人或机构提供修复资金贷款的周转基金方式(图5.3)。

(2) 地役权转让

地役权(Easement)又称地上权，或土地使用权。为对他人所有的土地、建筑等不动产的使用权，以及获取所有权以外其他利益和特权的权利。包含采光权、施工需要的临时建筑等土地利用权或通行权。过去道路建设部门为施工或管理方便，常常以契约形式购买一定时期的地役权。在环境保护运动中，形成了保护地役权(Conservation Easement)的概念，它是一种公共地役权。为公众的游憩、娱乐活动需要，让私有土地对外开放。为保护自然环境和开放空间，对私有土地的利用实施一定限制，等等。还有景观地役权(Scenic Easement)，为保证道路周边景观，土地所有者将地役权交给道路部门管理，对土地利用实行许可制。一般情况下，为州道路委员会为道路沿途植树造林需要，而购买沿线各类土地的地役权。有时会购买从道路上可看到的所有土地的景观地役权，而多数场合只购买沿道路特殊地段的地役权。

现在，为保护历史环境对地役权实行再划定或转让。由历史建、构筑物所有者签订一份契约书，保证在一定时期内不进行改变其特征的增建、改建，将地役权转让或寄赠给非营利性组织(NPO)或地方政府机构，从而达到保护历史建筑的目的。历史保护方面地役权的控制方式，一般有以下三种类型：

① 通过控制开发权，保护优美的历史景观、重要历史建筑的周边环境、文物古迹以及为保护历史环境而划定的开放空间(open space)等。

② 控制建筑外观、立面变更，对建筑的维护、管理提出要求。

③ 将建筑室内的一部分或全体作为保护对象。由于对私有空间的控制相当困难，所以一般不大采用这种方式。

四、规划管理与美观控制

1. 土地利用控制的案例与实效

美国是一个联邦制国家，政府的行政管理实行三级体系，分别是联邦政府、州政府和地方政府。联邦政府并不具有法定的规划职能，只能借助财政手段(如联邦补助金、信托基金等)发挥间接作用。由于地方政府的行政管理职能由州立法授权，因此各地方政府的城市规划职能(包括发展规划和开发控制)也有一些差别。总体上讲，由于认识到财政刺激的片面性，1980年代以来强化了历史建筑的规划管控，以"胡萝卜加大棒"的方式双管齐下①，保障历史保护工作取得良好实效。

通过土地利用控制(Land Use Control)等法律制度切实保护历史建筑，也是80年代的事情。1978年联邦最高法院的"宾州运输案判决"是划时代的标志。宾夕法尼州中央运输公司诉纽约市案(Penn Central Transportation Co. v. City of New York)，是美国历史上通过土地利用控制进行历史保护的著名案例，简称"宾州运输案判决"。中心总站的业主宾州中央运输公司(Penn Central Transportation Co.)因拆除原中心总站建筑、建设55层办公大楼的规划方案被纽约市地标保护委员会"不许可"，而向联邦最高法院提出申诉。联邦最高法院的判决书认定：纽约市地标保护委员会的行为是行政执法权(Policy Power)范围内的事情，为提高都市生活环境质量，可通过土地利用控制来保护城市特色和地区的景观特征。按照这一判决，以保存位于纽约市曼哈顿地区的中心总站建筑为目的的土地利用控制区划是合法的。

纽约市区划条例考虑到中心总站的重要历史意义，对中心总站地块潜在开发的严格禁止，获得了联邦最高法院支持，认为纽约市规划控制的内容合法有效。判决考虑了：

① 对已提交历史地标选定以及其外观变更或拆除正当性证明的双方，检讨了其专业性和正当性过程；

② 历史建筑现状，以及基地利用的经济价值；

③ 对指定财产在税法上实施救济的可能性；

④ 业主将空中开发权向邻近地产转移的可能性。

这个判决，导致1980年代以历史保护为目的、新的土地利用控制规划的全面展开。"在宾州运输案判决以前，许多州及地方政府，由于担心房地产所有者会有财产权补偿的要求，因而对是否将商业性设施指定为地标景观(Landmark)的问题一直犹豫不决。有了宾州运输案判决，州及地方政府可以开始放心地实施标志性景观指定规划了。"②

1980年代制定的许多大城市中心区规划，都将历史环境保护作为最重要课题之一列入其中。在旧金山市中心区规划(Downtown Plan)中，一次就决定保存251栋历史建筑，并划定了5个历史地段。1986年丹佛市制定了市中心区规划，两年后依照规划，将历史建筑集

① 苏广平. 美国的古建保护[J]. 世界建筑, 1994 (1)：67-68.
② Gerckens,I.C.. Historical Development of American.1988, 54.

中的丹佛市发祥地"下中心区"(Lower Downtown)指定为历史地段。在历史地段内对新建筑的设计有严格规定，拆除旧建筑前必须经过许可。1984年明尼苏达州州府圣保罗市城市历史的发祥地市中心区(Lowertown)也被指定为历史地段，未经市历史委员会许可，建筑外墙不能进行任何改造。同时，历史建筑的保护也从将历史遗产改为博物馆——这种单一冻结的保存方式，转变为增加市中心区魅力的重要战略措施。其结果，不仅在经济活力很高的城市，而且在有必要进行开发的那些城市也能积极开展历史环境保护运动。

像这样对历史建筑、历史地段的控制性规划，在其他许多城市也实施了。在这些城市的土地利用控制中，为了补偿由控制而可能产生的经济方面的利益损失，同时也采用了奖励区划制度、开发权转移(TDR)等规划措施。

2. 奖励区划与开发权转移

(1) 奖励区划

纽约是美国第一个实施奖励区划(incentive zoning)的城市，该项政策始于1961年。后来被世界上许多城市采纳。城市的形成和发展离不开私人、公司团体及政府投资与开发。而以追求利益为动机的私人或公司开发商，其开发方式与一个城市的整体发展、社会大众利益常常有矛盾。为了鼓励和控制这些开发行为，为了城市的整体利益和大众利益，时任纽约市总设计师的乔纳森·巴奈特(Jonathan Barnett)采取了容积率奖励的策略。如果按照城市公共利益原则开发新建项目，作为奖励可多建20%建筑面积，或允许房地产开发商兴建比法定容积率更多的空间用于出租或出售，作为回报开发商必须为公共利益提供一些设施，例如公共福利设施、城市基础设施、低收入住宅和历史建筑保护等。

但是，不少城市在推行这一奖励政策中发现其负面效应，城市中高层建筑越建越多，常年处于阴暗中的街道也越来越多，而提供给市民的公共利益却相当有限。因此，近年来一些城市已限制甚至取消了这项制度，例如波士顿市仅在某些特定地区推行这一奖励政策，西雅图市和费城则已降低了奖励标准，旧金山市则完全废止这一奖励政策。

(2) 开发权转移

开发权转移(Transferable Development Right，简称：TDR)，是对土地使用区划奖励的一种发展。为了保护城市历史资产、市中心的历史街区和历史建筑所提供的一种奖励政策，即：房地产开发商在开发地区应获得的建筑容积率，由于该地区的某种保护限制，如标志性景观保护等，可以把这里的开发权转移到该市另一个地区去加以运用。作为对其行为的回报，地方政府减免部分相应税收。

纽约市也是第一个应用开发权转移办法来达到历史保护目的的城市。1965年以来，依靠严谨的城市规划制度，通过充分的社区和专家参与，历史保护部门和规划管理部门的密切配合，适应城市发展不同阶段的具体情况，针对历史文化保护的需要和房地产开发的压力与冲击，不断修订、补充和扩展与开发权转移制度相关的法规。

开发权转移在实际操作中把开发的容积率作为一种权利，转移到更符合城市总体规划的一些开发地区去，对保留城市的公共空间和历史建筑大有益处。由于这一奖励政策在运用中富有弹性，同时也维护了开发商的正当权益，所以已被许多城市所采纳。

市中心高密度地区，开发权的经济价值高，历史建筑承受着开发的巨大压力。但与历史建筑相邻的基地因受保护规划控制，若要建设大型建筑物时必须向历史建筑购买开发权，因此有助于历史保护。当历史建筑相邻基地均呈开发饱和状态时，历史建筑会受到"锁地"(Land Lock)管理，开发权将无法出售，会给业主造成困境。还有临近基地开发建设的新建筑，难于在体量、尺度、色彩等方面与历史建筑协调，控制不好还会产生景观破坏现象。因此，在纽约市近年开始采取"浮动转移(Floating Transfer)"的办法，将历史建筑的开发权，转移到指定地区[①]。

美国城市的实践告诉我们，开发权转移只能作为解决特定问题的一种工具或手段，并不能作为政策规定或应用法规加以应用，更不可作为解决历史保护问题的"灵丹妙药"或规划控制中的主要"游戏规则"，随处套用。其实施效果往往也毁誉参半，不可能实现所谓"双赢"或"多赢"目标。

3. 城市设计与美观控制

(1) 历史保护的设计

美国的城市设计实践，按唐纳德·爱坡雅(D. Appleyard)的分类为三种类型，即第一种是发展的设计(Development Design)，主要目的是以发展带动一个地方。第二种是社区设计(Community Design)，在欧美等成熟型社会，有些地方不完全是开发导向，尤其是地方政府的许多规划设计案，从根本上讲是以社区环境为目标的，否则地方社区生活环境品质就得不到制度照顾。社区设计伴随1960年代的社区运动、邻里运动而开始，迫使地方政府必须以社区环境建设为市政重点。第三种是保护的设计(Preservation Design)，其目的是以保护为城市发展的基本价值观。这三种类型其实涵盖了三个不同的方向。

此前的城市规划设计常常忽略了历史城镇中人的价值，而世界上所有美丽城市的发展过程具有一些相同的特征，在这些城市里都有着历史上形成的、丰富多彩的城市形态——

街道、广场、公园、雕塑等。都有着丰富的建筑和城市景观、形成了完整表达城市意象的符号系统。如果过去那些布扎艺术(Beaux-Arts)设计出的建筑在城市改造中逐渐消失的话，必将给人们带来巨大的失落感和空虚感。这是因为，城市环境的质量与城市居民的身心健康有直接关系，城市空间形态对人的品格形成也有潜在影响。

目前，欧美等国已形成这样的共识：保存历史建筑和城市形态的延续性，比"现代化"更重要。七八十年代城市设计最显著的特点便是公众参与。这与来自美国的影响分不开。而公众参与的目的，是使城市设计能顺利推行和实施，并保持有个性的社区和邻里关系存在。历史保护从本质上讲，就是另一种类型的城市设计。城市规划师、设计师必须树立"历史保护"与"社区参与"观念，把历史保护或特色保护纳入社区发展中。

美国的城市设计，从1970年代至今，越来越重视使用者需求、步行优先、历史建筑保护利用，以及强化社区特征、场所感和可识别性。城市设计的内容更注重环境分析、设计管理，注重场地的自然特色和历史文脉。

(2) 美观规则(aesthetic regulation)

1893年，为纪念发现美洲400周年，美国在芝加哥举办了世界博览会。以此为契机展开了影响深远的城市美化运动(City Beautiful Movement)。在许多城市建设了市中心(Civic Center)、纪念性建筑(Monuments)、林荫道(Boulevard)等大型新古典建筑项目，反映了美国人民对美好环境的渴望与追求。由于城市美化运动是以基础设施更新改造为中心，还没有对建筑单体进行控制的想法，更没有法律方面的意义。

真正意义上的美观控制源于1900前后的建筑高度控制以及对户外广告的控制，包括对户外广告大小、位置、与建筑墙面的关系等。随着土地利用控制(Land Use Control)管理的发展，为了保护历史遗产、建筑遗产，区划条例对美观问题越来越重视。1954年的巴曼(Barman)案例，联邦最高法院支持美观区划条例的合法性。判决书认定：地域社会应既是健全的、同时也应该是美观的，通过划定历史地段，进行土地规划管理，有利于社会福利、公众利益，是一种正当手段。这一判决标志着，美观作为生活的重要因素之一，已得到法律认可。美(beauty)与协调(fitness)可以强化建筑物的资产价值。现在对城市美观的控制，已超越了奢侈概念、个人感知和行政范畴。通过控制历史建筑周边建筑的高度；以审美价值观念来制定区划条例；以维护公众环境权为出发点，通过立法保护城市眺望景观、

---

① 涂平子. 容积移转与都市品质: 纽约市古迹保存与扩大使用发展权移转办法争议[J].[台]城市与设计学报, 1999 (7/8) : 239~265.

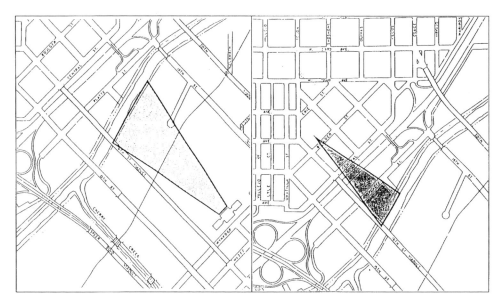

图5.4 丹佛市(Denver)的景观控制图则

天际轮廓线等。在美国的城市规划管理中美观控制越来越引起人们重视。尤其在① 标识控制，② 广告控制，③ 建筑规则，④ 历史保护规则，⑤ 美观区划，⑥ 城市设计审议，⑦ 景观项目审议，⑧ 景观视线保护等领域已非常普遍(图5.4)。

(3) 查尔斯顿原则

1990年10月20日，在美国南卡罗来纳州查尔斯顿市召开的国家信托基金会(National Trust)第44届年会上，通过了一份被称为"查尔斯顿准则"(Charleston Principles)的报告，这份报告后来被全美的历史保护组织一致采纳，该报告提出了以下8项历史地区保护的建议，涉及管理、规划和发展等内容。

① 确认并认定那些构成社区特色、有利于社区将来健全发展的历史建筑与历史性场所(Historic Place)；

② 利用现存历史住区及邻里商店的价值来复兴和发展整个社区，并提供一些设计良好的中低收入者住宅；

③ 尊重当地社区的历史资产，制定该社区整体发展的政策，并强化其宜居性(livable)；

④ 从组织管理上建立激励机制，促进历史文化保护工作；

⑤ 在城市规划的土地利用、经济发展及交通、住宅建设中，必须把保护历史性场所作为既定目标；

⑥ 理解各社区在文化上的多样性并赋予当地居民保护该文化资源应有的权利；

⑦ 利用历史资产来教育不同年龄层市民，增强市民荣誉感；

⑧ 精心设计新建筑，对历史建筑与历史性场所要善于经营管理。

五、地方政府层面的历史保护

1. 纽约市的历史地标保护

1966年《国家历史保护法》虽然只限制对历史环境可能会有影响的联邦政府建设行为，但对全美历史环境保护的立法工作却有极大影响。至1981年几乎所有州都制定了历史保护方面的法规，全国至少指定了832个历史地段或历史地标(landmark)[①]。

80年代，在历史建筑与城市景观保护方面，许多大城市都有新的政策推出。由国家历史保护信托基金会委托进行的80年代主要城市历史环境保护规划及实施情况的调查报告《美国的城市中心区：成长政策与保护》(America's Downtown：Growth Politics & Preservation)，其中有如下论述：

当时调查的10座城市，都将通过历史保护促进市中心区经济多样化作为其发展目标和发展战略。旧金山、西雅图、波士顿进一步强化了高度控制；圣保罗、丹佛对历史性仓库地区的设计指南(design guideline)和市场建设项目计划；亚特兰大、波士顿市中心娱乐活动区以及泽西市(Jersey City)滨水地区的复合开发；所有这一切都是为激发城市24小时活力而进行的尝试。不论是促进其成长还是减缓其成长，这些城市都在为培育市中心区活动的多样性而努力，而历史环境保护正成为达成上述目标的重要途径[②]。

大都会纽约，是在经济、金融、传媒和娱乐等方面具有全球影响力的城市。在历史保护和利用方面，纽约市依靠严谨的城市规划制度，充分的社区参与和专业保护管理机制，通过历史保护部门与规划管理部门之间的密切配合，为适应城市发展不同阶段的具体情况做出了积极贡献。

---

① Hagman, D.G., Juergensmeyer, J.C.. *Urban Planning and Land Development Control*. West Publishing CO. 1986：465.

② Collins, R.C.. *America's Downtown: Growth Politics & Preservation*.

早在1895年，纽约州就设立了自然景观、历史性场所和构件保护信托基金(The Trustees of Scenic and Historic Places and Objects)。在1966年《国家历史保护法》出台之前，1965年纽约市即制定了《纽约市地标法》，以保护城市的历史建筑和历史地区。《纽约市地标法》的立法目的为：

① 促进和实现优质物件(improvements)、景观特征(landscape features)、地区(districts)的保护、强化和延续(perpetuation)，它们是代表或反映城市文化、社会、经济、政治和建筑历史的要素；

② 保护优质物件、景观特征和地区所体现与反映的纽约市的历史、美学和文化遗产；

③ 稳定和提升这类地区的财产价值；

④ 培养市民在美好和伟大的历史成就面前的自豪感；

⑤ 保护和提升对游客和到访者而言所必须具有的城市吸引力，并支持和鼓励由此带来的商业和产业发展；

⑥ 增强城市的经济发展；

⑦ 促进历史地区、地标、室内地标和风景地标的利用，以造福市民的教育、休闲和福祉。

按照《纽约市地标法》相关条文的规定，优质物件(improvements)是指"由任何建筑、结构、场所、艺术品或其他物件所构成的不动产中的优良物件(physical betterment)，或此类优良物件的任何部分"，"任何优良物件，其任何部分有30年或30年以上历史，具有一定的特征或一定的历史、艺术意义或价值，作为城市、州或国家的发展历程、传统或文化特征的一部分，依照本法相关规定可指定为地标(landmark)"。

纽约市地标分为单体地标(individual landmark)、室内地标(interior landmark)、风景地标(scenic landmark)和历史地区(historic district)等4种类型。至今，纽约市已指定超过37000处地标财产(landmark properties)，其中大部分位于五个行政区的149片历史地区和历史地区扩展区范围内，保护对象总数包括1439处单体地标、120处室内地标和11处风景地标。

1965年，颁布了《纽约市地标法》，以保护历史地标和历史地段，使其免于因仓促决定而破坏或从根本上改变其特征。该法还设立了纽约市地标保护委员会(LPC)，它是全美最大的市级历史保护机构。该机构人员由市长任命，11人组成专业委员会，背后有大约80名保护专家、研究人员、建筑师、历史学家、律师、考古学家和行政管理人员支撑。地标保护委员会(LPC)负责保护纽约市具有建筑、历史和文化意义的建筑和遗迹，确立它们的地标或历史地区身份，并在指定后开展相应的保护管理工作。

许多人以为，国际化大都市纽约是完全现代化的。其实并非如此，纽约市依照历史保护条例指定了众多保护对象。正如纽约市市长所言："你们会发现纽约市有丰富的历史建筑宝藏，使人感到城市与过去相连。从最早的荷兰人殖民地时期、独立革命初期，到现代建筑萌芽的19世纪末叶，直到突飞猛进的20世纪初期，纽约的确很幸运，因为我们现在有完整的法律，使这些建筑物都能保留下来，真实地立在那里，作为我们祖先及人类一贯伟大、有毅力、有创造性的见证，多年后，城市的其他地方改变了，有些空地盖满了，但这些史迹却永远历久弥新。"[1]

在芝加哥市，1957年市议会成立了芝加哥历史和建筑地标委员会(The Commission on Chicago Historical and Architectural Landmarks)，它是一个咨询委员会，主要目的是编制一份具有重要意义的历史建筑的清单。

1968年，芝加哥市议会通过了地标条例(landmarks ordinance)，授权委员会负责向市议会建议哪些特定地标应受到法律保护。该条例亦授权委员会审核地标的建筑许可证，以确保任何建议的更改不会对地标的特征造成负面影响。

1987年，该条例经修订，更清楚地阐明地标指定和许可证审核的程序，并为业主增加经济困难补助条款，该委员会也更名为芝加哥地标委员会(the Commission on Chicago Landmarks)。不过，与纽约市相比，芝加哥市列入保护的历史地标要少很多。

2. 地方的历史地段保护

20世纪初，人们已认识到保护历史建筑、历史场地和居住社区历史资源的重要意义。1925年，新奥尔良市的法国人聚居区维埃克斯凯瑞区(Vieux Carre)被非正式指定为历史街区。1931年，南卡罗来纳州的，建立了美国第一个在法规监管下的历史保护区。

按美国"历史性场所国家登录"的定义："历史地段是指一个有地区性界限的范围——城市的或乡村的，大的或小的——由历史事件或规划建设中美学价值联结起来的场地、建筑物、构筑物或其他实体，在意义上有凝聚性、关联性或延续性。"[2]地方历史地段(Local Historic District)是指一个位于城市或乡村、规模可大可小、可明确区分出来的地域范围。在这里，那些与历史事件或规划建设方面的美学价值有关联的史迹、建筑物、构筑物或其他物件，构成了空间意义上的整体聚合、序列段落或连续景观。

历史地段为一个具有明确地理界限，沉积或联系着历史实践或美学价值，依据地方历

---

① 转引自马以工，历史建筑[M]. 台北：北屋出版事业股份有限公司，1983.
② *Keeping Time -the History and Theory of Preservation in America*, 103.

史保护法规划定的地区。范围内的物质实体包括依法指定为历史地标的建筑物或附属物，也包括那些虽然建筑价值不足以被指定为地标，但对突出一处或数处历史地标总体风格有所贡献的建筑物及其附属物。

美国多数城市是通过区划法来进行城市规划管理的。同区划一样，地方历史地段保护的控制规划也由地方政府(市、区、镇等)实行，在全国并无统一规定，同时也不是由《国家历史保护法》规定的保护对象，所以其准确称呼应为地方历史地段(Local Historic District)。尽管如此，在美国的历史环境保护中，历史地段保护是广泛采用的一种方法。它不仅是历史建筑单体的点状保护，而是历史环境的面状保护。与历史建筑单体保护方法相比，历史地段保护更具法律约束力、也更具有实效性。

历史地段是为了保护那些具有个性特征的历史环境通过区划而划定的地域范围。在这里并不改变其使用功能和所有者权益，而是控制地段内的建筑、街景等环境要素。各地方历史地段的控制方法虽有不同，但所有历史地段都设有专门的咨询委员会。历史地段内建筑外观的变更、新建筑的设计，均需经专门的咨询委员审查，未经许可不得进行任何建设行为。咨询委员会采取公开审议方式，当地居民及感兴趣的人均可参加，许可标准是提出的方案与地段历史环境是否协调，最终结果由专门咨询会委员表决通过。

历史地段保护制度并非要保持该地段静止不变、或拒绝新建筑和新开发计划。其目的是确保这些可能发生的变化与历史环境协调，防止那些影响地段美观、降低地段历史价值的不当因素侵入，创造更美好的景观。一般情况下，只审查那些在街道上可见的建筑设计及外观变更。当然也有一些历史地段，对在街道上看不见的建筑甚至室内装修也进行审查。

历史地段保护的目的在各州并不相同。宾夕法尼亚州是为了保护那些有特征的建筑及历史文化遗产。佐治亚州通过历史地段保护，增强中央商务区(CBD)活力及周围地段就业机会，促进商业和旅游业发展。阿肯色州有关法律规定，历史地段保护必须促进城市的文化、教育、经济以及社会综合福利的发展。

3. 历史地段的法律依据

由于历史地段的指定直接影响财产权问题，因而在法律依据上常会出现争议。历史地段的控制属于土地利用控制的扩充，法院一般都要进行多次咨询、审议、检讨。

历史环境保护的规划依据是创设于20世纪前期的土地利用规制与区划条例。1926年俄亥俄州的欧几里得(Euclid)村因区划问题产生纠纷，最后由联邦最高法院做出判决。由此正式确立了区划条例的合法性。依照区划条例，地方政府可行使管辖权(Policy Power)控

图5.5 查尔斯顿历史地段(Old and Historic District)

制管理土地利用。

　　1931年，南卡罗来纳州查尔斯顿市制定了《查尔斯顿老城及历史地区区划条例》(*The Old and Historic Charleston district zoning ordinance*)，将历史最早的半岛地区前端部分——

港口及住宅区作为历史地段(Old and Historic District)在区划条例中正式指定(图5.5)。这是美国划定历史地段保护历史环境的最初尝试。

在前述宾州车站案例中，为维护公众利益对私有财产进行控制时，不对其补偿是否合法是其核心问题。联邦最高法院最终判决认定：历史环境保护合乎公众正当利益，纽约市政府对将Grand中心站作为标志性景观(Landmark)纳入控制规划，并不妨碍其财产合理使用的经济性，因此是合法的。一般说来历史地段控制规划的合法性，已得到法院承认。但有时还会引起争议，不过对已登录的房产，只要对其财产的经济性、使用功能没有过大妨碍，这样的历史地段控制规划就具合法性。因为它不过是土地利用控制的延伸，而土地利用控制是有法律效应的控制性规划。

4. 地方历史地段与国家登录地段

地方历史地段与国家登录制度中的登录地段有很大不同。国家登录制度是由内务部负责管理的国家级文物保护制度。国家登录文物是指在美国的历史、文化、建筑、考古等方面有重要意义、必须保护的文物古迹，分为历史地段、遗迹、建筑物、构筑物、物件等五个类别进行登录保护。登录地段只是为其中类别之一。

国家登录制度通过对文物的登录指定，对文化遗产的意义与价值予以正式认定；对商业性建筑的所有者在税制上给予优惠；对与联邦政府有关的建设项目实施历史保护方面的审查管理。但是，登录建筑所有者对已登录文物建筑的利用，没有严格限制。与州及联邦政府没有关系的项目，所有者对建筑的改扩建及改变色彩等行为均是允许的。

登录文物申请，一般由财产所有者或城市历史保护组织负责，不需要地方政府同意。但财产所有者有权拒绝登录，在候选登录地段内，如有半数以上居民反对，则不可登录。

表5.2   登录地段与历史地段的比较表

项 目	国家登录地段	地方历史地段
管理部门	内务部	地方政府（市、区、镇等）
法律依据	《国家历史保护法》	地方相关保护条例
主要目的	历史文化遗产价值与意义的认定	维护历史地段的个性特征和美观
意见征询	半数以上居民同意	可以不考虑
规划管理	对财产所有者无直接控制，对联邦、州的建设行为实行审议制度	由咨询委员会对建筑外观的变更进行审查、许可
优惠措施	15%~20%投资税额减免	各地方自行决定

174   美国的历史保护、税收政策及设计管控

与此不同，地方历史地段的划定，居民不同意时也可进行。历史地段内的建筑外观变更必须事前许可。税制上的优惠政策由历史地段所在地政府(市、区、镇等)决定。

历史地段的划定并不限制地段内建筑与土地的使用功能，而是通过区划控制土地开发利用的有关内容。历史地段的区划对使用功能(居住、商业、工业等)、容积率、高度、后退等控制指标均有特别要求(表5.2)。

进入20世纪后，从发掘的大量遗址中发现，北美这块丰腴的大陆在欧洲殖民以前，就存在着悠久历史，更重要的是，美国人终于从殖民文化阴影中走出来，承认在这块大陆上存在自己的文化积累。尽管美国是一个历史不长的国度，但在历史保护实践却有一些具有本土特色的探索。

根据1966年的《国家历史保护法》和1969年的《国家环境政策法》等联邦保护法案的基本精神，考虑产权人和投资者利益，采取各种鼓励私人和私营机构参与保护计划，借助强有力的税收和金融保障体系支持其相关政策，制定了一套相应的经济机制来进行调控，经济机制明确、合理，且具有可操作性，这是历史保护法规得以有效实施的关键。

联邦层面的保护，采取了以基金引导为主、以法规控制为辅的原则。如1949由联邦政府发放的历史保护国家信托基金。相关联邦税制优惠政策有：投资税额减免、加速成本返还制度等，与产权者和投资者应缴纳所得税额直接挂钩。以此鼓励对历史建筑的修缮、改建，有利于对历史环境的积极保护。在历史保护方面，对财政资金的考虑极其重要，尤其对于美国这个通常是以经济利益优先的国家而言。

州政府层面的保护，除直接划定和控制历史保护区，有的州还采取间接控制办法，对地方建设项目的审批程序提出特别要求。例如，一些州在其保护政策法规中规定，对历史环境有重要影响的建设项目，地方政府在审批程序中必须增加研究报告或公开听证等环节。

地方政府层面的保护，对历史保护通过规划控制来进行。一类为地标控制(Landmark Controls)，通常与地产税减免相结合，以保证对历史地区和建筑物修复(Rehabilitation)，并鼓励对历史建筑的适当再利用。将历史环境元素、地方文化传统作为景观资源充分利用，使历史建筑、历史地段、历史城镇在当代社会中继续生存下去。另一类为设计审查。此二类控制往往与城市土地利用区划相结合。确定地标建筑和历史地区，并对其产权转让和转换过程进行管理，以保证这些建筑物在建筑学、历史、文化和美学方面的质量得到保护。

社区层面的保护对我们更有启示。美国的社区组织非常活跃且富有成效，其中遍及全美的社区保护（Community Preservation）起着十分重要的作用，社区参与历史地区保护的形式也多种多样。1970年代以来，由当地民众和团体自发进行的保护案例数量众多，比较有影响的有波士顿市中心"自由之路"历史步道、纽约"高线公园"等，在发起保护，维护和运营等环节中都有社区民众的身影。

由于美国是一个推崇实用主义的国家，手段往往服从理念。保护文物古迹是为了保存历史，所有的保护方法，"藏之名山也好，新旧并存也好，全部复古也好，保存原物也好，仿古重建也好，住人也好，空置也好，只要能将历史的现象保存下来，使现代的美国人知道过去的美国是什么样子，这就够了"。①

近年来，美国的历史保护在城市规划和社区建设中的地位得到了加强，保护观念发生本质性变化，保护的经济意义日益增加，历史保护成为促进地方经济发展的重要力量。好的历史保护通过对混合功能开发项目的研究，提高项目收益、降低保护成本，促进了城市更新、增加了公众对保护工作的支持，保护在增强公众安全感、愉悦感和环境自豪感等方面起到了良好作用。而且，与历史保护紧密相关的旅游业发展，为社会提供了更多就业机会，在经济产业结构中旅游业从业人员比例大大增加。当然与此同时保护一个历史地区或旅游景区的独特性也越来越困难，而维持独具一格、不可复制的地方特色和场所精神正是历史保护的根本目的。

---

① 参见王世仁. 为保存历史而保护文物——美国的文物保护理念[J]. 世界建筑, 2001 (1) . 72~74.

第六章 日本历史环境保护的法律、政策和公众参与

中日两国间有2000年以上的经济、文化交流历史。古代，日本从中国引进了许多文化与技术成果；近代，中国也注意向日本学习，并从中汲取了不少西方文明。1868年明治维新以来的150余年间，日本的文化遗产保护经历了从挫折到符合国情的实践探索的历程，积累了丰富的保护管理经验。特别是1950年制定了《文化财保护法》以后，在历史环境保护的法规制度方面已形成了较完善的体系。

中日两国一衣带水，在自然环境、气候特征、文化传统、建筑形式等方面有许多相似之处。而且，日本被认为是资本主义社会中计划"成分"较多的国家之一，而我国正在推进全面建成小康社会、建设富强民主文明和谐美丽的社会主义现代化强国的远景规划目标，因此，借鉴日本在历史环境保护领域的经验，了解其法制建设、规划政策、市民参与的发展过程，有助于我们坚定文化自信、建设文化强国，完善历史环境保护制度和提高城市治理水平，通过强化历史文化保护塑造城市风貌特色。

一、战前文化财保护法的萌芽

1. 日本的"文化财"

日语中"文化财"一词系英语 cultural property 的直译。以前一般将日语"文化财"译为"文物"，但其含义与我国文物一词有相当大的差别。为避免概念混淆，文中直接使用"文化财"一词。

战前的日本文化财保护法的建设过程，是以《古社寺保存法》《国宝保存法》《史迹名胜天然纪念物保存法》为中心展开，保护对象都有一定限定。与此相对应，战后的保护立法虽然也有像《古都历史风土保存特别措施法》(以下简称《古都保存法》)，《明日香村历史风土保存及生活环境改善特别措施法》(以下简称《明日香村特别措施法》等针对特定保护对象的法律。但如同《文化财保护法》所表明的一样，绝大多数保护立法包含了多种文化财。

日本文化财的概念包含了不动产、动产和无形文化资产三大类别。具体分为有形文化财、无形文化财、民俗文化财、纪念物、传统建造物群、文化景观、埋藏文化财等类别。有形文化财包含建造物[①]、美术工艺品、古旧文献资料；无形文化财包含戏剧、音乐等；民俗文化财包括风俗习惯、民俗民艺以及这些活动中所使用过的衣服、器具等；纪念物包括贝壳冢、古坟、都城遗迹以及庭园、峡谷等风景名胜地。

日本文化遗产保护的出发点是对神社、寺庙的保护。明治以来，日本的文化财至少受

日本历史环境保护的法律、政策和公众参与

到4次大的破坏，第一次发生在明治维新后的混乱时期，第二次是明治末年至大正时期工艺美术品等文化财流失海外，第三次发生在第二次世界大战时期及战前、战后的混乱期，第四次发生于战后高速经济增长政策带来的大规模开发和城市化过程中[2]。

1868年明治维新，推翻了德川幕府，迈出了日本立宪君主国的第一步。在国门大开、广汲知识，积极输入西方文化的同时，选择了振兴产业、富国强兵之路。当时西方先进的思想观念、科学技术不断地涌入日本。在思想文化方面，传统的学问、思想、习惯、风俗等也不断受到西方文化的挑战。激进的改革思潮对传统文化的误解导致政府出台全面西化的政策，许多文化财被当作糟粕抛弃乃至毁灭。首都由京都迁往东京，采取了废藩置县的新体制。德川的居住城郭——江户城成了天皇的宫城，中央官厅街也设置在城内。同样，县厅所在地均设在旧藩主城下，厅舍在城内建设。这样，被认为是封建时代象征的城郭建筑等遭到大量破坏。

1868年3月，维新政府发布了"神(社)佛(寺)分离令"[3]，随着"废佛弃释"浪潮席卷，废寺合寺、僧人还俗之风盛行，与佛教有关的佛寺、经卷、佛像等陷入灭顶之灾，文化遗产遭到了无差别的连锁式大破坏。这种对传统文化的急剧破坏，是革命性的短期现象，也是一种文化破坏行为。明治四年(1871)，社寺上知(上缴土地)的太政官布告颁布，凡社寺所有田地均须上缴国家，导致社寺对其建筑物的维护与管理陷入困境。

随着社会风潮从"欧风讴歌"转到"和魂洋才"，对社寺的保护开始引起注意，明治维新后的现状终于促使文化财保护法制的萌芽。1871年，太正官布告《古器旧物保存方》的颁布，首先开始注意建筑以外有形文化财的保护。1888年，宫内省内设立了临时全国宝物取调局。另一方面，对建造物的保护由于设立了"古社寺保存金制度"得以实现，1880年开始实施，到1894年内务省共向全国539家社寺交付了总额12.1万日元(旧币)的保存金，利用这一基金的利息对社寺建筑进行维修保护[4]。

2. 《古社寺保存法》

明治三十年(1897)，被称为现今《文化财保护法》之母的《古社寺保存法》颁布执行，开始了正式依法保护历史建造物的新时期。《古社寺保存法》使过去由宫内省或内务

---

① 相当于建筑物、构筑物和其他工程设施的总称。
② 木原啓吉. 歴史的環境——保存と再生, 3.
③ 指将神社与佛教的寺院彻底分离，大量烧毁寺院、佛经，对佛教是一次毁灭性打击。
④ 文化厅监制. 文化財講座·日本の建築5——近世II·近代, 第一法規, 1976, 216.

省分别负责的文化财保护行政走向一体化；文化财的保护工作从此确立了公开与保护两项支柱。《古社寺保存法》规定，"社寺之建造物及宝物类，应以国费补助保存者。因历史之证征、由绪之特殊，或制造之优秀，内务大臣咨询古社寺保存会定之"，"社寺之建造物及宝物类，可为历史之证征，或美术之模范者，内务大臣可咨询古社寺保存会"，定为"特别保护建造物"或"国宝"。第一次指定特别保护建造物共44件，其中，东大寺、兴福寺、新药师寺、唐招提寺、药师寺、法隆寺等19处古建筑被指定为国宝。伊东忠太(Ito Chuta, 1867~1954)、关野贞(Sekino Takashi, 1868~1935)等建筑史学家，是此项事业的积极推进者。

《古社寺保存法》所确定的保护对象，原则上为社寺所有的宝物、建造物，国家、地方公共团体(即地方政府)及个人所有的物品一般不包括在内。为了扩大保护对象，昭和四年(1929)制定了《国宝保存法》。指定对象从社寺建造物，扩大到城郭、宫殿、住宅、茶室等国有、公有、私有建造物，"国宝"扩大为"国民之宝"。以此为契机，除对社寺建筑进一步考证外，开展了对城郭、宫殿、住宅、茶室的调查、研究。

二战前的文化财保护法制，除《古社寺保存法》《国宝保存法》外，与建造物保护有关的法律还有《史迹名胜天然纪念物保存法》《关于重要美术品保护的法律》等。

《史迹名胜天然纪念物保存法》是1919年制定的，本法虽没有将建造物作为直接的保护对象。但它是以保护与土地有关的文化财为目的的，因而具有特别意义。第一，依《古社寺保存法》《国宝保存法》指定的特别保护建造物、或已指定为国宝的建造物，其基地按《史迹名胜天然纪念物保存法》可指定为史迹，这样可达到双重保护与控制的目的。第二，指定为史迹名胜的基地上的建造物，如有一定来历、或为其重要组成要素时，即便不是特别保护建造物、国宝，也应作为保护对象加以保护。

3. 战前保护法律的特征

二战前的保护法律可分为建造物保护法与史迹保护法，以《古社寺保存法》《国宝保存法》《史迹名胜天然纪念物保存法》等法律为中心的战前保护法律的主要特征为：

① 战前通过立法的建造物保护，经历了从一栋建筑到一组建筑群一并指定保护，再到包括土地在内逐步扩大保护范围的过程。

② 在文化财的保护与公开，尊重所有权、按指定进行保护等方面，已形成战后文化财保护制度的基本骨架。

③ 虽然保护对象、所有者范围是在战前保护法制中逐步扩大的，但保护中心自始至终是以美的、有鉴赏价值的美术工艺品和社寺所有的文物；而最初的遗迹保护多是以与皇室

有关的物件为中心。

总之，二战前的文化财保护法制，其保护形态在战后的保护法制建设中得到延续。但是，战前的保护法制其立法理念、立法思想有明显缺陷。对内是为了通过赞美、拥护天皇制来达到维持社会统治的目的；对外是为了显示国家威望，具有明显的国家主义性格。也就是说，战前的文化财保护，完全是为国家自身的目的，没有考虑国民利益，因此立法也就没有涉及国民权利等问题。

二、 战后文化财保护制度的确立

1.《文化财保护法》的制定

1950年制定的《文化财保护法》，是日本关于文化财保护的第一个全面的国家法律，它综合《国宝保存法》《史迹名胜天然纪念物保存法》等法律内容，确立了有关文化财指定、管理、保护、利用、调查的制度体系。设立了文部省的外围机构文化财保护委员会，专门负责文化财保护，明确了地方公共团体的责任范围，创立了文化财损失补偿与产权保障制度，并且设立了无形文化财的机制。

二次大战期间，战前指定的国宝和特别保护建造物中，有近200栋建筑因空袭而烧毁。1949年1月24日法隆寺金堂遭火灾，导致世界上最古老木构建筑墙壁上飞鸟时代的精美壁画化为乌有。1950年7月2日，京都鹿苑寺金阁被大火烧毁。在此期间，两年内共有5处国宝建造物被火灾吞食。5件国宝的损失在社会上引起了极大反响，朝野人士对文化财保护问题忧心忡忡。因而导致1950年《国宝保存法》《史迹名胜天然纪念物保存法》废止，公布《文化财保护法》。依照《文化财保护法》设置有文化财保护委员会及日常事务局，其中的建造物课负责文化财建造物的调查、指定、保存、修缮、防灾等业务。旧法中的国宝改为重要文化财[1]，其中从世界文化的视角考察，价值高、无类同者定为国宝。这一情况表明，"日本文化财保护不仅从崇古求美、单纯保护的小圈子走到利用的新阶段，而且已认识到这是为组成世界文明不可欠缺的部分，这在50年代初期，特别是刚刚结束侵略战争的日本确实是难能可贵的"。[2]

依据《国宝及重要文化财指定标准》，建造物概念的含义非常广泛，包括神社、寺庙、

---

① 相当于我国的"全国重点文物保护单位"。
② 王军. 日本的文化财保护[M]. 北京: 文物出版社, 1997: 11.

城郭、住宅、公共设施等建筑,桥梁、石塔、鸟居等构筑物,建造物模型,橱柜,佛坛等大型工艺品。在建造物中,若:① 在规划设计方面优秀;② 在技术方面优秀;③ 历史价值较高;④ 学术价值较高;⑤ 在风格流派或地方特色上有显著特点,则可指定为"重要文化财"。"国宝"是重要文化财中极其优秀、并在文化史上具有特别重要意义的精品。

2. 文化财的基本概念

《文化财保护法》明确了文化财的基本概念,并将文化财分为六大类,即:有形文化财、无形文化财、民俗文化财、纪念物、文化景观和传统建造物群(图6.1)。

① 有形文化财,指建造物、绘画、雕塑、工艺品、书法、典籍、古文书等有形的文化产物中,历史价值或艺术价值较高者(包含与之成为一体、对其价值形成有意义的土地及其他物品),包括考古资料及其他具有较高学术价值的历史资料。

② 无形文化财,指戏剧、音乐、传统工艺技术及其他无形文化资产中,历史价值或艺术价值较高者。

③ 民俗文化财,指与衣食住行、传统职业、信仰、节庆活动等相关的风俗习惯,民俗民间艺术以及在这些活动中使用的衣物、器具、住屋及其他物品,其中对国民生活方式演变的理解不可欠缺者。民俗文化财分为无形民俗文化财和有形民俗文化财。

④ 纪念物,是指贝冢、古坟、都城址、城址、旧宅及其他遗迹中,历史价值或学术价值较高者;庭园、桥梁、峡谷、海滨、山岳及其他风景名胜地中,艺术价值或观赏价值较高者;动物(包含栖息地、繁殖地和迁徙地),植物(包含其生长的土地)及地质矿物(包含产生特异自然现象的土地)中学术价值较高者。

⑤ 文化景观,指一定地域内人们的生活、生计以及该地域的风土所形成的景观地区中,对理解日本国民的生活或生计所不可或缺的部分。

⑥ 传统建造物群,是指与周围环境成为一体、构成历史景观的传统建造物群中,具有较高价值者。

除以上六大类别文化财外,《文化财保护法》还规定了对文化财保存技术和地下埋藏文化财的保护办法。文化财的保存技术,是指对文化财保护所不可欠缺的传统技术、技能或工艺。作为保护措施,文部省大臣可选定某一传统技术为文化财保存技术,同时确认该项技术的保持者或保持团体。

1954年5 月,对《文化财保护法》进行了第一次修订,其主要改正点为:增加对重要文化财管理团体的规定;设立重要无形文化财的指定及保持者认定制度;将民俗资料从有

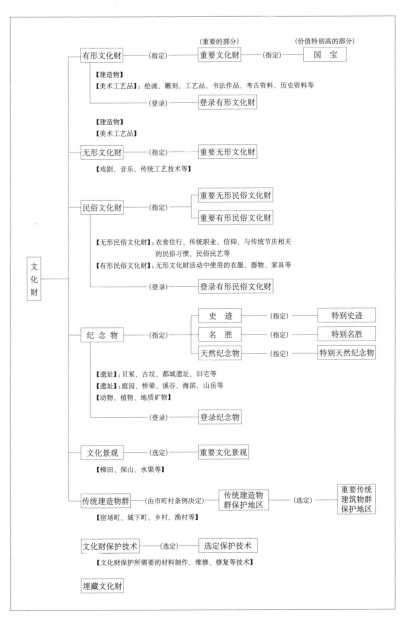

图6.1 日本文化财的体系

形文化财中分离出来，设重要民俗资料，无形民俗资料的记录保存制度等。至此，日本确立了以《文化财保护法》为基石，以国家为主体，以保护神社、寺院、城郭等"少数精品"文化财为中心的严格选定、重点保护的保存制度体系。以后，历史保护的对象从城郭、庙宇、茶室，扩大到民居等一般建筑物。

3. 战后文化财保护法的特征

(1) 保护对象的扩展

战后由国家保护的文化财，其概念有了极大扩展。在战前没有作为保护对象的文化资产，由《文化财保护法》与《古都保存法》等实施保护。依照《文化财保护法》，戏剧、音乐、传统工艺技术及其他无形文化资产被指定为无形文化财。与衣食住行、传统职业、信仰、节庆活动等相关的风俗习惯，民俗民艺以及在这些活动中使用的衣物、器具、住屋及其他物品，其中对国民生活方式演变的理解不可欠缺的部分，第一次作为保护对象即民俗文化财实行保护。与周围环境形成整体、构成历史景观的传统建造物群也作为保护对象列入了立法保护范围。为使建造物保护成为可能，与之相关的传统工艺技术也列入了保护对象。上述项目中与土地和环境有关的内容，包括《文化财保护法》中确定的传统建造物群和《古都保存法》中古都的历史风土，也通过立法纳入保护，使对文化财及环境实施整体保护成为可能。

历史建筑虽说一直都是文化财保护体系中的保护对象，但将建筑群及其用地一并作为保护对象进行保护，进而划定保护区限制某些建设行为，甚至禁止某些行为；并通过增设历史环境保护的规定逐渐开展区域性保护，这是战后才确定的。这些都是传统建造物群保存地区制度的重要特征。古都内历史风土地区的保存，限定了古都这一地域范围，并且只包括有历史意义的建造物、遗迹和周边自然环境，不包含历史街区、聚落等人文景观的内容。

(2) 完善保护机构

战后文化财保护的行政机构迅速健全，与此同时也明确了地方公共团体对文化财保护的责任。

文化财保护的行政机构随着《文化财保护法》的数次修订而逐步完善。《文化财保护法》制定时，文化财保护委员会只是文部省非常设机构，主要负责文化财的保护与利用、有关文化财的调查研究等事务性工作。保护委员会由文部大臣任命文化素养极高的五人委员组成，委员会下设作为咨询机构的四个专项文化财保护审议会，负责有关文化财保护与利用的专业指导、技术咨询、调查审议以及提出相关建议。1968年，《文化财保护法》的部分修订，废除了文化财保护委员会，设立了新的文化厅。在文化厅下设置文化财保护审议会，该审议会为文部大臣、文化厅长官提供咨询。过去由文化财保护审议会决定的重大事项改为：国宝的指定与解除由文部大臣决定；其他事项由文化厅长官决定。另外，地方公共团体的职责也有了明确规定，过去地方政府只是被动地完成国家机构指派的任务。

1954年，《文化财保护法》第一次修订，规定了地方必须设置"地方公共团体及教育委员会"，由地方公共团体负责地方的文化财保护工作，并采用文化财指定制度。按照县、市町村有关条例，可指定重要文化财产、重要有形文化财、重要无形文化财、重要民俗文化财以及史迹名胜天然纪念物以外的文化财，为保护和利用文化财必须采取各种有效措施。特别是传统建造物保存地区的选定，由市町村为主体展开，文部大臣只是在市町村申报基础上，选定传统建造物保存地区的全体或部分为全国重要传统建造物保存地区。

(3) 保护目的的转变

与战前相比，战后文化财保护的目的有了根本转变。使文化财得到保护并促使其利用的目的在于：提高国民文化素质，同时为世界文化进步作贡献。日本的历史保护以《文化财保护法》制定为新起点，表明文化财保护由"崇古求美"单纯保存，走向保护与再利用的新阶段，而且已认识到文化财保护在世界范围内的普遍意义。为达到这一目的，政府、地方公共团体必须为保护文化财做出各项切实努力，一般民众必须积极配合、协助各项保护工作。文化财所有者自觉认识到，文化财是全民的贵重资产。

战后的《文化财保护法》，无论从立法宗旨、保护目的与意义、保护对象与方法等方面，是以前各项法律所无法相比的，也是从此以后指导文化财保护实践的基本法律。

三、历史环境保护的法律与政策

1. 历史环境保护的缘起

(1) 社会背景与环境保护状况

历史环境是指由与土地密切相关的文化遗产所构成、一定范围的整体物质环境。依据日本《文化财保护法》，主要包括"史迹""传统建造物群""埋藏文化财的包围地"等。按《古都保存法》有关条款，主要指"历史风土地区"。但历史环境保护并不局限于这些具体对象。历史环境被认为是理解国家和民族历史不可或缺的组成部分，也是生活环境创造的基本要素，对社区生活环境形成极其重要。不过，在日本直到1970年代后期人们才普遍认识到这一点。

60年代制定的"经济高速发展政策""全国综合开发规划",促进了产业急速发展。但是与此相伴随的却是对生活环境的破坏,而且在全国各地到处都能看到,是一场大规模、多方面的环境破坏。60年代以前,在日本若是提到环境问题,都是指"公害"问题。经济高速发展政策也带来了粗放式开发与巨大城市化的浪潮,全国各地公害问题大量产生,同时也出现了对自然环境和历史环境的严重破坏。然而,当时谈到的环境问题,似乎只局限于产业公害,或者说那时也没有关心更广泛环境问题的余地。

1964年京都市京都塔建设等问题的出现,说明京都、奈良、镰仓等古都的历史环境已陷入困境。大规模的开发建设和旧城改造,使历史城镇、历史街区、历史建筑迅速消失。开发的巨大力度和高速度,使文化财周围环境遭到破坏,即使文物古迹依然存在,其历史文化价值也已大打折扣。推土机可以随时改变城镇景观,过去的文化财类别面临着巨大的挑战。

80年代,大规模住宅区、工业园区开发,道路、铁路建设,农业结构的调整改造,旅游设施、休闲设施的建设等大规模开发,对历史环境造成严重破坏。随着城市化进程的推进,各地适合本地区气候和风土的建筑物,很快就不见踪影。产业发展是其主要原因,电气制品、私人汽车普及带来道路网改造、高层建筑建设、住房改建增建等,使城镇面貌发生了根本变化。

今天,经历了环境公害,关注生活环境的眼光已迟钝的人们,重新注意到自然环境破坏的严重性。认识到历史环境的破坏是现代环境问题的重要课题,人们将产业废弃物带来的污染称为第一公害;对自然环境的破坏称为第二公害;将开发建设对历史环境和乡土文化的破坏称为第三公害。历史环境是地域居民精神纽带的象征,与公害直接危害人的生命、健康等肉体方面相对,历史环境的破坏会严重伤害居民的精神生活。历史环境一旦丧失,居民在精神上就会产生失落感,甚至无法承受这种急剧变化。从此,各地居民在关注物质环境的同时,开始关注环境的文化意义。以反对空气污染、水污染等直接危及人的生命与健康的"公害"为起点的环境保护运动,从自然环境、生物多样性、自然风景保护,逐步扩大为包含遗迹、历史街区等在内的历史环境保护运动 (图6.2)。

(2) 历史环境保护的意义

环境是有机的统一体。公害、自然环境可以看作是环境保护横轴上的问题,历史环境则是与时代相关的纵轴上的问题。也就是说要从空间轴与时间轴两方面,综合考虑生活环境问题。过去人们只重视能表现出货币价值的东西,有只重视能量化价值的倾向。日本经济高速发展期正是这种价值观畅通无阻的时代。随着经济高速发展政策带来各种问题的表

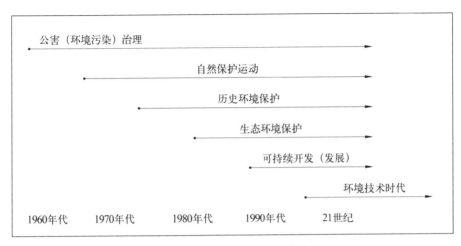

图6.2 日本环境保护运动的历史进程

面化，经济低速增长时代的到来，这一切终于发生了变化。货币价值无法测算、对居民生活具有根本价值的东西，越来越引起人们的重视。

那些自然景观与文化遗产已成为一体的整体环境，以及它们所具有的价值是无法用货币估算的。它们的存在，直接影响居民的身心健康、地方文化的建设甚至社会状态稳定。在现代工业化社会中，山川、河谷、海洋等自然环境常常会被改造，一夜之间会呈现出完全不同的景象。村落、耕地、田野会被改造一新，昔日面貌片甲不留非常普遍。地上的遗存物自然不用说，甚至地下文物、遗址也会在这样的改造建设中被破坏。据日本文化厅有关地下埋藏文化财发掘情况的调查资料统计，1978年发掘地下埋藏文化财有7083处，是1970年2825处的2.5倍，1966年710处的近10倍。其中，依据学术调查结果进行的主动发掘仅占总数的1.5%，多数发掘工作都是因开发建设引发。

人类社会的历史经过不断破旧立新的过程而形成，文化遗产也同破坏与创造的人类历史无法隔绝。在人类历史上把文化遗产急速清除殆尽的行为也极为少见。与其将文化遗产和孕育了这些遗产的历史、文化归于毁灭，不如将它们留存下来交给子孙后代。因为历史环境是属于整个人类的宝贵遗产，对它的保护是人类生存不可缺少的条件。

例如，村落中留存下来的一棵古树、海边吹来的清爽海风、遥远之处的寺庙尖顶轮廓、历史街区的地方风情，这些自然与历史已成为一体的环境状况，它们本身及其所具有的价值无法用货币估算。它们的存在，直接影响到居民的身心安逸，地方文化建设甚至社

图6.3 环境质量金字塔概念图(宇都宫深志, 1984)

会形态稳定。

按照现行的文化财分类,历史环境主要包括有纪念物,有形文化财中的建造物、传统建造物群,埋藏文化财,以及《古都保存法》中的保护对象古都历史风土等。从法律角度看,为了解决保护与土地有关的历史环境在法制方面的问题,必然调整土地所有权。所有权是资本主义社会法制所规定的基本权利,但土地不仅是资本,同时还是国民生活的重要基础。对历史环境,必须将其视为理解国民历史不可或缺的组成部分,同时也是生活环境创造的基本素材,这样才易于解决土地所有权调整时会遇到的困难。宇都宫深志提出了环境质量金字塔概念图(图6.3)

2. 历史环境保护的法制建设

(1) 保护历史风土的《古都保存法》

日本历史环境保护的立法过程,是伴随社会经济发展,逐步适应环境问题新情况的过程,也是为了有效保护、合理利用历史文化资产,不断完善发展的过程。从对公害问题追究法律责任开始,对保护自然环境、舒适生活环境相关的法制问题进行了研究。与此相对应,保护具有精神或文化性格的历史环境,应同法律赋予国民自然环境方面权利有共通之处。历史环境保护主要关心各类文化财中那些与土地关系特别密切的部分,通过法律来控制其环境状态的随意改变行为。

1950年制定的《文化财保护法》,是日本文化财保护第一个全面的国家法律。但对历史环境保护的立法管理,在70年代后期才开始酝酿,其发展可以说姗姗来迟。60年代以来发生的一系列环境问题,说明当时的城乡历史环境已陷入困境。而单一文化财、单体历史建筑的保护方法,已无法应对这种局面。因而,日本在1966年6月颁布施行保护京都、奈良、镰仓等古都,也就是有重要古社寺、离宫、史迹及周边环境所形成的历史风土的特别法律《古都保存法》。

《古都保存法》制定的目的,是"保护位于古都内的历史风土——作为固有的文化资产,国民在同等享受它的恩泽的同时应完好地传承到后代"。法定意义上的"古都"指"作为国家过去的政治、文化等中心，在历史上有重要地位的京都市、奈良市、镰仓市以及由政令指定的其他市町村"。政令指定的其他市町村为1966年7月依法指定的天理市、橿原市、樱井市、逗子市、大津市、生驹郡斑鸠町、明日香村等8市1町1村。

"风土"是一个地方特有的自然环境、气候、气象、地质、地力、地形、景观、物产和风俗习惯的总称。在日本，"风土"一词还有下述意思：气候制约的自然地理环境赋予当地人对自然条件特有的灵敏感应。风土还包含了风土制约的态度，即意味一种生活方式。依照《古都保存法》的定义，"历史风土"是指"在历史上有意义的建造物、遗迹等与周围自然环境已成为一体。具体体现并构成了古都传统和文化的土地状况"。

由日本政令所确定的"古都"指定标准如下：第一，曾经是日本国历史上重要的政治中心城市，或一定历史时期重要的代表性文化中心城市；第二，城市集聚了基于史实的文化资产，而这些历史上重要的文化资产与较大范围的自然环境形成一体、成为必须传承后世的贵重的"历史风土"，城市有构成"历史风土"的土地；第三，由于城市化或其他开发行为突出，可能存在侵犯"历史风土"的隐患，有必要建构积极的维持、保护对策的城市。

为切实保护历史风土，需要通过城市规划划定历史风土保存区及其历史风土特别保存地区。在保存区、特别保存地区，实施严格的控制和管理。保存区内下述行为，事前必须报府、县知事许可。① 建筑物等的新建、增建和改建；② 宅基地建设、土地开垦等；③ 林木、竹木采伐，土石采取；④ 水面填埋或抽干。

在特别保存地区的以下行为，事前必须报府、县知事许可。

① 上述在保护区内必须申请的各项行为；② 建筑物色彩变更；③ 户外广告物设置。

法律规定对历史风土保存地区的核心部分可在城市规划中划为"特别保存地区"，对历史文化遗产与周围自然环境一起进行面状的保护。在特别保护地区内，实施严格的现状冻结控制方式的同时，实行免除固定资产税的优惠待遇。

虽然《古都保存法》将历史风土保护纳入城市规划体系具有划时代意义。但《古都保存法》限定在对京都、奈良、镰仓等古都内的重要古社寺、离宫、史迹及其周边历史环境进行保护，不包括历史街区、历史村落、近代建筑群等历史环境，不够完善。后来制定《明日香村特别措施法》，虽对古都保存的内容有所充实，但保护对象依然是特定的，为奈良县明日香村全村域，面积24.04平方公里，是飞鸟时代的皇宫所在地。该村范围内保存有许多有价值的宫殿遗址，因此法律规定全村整个辖区均为"历史风土保存地区"(表6.1，表6.2)。

表6.1　日本历史风土保存区及历史风土特别保存地区的指定状况一览表(截至2006年3月31日)

城市	历史风土保存区			历史风土特别保存地区	
	保存区名称	数量	面积(ha)	数量	面积(ha)
京都市	京都市历史风土保存区	14处	8513	24处	2861
奈良市	奈良市历史风土保存区	3处	2776	6处	1809
斑鸠町	奈良县斑鸠町历史风土保存区	1处	536	1处	80.9
天理市、橿原市、樱井市	天理、橿原市及樱井市历史风土保存区	4处	2712	7处	598.2
镰仓市、逗子市	镰仓市及逗子市历史风土保存区	5处	989	13处	573.6
大津市	大津市历史风土保存区	5处	4557		
合计		32处	20083	51处	5922.7

表6.2　　　　　明日香村历史风土保存地区指定状况(截至2006年3月31日)

名称	第一类历史风土保存地区			第二类历史风土地区	
	地区名称	面积（ha）	指定时间	面积（ha）	指定时间
明日香村	飞鸟宫遗址	105.6	1980.12.27	2728.4	1980.12.27
	石舞台	5.0			
	冈寺	7.5			
	高松冢	7.5			
	4地区合计	125.6		2728.4	

(2) 传统建造物群保存地区制度

60年代后期，开发浪潮使日本各地的历史街区和地方特色大量消失。面对这一紧急状态，1968年6月，对《文化财保护法》进行了再次修订，加强了文化财保护的组织机构。机构改革后，废除文化财保护委员会设立新的文化厅，由文化厅长官委托都道府县的教育委员会进行文化财的保护与管理。

对由民居为保护主体的历史街区和历史村落的立法保护，已是70年代中期的事情。起初《古都保存法》中未涵盖历史街区和历史村落的保护工作，在一些城镇通过制定条例的方式先后开展起来。1968年《金泽市传统环境保存条例》《仓敷市传统美观保存条例》为最初的尝试。1971年制定了《柳川市传统美观保护条例》《盛冈泽市自然环境保全条例》等条例，1972年又制定了《京都市市街地景观保存条例》《高山市市街地景观保存条例》《萩市历史景观条例》等保护条例。由于声势浩大的市民保护运动和地方自治体制定的各种保护条例推动，1975年7月《文化财保护法》进行了一次大修订，其内容包括以下方面：

① 文化财概念包含了与重要文化财形成一体，构成其价值的土地及其他实物，其现状变更以及对其保存有影响的行为必须事先得到许可。

② 设"传统建造物群"为新的一类文化财，为保护它们设立了"传统建造物群保存地区"制度，国家对其中重要者，可选定为"重要的传统建造物群保存地区"。

③ 民俗资料改称民俗文化财，设立了重要无形民俗文化财制度。

④ 设立对文化财保存相关的传统技术的保护制度。

《文化财保护法》中规定："传统建造物群"是指"与周围环境一体并形成了历史景观的传统建造物群中具有较高价值的部分"。"传统建造物群保存地区"是"为保护传统建造物群以及与这些建造物形成一体并构成其整体价值的环境，由市町村划定的地域范围"。其选定标准为以下3条，符合其中任何1条者均可划为保存地区：

① 传统建造物群整体上设计构思独具匠心；

② 传统建造物群及整体布局的原有形态保持良好；

③ 传统建造物群及周围环境明显地体现着地方特色。

传统建造物群保存地区制度的特点为：

① 以传统建造物群和周围环境一体所形成的历史风貌为保护内容，由市町村决定，划定保护范围、制定保护条例。

② 国家(由文部大臣负责)在市町村指定的传统建造物群保存地区中，选定具有较高价值的地区或地区的一部分为全国重要的传统建造物群保存地区，对其保护整治给予必要的财政援助及技术指导，地方公共团体对此保护事业也给予必要协助。至2021年3月，全国43个道府县101市町村共选定123地区，总占地面积合计3987.8公顷，其中保护的传统建造物和环境构件约29000件(表6.3)。

③ 传统建造物群保存地区不仅考虑有形文化财的保护，保存地区的环境及传统文化活动也是其保护内容之一。

1980年代以后，对历史环境保护问题的关心，不仅反映在保护对象的扩大，而且还反映在对历史环境保护物质价值的认识以及对历史环境在精神、文化方面价值的理解与评价

表6.3 　　　　　　　　　日本重要传统建造物群保存地区一览表(截至2020年12月)

序号	选定日期	都道府县	地区名称	类别	选定标准	面积(ha)
1	1976.9.4	秋田	仙北市角馆	武家町	(二)	6.9
2	1976.9.4	长野	南木曾町妻笼宿	宿场町	(三)	1245.4
3	1976.9.4	岐阜	白川村荻町	山村集落	(三)	45.6
4	1976.9.4	京都	京都市产宁坂	門前町	(三)	8.2
5	1976.9.4	京都	京都市祇园新桥	茶屋町	(一)	1.4
6	1976.9.4	山口	萩市堀内地区	武家町	(二)	77.4
7	1976.9.4	山口	萩市平安古地区	武家町	(二)	4.0
8	1977.5.18	冈山	高梁市吹屋	矿山町	(三)	6.4
9	1977.5.18	宫崎	日南市沃肥	武家町	(二)	19.8
10	1978.5.31	青森	弘前市仲町	武家町	(二)	10.6
11	1978.5.31	长野	塩尻市奈良井	宿场町	(三)	17.6
12	1979.2.3	岐阜	高山市三町	商家町	(一)	4.4
13	1979.5.21	京都	京都市嵯峨鸟居本	門前町	(三)	2.6
14	1979.5.21	冈山	仓敷市仓敷川畔	商家町	(一)	15.0
15	1980.4.10	兵库	神戸市北野町山本通	港町	(一)	9.3
16	1981.4.18	福岛	下乡町大内宿	宿场町	(三)	11.3
17	1981.11.30	鹿儿岛	知览町知览	武家町	(二)	18.6
18	1982.4.17	爱媛	内子町八日市护国	製蜡町	(三)	3.5
19	1982.12.16	广岛	竹原市竹原地区	製盐町	(一)	5.0
20	1984.12.10	三重	龟山市关宿	宿场町	(三)	25.0
21	1984.12.10	山口	柳井市古市金屋	商家町	(一)	1.7
22	1985.4.13	香川	丸龟市盐饱本岛町笠岛	港町	(一)	13.1
23	1986.12.8	宫崎	日向市美美津	港町	(二)	7.2
24	1987.4.28	长野	东御市海野宿	宿场·养蚕町	(一)	13.2
25	1987.4.28	冲绳	竹富町竹富岛	海岛农村集落	(三)	38.3
26	1987.12.5	岛根	大田市大森银山	矿山町	(三)	162.7
27	1988.12.16	京都	京都市上贺茂	社家町	(三)	2.7
28	1988.12.16	德岛	美马市脇町南町	商家町	(一)	5.3
29	1989.4.21	北海道	函馆市元町末广町	港町	(三)	14.5
30	1991.4.30	新潟	佐渡市宿根木	港町	(三)	28.5

日本历史环境保护的法律、政策和公众参与

续表6.3

序号	选定日期	都道府县	地区名称	类别	选定标准	面积(ha)
31	1991.4.30	滋贺	近江八幡市八幡	商家町	（一）	13.1
32	1991.4.30	佐贺	有田町有田内山	制磁町	（三）	15.9
33	1991.4.30	长崎	长崎市东山手	港町	（二）	7.5
34	1991.4.30	长崎	长崎市南山手	港町	（二）	17.0
35	1993.7.14	山梨	早川町赤泽	山村·讲中宿	（三）	25.6
36	1993.12.8	京都	南丹市美山町北	山村集落	（三）	127.5
37	1993.12.8	奈良	橿原市今井町	寺内町·在乡町	（一）	17.4
38	1994.12.21	富山	南砺市相仓	山村集落	（三）	18.0
39	1994.12.21	富山	南砺市菅沼	山村集落	（三）	4.4
40	1995.12.26	鹿儿岛	出水市出水麓	武家町	（二）	43.8
41	1996.7.4	广岛	吴市丰町御手洗	港町	（二）	6.9
42	1996.7.9	福井	若狭町熊川宿	宿场町	（三）	10.8
43	1996.12.10	千叶	香取市佐原	商家町	（三）	7.1
44	1996.12.10	福冈	浮羽市筑后吉井	在乡町	（三）	20.7
45	1997.10.31	滋贺	大津市坂本	里坊群·门前町	（三）	28.7
46	1997.10.31	大阪	富田林市富田林	寺内町·在乡町	（一）	12.9
47	1997.10.31	高知	室户市吉良川町	在乡町	（一）	18.3
48	1998.4.17	岐阜	惠那市岩村町本通り	商家町	（三）	14.6
49	1998.4.17	福冈	朝仓市秋月	城下町	（二）	58.6
50	1998.12.25	滋贺	东近江市五個庄金堂	农村集落	（三）	32.2
51	1998.12.25	鸟取	仓吉市打吹玉川	商家町	（一）	9.2
52	1998.12.25	宫崎	椎叶村十根川	山村集落	（三）	39.9
53	1999.5.13	岐阜	美浓市美浓町	商家町	（一）	9.3
54	1999.12.1	埼玉	川越市川越	商家町	（一）	7.8
55	2000.5.25	冲绳	渡名喜村渡名喜岛	海岛农村集落	（三）	21.4
56	2000.12.4	富山	高冈市山町筋	商家町	（一）	5.5
57	2000.12.4	长野	白马村青鬼	山村集落	（三）	59.7
58	2001.9.19	岩手	金金崎町城内诹访小路	武家町	（三）	34.8
59	2001.11.14	石川	金沢市东山东	茶屋町	（一）	1.8
60	2001.11.14	山口	萩市浜崎	港町	（二）	10.3

续表6.3

序号	选定日期	都道府县	地区名称	类别	选定标准	面积(ha)
61	2002.5.23	福冈	八女市八女福岛	商家町	（二）	19.8
62	2003.12.25	鹿儿岛	薩摩川内市入来麓	武家町	（二）	19.2
63	2004.7.6	岐阜	高山市下二之町大新町	商家町	（一）	6.6
64	2004.7.6	岛根	大田市温泉津	港町·温泉町	（三）	36.6
65	2004.12.10	兵库	篠山市篠山	城下町	（二）	40.2
66	2004.12.10	大分	日田市豆田町	商家町	（二）	10.7
67	2005.7.22	青森	黑石市中町	商家町	（一）	3.1
68	2005.7.22	长崎	雲仙市神代小路	武家町	（二）	9.8
69	2005.7.22	京都	伊根町伊根浦	渔村	（三）	310.2
70	2005.12.27	石川	加贺市加贺桥立	船主集落	（二）	11.0
71	2005.12.27	京都	与谢野町加悦	纺织町	（二）	12.0
72	2005.12.27	德岛	三好市东祖谷山村落合	村落	（三）	32.3
73	2005.12.27	佐贺	嬉野市盐田津	商家町	（二）	12.8
74	2006.7.5	群馬	六合村赤岩	山村·养蚕集落	（三）	63.0
75	2006.7.5	长野	塩尻市木曾平沢	漆工町	（二）	12.5
76	2006.7.5	奈良	宇陀市松山	商家町	（一）	17.0
77	2006.7.5	佐贺	鹿岛市浜庄津町浜金屋町	港町·在乡町	（二）	2.0
78	2006.7.5	佐贺	鹿岛市浜中町八本木宿	醸造町	（一）	6.7
79	2006.12.19	和歌山	汤浅町汤浅	醸造町	（二）	6.3
80	2007.12.4	兵库	丰冈市出石	城下町	（二）	23.1
81	2008.6.9	石川	金沢市主计町	茶屋町	（一）	0.6
82	2008.6.9	福井	小浜市小浜西组	商家町·茶屋町	（二）	19.1
83	2008.6.9	长崎	平户市大岛村神浦	港町	（二）	21.2
84	2009.6.30	石川	轮岛市黑岛地区	船主集落	（二）	20.5
85	2009.6.30	福冈	八女市黑木	在乡町	（三）	18.4
86	2009.12.8	爱媛	西予市宇和町卯之町	在乡町	（二）	4.9
87	2010.6.29	茨城	樱川市真壁	在乡町	（二）	17.6
88	2010.12.24	奈良	五条市五条新町	商家町	（一）	7.0
89	2011.6.20	福岛	南会津町前泽	山村集落	（三）	13.3
90	2011.6.20	爱知	丰田市足助	商家町	（一）	21.5
91	2011.6.20	山口	萩市佐佐並市	宿场町	（二）	20.8
92	2011.11.29	石川	金沢市卯辰山麓	寺町	（二）	22.1

续表6.3

序号	选定日期	都道府县	地区名称	类别	选定标准	面积(ha)
93	2011.11.29	石川	加贺市加贺东谷	山村集落	（三）	151.8
94	2012.7.9	栃木	栃木市嘉右卫门町	在乡町	（二）	9.6
95	2012.7.9	群马	桐生市桐生新町	製织町	（二）	13.4
96	2012.7.9	石川	白山市白峰	山村·养蚕集落	（三）	10.7
97	2012.7.9	高知	安芸市土居廓中	武家町	（二）	9.2
98	2012.7.9	福冈	浮羽市新川田筐	山村集落	（三）	71.2
99	2012.12.28	富山	高冈市金屋町	铸物师町	（一）	6.4
100	2012.12.28	石川	金泽市寺町台	寺町	（二）	22
101	2012.12.28	岐阜	郡上市郡上八幡北町	城下町	（三）	14.1
102	2012.12.28	兵库	丹波篠山市福住	宿场町·农村集落	（三）	25.2
103	2013.8.7	岛根	津和野町津和野	武家町·商家町	（二）	11.1
104	2013.8.7	冈山	津山市城东	商家町	（一）	8.1
105	2013.12.27	秋田	横手市增田	在乡町	（二）	10.6
106	2013.12.27	鸟取	大山町所子	农村集落	（三）	25.8
107	2014.9.18	宫城	村田町村田	商家町	（一）	7.4
108	2014.9.18	静冈	烧津市花沢	山村集落	（三）	19.5
109	2014.12.10	长野	千曲市稻荷山	商家町	（二）	13.0
110	2015.7.8	山梨	甲州市塩山下小田原上条	山村·养蚕集落	（三）	15.1
111	2016.7.25	爱知	名古屋市有松	染织町	（一）	7.3
112	2016.7.25	滋贺	彦根市河原町芹町地区	商家町	（二）	5.0
113	2017.2.23	长野	长野市户隐	宿坊群·门前町	（二）	73.3
114	2017.2.23	德岛	牟岐町出羽岛	渔村集落	（三）	3.7
115	2017.7.31	兵库	养父市大屋町大杉	山村·养蚕集落	（三）	5.8
116	2017.11.28	广岛	福山市鞆町	港町	（二）	8.6
117	2017.11.28	大分	杵筑市北台南台	武家町	（二）	16.1
118	2018.8.17	福岛	喜多方市小田付	在乡町·醸造町	（二）	15.5
119	2019.12.23	兵库	龙野市龙野	商家町·醸造町	（一）	15.9
120	2019.12.23	鹿儿岛	南萨摩市加世田麓	武家町	（二）	20.0
121	2020.12.23	富山	高冈市吉久	在乡町	（二）	4.1
122	2020.12.23	冈山	津山市城西	寺町·商家町	（二）	12.0
123	2020.12.23	冈山	矢掛町矢掛宿	宿场町	（二）	11.5
	合计		43个道府县101市町村的123地区			3987.8

上。从对单体、分散的文物古迹保护向对历史环境整体的保护转变，也是符合保护文化遗产国际宪章精神的。虽然建造物无论战前还是战后都是保护对象，但对多栋建筑物或建筑群一道指定；包含土地在内一并指定；进而在一定地域内限制某些建设行为，甚至禁止某些建设行为；建设必要的设施，并通过导入环境保护规定逐渐开展地区性保护。在这些方面，只有传统建造物群保存地区机制能够做到到位(图6.4~图6.7)。

此后，历史环境保护所面临的主要课题为：历史建筑外观的公共性与建筑产权私有性的平衡；传统文化的继承与发扬；如何通过保护给地方城镇带来活力等。而且，在严格保护文化遗产的同时，如何改善历史城镇中的居住环境也提上了议事日程。

3. 历史环境保护的政策导向

(1) 保护历史环境的国家事业

上述以立法为中心的保护措施可归纳为：1975年通过修订《文化财保护法》，新设立了传统建造物群保护地区制度；制定《古都保存法》，保护古都内的历史风土；为保护历史街区、历史村落由地方公共团体制定各种保护条例。

而始于20世纪六七十年代，由国家推行、与历史环境保护相关的各项事业，主要由文化厅、国土厅、建设省、环境厅负责。

① 由文化厅负责，始于1966年的"风土记之丘"事业，当时还是文化厅前身文化财保护委员会时期。"风土记之丘"事业在对遗址集中地区进行环境整治改善的同时，收集考古资料、民俗资料、古旧文档资料等文化财，建设保管、展示这些文献资料陈列馆，移建村

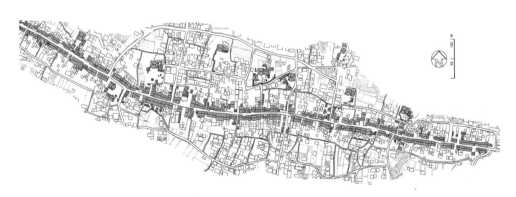

图6.4 宿重要传统建造物群保存地区(高桥康夫,吉田伸知等.图集:日本都市史.东京:东京大学出版社, 1993)

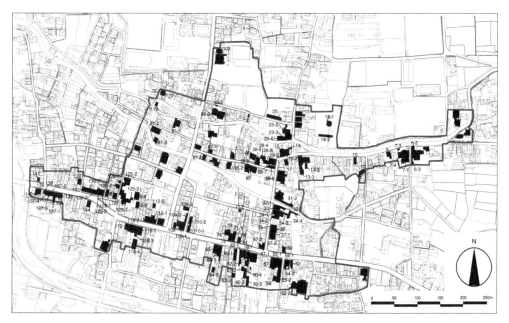

图6.5 筑后吉井历史保存地区范围图

图6.6 京都祇园历史街区

图6.7 今井町历史保存地段

落民居等。

②国土厅负责的主要有1978年开始实施的支援地方建设项目。为了推行有个性和魅力的地方城市规划建设，国土厅对地方政府那些使历史遗产、传统文化、自然景观，在环境整治建设中生机盎然的事业实施财政援助，这项事业称为"地方城市环境整治导向事业"。其中之一为"传统文化都市的环境保护地区事业"，与《文化财保护法》创立的传统建造物保护地区制度的目标一致。

③由建设省负责的有"城市景观创造示范事业"。城市景观应按照综合长远规划逐步形成，同时必须是行政与居民共同推进。现有景观资源的利用、再生，现代景观与历史景观的协调，人工景观与自然景观的协调等问题必须充分重视。

④环境厅本来只是负责以公害对策、自然保护对策等为重点的行政机关。为适应国民环境观扩展，并表示对"舒适环境创造"足够关心，环境厅开始收集、分析地方公共团体"舒适环境创造"的成功实例，推动相关政策体系化作业。并从1980年开始主办"舒适环境论坛"，以便于听取各地报告和意见。

现在，为创建有吸引力、有个性的城镇景观，政府机构各部门设立的财政补助项目已超过50余种。如果说文化厅、环境厅重视历史环境保护理所当然，而国土厅、建设省等行政机关出台有关政策，也包含了历史环境保护的内容，这是特别值得注意的。说明历史环境保护工作不是孤立的而是综合性很强的专业技术性工作，需要全社会共同努力。这一点，从日本《全国综合开发规划》的变化中还可得到进一步证明。

(2) 全国综合开发政策的调整

1962年诞生的《全国综合开发规划》，完全是开发优先的政策导向。在该规划中，文化财保护只不过作为观光开发的一个环节对待，在第七章中有"作为观光开发的一个方面，要注意文化财的保护"的表述。随着经济优先的国土开发的推进，结果是全国各地历史环境遭到不断破坏。政府对上述事态非常震惊，于是在1969年将这个规划修订为《新全国综合开发规划》。

在《新全国综合开发规划》中，把历史环境保护提到了很重要的位置。其中的"历史环境保护、保存"专项指出："受独特的自然、风土、历史环境影响而创造出的有形、无形的贵重文化财，分布在国土全域。伴随生活水准、教育水准的提高，人民的生活时间更多地转向求知活动方面。随社会生活的城市化，对文化财所蕴含的传统与文化也越来越关心，为了当代和后代而保护/保存有价值的文化财以及历史环境已成为极其重要的课题。因此，对容易受到急剧开发破坏的史迹、历史建筑等文化财及其历史环境，必须作为生活环境的组成部分有计划地进行改善整治，在开发规划中必须划入保护范围内，同时还应作为休闲场所提供给大众利用。"在此，第一次明确了历史环境保护的必要性，历史环境的保护终于纳入国家开发规划中，这是划时代的进步。

1977年制定的以"定住圈构想"为中心的《第三次全国综合开发规划》，有了更进一步的变化。其规划目标为："有计划的改善并形成人与自然和谐的、有安定感、健康的、文化的人居综合环境，这一环境是以有限的国土资源为前提，使地方特色保持生命力，并扎根于历史文化、传统文化之中的。"这次规划中将历史环境定义为："不只限于文化财，与文化财形成一体的周边环境，没有指定文化财那么重要、但与地方居民的生活和意识息息相关的、有意义的祭祀、节庆活动等，以及成为这些活动的舞台的环境、地方文化财、遗迹、遗构等等，还包括自然环境中的残存物，这些一道构成了反映民族发展轨迹的整体。"

本规划中与国土管理有关的课题有：自然环境保护，历史环境保护，水系综合管理，水资源保护与开发，森林资源保护与培育，水边岸域保护与开发，大气环境保护等七项。历史环境保护列于自然环境保护之后的第二项，特别引人注目。

在《第三次全国综合开发规划》中，第一次将环境从综合视角和生活文化财观点进行了考察。并提出了如下论点："通常，在历史环境保护中，与特定的文化财的保护、保存相比，居民自觉的关心生活中的文化要素和以城镇空间与历史共存的方式进行保护更为重要。因此在地区开发时，应从保护会提高开发价值的认识高度上，对历史环境进行再评价，而且对历史环境的活用也是十分必要的。"在第一次《全国综合开发规划》制定15年后，终于确定了历史环境在国土规划中的重要地位。

从第一次《全国综合开发规划》到《第三次全国综合开发规划》，内容变化很大。其中根本不能忽视的原因就在于，从1965年左右开始至今，在日本各地广泛开展了保护环境的市民运动及地方自治体的各项活动。上述规划中内容的变化，只不过是政府在应对居民运动和自治体行动、反省自身后，在制定国家开发政策时，把它以文献形式记录下来。

90年代末，日本社会再次关注开发问题，对开发的是与非进行了深入与广泛的讨论。过去围绕环境公害问题、自然保护问题，总是指责开发带来的负面效果，督促开发行为自制。在某些场合甚至还主张抑制开发活动。从历史演变和客观事实上讲，过去的开发行为面临很大压力，诸如：人口增加带来的住宅、产业活动、社会活动扩大是客观存在的事实，改变土地状态，增加住宅和产业用地，强化各项基础设施建设都有其客观需要。

如今，开发建设的需求和压力已明显减缓，未来日本的人口减少及日趋严峻的人口老龄化状况将带来新的问题和挑战。如何充分利用既有建成项目进行转化或再开发，以满足生活环境高品质和智能化发展的需求。在这一背景下，21世纪日本的国土空间和城市环境规划管理将以"品质与文化"为主线，全面提升城市和乡村的环境质量，在由"量的扩大"向"质的充实"转型过程中，努力实现新的规划建设目标。

4. 保护运动与公众参与

(1) 市民运动促使保护立法

日本的历史环境保护，从1960年代后期开始迅速成为最为深刻的问题。与此相关的公众参与运动，在全国各地有了广泛开展。保护运动以地方居民为中心，并得到专家协助，通过向行政当局进言，向议会请愿，向市民呼吁等形式，使立法、政策有根本性转变。

1966年制定的《古都保存法》，以保护古都内的历史风土为目的。虽限定了"古都"这一范围存在不足，但在力求保护较大地域概念上的历史环境方面是划时代的。而《古都保存法》可以说是由舆论促成立法的典型实例。在京都、奈良、镰仓，由市民主导的古都风景保护运动的高涨，以及媒体支持这些运动的宣传，促成了这部法律的制定。

当时开发的浪潮，也席卷到代表日本文化的古都。1963年，奈良市在奈良公园一角拆除近代的奈良县厅舍、兴建新厅舍的规划方案引发一些问题。到1964年，在京都站广场前兴建京都塔的问题，同时还有镰仓市在鹤冈八幡宫山内建设住宅小区的规划，1965年，京都双岗宾馆的建设计划，引起社会各界广泛关注。京都塔竣工后，以社区居民为中心的反对运动，促使奈良县厅舍规划方案部分修改，镰仓八幡宫山、京都双岗开发计划终止。参加这些运动的人们认为，历史风土保护应作为全民关心的运动展开，促成了1970年"全国历史风土保护联盟"成立。

奈良、京都、镰仓等地的事态，使人们认识了由开发破坏历史环境问题的严重性。其直接效果就是议员通过提案、立法，制定《古都保存法》。提案理由主要为，古都的一般市民都认识到必须保护可以说是全世界人民共同财富的、民族的文化遗产，并组织了多种多样的保护团体开展热火朝天的市民参与运动。

(2) 公众参与保护实践

1975年修改《文化财保护法》后创设的"传统建造物群保存地区制度"，说到底也是地方民众和地方自治体努力的结果。与古都的历史风土一样，当时全国各地历史街区、历史村落的变化越来越显著。在观光地区、人口过少地区开展了历史街区的保护和景观整治运动。地方居民的自发性运动，推动了地方自治体通过制定条例来保护历史街区。最早的事例为：1968年制定的《金泽市传统环境保护条例》《仓敷市传统美观保护条例》，以及1971

年制定的《柳川市传统美观保护条例》《盛冈市自然环境保护条例》等。

在日本历史街区保护历程中，长野县南木曾町的妻笼历史街区是不能忽略的先进事例。60年代初，妻笼就提出了"保护优先于所有开发"的主张，开始了历史保护运动。在妻笼由于铁路线分隔，地方经济很快衰退，人口年年减少，呈现典型的过疏化地区状态。在这里，通过修复"妻笼宿"——这种传统风格客栈民俗建筑，探索地方复兴的方向。他们提出了"保护型再开发"的口号，并以这样的思路定下了"观光也是目的，但始终要把历史景观的保护放在第一位""十分注意本地居民生活条件的改善""作为木曾路保护规划的一个组成部分来构思"3条基本方针。1971年的《保护妻笼宿的住民宪章》、1973年的《妻笼宿保护条例》中，均贯穿了这些思想。

由于妻笼保护运动的引导，促使全国各地市民保护运动的组织化。加之各地组织的联盟互动，由妻笼、有松、今井町联合成立了"历史街区保护联盟"，之后发展为"全国历史街区保护联盟"。1978年起，每年与各地居民一道举办"全国历史街区研讨会"，通过此项活动，促进历史街区保护增进地方活力，探寻构筑更好生活、建设更美城镇的有效方法。

1998年3月25日日本通过了《特定非营利活动促进法》，依法赋予从事特定非营利活动的团体(Non Profit Organization，NOP)法人资格，促进以义务活动为代表，市民自由开展、贡献社会的非营利组织(NPO)的健全发展。该法律规定，为推进社区营造、社会教育、发展信息化社会、振兴科学技术、经济活力、职业技能开发和扩大就业机会、保护消费者权益等相关活动均为法律认定的特定非营利活动。NPO促进法于2000年4月1日开始施行，至2007年6月底，已有31855个组织成为登记法人。

如今，把历史保护纳入社区发展，以社区发展为主体，唤醒社区公民意识和公众参与行动为主轴的"社区营造"(machizukuri)运动方兴未艾。以市民为主体，在景观控制、环境教育等方面展开的保护运动尤其重要。以保护传统村落和历史街区为中心的历史环境保护，与过去以保护神社、寺庙等纪念物为中心的文化财保护有很大不同，这就是保护该地区的居民生活是必须考虑的前提，保护不能忽视历史街区内的居民生活。

这种根植于公众参与中的保护运动过程，表现了地方的社会活力与自我组织能力，成为日本市民社会的重要基石。保护运动之所以能在日本各地扩展开来，也是因为无论保护还是再生，其规划设计着眼点都在如何使生活更美好、环境更宜人。

四、文化景观和历史风致维护改善

1.《景观法》和文化景观

1980年代，日本经历了快速城市化、工业化阶段之后，高层建筑、工业区、大型市政设施等建、构筑物破坏了历史城镇的传统协调性和美好景观，许多地方的历史风貌和景观特性逐渐消失，包括户外广告泛滥等问题，终于引发了人们景观价值意识的觉醒。到90年代泡沫经济破灭后，各地确立了"以循序渐进方式、稳步推进城市建设"的指导思想，城镇规划建设开始走向以"历史"、"文化"和"自然"为目标的良性循环阶段。

2004年6月制定的《景观法》，以促进城乡良好景观的形成，实现保护国土的美好风貌、创造丰富的生活环境以及富有个性与活力的地域社会为目标。该法明确了"良好的景观是国民的共同资产"的基本理念，确定了国家和地方公共团体。在形成各类良好景观方面的责任与权限。地方政府可以依据《景观法》制订形成良好景观的相关规划，限制开发建设行为，并有权力限制建筑形态、色彩、外观等设计意匠和建筑高度，以保护现存的良好环境景观，整治改善不良景观。在新的开发行为中应创造良好的景观，同时防止不良景观的出现。

《景观法》的立法目的是，"为了促进我国城市、农山渔村等良好景观的形成，通过制定景观规划及其他综合性措施，形成具有美丽风格的国土，创造丰富滋润的生活环境，实现有个性有活力的地域社会，进而为提高国民生活水平、为国民经济及地域社会的健康发展做出贡献"。其基本理念包括：

① 鉴于良好的景观对于形成具有美丽风格的国土、创造丰富滋润的生活环境不可或缺，作为国民共同的资产，必须进行整治和保全，使现在和未来的国民能够享受其恩惠。

② 鉴于良好的景观是由地域自然、历史、文化等与人们的生活、经济活动等的协调形成的，必须通过适当的管控来协调土地利用，以实现对其进行整治和保护。

③ 良好的景观与地域的固有特性密切相关，必须根据当地居民的意愿，促进各地区的个性和特色增长，努力形成多样化的景观。

④ 鉴于良好的景观对促进旅游和地区之间的交流有重要的作用，有助于促进地区振兴，地方政府、企业及居民必须为形成良好景观而共同努力。

⑤ 良好的景观形成，不仅要保护现有的良好景观，还必须创造出新的良好景观。

⑥《景观法》针对景观规划、景观重要建造物指定与管理、景观地区中建筑形态设计

的限制、景观协议和景观维护机制相关的程序与规范等做了规定。与此同时，在文化财保护领域通过修订《文化财保护法》创立了重要文化景观保护制度，国家在地方政府确定的景观地区中的"文化景观"中，根据地方政府的申请可以选定为"重要文化景观"进行保护管理。

文化景观是与日常生活直接相关的人们身边的景观，因而平时难以发现其价值。通过建立文化景观的保护制度，可以正确评价其文化价值，在社区开展保护，并传承至下一代人。文化景观中特别重要的对象，可以根据都道府县或市区町村的申请，被选定为"重要文化景观"。至2021年3月，日本全国已选定70处文化景观。

2.《历史风致法》

2008年5月23日，日本颁布了《关于地域历史风致维护和改善的法律》(简称《历史风致法》)，并于同年11月4日正式实施。 所谓"历史风致"是指地域内反映其固有历史和传统文化的生产、生活活动与作为活动场所的具有较高历史价值的建造物以及周边街区，这两者融为一体所形成的良好的街区生活环境。

在日本，这是第一部将物质性历史环境与非物质性地方传统文化整合在一起，促进积极保护和全面改善城乡生活环境品质，整合历史环境保护和地域文化复兴政策的综合性法律。作为文部科学省、农林水产省和国土交通省三省共管的法律，体现了文化遗产保护与城乡规划建设、农村地区振兴等行政管理的紧密合作。该法规定了历史风致维护和改善的基本方针、历史风致维护和改善规划的认定、历史风致形成建造物的指定和管理等方面的相关规定。

在日本的城镇里，有城堡、神社、佛阁等历史价值很高的建筑物，而且周边还残留着町家、武家宅邸等历史建筑，以及在那里还有生产、出售工艺品和祭祀活动等，反映了地方历史和传统的人们各种生活，酝酿出的地域特有的风情、氛围和景观就是"历史风致"。

《历史风致法》将这些作为地域固有的资产，通过硬件和软件两方面的努力来维持、提升它们，支援地方的活性化利用、以及保护传承历史与传统文化。截至2021年3月，日本全国已有86个城镇的历史风致维护和改善规划得到国家的认定(批准)。

《历史风致法》建立了一套完善的保护系统，由市町村调查选择指定保护对象范围，或由所有者向市町村提出申请，经过商议、确定指定后，历史风致建筑的改建或再开发必须进行申报，管理机构将根据具体情况进行劝告和指导，确保历史风致不受破坏且能够得到逐步改善。国家对与之相关事业的给予资金补助和技术上的支持。

表6.4 《历史风致法》的主要内容构成表

章的构成	主要内容
第一章 总则	立法目的，相关定义，国家及地方政府的责任和义务
第二章 历史风致维护改善基本方针	历史风致维护和改善基本方针的制定、内容、更改及公布等相关事项
第三章 历史风致维护和改善规划的认定等	历史风致维护和改善规划的内容；历史风致维护改善规划认定条件； 历史风致维护和改善规划认定的相关事项，认定的处理期限； 经过认定的历史风致维护和改善规划的变更、取消； 历史风致维护和改善咨询委员会
第四章 基于认定历史风致维护和改善规划的特别措施	第一节 形成历史风致的建造物 历史风致形成建造物的指定； 历史风致形成建造物指定的提案； 指定的通知等；加建等的申请及劝告等
	第二节 关于历史风致维护和改善设施的整治的特例 农业用给排水设施的管理的特例、开发行为许可特例； 认定市町村教育委员会的实施； 城市公园、路边停车场特例； 历史风致形成建造物等的管理特例等
第五章 历史风致维护改善地区规划	历史风致维护和改善地区规划的条件； 历史风致维护和改善地区规划内容； 建设行为的申报及劝告等
第六章 历史风致维护改善资助法人	资助法人的指定； 资助法人的业务； 监督；信息提供等

五、历史环境保护历程回顾与未来展望

1. 从单一保存走向综合保护保护管理

日本文化财保护的立法过程，是伴随社会经济发展，逐步适应各种环境问题状况不断发展的过程。为了有效保护、合理利用历史文化资产，必须不断完善法规体系和政策措施。

日本最初的文化财保存的对象，以历史悠久、艺术价值高者为主。17世纪以后的建筑物较少被列入，然而这些建筑却包括民居、商家、还有明治时期(1868~1911)的洋馆建筑。它们是日本江户时期(1603~1867)以来各地生活方式变迁的真实写照，在传统文化和地方特色方面扮演着重要角色。1950年公布的《文化财保护法》确立了日本历史遗产保护制度

的基本框架，建立了以国家为主体，以保护神社、寺院、城郭等少数精品为中心的严格选定、重点保护的保存体系。

二次大战后，首先出现的是民居保护的问题。1960年代由于水电开发、兴建大坝引发村落淹没等事件，于是有"民居面临毁灭危机"的呼吁。为抢救传统民居，70年代起终于有一些具有代表性的民居被指定为国家重要文化财。同时，在一些地方开始建设户外建筑博物馆、民居文化村。

1964年为举办东京奥林匹克运动会，大规模的建设活动也带来一些"建设性破坏"，例如在东京名桥——日本桥上方建起了高架道路，这一在1923年"关东大地震"中幸存下来的标志性景观遭到极大破坏。然而当时对如此严重的景观问题，社会可以说漠不关心。接下来的大量土地开发、城市建设项目，又引发了对古迹遗址的大破坏，这些全国性的开发问题，终于引发了各地保存运动全面兴起。大众传媒对此也进行了有关京都等古都历史景观问题的报道。于是，在1966年制定、通过了《古都保存法》，开始对古都的历史风土进行整体保护。尽管该法只限于保护京都、奈良、镰仓等古都，但保护历史风土的法律措施，对各地开展的历史保护运动也起了积极影响。妻笼、高山等历史村镇自下而上开始了町并保护居民运动。这些官民协力并进的保护运动，产生了一个划时代成果，这就是1975年修改《文化财保护法》，创设"传统建造物群保存地区制度"。从此奠定了保护运动从单体建造物保存到历史环境保护的法制基础。

80年代以后，历史环境保护工作已不只是以文化财保护的观点来推广，而发展为发掘城镇魅力、进行社区营造的主要途径。以建设省为主导，政府机构增列一系列行政补助项目。为创建有吸引力、有个性的城镇景观，当时由建设省、自治省、农林水产省、文化厅、环境厅等部门设立的财政补助项目已超过50种。

由于只对少数优秀文化财进行精心保护，而更多未能作为文化财指定的历史文化遗产不能得到依法保护，遂在城市再开发建设中随意被拆除。1996年10月，对《文化财保护法》又进行了一次大修改，导入了"文化财登录制度"。标志历史环境保护运动从单一的、僵硬的保护方式走向柔性、综合保护(表6.5)。

90年代日本泡沫经济的破灭，经过冷静反思，终于确立了"以循序渐进方式、稳步推进城市建设"的指导思想。开发建设、社区营造开始走向以"历史""文化"和"自然"为目标的良性循环阶段。

2004年6月，日本国制定的《景观法》，是适合所有城镇和乡村，促进城乡良好景观的形成，以实现保护美好国土风貌、创造丰富生活环境以及富有个性与活力的地域社会为目

表6.5　　　　　　　　　　　　　　日本文化遗产保护立法的主要历程

时间	法律名称	主要内容	保护对象
1871年5月23日	《古器旧物保存方》（太政官布告）	美术工艺品等31种文物的保存	古董、器物等
1897年6月5日	《古社寺保存法》	社寺保存资金制度、"国宝"设立	神社、寺庙
1919年4月10日	《史迹名胜天然纪念物保存法》	史迹、名胜、天然纪念物的指定制度、现状变更许可制度	公园、风景名胜、自然遗产
1929年3月28日	《国宝保存法》	保护的对象由社寺扩大到包括个人产权的建造物、城郭建筑等	城郭、建造物等
1950年5月30日	《文化财保护法》	综合《国宝保存法》、《史迹名胜天然纪念物保存法》等法律，确立了有关文化财指定、管理、保护、利用、调查的制度体系	全体文化财
1954年5月29日	《文化财保护法》修改	对重要文化财管理团体的规定、重要无形文化财指定和所有者认定制度等	
1966年1月13日	《古都历史风土保存特别措施法》（《古都保存法》）	保护京都、奈良、镰仓等古都内的历史风土的整体环境，保存地区的指定等	古都内的历史风土保护
1968年6月15日	《文化财保护法》修订	设立文化厅	加强行政管理
1975年7月1日	《文化财保护法》修订	创立传统建造物群保存地区制度和土地制定制度，在市町村条例或城市规划中确定历史地区	历史地区历史景观
1980年5月26.	《明日香村历史风土保存及生活环境改善特别措施法》	明日香村全域历史风土保存，居民生活的改善以及居住环境的整治，《古都保存法》的特例	明日香村的历史风土
1996年6月12日	《文化财保护法》修订	创立文化财登录制度、委任地方权限、促进重要文化财利用的措施	登录有形文化财
2004年6月18日	《景观法》以及相关法律的修订	促进在国土和城乡地区形成良好的环境景观	重要景观建筑、重要景观树木、景观地区和准景观地区
2005年5月28日	《文化财保护法》修订	创立文化景观、民俗技术保护制度，登录文化财保护制度的增补与完善	文化景观、登录有形民俗文化财、登录纪念物、民俗技术等
2008年5月23日	《关于地域历史风致维护和改善的法律》（《历史风致法》）	整合历史环境保护和地域文化复兴政策的综合性法律	历史风致建筑、历史风致地区
2018年6月8日	《文化财保护法》修订	应对老年化和少子化时代的挑战，强化文化财保护管理的行政力	

标的国家大法。由此可以明显看出，日本文化遗产保护的历程经历了由制订特定法律保护古都、名城等特殊对象，逐步走向通过一般性法律手段保护更广泛的城市景观环境。

在近年来的历史环境保护实践中，通过保护整治实现改善居住环境的方式正成为有效途径。历史环境保护不仅与居民日常生活环境息息相关，而且，通过保护历史环境，寻找城市景观创造的历史文脉，继承发扬传统文化，使居民在物质环境和精神支柱，即身心两方面都能找到归属。以居民、自治体为主体，以历史环境保护为重点的社区环境营造是日本城镇发展中的重点工作。

2. 从社区营造到地域景观创造

今天，历史环境保护从单体保存，延伸至历史资产再生与活化利用，再到城镇内新建筑规划设计充分考虑与传统风貌、历史建筑的协调，使每个城镇都呈现和谐统一的环境面貌。通过保护视觉环境、日常生活环境来关注所有城市问题的探索。也就是说，过去人们所熟悉的、传统的、以技术取向为主的保护，开始转向关注地方传统文化和社区环境，由居民参与主导，保护社区文化遗产、地方特色景观，改善生活环境品质。历史建筑作为景观资源，正在城市设计和社区营造中发挥积极作用，历史环境作为文化资本，是人类社会生存发展的重要资源。在21世纪推进城市可持续发展的进程中，无论是历史环境保护再生，还是新的国土空间形成，都需要以尊重社区居民意愿、改善生活环境为前提，历史景观保护不能忽视社区居民的生活和生计，这是与单体纪念物保存最大的不同，也是历史环境保护中不应忽视的现实问题。

由切实的公众参与推动的历史保护运动，表现出地方的活力与自我组织能力，成为日本市民社会的基石。美好的生活、舒适的环境，是建成环境保护、再生和创造性设计的共同目标。

近年来日本的历史保护实践，一直以历史环境保护作为改善居住生活环境的有效途径。历史环境的保护不仅与从社会福利到子女教育的居民日常生活环境息息相关，而且，通过历史环境保护，寻找都市景观创造的历史文脉，继承发扬传统文化，使居民在物质环境和精神寄托，即身心两方面都提高归属感。

今后，日本的历史环境保护面临三大难题：第一，从居民视点看，基础设施完善、公共服务改进、生活方式变革、社区交往增加、产业结构调整，生活环境年年都在变化中，生活载体——环境空间的变化是必然的，保护虽然并不意味着冻结历史环境，但如何将反映历史演变阶段的环境融入当代生活环境中是历史景观保护的新目标。

第二，如果能找到保护与变化之间的平衡，不同的部门之间能否达成一致意见是其中的关键，而如何建立协议形成的过程也是城市空间规划中的现实问题。如果保护与变化两者之间的隔阂越来越大，则它们之间就将失去平衡，这也是亚洲各国所面临的现实挑战。

第三，即便在保护与变化之间已经形成协议，如何实现这一意向又成了新问题。如何利用现行城市规划制度与文化财保护制度，改善其制度层面的盲点，形成以社区居民为中心，有行政、企业、技术三方参与组成的实务性团队来实现历史环境保护的目标，是城市规划和社区发展过程中的长期课题。

第七章 英美日三国登录保护制度比较

1970年代以来，源于19世纪欧洲国家的历史遗产保护运动，从注重对历史纪念物(historic monuments)保存，走向注重对历史环境(historic environment)的整体综合性保护(integrate conservation)。保护方法也从单一的博物馆陈列式，发展到对历史建筑适应性再利用(adaptive reuse)等综合方式。到80年代，一些国家的历史保护运动已将文化资产和历史建筑保护与再利用纳入城市发展总体规划。历史建筑保护除了有经济利益外，还有生态、文化方面的综合效益，历史保护不应是城市规划的边缘因素，而应当成为有理论有实践的重要学科分支。

世界范围内对文化遗产的保护方式，可分为指定(designate)制度、登录(register/List)制度、指定制度+登录制度三种形式，欧美等国多采用登录制度或指定制度+登录制度，我国目前只有指定制度一种形式。文化遗产登录保护制度是西方发达国家广泛采用、灵活有效的保护机制，是历史保护中的重要环节之一。1996年6月日本也通过修改《文化财保护法》，创设了文化财登录保护制度。

文化遗产登录保护制度的意义在于，一是对大量文物古迹、近现代建筑及近代化产业遗产等进行登录，扩大了以往的文物概念和范畴，将单一的文物保护推向了全面的历史景观环境保护。二是可以对文物建筑、历史建筑进行合理利用，无论是维持原来用途，还是作为事业资产或作为旅游资源再开发，对建筑外观与内部均可进行适当改变，因此是对历史建筑的一种相对柔性的保护管理机制。

一、英国的登录建筑保护制度

1. 登录建筑制度概要

欧洲是登录制度的发源地，早在1913年法国就通过《历史纪念物保护法》建立指定(列级)和登录保护制度体系。英国对历史建筑进行登录保护的考虑，最早出现在1944年的《城乡规划法》(Town and Country Planning Act, 1944)中，该法将历史性场所(historic places)保护置于规划项目许可之前，因此保护一直作为英国城乡规划的主要内容(major component)。而真正确立今天登录制度框架的还是1947年的《城乡规划法》。1947年的《城乡规划法》堪称英国城市规划发展史上的里程碑，它明确规定了城市规划中的公共权优先于建筑所有者的财产权，不经过财产所有者同意，没有相应的补偿措施也可进行历史建筑登录。在英国建筑登录制度是城市规划体系中的重要环节，而不仅是对某些特定建筑的保护措施。当时的法律中已明确规定：地方规划部门(Local Planning Authorities，LPA)对历史建筑拥有部分管理权。

1990年的《登录建筑和保护区规划法》(Planning ⟨Listed Buildings and Conservation Areas⟩ Act 1990)，除给出有关登录建筑(Listed Buildings)的定义、法律程序外，还包含与登录建筑开发、改建、拆除、公众参与、产权关系、财政资助相关的各项条款。英国人对登录建筑并不采取像文物古迹那样的"冻结式"保护，允许进行适当改变。历史建筑应该是其建成后所有变更结果的综合反映，从中可以找到历史信息的原真性(authenticity)。但是，对登录建筑的任何变动均要经过规划部门许可。

选为法定保护的"有特殊建筑艺术价值或历史价值，其特征和面貌值得保存的建筑物"称之为登录建筑。英国登录建筑的含义包括建筑物、构筑物和其他环境构件。将这些建筑编成一个清单的普查登记工作，1992年前由环境部直接负责，1992年大选后由国家遗产部(Department of National Heritage，DNH)负责。1997年大选结束后遗产部更名为文化、媒体与体育部(The Department for Culture，Media and Sport)。登录工作由1944年开始，第一批名录普查登记工作于1947~1968年进行，第二批在1969~1987年完成，以后又经过若干次增订。登录数量自该制度设立以来，一直呈上升趋势，仅英格兰地区而言，1975年的数据为227000件，1980年273000件，1985年365000件，1993年总计达到了441188件[1]。2006年，在英格兰、威尔士和苏格兰已登录建筑约45万件[2]。

2. 登录建筑选定标准与范围

登录过程一般先由建筑史专家到现场调查候选建筑，将认定达到登录标准的建筑列入"预备清单"进行公开，听取地方政府、保护团体以及市民的意见。若无异议，则由国家遗产部(DNH)正式认定后，将通知文书下达地方政府，再由地方政府通知建筑所有者或使用者。

选定登录建筑的主要标准和对象是[3]：

① 在建筑类型、建筑艺术、规划设计或显示社会经济发展史方面有特殊价值，如工业建筑、火车站、学校、医院、剧场、市政厅、救济院、监狱等；

② 技术革新或工艺精湛的代表作，如铸铁、预制技术、混凝土技术的早期建筑；

③ 与重大历史事件和重要历史人物有关的建筑；

① 西村幸夫. イギリスの都市計画と歴史的資産.大河直躬主編.都市の歴史とまちづくり， 83.
② 朱晓明. 当代英国建筑遗产保护, 上海：同济大学出版社, 2007, 33.
③ Ross, M., *Planning and the Heritage*, 177-178, Appendix A: The Criteria for Listing

④ 有完整性的建筑群体，特别是城镇规划的范例，如广场、连排住宅、典型村落等。

年代稀有程度，从建筑年代上来判定的原则是：

① 现存的1700年以前的所有建筑；

② 1700~1840年完成建筑的大部分；

③ 1840~1914年之间有一定价值的建筑；

④ 1914~1939年间高质量的建筑，它们为此期间古典主义、现代主义和其他风格的代表作；

⑤ 1939年以后的建筑精选少数杰出作品，一般建成不到10年的建筑不予考虑(1988年前为30年年限)。

在1970年以前，登录建筑划分为Ⅰ级、Ⅱ级、Ⅲ级三个等级，1970年废除第Ⅲ级，将其中的大多数升格为Ⅱ级，而原有Ⅱ级中的重要建筑相应升格为Ⅱ*级。现在具有"重要价值"的Ⅰ级登录建约1万件，占2%；具有"特别意义"的Ⅱ*级登录建筑约2万件，占4%；其余94%为Ⅱ级登录建筑。等级划分办法有利于分级管理，对登录建筑实行规划许可制度，一般Ⅰ、Ⅱ*级登录建筑由国家统一管理，Ⅱ级登录建筑由地方政府负责管理。

1990年的《登录建筑和保护区规划法》规定，对具有特殊建筑和历史价值的未登录建筑，以及特殊建筑和有历史价值建筑其特征濒临毁灭或改变时，地方规划部门将向建筑所有者和使用者发送"建筑保存通知单"。这份"建筑保存通知单"一旦送交建筑所有者和使用者，便立即生效。

3. 登录建筑的规划许可制度

对登录建筑的保护与管理，主要依据1968年修订的《城乡规划法》所制定的登录建筑"规划许可"(planning permission)制度，规划许可的主要目的是防止拆除、改建、扩建等各项建设对登录建筑的破坏现象出现。

1990年代初英国制定的《规划政策导则》(*Planning Policy Guidance Note*)第15条指出，"一座建筑的登录应该是所有后期变更的大汇集，但应保持其建筑艺术或历史价值得以存续"。因此，登录建筑也存在改、扩建的可能。任何人想变动登录建筑均需得到许可，但拆除必须慎重。在英国所有的开发行为都必须通过规划部门许可方可进行，一般建筑的拆除或内部装修改造等并不属于开发行为，因而不需要经过规划许可。但对登录建筑采取了较严格的控制措施，建筑面积超过115平方米的改建、扩建、拆除、外观变更以及内部装修改造等，均须得到地方规划部门许可，在此过程中还需征询保护官员的意见。

同普通的开发许可一样，地方规划部门要将业主提出的申请内容在现场公示，同时还须在地方报纸上公布。也就是说要让居民在事前知道在自己的周围将发生的事情，并对此表明赞成或反对意见，这些意见将是地方规划部门做出决定的重要依据之一。

与Ⅰ级和Ⅱ*级登录建筑相关的所有变更建设行为，以及Ⅱ级登录建筑拆除许可申请，通过地方规划部门报告环境部，并通知英国建筑学会、古迹保护协会、维多利亚协会等与历史建筑调查研究有关的全国性民间组织，按规定必须听取其意见，作为处理问题的法律依据之一。其中，全英宜人环境协会(National Amenity Society)负责协调与登录建筑改造相关的事宜。

对登录建筑虽实行严格的许可制度，但并不意味着冻结现状。报建申请许可与否取决于登录的重要性和将要变更改造的程度，拆除申请若有很好的新建筑方案，许可情况也不少。例如仅英格兰地区1992年一年就批准了8627项登录建筑的变更申请。

此外，登录建筑所有者必须对建筑进行维护和修缮，使其保持良好状态。但是当登录建筑处于需要紧急修缮状态时，城市规划部门发出"修缮通知"给业主或建筑使用者。如果通知发出后两个月内业主未进行修缮，城市规划部门可通过法院判定为管理不当，并由环境部对该建筑实行收购。

4. 登录建筑的保护管理

对登录建筑进行保护管理，其目的是防止未经批准而对登录建筑进行任何形式的拆除、改建、扩建行为，保存建筑物的历史特征。对登录建筑的保护与维修地方当局也有相当的权力，它可以随时停止一项被认为有损周围环境的建设工程，业主和开发商一般都会接受保护官员的建议而进行某些必要的变更，待得到保护官员的同意才继续施工。

在英国，任何未经同意而对登录建筑进行拆毁、改建、扩建等的行为均属刑事犯罪，可被判处两年以内监禁和罚款，罚款金额没有上限，依该项工程的经济效益决定。

虽然在法律上没有规定登录建筑所有者必须对建筑定期维护、修缮使之状态良好，但如果该建筑状态很差，地方规划当局会发出一个"修缮通知"给业主或建筑使用者，明确规定要做的工作。这种修缮通知有时也可用于保护区内的非登录建筑，多数情况下这种方式较为有效。

可以说，地方规划部门、公共团体、历史保护机构和一般居民均可对登录建筑的保护发表意见，为防止登录建筑遭任何形式的破坏而建立了有效的、法定的保护机制(图7.1)。

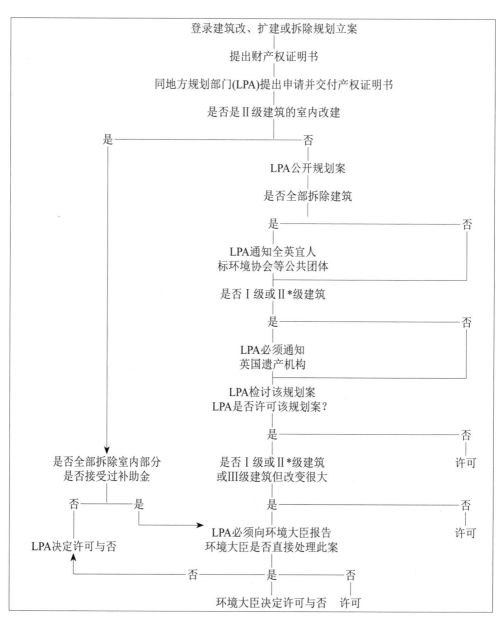

图7.1 英国伦敦以外地区登录建筑的报批程序图(含LDDC地区), (资料来源：据Ross, M. [1991] 译出)

英美日三国登录保护制度比较

表7.1 　　　　　　　　　美国的登录历史性场所统计(按产权划分)

	私 人	公 有			合 计
		联 邦	州	地 方	
数 量	47361	3943	3645	11715	66664*
比 例	71%	6%	5%	18%	100%

(*产权划分的数量与类型划分的数量并不一致,部分财产权有复数拥有者)

二、美国的历史性场所国家登录

1. 登录情况与登录标准

1980年代，美国许多大城市都有新的保护政策推出。但历史保护并不是在80年代初才实施的新政策，而且也不局限于大城市。早在1966年10月美国就制定了《国家历史保护法》。而历史性场所的国家登录制度正是美国历史环境保护制度的基石，是《国家历史保护法》中对历史环境进行保护的重要手段之一。

国家登录制度是由国家公园局负责对文物古迹进行登录的历史保护制度，它扩展了联邦政府传统的保护概念。登录场所是指对地方、州或国家而言具有历史、建筑、考古、或文化意义的历史性场所。通过国家登录，唤起全民关心，也促使联邦政府在地区开发、公用事业建设时，对历史环境保护更加关注。登录的历史性场所分为地区(districts)、遗迹(sites)、建筑物(buildings)、构筑物(structures)、构件(objects)五类。据1994年的统计资料，全部登录历史性场所超过62000项，包含历史资源900000件以上。按类型来分，建筑物45444件、占73%，地区8898件、占14%，史迹4372件、占7%，构筑物3223件、占5%，构件157件、不足1%[①]。截至2019年，《国家名录》中已登录95000多处财产，合计有180万具有积极贡献的资源，即建筑物、地区、史迹、构筑物和物件。

登录项目的申请，一般由财产所有者或城市历史保护组织负责，不需要地方政府同意。不过，财产所有者也可以拒绝登录(表7.1)。

国家登录的标准是：在美国的历史、建筑、考古、工程技术及文化方面有重要意义，在场地、设计、环境、材料、工艺、情感(feeling)以及关联性上具有完整性的地区、史

---

① National Park Service. *National Register of Historic Places 1966 to 1994:cumulative list through January 1,1994*, Washington, D.C., The Preservation Press, 1994, 8.

迹、建筑物、构筑物、物件，有50年以上历史并具备下列条件之一：

　　① 与重大的历史事件有关联；或

　　② 与历史上杰出人物的生活有联系；或

　　③ 体现某一类型、某一时期或某种建设方法的独特个性的作品、或大师的代表作、或具有较高艺术价值的作品、或具有群体价值的一般作品；或

　　④ 从中已找到或可能会发现史前或历史上的重要信息。

　　建筑物历史不足50年历史时，若能提供证明其价值的充足理由，仍可登录。因迁建而失去了历史环境原真性(authenticity)的项目，也就是说，被重建或者被迁移的历史建筑一般排除在登录范围之外。这是极具美国特色的历史环境保护观念，与独立战争、南北战争等重大事件有关的信息作为审查依据。也就是说为建国做过多少贡献是其最重要的条件之一，反映了美国人的历史观。在登录早期，多数项目是按标准①、②选定的，而现在按标准③、④选定登录的项目越来越多。

2. 国家登录制度的意义

　　与英国等欧洲国家相比，美国的国家登录制度既没有直接的资金补助，也没有严格的管理控制措施。国家登录制度通过历史性场所的登录管理，对文化遗产的意义与价值正式认定；对商业性建筑的所有者在税制上给予优惠，对与联邦政府有关的建设项目实施历史保护方面的审查管理。但是，登录建筑所有者对登录保护建筑进行再利用时，完全没有任何限制。与州及联邦政府没有关系的建设项目，所有者对建筑的扩建、改建及色彩改变等行为均是允许的。因此，它的实际意义只表现在以下方面。

　　(1) 资格认定(recognition)

　　通过登录，认定这些文化遗产具有历史、文化、建筑及考古学上特别重要的意义，是一个荣誉称号。

　　(2) 税收优惠(tax Incentives)

　　通过税制上的优惠措施，激励人们对历史文化遗产保护的积极性，由联邦政府的优惠政策带动州及地方政府更多的优惠措施，这也是与英国的历史保护不大相同的一点。例如对商业性建筑、租赁住宅等有经济收益的房屋，在其改建时，所花费用的20%可从业主应缴纳所得税中免除。

　　(3) 保护(protection)

　　与联邦政府有关的开发建设项目，如对登录历史性场所可能有不良影响的，必须采用

消除这种影响的替代方案或中止该项建设。

3. 建设项目审议制度

《国家历史保护法》建立了在城市规划过程中重视评估历史性场所价值的检查和平衡机制，各级政府要在该机制下运作。该法第106条所规定的审议制度(review)确立了在评价和鉴定文化资产时，调节地方机构与历史保护咨询审议会之间关系的检查制度，是对登录历史性场所进行保护的有效手段。

在高速公路建设、城市更新计划等公共规划和计划中，必须考虑和保护登录历史性场所。联邦政府直接参与的建设项目、联邦政府提供补助金的建设项目以及联邦政府批准许可的建设项目，经州历史保护官员与历史保护咨询审议会审查，若认为对国家登录财产或与登录文化财产同等重要的历史遗产可能产生不良影响时，必须采用消除该影响的替代方案。

在修改方案期间，由开发商、SHOP、ACHO及其他有关团体协商。这些相关团体因项目不同而异，有地方自治体、历史建筑所有者、历史保护协会、一般市民团体等，协商结果以备忘录形式签订。一般是采用一种不影响最小的替代方案，有时也会从公众利益出发中止原开发计划。但最终决定权在开发商、建设许可部门及计划执行部门，SHOP和ACHO并没有最终决定权。

除国家登录制度外，美国还有由州政府独立进行的州一级的登录制度。1987年，全美已有37个州开展了登录工作，其中密执安州(1955年开始)、爱达荷州(1957年开始)、弗吉尼亚州(1966年开始)3州在国家登录制度设立前就开始了这项工作，其他34个州均在1966年《国家历史保护法》颁布后开展登录工作。州登录的权限范围基本与国家登录制度相同，不对登录项目进行过多约束。

三、日本的文化财登录保护制度

1. 登录制度导入的背景

1950年颁布施行的《文化财保护法》是日本历史遗产保护的根本大法，以后适应时代变化进行了多次修订。1996年6月，日本国会通过了对《文化财保护法》的修订，同年10月1日起开始施行。这次修改最重要的一点就是导入了在欧美广泛应用的登录制度，它是日本文化财保护的最新动向，也是近现代建筑、近代土木遗产保护利用的重大举措。

日本的历史文化遗产保护制度，以明治三十年(1897)制定的《古社寺保护法》为起点，至今已有100年以上历史。一个世纪来，历史文化遗产保护一直采取以国家为中心，对历史、艺术价值高的极少数历史建造物给予优厚保护的指定制度，也就是说推行的是"少数精品主义"和重点保护政策。而且主要是由政府和专家进行的保护事业，与普通民众关系很少，对近现代建筑和近代化产业遗产也极少考虑。由于"少数精品主义"决定了保护对象只能局限于某一时代、某一风格中的代表性作品，或艺术上非常优秀的作品，结果导致在国家指定的文化财建造物中，近代建筑遗产只占极少部分。

对指定文化财的保护方式，一般要从严管理，对其现状变更严格控制，同时有非常优厚的资金资助。在日本作为重要文化财指定的建造物的修缮整治，其补助率平均70%以上，而且在税制上还有许多优惠政策。在这样的条件下，重要文化财建造物绝大多数都得到良好的管理与保护，对提高国民文化素质，为日本乃至世界的文化事业做出了积极贡献。

但是，只对少数优秀文化财进行精心保护，而更多未能作为文化财指定的历史文化遗产不能得到有效保护，遂在城市更新改造或开发建设中被随意拆除。从东京都的调查资料看，千代田区、中央区、台东区、新宿区、港区等五个城区中，1980年日本建筑学会编写的《日本近代建筑总览》中记载的1016件近代建筑中，到1990年已确认被拆除的达539件，消失率达53%，超过半数，中央区消失率已达62%。据日本建筑学会北海道支部调查：位于札幌市、函馆市、旭川市，在《日本近代建筑总览》中记载的近代建筑物，从1991~1992年的调查结果看，其中的25.5%已被拆除①。

在这一背景下，由日本建筑学会、土木学会、建筑史学会向文化厅等部门提出了保护近代建筑、近代土木遗产的建议书。京都市、仙台市、东京都的多数城区等26个地方公共团体，参照欧美先进经验已在其文化财保护条例中推行登录制度。

1994年7月，文化财审议会组织的文化财保护企画特别委员会向文部大臣提出了《改善充实适应时代变化的文化财政策》的建议书，特别强调了保护手法多样化和近代文化遗产保护的必要性。1995年7月，文化厅的咨询机构——文化政策推进会的报告《以文化兴国为新目标——当前振兴文化的重点措施》中，提出了导入文化财登录制度的建议。终于在1996年6月国会通过了对《文化财保护法》的新一轮修改，主要内容包括导入文化财登录制度；地方权限委任措施；为促进重要文化财的活用，放宽对其限制的措施等3个方面。其中最重要的一点就是导入了在欧美广泛采用的"登录制度"。同时，"登录制度"的导入也是唤起民众保护意识的重要手段之一。

2005年日本通过再次修订《文化财保护法》，在法律体系中增设"登录有形民俗文化财""登录纪念物"制度。截至2021年5月，已登录有形民俗文化财46件，登录纪念物(景胜地)123处。

2. 特征与优惠措施

文化财登录制度是与采用了一个世纪的文化财指定制度相对应的互为补充的保护制度，与严格控制的指定制度相比保护方法要灵活得多。其主要特征表现在：

① 依照《文化财保护法》制定的国家制度；

② 与过去的重要文化财指定制度并存使用；

③ 以有形文化财中的建造物为对象，重要文化财及地方公共团体指定文化财除外，登录文化财被指定为国家或地方的重要文化财后，则从登录名单中注销；

④ 对那些在保护与活用时特别需要采取措施的建造物进行登录；

⑤ 登录必须听取文化财保护审议会的意见，在文化财登录原本上记载，登录时不一定征得所有者同意，但实际操作执行时需获得同意；

⑥ 对文化财价值有影响的现状变更需申报许可，维修等小规模变更不需申报；

⑦ 虽然没有重要文化财同等程度的优厚待遇，但在地价税、固定资产税方面有优惠措施，对保护修缮的设计与监理费用提供资助，为活用、整治工程提供低息贷款。

目前的主要优惠措施为[2]：

① 保存、活用而进行必要的修理(修缮、整治)，其设计、监理费的1/2由国家补助。

② 减免宅基地地价税的1/2(地价税法施行令第17条第3项)。

③ 市町村对住宅固定资产税在1/2以内，可适当减轻(自治省通知)。

④ 改建等必要的资金，日本开发银行、北海道东北开发公库、冲绳振兴开发金融公库可提供低率贷款。

3. 登录标准与意义

文化财的登录标准为：建成后经过50年的建造物，具备以下三个条件之一即可。

① 有助于国土历史性景观之形成者；

② 成为造型艺术之典范者；

③ 难以再现者。

① 苅谷勇雅. 歴史的資産の保存制度の新展開, 大河直躬主编, 歴史的遺産の保存·活用とまづくり, 1997, 43～66.
② 日本文化厅. 建物を活かし、文化生かす——文化財登録制度案内. 1966, 7.

表7.2

登录 标准	建成后经过50年的建造物中		
	有助于国土历史景观之形成者	已成为造型艺术之典范者	难以再现者
具体 实例	○以特别的爱称给大众亲切感 ○有助于提高地方的知名度 ○出现在绘画等艺术作品中	○设计非常优秀 ○与著名建筑设计师或施工建设者有关 ○某一建筑风格的初期作品 ○反映时代和建筑类型的特征	○采用先进技术和技能建设而成 ○采用现在已较少使用的技术和技能 ○造型设计珍贵，类似作品已较少

（资料来源：日本文化厅宣传材料整理）

登录对象包括住宅、工厂、办公楼等建筑，桥梁、隧道、水闸、大坝等构筑物以及烟囱、围墙等工程物件，具体案例说明参照表7.2。

文化财登录制度是对现今的文化财指定制度的补充和完善。文化财登录的过程，一般以有关学术团体的各种调查研究成果为基础，由文化厅编出登录建筑的候补名单，在听取地方公共团体的意见后，向文化财审议会申报。如财产所有者有登录意愿时，也可通过地方公共团体将其列入候补名单，或由地方公共团体直接向文化厅推荐、申报。不论是哪一种方式，登录时都要征得财产所有者同意，这样才能保证将来对登录建筑实行切实有效的保护(图7.2)。

日本在积极推进"文化财登录制度"的过程中，决心"保护10万件历史资产。自1996年10月《文化财保护法》修改施行后，最初的两次登录，共计登录有形文化财298处。其中明治、大正时代的建造物有191处，占64%，昭和时期的有94处，占32%，江户时代的有13处，占4%[①]。而2007年9月的最新数据显示，国家已累计登录有形文化财2648处(6263件)，已超过指定重要文化财2317处(4178件)，国宝级建造物213处(257件)的数据。由国家指定保护建造物的制度始于1897年，已有100多年历史，而登录有形文化财制度仅实施10年，登录保护的文化财就已超过指定文化财的累计总数。而且，随着《文化财保护法》的修改，昭和时期的建筑物也可指定为重要文化财。美国建筑师赖特设计的自由学园明日馆(1921年建成)、冈田信一郎设计的明治生命本馆(1934年建成)、村野藤吾设计的宇部市渡边翁纪念会馆(1937年建成)于1997年被指定为国家重要文化财。

---

① 苅谷勇雅，歴史的資産の保存制度の新展開，大河直躬主编，歴史的遺産の保存·活用とまづくり，1997，43～66.

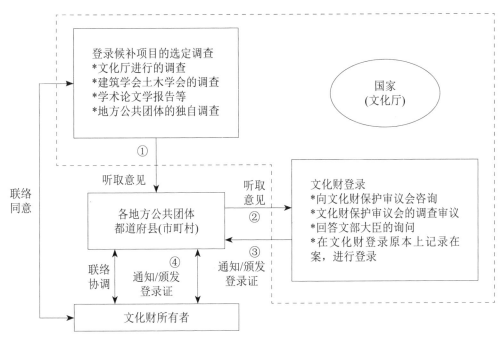

图7.2 日本文化财的登录过程(资料来源: 日本文化厅宣传材料整理)

　　文化财登录制度拓展了文化遗产保护的范围。作为保护对象的建造物也从寺院、神社等宗教建筑扩大到民居、近代建筑、近代土木遗产、产业遗址等多种类型。并将历史遗产保护与日常生活环境改善结合，将文化遗产与现代生活连结起来，对防止建设性破坏、开发性破坏，维持城市特色和个性延续，历史环境再生，建设高文化品位的都市、安静宜人的家园有特别的意义。

四、登录保护制度的比较与思考

1.国外登录制度的比较

　　在英国、美国和日本三国先后被采用的文化遗产登录保护制度，是一种行之有效的法制性保护方法。1970年代以来，世界各国的历史保护，多采取"点"保护与"面"保护的手法分别对历史建筑和历史地区(historic district)进行保护。而对历史文化遗产特别是近现代建筑、近代化产业遗址以及历史性土木工程的保护方式，却大不相同。在指定制度体系

表7.3 英美日三国登录制度比较

比较项目	英国	美国	日本
名称	登录建筑	历史性场所国家登录	登录有形文化财
管理部门	环境部/国家遗产部	内务部国家公园局	文部省/文化厅
类别	建筑物、构筑物等	地段、史迹、建筑物、构筑物、物件	建筑物、构筑物
分级	Ⅰ、Ⅱ*、Ⅱ等三级	指名阶段考虑国家、州、地方3级价值	无
建筑年限	10年以上（1988年起执行）	一般50年以上	50年以上
主要约束力	许可制度，Ⅰ、Ⅱ*级国家统一管理、Ⅱ级地方政府负责	建设项目审议制度	许可制度
居民意见	不需要听取所有者意见	1980年起需要听取所有者意见	需要听取所有者意见
优惠政策	基本没有	1976~1986年非常多，以后逐渐减少	减免部分地价税和固定资产税
补助金	较多	较少	较少
已登录总数	超过500000（2020年）	超过94000处（2021年）	12970处（2021年）
法律依据	《登录建筑和保护区规划法》	《国家历史保护法》	《文化财保护法》

中，一般对历史遗产采取维持现状的严格控制措施，同时给予一定经济补偿或资金援助。而登录制度是对大量的多种多样的历史建筑进行注册、登记，对登录过的历史建筑的保护，既有一定的法规条例来约束，更要通过媒体提高大众的保护意识，推动历史保护运动的广泛开展。对登录文物或登录建筑采用比指定文物更灵活多样的处理方式，以满足财产所有者对使用功能的新要求，对古旧建筑进行适应性再利用(adaptive reuse)。登录文物保护是适应时代发展、促使历史场所复苏，并有利于历史景观资源再利用的柔性保护管理制度。一般而言，对登录建筑的改、扩建，经过报批许可都有可能进行。但对登录建筑的拆除，所有国家都采取了非常谨慎的方式。

英、日两国由国家统一管理登录文化财，美国虽然也由联邦政府负责国家级登录财产管理，但各州还有各自的登录保护制度。英国最早采取登录制度，登录建筑数量最多。在登录对象方面，英、日以建筑物、构筑物为主，美国的登录对象有五大类，美国的登录历史性场所中类型多样，有其特色，特别是其中的登录地区，是与地方政府在区划(zoning)中划定的历史地区(historic district)制度不同的概念。英国的登录建筑分为三级，而美、日则没有对登录保护对象进行分级。

美国的登录制度着眼于通过登录认定各类文化资产的资格，确定其历史文化价值，由大众媒体通过舆论宣传，启发民众的保护意识，达到有效保护的目的。而英国是通过城市规划法对登录建筑实行许可控制，对登录建筑的改建特别是拆除，管理较严。日本吸取了英国登录制度的经验，对登录建筑外观的改建等各种建设行为及房地产主的变更，均实行申请许可制度，如有违反要进行处罚。

三国的登录制度在指定标准、对象范围、税制优惠政策以及规划管理等诸方面也有不同。在此为简便明了、节省篇幅，以表格形式归纳如下(表7.3)。

2. 我国文物保护的问题思考

登录制度的创立与运作使国外历史保护运动从单一僵硬的保存走向综合柔性的保护与合理再利用。文物登录制度的导入，给历史文化遗产的保护，特别是近现代建筑的保护与再利用带来了活力。今后，文物保护利用和历史环境保护规划仍需在以下方面积极努力。

(1) 更新文物保护观念

中国的文物保护工作，一直存在"详远而略近""识大而不识小""因人害物，求全责备""崇假而贬真"[①]的观念偏差和行动失误。价值观念是决策的灵魂，我们必须更新观念、纠正偏差。文物不是针对某些人或某些特定集团而定，而是对人类社会而言有价值的文化遗产。

至今，中国已分八批公布了共5058处全国重点文物保护单位，但由于思想观念、法规制度、资金短缺等方面问题，文物古迹遭破坏的事件时有发生，所以现在正竭力推行"保护为主、抢救第一"的方针。另一方面，只有"论资排辈""重点保护"的文物指定制度，客观上限制了人民大众保护历史文化遗产的积极性。对近现代建筑的保护计划基本上按文物古迹的保存办法执行，也影响了对这些近现代资产的合理利用。由于历史保护工作只是消极应对、单一控制，在某些地区文物古迹的保护甚至成了政府的一个负担。在旧城再开发中，开发商往往只将各级文物古迹保留下来，而将文物古迹周边环境全盘改造更新，使其面貌一新，甚至脱胎换骨。

城市历史保护不只是为了过去，而是为了现在和将来而尊重过去。城市中保护、更新和再开发3部分是不断变化、交替进行的，这也是城市基本的持续生长活动。片面鼓励新形式的开发而牺牲城市历史文化遗产，或过分强调老旧建筑保护牺牲城市的舒适性和创新

---

① 杨东平. 未来生存空间[M]. 上海三联书店, 1998, 162-163.

性都不应该。好的城市设计要取得同一时代多样性和同一性的均衡，使城市能协调共生，有机生长。历史保护的基本目的不是阻止时间流动，而是以灵活的方式，敏锐地适应时代变化，是对过去的结果和未来变化的一种当代理解。

(2) 保护我们身边的历史环境

让市民走进他们身边的历史环境，加强对近现代建筑的保护与利用，是可持续发展战略目标的具体行动。在城市化进程和经济快速增长时期，"可持续发展"不应成为平庸政客的口头禅和单纯追求经济利益的外包装。在城市建设中，要在保护自然环境的同时保护好历史环境，其中最重要的就是近现代建筑、历史街区、古村落，它们已成为地方的标志性景观、城镇个性和特色的重要组成部分。只有充分保护、合理开发利用，才能阻止"千城一面"现象蔓延。那种一方面不惜斥巨资兴建"假古董"和人文景观，另一方面对自己身边真正具有价值的历史真迹和近现代遗产却熟视无睹的行为可以休矣。

对建筑遗产、历史环境的保护，归根到底是对人类自身生存环境的保护。建筑只是环境的一部分，应该将保护历史建筑看成是保护环境的一个环节，从广义的环境保护方面理解文物保护，才能有紧迫感与使命感，才能做到切实有效。

时下，我国城市的开发特别是旧城改造，与历史环境保护冲突很大。一些城市的大规模成片大改造，无视城市历史和传统文脉，具有将城市历史环境彻底抹去的威力。对此类开发行为只有通过立法控制，才能做到有效保护历史风貌，全面改善历史环境。

(3) 健全历史保护的法规制度

我国目前只有以保护文物古迹为主的指定制度，但只依靠指定制度的文物古迹保护，有许多现实问题无法妥善解决。其一，历史环境是前人创造的具有宝贵价值的文化遗产，除了完好的保护它，还应将其传续给后代。同时，作为我们身边的历史环境，在日常生活中积极利用，充分发挥作用也非常重要。也就是说拥有文化遗产的人，也有享受其价值的权利，这样在保护与利用上如何平衡就至关重要了。显然，博物馆式的冻结保存方法不能适应文化遗产的当代需求。其二，进入近代社会后人们创造了多种多样的建筑类型、生产了大量房屋，由于生活方式改变及社会变革周期缩短、速度加剧，在今天正急速消失。例如：以近现代建筑为代表的许多历史性建筑，并未作为文物保护对象对待，由于建筑质量老化，加上城市更新的迅猛推进，正逐步被拆除，在城市中它们的身影越来越少。

我国历史悠久、民族众多、幅员辽阔，有大量历史文化遗产存在，各地的文物建筑和历史建筑保护资金还有较大缺口。加上近几年开发速度过快，更新改造力度过大，建设性破坏，使城市的历史景观(historic landscape)正迅速消失。因此，国家需要在历史文化名

表7.4 　　　　　　　　　　　中日美英法五国历史保护法律一览表

年代	中国	日本	美国	英国	法国
1900之前		1871古器旧物保存方 1897古社寺保存法		1882 古纪念物保护法	1887 历史建筑法
1930	1928名胜古迹古物保存条例 1930古物保存法 1931古物保存施行细则	1919史迹名胜天然纪念物保存法 1929国宝保存法	1906古物保护法 1935 历史古迹和建筑法		1913历史纪念物法 1930 风景名胜地保护法
1940				1947城乡规划法	1943 文物建筑周边环境保护法
1950		1950文化财保护法 1954文化财保护法(修订)		1953 历史建筑和古纪念物法	
1960	1961文物保护管理暂行条例	1966古都保存法 1968文化财保护法(修订)	1966 国家历史保护法 1969 国家环境政策法	1967 城市宜人环境法	1960 国家公园法 1960 分区保护法 1962 马尔罗法
1970		1975文化财保护法(修订)	1970环境质量改善法 1977 国家邻里政策法 1979 考古资源保护法	1974 城乡宜人环境法(修订) 1979 古迹和考古区法	1972 行政区改革法 1976 自然保护法
1980	1982 文物保护法	1980明日香村保存法	1986税制改革法	1983 国家遗产法	1983 建筑和城市遗产保护法
1990	1991 文物保护法(修订)	1996文化财保护法(修订)		1990 登录建筑和保护区规划法 1994规划政策指导15：规划与历史环境 1997 国家遗产法(修订)	1993 建筑、城市和风景遗产保护法(修订)
2000之后	2002 文物保护法(修订)	2005文化财保护法(修订)		2002 国家遗产法(修订)	

城名镇名村保护方面进行立法，明确对历史文化名城、历史景观风貌保护管理的具体规定要求。各地通过对文化遗产的广泛调查，列入清单进行登录，编制出存在于我们周围环境中的文化遗产名录(cultural heritage list)。由此可知在我们周围存在着什么样的文化遗产，数量有多少。与过去指定的那些"精英"类重要文物不同，它们存在于我们居住环境的周围，与我们非常接近。近代工厂、桥梁、水闸等土木遗产以及过去不曾引起人们注意的日常生活中的环境构件，将重新被认识，并从遗忘的时空中拾回。已登录的文化遗产，在其将要被拆除或被毁坏前，必须向有关部门申报，这样国家或地方政府可采取相应的保护措施，以免迄今为止总是在近代建筑拆除规划已定或正在拆除之际方才知晓的情况出现。

登录制度是世界各国广泛采用的历史保护制度，联合国教科文组织的《世界遗产名录》也是采用登录制度。我国可以积极借鉴法国、日本等国的"指定制度+登录制度"双重并存的保护体系，将保护对象从"论资排辈"指定的国宝精品，扩大到大量、多样的历史建筑和地方风土建筑。将保护方式从单一、僵硬的文物古迹保存，过渡到全面、柔性的历史环境综合整体性保护，谨慎进行文化资源的活化再利用。将规划管理从静态、消极管制的干预模式，转向动态、积极参与引导的模式(表7.4)。总之，我们不仅要从保护观念、规划思想上与国际保护理念接轨，更要改革现行文物保护机制，健全历史文化遗产的保护法规制度，为振兴中华文明，弘扬传统文化，建设有地方特色的现代化城市奠定坚实的基础。

第八章 建筑遗产保护的基本准则

我国是一个历史悠久的文明古国，我们的祖先曾给后人留下了数以万计的建筑瑰宝。可是在刚刚过去的一段不算久远的日子里，对一些有着悠久历史的文化名城而言，历史遗产成了最不受珍重的东西。现在，一部分幸存下来的文物建筑或建筑遗产，又在实用主义观念的影响下被改造成了少数人消费的高档场所。

过去人们所熟悉的城市越来越没有了家的感觉，居住其中的人们寻找回家的路越来越困难。一座座表面上看起来繁华热闹的城市，实际上却越来越显得的冷漠和空泛！正如美国学者乔尔·科特金(Joel Kotkin)所指出的：今天"出现了没有传统的所谓繁荣但仍能保持增长的大城市。这些城市日益缺少一个对神圣场所、市政属性和道德秩序的共同认知。这些短暂繁荣的城市似乎把其最高希望寄托在时新、超然、精当等转瞬即逝的价值上"。①

在城市化快速推进的过程中，建筑遗产的保护，在让人们了解传统文化、国土家园以及生活意义等方面起到了积极作用。多年来，遗产保护的国际宪章、公约和决议，不仅为推动世界文化遗产工作做出了巨大贡献，也在遗产保护理念、文化多样性维护，甚至人的价值观等方面带来了全新视野。

一、"建筑遗产"的概念及特征

1. 建筑遗产的基本概念

在欧洲委员会成员国1985年3月签署的《保护欧洲的建筑遗产公约》中，"建筑遗产"(architectural heritage)一词应被认为包括以下永久性财产②：

"纪念物"(monuments)：具有显著历史、考古、艺术、科学、社会或技术价值的所有建、构筑物，包括其固定装置和配件；

"建筑群"(groups of buildings)：具有显著历史、考古、艺术、科学、社会或技术价值的城市或乡村同质建筑群，其连贯性足以形成在地形上可定义的单元；

"地区"(sites)：人与自然的共同作品，是部分建筑在具有足够独特性和同质性、可以在地形上可定义的区域，并且具有显著历史、考古、艺术、科学、社会或技术价值。

法国建筑史和遗产保护理论学者弗朗索瓦丝·萧伊(Francose Choay)认为："历史纪念物(historic monument)或历史遗产(historic heritage)其实是从西欧文化中滋生的特别产物。不应与纪念物(monument)相混淆，纪念物是具有文化意义的普遍性概念，在整个世界中都能够找到。"而"historic monument是由历史性记忆和审美价值而选择出来的既存人工物"③。在国外历史保护学科领域，monument虽带有特定的历史色彩，但主要指历史建筑或历史地区，其普遍性价值在于：①认定其真实性或完整性价值；②对所有历史时期一视同仁；③反对拆除历史上的增添物，反对没有依据的风格重建；④要求有完整的文献档案记录。

随着保护运动的发展，建筑遗产的概念和范畴也有了很大扩展。1964年《威尼斯宪章》对其定义为：历史纪念物的概念不仅包括单体建筑，而且包括能从中找出一种独特的文明、一种有意义的发展或一个历史事件见证的城市或乡村环境。这不仅适用于伟大的艺术作品，而且亦适用于随时光流逝而获得文化意义的过去一些较为朴实的作品。1975年欧洲建筑遗产大会通过的《阿姆斯特丹宣言》强调："建筑遗产不仅包括品质超群的单体建筑及其周边环境，而且包括城镇或乡村所有具有历史和文化意义的地区。"

萧伊进一步指出，二次大战后"所有建造艺术的形式，无论是学术的还是民间的，城市的还是乡村的，所有建筑物的范畴，无论是公共的还是私有的，奢华的还是实用的，都被登记在新的名目之下：次要建筑，来自意大利，指非纪念性的私有建筑，通常在没有建筑师帮助的情况下建成；乡土建筑，来自英国，以区分出那些有显著地区特征的建筑物；工厂、火车站、高炉炼铁厂等工业建筑，首先由英国人提出。最后，正如联合国教科文组织确立的世界遗产'名录'所显示的，遗产的领域不再仅限于单体建筑，还包括建筑群，以及城市肌理：城市街区及邻里、村庄、整个城市，甚至城市群"。④

在建筑学和历史保护学科领域，针对文物古迹、历史建筑、传统街巷以及自然和历史环境等，常用城市遗产(urban heritage)、建筑遗产或具有文化意义的建成环境遗产(cultural built heritage)等概念来表述。城市遗产一般包括：①历史建筑及其周边环境；②城市内的历史地段，如历史中心区、传统街区、工业遗址区等；③历史性城镇。有时为了与建筑遗产区分开来，在狭义的学术范畴上，城市遗产更强调包含公共空间、历史环境、文化景观、街巷肌理等在内的综合、整体性建成环境(built environment)。而"文物建筑"，是指列入各级文物保护单位中的建、构筑物。值得注意的是近年来有不少古村落、历史建筑群等已被公布为各级文物保护单位。

2. 历史建筑与集体记忆

"记忆"(memory)这个词反映了多层含义的积淀，可分为两组意义。记忆可以指我们回忆过去的能力，因而代表着一般被归属于大脑的一种功能。但是，它当然也指本身被回

---

① 乔尔·科特金. 全球城市史[M]. 王旭等译. 北京: 社会科学文献出版社, 2006, 前言.
② The Council of Europe. The Convention for the Protection of the Architectural Heritage of Europe. Granada, 3 Oct., 1985.
③、④ 弗朗索瓦丝·萧伊著. 建筑遗产的寓意[M]. 寇庆民译. 北京: 清华大学出版社, 2013.

忆的某种东西——一个人、一种情感、一段经历——的一个更抽象的概念。科学家和人文学者的研究结果表明：记忆的这两方面密切交织在一起[①]。

人类生活的丰富性依赖于我们记忆的能力。虽说，比起以数百万年来衡量的自然时间来，我们在其中用数十年和数世纪来衡量的人类历史时间毕竟还极其短暂。但是……我们痛苦地意识到我们的记忆是有选择的和脆弱易变的。

作为"石头史书"的建筑物，可以帮助人类克服这一弱点。被称为19世纪历史建筑保护巨人的英国思想家约翰·罗斯金(John Ruskin)，早在1849年出版的《建筑的七盏明灯》一书中就明确指出："人类的遗忘有两个强大的征服者——诗歌和建筑，后者在某种程度上包含前者，在现实中更强大。"正因为如此，他认为记忆是建筑的第六盏明灯，这是因为正是在成为纪念或纪念碑的过程中，真正的完美才通过民用和家居建筑得以实现。

他强调："没有建筑，我们照样可以生活，没有建筑，我们照样可以崇拜，但是没有建筑，我们就会失去记忆。

——有了几个相互叠加的石头，我们可以扔掉多少页令人怀疑的纪录！"[②]

20世纪初，美国文学评论家、艺术史学家查尔斯·诺顿(Charles Eliot Norton，1827~1908)表达了几乎完全相同的看法："保存历史的延续性非常重要，建筑可以联系过去、现在和未来。"

被誉为20世纪最具影响力的文学评论家、思想家的瓦尔特·本雅明(Walter Benjamin，1892~1940)从城市的角度做了更为广泛的分析。他认为："城市是人们记忆的存储地，是过去的留存处，它的功用中还包括储存着各种文化象征。这些记忆体现在建筑物上，而这些建筑物就此具备的含义便可能与其建筑师原本的意图大为不同了。"[③]

早在1975年，欧洲人就已认识到"建筑遗产作为欧洲文化丰富性和多样性不可欠缺的一种表现"，其未来"很大程度上取决于它与人们日常生活环境的整合状况，取决于其在区域和城镇规划及发展规划中的重视程度"。1987年，ICOMOS通过的《华盛顿宪章》旨在寻求促进历史城市或历史地区的私人生活和社会生活的协调，并鼓励对这些文化财产的保护。宪章中指出："文化财产无论其等级多低，均构成人类的记忆。"

3. 时间的历史性

历史建筑是一部存在于环境中大型、直观、生动的史书，建筑遗产寄托着丰富的文化记忆。1849年，约翰·罗斯金在《建筑的七盏明灯》中就呼吁："建筑应当成为历史，并且作为历史加以保护。"[④]

表8.1　　　　　　　　　　　　　遗产保护的范畴转变

时　间	过　去	现　在
保护对象	王室、宗教和政治的纪念物	普通人的场所与空间
遗产形式	遗物、遗址	持续性社区
保护重点	物质形态的组合	活的传统与实践
管理部门	中央行政机构管理	社区、社团管理
利用情况	精英使用方式	普通用途

　　可是，真正的建筑遗产保护(或历史环境保护)，则晚到19世纪中叶才正式开始，到20世纪中叶发展为一门科学。这说明，文物建筑保护，需要全社会的文明达到很高程度才能成为人们的自觉行为。

　　美国人类学家爱德华·霍尔(Edward Hall，1914~2009)对历史性问题有过专门论述，他撰文指出：有些建筑由于美国历史上的名人曾居住或使用过，或因为在此发生过一些重要事件，从而具有某种"使用的历史性"(use-historic)，这种历史性是缘于重要人物和事件。而另一些建筑与重要人物和事件无关，只是因为自身悠久的历史而具有了特殊意义，这种历史性称之为"时间的历史性"(time-historic)。⑤

　　显然，过去那些具有"使用的历史性"的纪念性建筑得到了较好保护，而今天那些具有"时间的历史性"的建筑物越来越多被列为保护对象。1960年代以来，欧洲的建筑遗产保护经过了一段快速发展时期。此前的保护对象是建筑单体和纪念物。60年代以来保护对象有了新的变化，开始对一般历史建筑(如住宅)、乡土建筑、工业建筑、城市肌理和人居环境(如传统街区、历史地段、古村落等)进行保护。如今，由于欧美等国的全面推动，文化遗产保护正成为一场世界范围的保护运动和一种正当时宜的创造性活动。

　　UNESCO亚太地区文化顾问Richard A. Engelhardt先生在同济大学的演讲报告中对历史保护运动的这一发展趋势有过详细论述，其主要观点参见表8.1。

　　今天，建筑遗产在教育方面扮演着重要角色。建筑遗产为建筑形式、风格及其应用的解释和比较，提供了丰富素材。视觉感受和亲身体验在教育中起着决定性作用，保存这些不同时代及当时成就的鲜活印痕十分重要。

---

①、④ 帕特里夏·法拉，卡拉琳·帕特森. 记忆 (剑桥年度主题讲座) [M]. 户晓辉译. 北京: 华夏出版社, 2006, 导言, 1.
② 约翰·罗斯金. 建筑的七盏明灯[M]. 张璘译. 济南: 山东画报出版社, 2006, 158-159.
③ 转引自布赖恩·特纳. Blackwell社会理论指南[M]. 李康译. 上海: 上海人民出版社, 2003, 527.
⑤ 参见王红军. 美国建筑遗产保护历程研究[D]. 上海: 同济大学, 2006, 41.

二、建筑遗产保护的原真性

1. 原真性原则及其意义

《威尼斯宪章》是1964年起草，经国际建筑师协会第二次代表大会通过，又于1966年被ICOMOS大会所采纳，是关于文化遗产保护的纲领性和基础性文件。它提出了有价值并具有普遍意义的保护准则。《威尼斯宪章》不仅对保护概念、保护原则做了全面阐述，同时也是第一次涉及建筑遗产保护原真性和完整性问题的国际宪章，宪章开篇即指出：传递历史古迹原真性的全部信息(the full richness of their authenticity)是我们的职责。

原真性(authenticity)，又译真实性、本真性或纯正性。对于一件艺术品、历史建筑或文物古迹，原真性可被理解为那些用来判定文化遗产意义的信息是否真实。文化遗产保护的原真性代表遗产创作过程与其物体实现过程的内在统一关系，其真实无误的程度以及历经沧桑受到侵蚀的状态。

1972年UNESCO通过的《世界遗产公约》，已经注意到原真性问题是文化遗产保护的原则问题，因而原真性成为定义、评估、监控世界文化遗产的基本因素，这已达成广泛的共识。1994年《关于原真性的奈良文件》，特别关注发掘世界文化的多样性以及对多样性的众多描述，这些描述涵盖纪念物、历史地段、文化景观直至无形遗产。而在每一种文化内，对遗产价值的特性及相关信息源的可信性与真实性的认识必须达成共识，这是至关重要、极其紧迫的工作。

保护各种形式和各历史时期的文化遗产要基于遗产的价值。而人们理解这些价值的能力部分依赖与这些价值有关信息源的可信性与真实性。对这些信息源的认识与理解，与文化遗产初始的和后续的特征与意义相关，是全面评估原真性的必要基础。

2. 历史建筑修复的原真性

因此，任何一件"赝品"，无论它是复制品、仿制品、再造品或是复原的东西，也无论是否得到过分的修复，即便它可以乱真，当然不应被理解为原物(original)。为了给那些要求历史建筑(或历史街区)以及周边环境做最小改变的文化资产提供一个协调的用途，或为了按最初确定的目的继续使用它，必须做出各种合理的努力。但历史建筑易于识别的最初的品质或特征将不会被破坏。可能发生的消除或更改历史性材料或者与众不同的建筑外观特征的行为应该避免。所有的建筑物、构筑物和历史街区将作为它们自己时代的产物被识别。那些未以历史原真性为基础的改动和试图恢复最初面貌的设计创作应被阻止。

1943年，由勒·柯布西耶(Le Corbusier)修订的国际现代建筑协会(CIAM)《雅典宪章》首次在巴黎出版，其中第70条明文指出："借着美学名义在历史地区建造旧形制的新建筑，这种做法有百害而无一利，应及时制止。"并且认为：这样的方式恰是与传承历史的宗旨背道而驰。时间永是流逝，绝无逆转可能，而人类也不会再重蹈过去的覆辙。那些古老的杰作表明，每一个时代都有其独特的思维方式、概念和审美观，因此产生了该时代相应的技术，以支持这些特有的想象力。倘若盲目机械地模仿旧形制，必将导致我们误入歧途，发生根本方向上的错误，因为过去的工作条件不可能重现，而用现代技术堆砌出来的旧形制，至多只是一个毫无生气的幻影罢了。这种"假"与"真"的杂糅，不仅不能给人以纯粹风格的整体印象，作为一种矫揉造作的模仿，它还会使人们在面对至真至美时，却无端产生迷茫和困惑[①]。

清华大学教授陈志华先生曾指出："文物建筑保护的第一的、最高的原则即是保持历史的真实性。历史的真实性是一切文物的价值所在，没有历史真实性的东西就不是文物。"

事实上，与过去经常说的不同，现代保护不应被理解为一种模仿与重复过去的形式，而应该是一种与自己的现代价值相关的再次演绎。在没有深邃与悠远的历史文化，并对现存建筑与历史的充分理解前，保护工作不能很好完成。罗斯金(John Ruskin)更是一针见血指出："就像不能使死人复活一样，建筑中曾经伟大或美丽的任何东西都不可能复原……整个建筑生命的东西，亦即只有工人的手和眼才能赋予的那种精神，永远也不会召回。"

美国的反修复论者(anti-restorationist)表达了相同观点。1930年代，时任AIA建筑保护委员会主席的费斯克·肯贝尔(Fiske Kimball)提出了"保护胜于维修、维修胜于修复、修复胜于重建"的著名论点。国家公园组织的历史学家奥伯瑞·尼森(Aubrey Neasham)在1940年发表论述："这些修复和重建不但是不真实的仿造，而且是不科学的。不论我们如何去复原，我们都不能提供绝对真实的历史细节和历史精神。"

1981年，《佛罗伦萨宪章》对古园林和历史景观保护的真实性也做了明文规定："历史园林的真实性不仅依赖于其各部分的设计和尺度，同样依赖于它的装饰特征和它每一部分所采用的植物和无机材料。""在一座园林彻底消失，或只有其某些历史时期推测证据的情况下，其重建物不能被认为是历史园林。"

3. 原真性的检验标准与设计规范

建筑遗产保护的原真性检验主要参照美国的历史性场所国家登录(National Register)标

---

① 唐纳德·沃特森等. 城市设计手册[M]. 刘海龙等译. 中国建筑工业出版社, 2007, 121.

表8.2　　　　　　　　　　　　　　　　纪念物、建筑物、构筑物的原真性对策

面临的主要威胁	现象	行动
疏忽	建筑结构出现问题或崩溃，装饰性元素被腐蚀，受到虫害的破坏，植被生长和不加控制的水上活动。	管理规划
环境退化	污染、酸雨或石癌带来的化学侵蚀	专家技术评估和行动
误导性的保护	丧失原始构造，代之以"新版过去"；试图让遗产地"面目一新"。	保护规划和培训
背离背景环境/扩侵	在制定缓冲区内进行非法建筑和土地征用。	影响评估、规划控制和社区行动

（《会安草案——亚洲最佳保护范例》，2005）

准和操作办法执行。美国国家登录的标准为：在历史、建筑、考古、工程技术、及文化方面有重要意义，在场所(location)、设计(design)、背景环境(setting)、建筑材料(materials)、工艺技术(workmanship)、情感(feeling)、关联性(association)方面具有完整性的历史地段、古迹、建筑物、构筑物、环境构件(objects)。也就是说，文化遗产的评估可从场所、设计、背景环境、建筑材料、工艺技术、情感、关联性等方面进行考察(表8.2)。

场所有助于了解文化遗产产生的背景、相关历史事件、选址、区位关系等情况。设计是指形成文化遗产的诸种因素的综合，这些因素包括建筑形式、平面、空间、风格等。设计是一种有意识的决策过程，包括总体构思、空间组织、比例、尺度、技术、装饰等方面。背景环境指与文化遗产有直接联系的空间关系，如地形、植被、人工环境、自然环境特征等。建筑材料则是在某一特定时代，以特定的范例和范式构成的文化遗产的物质因素。工艺技术是某一特定文化或特定民族在历史上或史前的手工艺和传统技术。情感和关联性主要表现在文化遗产的美感和历史感方面，以及它与重要历史事件、重要历史人物的联系上。

建筑艺术与其他艺术的区别在于其使用功能，因此也就面临着由于使用的变化造成建筑物的改造。任何历史建筑都不可能完全保持建成之初的状态，因而对历史城市和历史街区的保护，是指在适应时代需要的同时保护它自身的特色。不是禁止改变，而是对发展加以控制。在历史街区中插建新建筑时，规划通常首先要考虑建筑物的比例、体量、尺度。相比之下，建筑单体的形式就要退居到第二位来考虑了。

① 尊重原物(The Original)是一项保护要求，需要：a. 最低限度干预；b. 使用原材料；c. 替代材料与原材料相同；d. 新材料不至于造成破坏；e. 所有干预活动都是"可逆的(reversible)"，或基于"可撤消性(retreatability)"的；f. 能用肉眼或其他方式区分复制品和原物；g. 所有干预行动必须有文件记录。

② 延长使用寿命是一项经济/技术性要求，意味着：以若干世纪而非几十年为时间段

来理解文物寿命；持续不断的维护；不要改变未损坏的建筑结构；使用性能已为人们所熟悉的材料；使用可逆性技术，干预活动必须有文件记录和有明确目的。

西方原真性概念主要基于一种观点，即艺术品和建筑物被理解为独一无二的作品，也就是说，它们是单一制作、而不是重复性生产过程的产品。建筑物和人工制品的这种唯一性，意味着每一物品都具有各自的独特历史，涉及各种变迁、发展、退化、剥蚀、现代化装饰、扩建等。因此，不能破坏建筑物、构筑物或史迹及其环境最突出的原状品质和特征。如果可能，尽量避免对历史材料和最独特的建筑构件进行拆除或改变。

与此同时，采用现代设计方法对现存历史资产进行改建和扩建应得到鼓励，只要这些改、扩建不会破坏重要的历史性、建筑性或文化性素材，并且这些设计在尺寸、规模、尺度、色彩、材质及特征等方面与历史资产、邻里或环境相协调。

三、建筑遗产保护的完整性与连续性

1. 完整性的基本含义

法国考古学代表人物伽特赫梅赫·德·甘西(Quatremère de Quincy，1755~1849)对文物和艺术品的完整性关注较早，他认为："艺术品和文物不能脱离环绕着它的地理的、历史的、审美的和社会的环境。'分离就是破坏'(diviser c'est détruire)。罗马是'一本大书'，其中的每一页都是不可或缺的。'整个国家就是一座博物馆'。"[1]

1964年的《威尼斯宪章》指出"古迹的保护意味着对一定范围环境的保护。凡现存的传统环境必须予以保持，决不允许任何导致群体和颜色关系改变的新建、拆除或改动行为。"(第6条)"古迹遗址必须成为专门照管对象，以保护其完整性(integrity)，并确保用恰当的方式进行清理和开放展示。"(第14条)

《威尼斯宪章》是较早提出古迹保护完整性的国际宪章，鉴于当时的认知水平，并未对"完整性"作出更详细的解释。《威尼斯宪章》提出了保护重要纪念物的周边环境，将纪念物和一定范围的环境作为特殊照管对象，并通过设立周边环境缓冲地带来确保纪念物的价值，已是一个巨大进步，这为遗产完整性观念的进一步完善指出了可能的方向。

1975年的"欧洲建筑遗产年"，人们已经认识到，尽管一些建筑群体中没有价值十分突出的范例，但其整体氛围具有艺术特质，能够将不同时代和风格融合为一个和谐整体，

---

① 李军. 什么是文化遗产？——对一个当代观念的知识考古[J]. 文艺研究, 2005 (4)：123~131+160.

这类建筑群也应该得到保护。遗憾的是多年来，只有一些主要的纪念性建筑得以保护和修缮，而纪念物的周边环境则被忽视了。直到最近人们才逐渐认识到：周边环境一旦遭到削弱，纪念物的许多特征也会丧失。

2. 完整性与背景环境保护

1976年UNESCO大会通过的《内罗毕建议》对历史地区及其背景环境(setting)的保护作了全面论述，"背景环境"是指对历史地区动态或静态的景观发生影响的自然或人工背景，或者是在空间上有直接联系或通过社会、经济和文化纽带相联系的自然或人工背景。《内罗毕建议》第34条指出："在农村地区，所有引起干扰的工程和经济、社会结构的所有变化应严加控制，以使具有历史意义的农村社区保持其在自然环境中的完整性。"这时，遗产的完整性已涉及经济、社会等方面的影响。

1999年，《关于乡土建筑遗产的宪章》中提出的保护指导方针包括："为了与可接受的生活水平相协调而改造和再利用乡土建筑时，应尊重建筑的结构、性格和形式的完整性。在乡土形式不间断地连续使用的地方，存在于社会中的道德准则可以作为干预的手段。"

2005年10月，在西安召开的ICOMOS第15届大会通过的《西安宣言》，提出了文化遗产保护的新理念，将文化遗产的保护范围扩大到遗产背景环境(setting)以及环境所包含的一切历史的、社会的、精神的、习俗的、经济的和文化的活动。也就是说过去建筑遗产保护虽然也关心背景环境，但多数情况下这一"背景环境"还是物质实体的，或者是基于空间或视觉上的关联性而得到关注的。

《西安宣言》将历史建筑、古遗址和历史地区的环境界定为直接的和扩展的环境，它是作为或构成遗产重要性和独特性的组成部分。《西安宣言》中指出，除实体和视觉方面的含义外，环境还包括与自然环境之间的相互作用；过去的或现在的社会和精神活动、习俗、传统认知和创造并形成了环境空间中其他形式的无形文化遗产(intangible)，它们创造并形成了环境空间以及当前动态的文化、社会、经济背景。

拓展文化遗产的保护范围，有利于保护遗产环境中动态的有形(tangible)和无形(intangible)文化遗产。广义的文化遗产概念，应考虑到存在于文化和社会中的传统和相互关系(setting)的巨大差异，扩展到把整个环境包容进来。要把不可移动文物放在其文化和物质环境中来考虑，要把保护、修复当作这种环境中的一项工作，因此，有必要把不可移动遗产保护与城市规划结合起来，并把这个原则扩大到风景名胜区和村庄建设中。

3. 活态遗产的连续性

有人生活居住的历史地区和仍在使用中的建筑遗产被认为是一种活态遗产或活着的遗产(living heritage)。活态遗产在过去十多年里已成为一个反复出现的主题。作为区域与城市综合保护 (the Integrated Territorial and Urban Conservation，ITUC)组成部分，国际文物保护与修复研究中心(ICCROM)于2003年启动了活态遗产地计划(a programme on Living Heritage Sites)，其目标是在遗产地的保护和管理领域增强对活态遗产概念的认识。

正如ICCROM遗产保护专家加米尼·维杰苏里亚(Gamini Wijesuriya)等学者所指出的，活态遗产保护理念体现的是遗产价值认知框架的发展：遗产保护已经从注重客观实体的"以物质结构为中心"(fabric-based approach)的保护理念，扩展到将不同群体的不同认知纳入评价体系之中，强调社会与文化的意义与遗产价值的阐释，即"以价值为中心"(value-based approach)的保护理念；而"活态遗产"的保护理念，则是在"以价值为中心"的基础上更进一步，加强调基于遗产地社区自下而上的保护管理，强调核心社区与遗产地功能的延续性。

维杰苏里亚在总结了连续性有助于描述活遗产特征这一关键特征后认为，它最初的用途(或功能)是定义连续性的一个重要因素。这不应与所有遗产地都对当今社会具有某种形式的功能或用途关联相混淆。使用或原始功能也是遗产文化内容的一个关键组成部分，它与一个民族的身份有关，并建立起牢固的纽带或联系。

事实上，今天没有任何人会认为任何遗产是"死的"东西。对于活态遗产地，在原有功能延续至今或得到恢复的地区有必要对其延续性进行管理。ICCROM活态遗产地计划指出，在原有功能明显延续的情况下，还可以确定另外三项补充的延续性要素：① 社区联系的连续性；② 文化表达上有形和无形的连续性；③ 通过传统或既定手段进行照料的连续性(图8.1)。

基于上述理解，可以尝试将活遗产描述为以原始功能或最初建立目的的连续性为特征的遗产。这种遗产保持了社区联系的连续性，社区联系以有形和无形的表现形式继续发展，并通过传统或既定手段得到照料。这意味着活态遗产与社区(核心社区)密切相关，

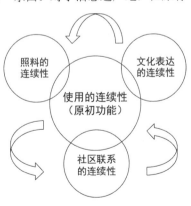

图8.1活态遗产连续性关系示意图
(出处：Wijesuriya, 2018)

并且对变化感有明确的意识。这对保护的定义和决策过程有着深远的影响，这些相互联系的社区可以通过传统或既定手段承担维护遗产的责任。核心社区意识到其遗产的连续性，并以传统或既定手段保证长期照料和管理(在其自身定义的范围内)。为此，它们拥有维护、干预、扩建和更新建筑及其全面管理的知识体系。①

四、中国建筑遗产保护中的现实问题

1. 建筑遗产保护的法制建设

自1980年代我国开始全面保护历史文化遗产以来，建筑遗产保护在观念普及、规划编制、法制建设、实际操作等各方面都有了长足进步。然而，在城市开发建设过程中仍存在规划实施不力、保护对应滞后等突出问题，其中近现代建筑遗产的保护状况尤为令人忧虑。

由"古董"保存发展起来的我国文物保护制度，极难适应近现代建筑遗产保护的客观需要。在文物保护制度建立初期，可以说基本上没有考虑近现代建筑遗产。为数不多的与近代建筑有关的文物保护单位，多是考虑革命纪念意义而列为保护对象，而不是直接考虑建筑本身的价值。随着保护观念逐步发展，才将近现代建筑遗产的保护纳入文物保护范围。

由于历史、政治方面的原因造成对历史遗存价值认识的片面性，使得我国的历史文化遗产保护工作在较长一段时间里，存在忽视近现代遗产保护的问题。近年来，随着保护观念的转变，近现代遗产的保护日益受到更多方面重视，在国家保护制度的建设方面也有一定的体现。但是，与全国各地类型丰富、数量众多的近现代建筑遗产相比，现行保护力度仍然不够，保护规划控制的有效性、可操作性亟待提高。

从各地城市历史建筑保护状况看，一些城市近代建筑遗产保护制度的建设已有一定的基础，特别是近现代建筑遗产保存较多的历史文化名城，如上海在国内较早建立近代建筑保护制度，制定了保护法规。1989年上海市公布了第一批共61处优秀近代建筑，并全部列为市级文物保护单位。针对上海的历史文化遗存主要为近代建筑的实际情况，市人民政府于1991年12月颁布实施了《上海市优秀近代建筑保护管理办法》。

1993年公布了第二批175处优秀近代建筑，1999年又公布了第三批162处优秀近代建筑。三批优秀近代建筑总数达398处、计1398幢，总建筑面积约283.3万平方米。2002年7月上海市人大通过了《上海市历史文化风貌区和优秀历史建筑保护条例》，保护管理制度由政府规章上升至地方性法律，并积极借鉴了国外历史保护的先进经验，标志着上海城市建筑遗产保护进入了比较完善的阶段。《保护条例》将过去"优秀近代建筑"的概念定义扩充为"优秀历史建筑",在年限标准上,由原规定的1949年以前的建筑,扩展至建成使用30年以上的建筑;在保护范围上,由优秀近代建筑或建筑群,扩展至历史文化风貌区,并明确了相关保护要求,保护管理规定更为明确完善。2005年,公布第四批优秀历史建筑234处(740幢),2005年,公布第五批优秀历史建筑426处(937幢),至此,上海市优秀历史建筑总数合计1058处(3075幢)。

2016年1月和2017年9月市政府分两批公布了250处风貌保护街坊。2019年9月26日保护条例修订为《上海市历史风貌区和优秀历史建筑保护条例》后,将风貌保护街坊和保留历史建筑等概念纳入保护法规体系之中。

2000年,厦门市开始施行《厦门市鼓浪屿历史风貌建筑保护条例》,为鼓浪屿的历史风貌建筑保护提供了法律依据。这一适合近现代建筑保护客观要求的地方性法规规定:在历史风貌建筑的认定上,可以有自荐、推荐或经调查的多种方式,确保历史建筑资源信息来源畅通;对不同类别建筑采用重点保护和一般保护等不同控制措施;对历史建筑周边环境进行明确限定;设立历史建筑保护专项资金;并明确了违反规定所需承担的法律责任。这些法律条文具有较强的可操作性,对厦门鼓浪屿的近现代建筑保护起到了重要作用。

作为对国家制度的补充,地方性保护法规制度针对本地的经济社会和文化发展情况以及近现代建筑遗产的特点,可以采取更具针对性和灵活性的保护措施。上海、厦门等城市的实践探索,对全国近现代建筑遗产保护立法和制度建设具有重要的参考价值。

近年来这些城市保护条例都进行了修正,也有将保护办法上升为保护条例的情况。这里将修订后的厦门、上海、天津,由保护办法上升为保护条例的武汉、杭州等城市历史建筑保护条例中历史建筑相关内容以表格形式归纳整理如下,可以看出各城市在近现代建筑遗产保护理念和具体措施上不同之处(表8.3)。

保护对象的名称并没有任何变化,依然保持了"历史建筑"(杭州)、"历史风貌建筑"(厦门天津)和"优秀历史建筑"(上海、武汉)三种不同的名称。从建筑的年限标准规定上看,厦门、上海和天津三市没有变化,武汉市由"建成三十年以上"改为了"建成五十年"以上;杭州市则删除了"建成五十年以上"的年限规定。

2.建筑遗产遭遇"保护性破坏"

从主观层面看,我国的建筑遗产保护由于起步晚,理论研究远远落后于保护实践,

---

① Gamini Wijesuriya. Living Heritage. Alison Heritage, Jennifer Copithorne, edit. *Sharing Conservation Decisions*. Rome: ICCROM, 2018: 43~56.

表8.3 　　　　　　　　　　　　部分城市历史建筑保护条例内容比较表

城市	厦门	上海	武汉	杭州	天津
法规名称	厦门经济特区鼓浪屿历史风貌建筑保护条例	上海市历史风貌区和优秀历史建筑保护条例	武汉市历史文化风貌街区和优秀历史建筑保护条例	杭州市历史文化街区和历史建筑保护条例	天津市历史风貌建筑保护条例
制定或修订时间	2009年3月20日修订	2019年9月26日修订	2012年12月3日	2013年3月28日	2018年12月14日修订
保护对象名称	历史风貌建筑	优秀历史建筑	优秀历史建筑	历史建筑	历史风貌建筑
认定标准	1949年以前在鼓浪屿建造的,具有历史意义、传统风格、艺术特色、科学价值。 符合前款规定的建筑灭失或损毁后,按原貌恢复重建的,可认定为历史风貌建筑	建成三十年以上,并有下列情形之一的建筑,可以确定为优秀历史建筑: (一)建筑样式、施工工艺和工程技术具有建筑艺术特色和科学研究价值; (二)在近现代发展史上具有代表性或者纪念意义; (三)著名建筑师的代表作品; (四)与重要历史事件、革命运动或者著名人物有关的建筑; (五)在我国产业发展史上具有代表性的作坊、商铺、厂房和仓库; (六)其他具有历史文化意义的优秀历史建筑	建成五十年以上并具备下列条件之一的建(构)筑物,可以确定为优秀历史建筑: (一)反映本市历史文化和民俗传统,具有时代特色和地域特色; (二)建筑样式、施工工艺和工程技术具有建筑艺术特色和科学价值; (三)在产业发展史上具有代表性的作坊、商铺、厂房和仓库等; (四)建筑样式、结构、材料、施工工艺和工程技术具有建筑艺术特色和科学价值; (五)著名建筑师的代表作品; (六)历史名人故居; (七)其他具有历史文化意义的建(构)筑物	(一)建筑样式、结构、材料、施工工艺或者工程技术具有艺术特色和科学研究价值的; (二)反映杭州历史文化和民俗传统,具有特定时代特征和地域特色的; (三)属于在产业发展史上具有代表性的作坊、商铺、厂房和仓库等; (四)属于与重大历史事件、革命运动或者著名人物有关的近代现代重要的代表性建筑物、构筑物; (五)其他具有特殊历史文化意义的建(构)筑物	建成五十年以上的建筑,有下列情形之一的,可以确定为历史风貌建筑: (一)建筑样式、结构、材料、施工工艺和工程技术具有建筑艺术特色和科学价值; (二)反映本市历史文化和民俗传统,具有时代特色和地域特色; (三)具有异国建筑风格特点; (四)著名建筑师的代表作品; (五)在革命发展史上具有特殊纪念意义; (六)在产业发展史上具有代表性的作坊、商铺、厂房和仓库等; (七)名人故居; (八)其他具有特殊历史意义的建筑。 符合前款规定但已经灭失的建筑,按原貌恢复重建的,也可以确定为历史风貌建筑

① 陈志华. 北窗杂记——建筑学术随笔[M]. 郑州:河南科学技术出版社,2001.
② 肖建莉整理. 古迹保护与修复 拆真造伪何时休[N]. 文汇报. 2003.4.6.

　　　　　　　　　　部分城市历史建筑保护条例内容比较表

城市	厦门	上海	武汉	杭州	天津
保护分级	重点保护 一般保护	（一）建筑的立面、结构体系、平面布局和内部装饰不得改变； （二）建筑的立面、结构体系、基本平面布局和有特色的内部装饰不得改变，其他部分允许改变； （三）建筑的立面和结构体系不得改变，建筑内部允许改变； （四）建筑的主要立面不得改变，其他部分允许改变	实行分级保护，具体办法另行制定	（一）历史文化价值高或者科学、艺术价值高，具有典型代表性的历史建筑，其建筑的外部风貌、主要平面布局、特色结构和构件不得改变； （二）历史文化价值较高或者科学、艺术价值较高，具有一定代表性的历史建筑，其建筑的外部风貌、特色结构和构件不得改变； （三）具有一定的历史文化或者科学、艺术价值的历史建筑，其建筑的主要外部风貌、特色构件不得改变	特殊保护 重点保护 一般保护

因此，管理体制、长官意志和利益驱动这三大因素，成为文物古迹屡遭破坏的深层原因。由于体制和机制尚不够完善等原因，也由于相当一部分人头脑中建筑遗产保护法律意识淡薄，受经济利益驱动，不少地方的历史建筑修缮和保护，出现了一些不和谐声音。

诸如"无中生有"的人造景点、热火朝天的"假古董"开发、"焕然一新"的文物修缮等，无一例外，皆是以"重塑/再现××时代面貌"的名义制造出的"无知者无畏"状态。面对文物古迹被"修缮"得面目全非这一新形式的"保护性破坏"，要么以"缴学费"为借口而了之，要么以"总比拆了好"来"宽容"，要么以"中国特色"来搪塞。

对此种种"中国式"现象和问题，陈志华先生一直在大声疾呼："造假是有罪的，法律上有罪，道德上更有罪。"①中科院院士郑时龄教授强调："有价值的历史建筑的修缮、复原，失却了原真性就等于失去了建筑的灵魂。"②

显然，建筑遗产保护，就是要保护历史建筑的文化、艺术、科技价值的总和，那么首先必须保护其原真性，不能让其携带任何虚假信息。《关于建筑遗产的欧洲宪章》中指出：建筑遗产中所包含的历史，为形成稳定、完整的生活提供了一种不可或缺的环境品质。作为人类记忆不可或缺的组成部分，建筑遗产应以其原真的状态和尽可能多的类型传递给后代。否则，人类意识自身的延续性将被破坏。

2000年，ICOMOS中国委员会制定的《中国文物古迹保护准则》明确表示："保护是指为保存文物古迹实物遗存及其历史环境进行的全部活动。保护的目的是真实、全面地保存并延续其历史信息及全部价值。保护的任务是通过技术的和管理的措施，修缮自然力和人为造成的损伤，制止新的破坏。所有保护措施都必须遵守不改变文物原状的原则。"

3. 建筑遗产保护中的民生问题

我国建筑遗产的保护状况，从客观上讲，虽说大开发等"建设性破坏"已造成城市建筑遗产的严重毁坏，但从整个国土空间范围看建筑遗产存量还是巨大的，如广东碉楼、福建土楼、贵州屯堡、少数民族村寨、古村落、古民居等。但由于长期过度使用、日常维护修缮缺乏、保护资金投入不足等原因，其保护状况也极为令人担忧。

因而，常常有人发表"历史建筑保护与居民生活矛盾很大""这么破烂的房子谁愿意去住"这样的高论。然而，国外大量的保护实践不仅与居民住房条件改善和生活环境提升息息相关，而且，通过保护历史环境，寻找都市景观创造的源泉和文脉，继承发扬传统文化，使居民在物质空间环境和精神生活寄托两方面都能找到归属。1987年通过的《华盛顿宪章》已明确表示："保护规划应得到历史地区的居民的支持"，"住宅改善应是保护的基本目标之一"。

建筑遗产是一种具有精神、文化、社会和经济价值且不可替代的资本。现在，全社会应节约利用这些资源。建筑遗产远非一件奢侈品，它更是一种经济财富，能用来节省社会资源。历史中心区和历史地区的形态结构，有益于保持和谐的社会平衡，只要为多种功能的发展提供适当的条件，古镇和村落会有利于社会整合，它们可以再次实现功能的良性扩展和更良好的社会混合。

如何提升居民这一保护主体的文化意识和改善历史城镇的居住环境质量，正是历史保护工作走向全面自觉的双重前提条件，也是今后国土空间规划和城乡更新管理中不容忽视的艰巨任务。历史建筑、历史地区具有独特的美学价值，应当成为地域文化认同的重要内容和当代城乡生活的组成部分；建筑遗产保护、修缮、推广和提升应成为城市文化、建成环境和空间规划等政策的主要特色。

第九章 20世纪遗产的保护与记录

进入21世纪，全球文化遗产保护正成为一场全民运动和一项正当其时的创造性活动。1960年代以前，从考古发现的远古遗址，到19世纪中期工业革命之前的文化古迹和古老建筑一直是受到保护的。但工业革命以来形成的，特别是20世纪建筑遗产却较少受到国家法律的保护。自1980年代以来，保护对象发生了变化，开始对现代主义运动中的建筑和城市设计、工业遗产建筑和大规模建造的住宅进行评估、保护。

1981年10月，在第五届世界遗产大会上审议澳大利亚悉尼歌剧院及悉尼港申报世界文化遗产的议案，引起了国际机构对战后建筑和晚近遗产(recent heritage)保护问题的关注。在相关国际会议上针对晚近遗产的鉴定、评估、登录和保护等课题开展讨论。1985年在巴黎召开的ICOMOS专家会议，研究了有关现代遗产的保护问题。1988年在荷兰的艾恩德霍文(Eindhoven)成立了现代运动记录与保护的非政府国际组织(The International Working-party for Documentation and Conservation of Buildings, Sites and Neighborhoods of the Modern Movement，DoCoMoMo)。

1989年，欧洲委员会在维也纳召开了"20世纪建筑遗产：保护与振兴战略"国际研讨会；1991年欧洲委员会发表"保护20世纪遗产的建议"，呼吁以"遗产即历史记忆"的思想为指导，尽可能多的将20世纪遗产列入保护名录，并以遗产价值为基础确定其保护策略。1995年，在美国芝加哥召开了"保护晚近过去的历史"(preserving the recent past)的国际会议，主张对"晚近过去"(recent past)的文化遗产进行保护。将晚近建筑遗产作为文化资本、景观资源，进行积极保护与合理再利用。

1995年和1996年，ICOMOS分别在赫尔辛基和墨西哥城就20世纪遗产的保护课题召开国际会议(ICOMOS Seminar on 20th-Century Heritage)。1999年，在墨西哥召开的ICOMOS大会上，会议收到不少有关保护现代遗产的提案(主要来自东欧和以色列)，一些国家的报告中也反映对19世纪后期和20世纪遗产保存状况的担忧。鉴于此，2001年9月，ICOMOS在加拿大蒙特利尔召开的工作会议制订了《20世纪遗产蒙特利尔计划》(*Montreal Plan for 20th C. Heritage*，*MAP20*)，并将2002年4月18日国际古迹遗址日的主题确定为"20世纪遗产"。

2011年6月，ICOMOS所属20世纪遗产国际科学委员会(ISC20C)在马德里召开了主题为"20世纪建筑遗产干预方法"的国际会议，大会通过的《保护20世纪建筑遗产的方法》(*Approaches for the Conservation of Twentieth Century Architectural Heritage*)，即《马德里文件》(Madrid Document)，得到广泛传播和讨论。2014年，ISC 20C根据反馈意见修订完成第二版，该文件是支撑20世纪遗产地保护及变化管理的主要技术指南。

一、20世纪遗产的保护运动

1. 作为人类遗产的现代运动

1972年7月15日，美国日裔建筑师山崎实(Minoru Yamasaki，1912~1986)设计的圣路易(St.Louis)低收入住宅区——"普鲁蒂—艾戈(Pruitt-Igoe)"被拆毁，这一时刻被后现代主义理论家查尔斯·詹克斯(Charles Jencks)称为"现代主义和国际主义风格的死亡，后现代主义的诞生"时刻。以后，对现代建筑、现代主义和国际风格的非议越来越多，有人将交通拥挤、空间混乱、城市蔓延、人口爆炸、空气污染，甚至离婚率与犯罪率上升等所有现代社会的弊端都归罪于现代主义运动。这似乎既没有多少道理，也丝毫不能解决实际问题。其实纯粹的功能主义和简单的形式并不是现代运动目的，现代社会中情感冷漠与残酷竞争的罪责也并不应由现代主义运动来承担(图9.1)。

在现代建筑出现的时候，欧美国家就出现过一系列试图摆脱工业化道路的设计运动，如"工艺美术运动""新艺术运动""青年风格运动""分离派运动"等代表现代建筑风格形成前非工业化设计的探索。即使在国际风格盛行时期，为了突破国际风格建筑刻板、单

图9.1 山崎实设计的普鲁蒂—艾戈被拆除

调的形式，现代运动中也产生了一些不同于主流的修正潮流，如典雅主义、粗野主义、有机建筑、高技派风格等。

现代主义运动(modern movement)100多年的发展历程，使我们对人类在划时代的工业革命之后，一步步走向现代文明时可以有精确的把握。对人类现代设计历史的回顾，实际上是对一百多年来人类演变、发展过程的反思。现代"设计"的真正意义，是设计师利用工业革命以来日新月异的现代技术、现代材料，设计出符合人的使用目的并代表时代特色的"产品"。体量的观念是古典建筑的核心，现代建筑的元素是空间。从这个角度来说，现代建筑运动是一场不折不扣的革命。

现代主义作为工业革命以来与人们的生活息息相关的最主要风格，并不像一些批评家想象的那么简单，它十分复杂、多元，是贯穿从艺术到设计、从实践到理论各领域的一场运动、一种理论、一类风格。在进入21世纪的今天，若对发生在20世纪的现代运动给予客观、公正的评价，那么无可否认：现代主义是这一世纪影响最大的风格与思潮①。

至少，现代主义运动"创造一个崭新的美好社会"和"让大多数人生活得更舒适快乐"的社会理想，仍是今天所有进步人类的梦想。正如美国洛杉矶艺术设计学院王受之教授所论述的："现代主义建筑的产生从客观上讲是工业化的成果，从意识形态上讲是部分欧洲知识分子社会工程思想、社会主义思想的结果。现代主义建筑的思想内容是民主的、社会的、大众的、为无产阶级的、批量生产的、低造价的、无装饰的、现代工业材料的、现代构造的。"②

现代主义运动的确反映了20世纪的需要和状况，并改变了每一个现代人的生活。现代运动至今仍有一定影响力，这是因为它从根本上锐意革新、体现国际特色，注重建筑的基本功能，而非仅仅关心建筑的外观。20世纪初源于欧洲的功能主义在二三十年代显赫一时，并且迅速扩展到美洲和其他地区。现代主义建筑师融合了理想主义和理性主义，用现代建筑技术和材料不遗余力地改善大众的工作和生活条件。特别倾心于住宅设计和城市规划，寻找新的符合时代特征的审美标准。

因此，《中国现代建筑史》一书的作者邹德侬教授并不认为，日常所说的"后现代"就是现代建筑的"接班人"，尽管它强占了"后现代"这个看上去是现代建筑之后理所当然出现的用语。他认为现代建筑运动包含下述含义③：

① 现代建筑运动是在西方工业革命直接影响下产生的"摩登建筑"或"新建筑"运动；以工业化思想为基础的主张是其主流，以非工业化为基础的主张是其支流。由于后者也是工业化的产物，且为改进工业化所带来的弊端做出贡献，理应也是现代思想的一个组成部分。

② 现代建筑有现代社会所要求的全新内容；有现代科技所产生的新结构、新材料和新技术所支持的全新建筑形式；有现代观念所启发的全新自由设计思想和方法。

③ 现代建筑最基本的类型，即传统建筑所没有或不完善的建筑类型是：高层建筑、大跨度建筑、工业建筑和由全新自由设计思想和方法产生的新建筑。

④ 二战后各国的重建和发展，把现代建筑运动推向了高潮。同时，一些国家也开始对现代建筑运动的种种修正，从而把现代建筑运动推向了"当代"。

其实，不论批评家如何评论这一运动，今天矗立在世界各地一座座风格迥异的现代主义经典建筑、收藏于世界主要艺术馆中的现代主义设计作品、许多现代工业产品上无法抹去的现代主义血统，使每一个伴随现代主义脚步成长起来的当代人都真切感到：想要彻底否定现代主义，就像斩断自己的家庭渊源一样困难；当这一代人试图从现代主义走向后现代主义时，就像上一代人从古典主义走向现代主义一样步履维艰，因为它不只是观念或理论上的转变，而且现代主义观念并非只是以冷漠的机器残害人性、只考虑物质不重视精神的不负责任的理论。

2. 现代运动记录与保护——DoCoMoMo

近代以来的创造物，似乎无法与历史悠久、声名显赫的古代遗产竞争。也许是因为数量众多，在如此广泛范围内进行选择和保护有相当难度，或许还有某些现代建设曾破坏了古代纪念物和历史遗址，未给人们留下好印象的缘故。1980年代以前，工业遗产特别是20世纪建筑遗产在《世界遗产名录》上鲜有出现。

进入21世纪后，人们应该客观、公正地评价现代运动，认识到20世纪建筑也是人类遗产中的一部分，应该受到应有的保护。现代运动创造的大量建筑作品已具有历史和文化价值，作为20世纪留给后世的文化遗产，至少部分优秀或具有代表意义的建筑值得保护和记录。

现代运动中的建筑遗产，在今天面临比其他任何时候都要大的危机。这主要是由于建筑物年限、经常性的技术革新、原有功能不适应新需求，以及文化观念上的原因所引发。鉴于此情形，需要一个对这些建筑有特殊兴趣和感情的组织或团体，对这些代表性实例的状况进行记录和保护，同时促进人们对这些建筑设计理念的理解。而且这一组织还应反映

---

① 罗筼筼. 译者的话[M]//斯蒂芬·贝利, 菲利普·加纳. 20世纪风格与设计. 成都: 四川人民出版社, 2000.
② 王受之. 世界现代建筑史[M]. 北京: 中国建筑工业出版社, 1999, 前言.
③ 邹德侬. 中国现代建筑史[M]. 天津: 天津科学技术出版社, 2001, 3.

现代运动的国际化特点。为履行这一义务，1988年在荷兰的艾恩德霍文(Eindhoven)成立了DoCoMoMo国际组织。

2007年，来自52个国家的专家、学者参加了DoCoMoMo组织，会员人数已超过2000人。该组织设有6个专门委员会，分别为建筑登录委员会、工程技术委员会、教育委员会、城市化委员会、景观园林委员会、出版委员会。会员主要为建筑师、工程师、历史学家、行政管理人员、保护专家、教师以及其他对现代运动思潮感兴趣的人们。

DoCoMoMo国际机构的作用为，通过同官方机构和志愿者组织的合作，实现在DoCoMoMo成立大会上签署的《艾恩德霍文声明》(*The Eindhoven Statement*)所确定的主要目标，这些目标包括：

① 促进与建成环境有关的公众、当局、专业工作者及教育团体，充分认识现代运动的重要意义。

② 鉴别、确定并创设现代运动作品的记录档案，包括文件记录、草图、照片、档案和其他文档资料。

③ 鼓励开发合适的保护技术与方法，并通过专业性工作加以推广普及。

④ 反对拆除和破坏有意义的现代建筑作品。

⑤ 设立并吸引用于现代运动记录和保护的资金。

⑥ 探究并发展与现代运动有关的学问及知识。

DoCoMoMo国际组织每两年举行一次国际会议，研讨现代建筑保护的理论、方法及相关技术手段。到2000年已举办6次大会，1990年9月12~15日在荷兰艾恩德霍文(召开了第一次大会。第二次大会于1992年9月16~19日在德国德绍包豪斯(Dessau Bauhaus)学校举行。第三次大会于1994年9月14~17日在西班牙巴塞罗那召开。1996年9月18~20日，在斯洛伐克首都布拉迪斯发(Bratislava)和斯利亚奇(Sliac)召开了第四次大会，会议主题为："普遍性与异质性(Universality and Heterogeneity)。"1998年9月18~20日，在瑞典首都斯德哥尔摩举行了第五次大会，会议主题为："幻想与现实(Vision and Reality)：现代运动中建筑与城市规划的社会方面。"2000年9月16~19日，第六次大会在巴西首都巴西利亚举行，会议主题为："巴西利亚2000：面向未来的现代城市。"

2002年9月在巴黎召开以"接受(reception)现代建筑"为主题的第七次大会。2004年9月26~29日在纽约召开主题为"输入—输出：在不断扩张的世界中的战后现代主义1945~1975"(Import-Export: Postwar Modernism in an Expanding World 1945~1975)的第八次大会。2006年9月26~29日在土耳其安卡拉(Ankara)和伊斯坦布尔(Istanbul)召开了第八次大会，其主题是"另一些现代主义"(Other modernisms)。

DoCoMoMo国际组织每年还出版两期DoCoMoMo杂志，有主题性论文和该组织活动的新闻报道。各国委员会都出版发行了许多相关书籍和音像读物。

此外，在巴西、罗马尼亚、波兰、英国、苏格兰、俄罗斯、瑞典、意大利、荷兰、阿根廷等国家和地区召开了其他一些国际会议和研讨会，举办了相关主题展览。参与了抢救位于比利时、英国、德国、荷兰、瑞士、法国、丹麦、俄罗斯、波兰、瑞典、苏格兰、意大利等地重要现代建筑的活动。至今，包括赖特、柯布西耶、路易斯·康、丹下健三等现代建筑大师的作品在内，有600多处现代建筑，被DoCoMoMo组织列入登录保护清单。

最重要的是，DoCoMoMo通过与国际古迹遗址理事会(ICOMOS)的通力合作，一些国家登录保护的现代建筑被列入或即将被列入UNESCO的《世界遗产名录》。ICOMOS

图9.2 高迪设计的米拉公寓

的一个工作小组正致力于研究1900年前后兴起的新艺术建筑，包括铁制装饰构件、安东尼·高迪(Antonio Gaudi)在西班牙巴塞罗那设计的米拉公寓(图9.2)和居埃尔宫。

近年来，列入《世界遗产名录》的近现代建筑越来越多，反映人们对这一领域越来越关注。其中包括西班牙建筑师安东尼·高迪的作品，埃里克·贡纳尔·阿斯普隆德设计的斯德哥尔摩伍德兰德公墓和1960年落成的巴西新首都巴西利亚。位于德国魏玛和德绍两地的包豪斯校舍建筑于1996年被列入《世界遗产名录》。与此同时，国际产业遗产保护联合会(TICCIH)对20世纪的产业遗产也给予了高度关注。

有人说，20世纪是人类历史上前所未有、充满希望的一个世纪；也有人说，20世纪是人类对一切都想破旧立新、大规模破坏不断的时代。不管怎样，20世纪，值得回味的东西太多了。

图9.3 已列入世界遗产名录的朗香教堂　　　　　　　　图9.4 世界文化遗产悉尼歌剧院

　　20世纪遗产保护运动的特点，可以说从最初开始就是一项国际活动。在法国，现代建筑大师勒·柯布西埃设计的11幢建筑被列为一级保护对象(图9.3)，其他14幢建筑列在附加名录上。随着新时代的到来，能否在城市空间中留下20世纪遗产的课题，也摆在了我们面前。应该说，这不是富贵人家的奢侈愿望，也不是文人雅士的时尚追求。如何描绘20世纪都市形象的未来，已成为今后环境规划设计中的发展方向。进入21世纪，预示着一种新的时间观念也正在形成，"现代"这个观念逐渐变成了一种价值。

　　2007年6月，在新西兰基督城召开的第31届世界遗产大会上，1973年落成的悉尼歌剧院(Sydney Opera House)被列为世界文化遗产。这可以说是对这一理念的最好注解。2016年，勒·柯布西埃设计、分布在7个国家的17栋建筑作品列入《世界遗产名录》(图9.4)。2019年，弗兰克·劳埃德·赖特(Frank Lloyd Wright)设计的8栋20世纪代表作品也被列入《世界遗产名录》。

3. 巴西利亚——世界文化遗产中的现代城市

　　1960年建成的巴西首都巴西利亚是目前世界上唯一被联合国教科文组织列为世界文化遗产的现代城市。1956年巴西政府为开发内地，繁荣经济，决定迁都巴西利亚。由巴西著名建筑师卢西奥·科斯塔(Lucio Costa)和奥斯卡·尼迈耶(Oscar Niemeyer)规划设计的新首都巴西利亚，体现了勒·柯布西埃的城市规划宏伟梦想和建筑观念。新城市在非常短的时间内兴建，具有强烈的理想主义色彩。整个城市设计和建设反映了高度理性化的规划理念和思想，所有建筑都是国际风格。可以说，现代建筑和国际风格在巴西利亚得到了最集中、最完整的体现(图9.5)。

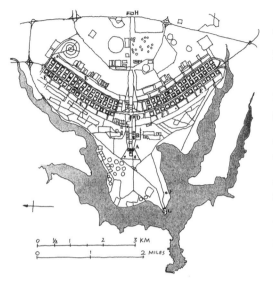

图9.5.1 巴西利亚规划图

同时，巴西利亚也是具有非常大争议的现代城市，地点偏远自不必说，规划和设计上追求划一的形式，形成了极为刻板的城市形象。由于空间尺度过大，城市非常缺乏人情味。以至于新城建好后，许多居民纷纷逃回里约热内卢老城。巴西利亚作为现代城市的失败例子，在许多文章和教科书中常常被提及。1970年代起，巴西利亚非常重视保护原有的森林和植被，并在市中心区建立了面积4.2平方公里的城市公园，并大规模植树种草。市政府还规定，住宅区必须留有一定比例绿地。在南湖和北湖两个别墅区，政府免费给每户一块200平

图9.5.2 尼迈耶设计的议会大厦

方米左右土地的使用权，专门种植花草树木，各家自己出钱绿化养护这块土地。经过数十年努力，巴西利亚已建成50平方公里的草坪，7.3平方公里的城市森林和花园，20多个环境保护区，绿化面积占城市总面积的60%。市区人均绿地达到100多平方米，在巴西全国居首位。终于使巴西利亚成为适于居住、蓝天碧水相伴的世界园林城市。

1987年，巴西利亚成为世界上唯一被联合国教科文组织(UNESCO)列为世界文化遗产的现代城市。

4. 工程技术与材料遗产

对现代建筑的保护与再利用，离不开对现代技术和材料的分析和运用。在此，以混凝土为例简单加以分析说明。

1818年法国人L. Vicat发明了水泥。1849~1867年Lambot与Monier先后为钢筋混凝土催生，然而他们的创见在法国并未得到肯定，反而在1884年后引起德国营造者的兴趣。1895~1914年间，钢筋水泥和钢筋混凝土的施工技术渐趋成熟[①]。现代意义上的混凝土大约是在19世纪中期伴随现代建筑的产生而出现，对现代建筑的发展做出并仍然在做着巨大贡献。

混凝土的诞生距今只有100多年历史，与砖、石、木材等传统建筑材料相比，只能称为后起之秀。然而，混凝土又不只是一种建筑材料，它同时代表一种施工技术。随着成分组合与施工程序的控制，其物理性质与外观也呈现多样的面貌。从流动的泥浆到坚硬的磐石，它惊人的可塑性可说是万能材料的最佳代表。混凝土的崛起与1920年代现代建筑运动的发展密不可分。在现代建筑运动中，对混凝土技术的运用进行了开创性尝试。

混凝土材料的应用历史悠久，在人类建设史中扮演着重要角色，既曾得到广泛的赞誉，又曾遭受群起抨击。

不管怎样，混凝土不仅是一种结构材料，也是一种内涵及表现力相当丰富的装饰材料。勒·柯布西埃的拉·土亥特修道院的混凝土外墙看似粗糙，却很美。裸露着小石子的混凝土，像是要对我们表达什么。通常在较严峻的自然环境中或是为承袭某种传统的石构建筑，应用混凝土恰到好处。

日本建筑师安藤忠雄(Tadao Ando)在设计中善用素混凝土。他对混凝土材料的认识，驾驭能力远超一般建筑师。通过对素混凝土制作方式的探究，使其质感和色彩融入日本传统建筑及人们的观念中。在此基础上，对日本传统建筑和西方古典建筑及现代建筑的光空

---

① 林志宏、叶俊良. 法国巴黎建筑特展馆混凝土建材特展[J].Dialogue建筑，1999 (29)：140~145.

间深入探索，塑造出更具个性魅力的建筑空间。

上述实例告诉我们，一方面，钢筋混凝土所允许的建筑造型千变万化；另一方面，功能主义又严格要求每一空间的塑造取决于其用途。这两个鲜明原则构成的张力十分耐人寻味。由于缺乏远见的都市化过程难免产生重量不重质的缺陷，平庸甚至粗劣的都市空间不仅引来负面评价，更使混凝土成为众矢之的。人们倾向于把难看的混凝土建筑视为破坏都市景观的罪魁祸首，却似乎不曾注意到这个丑陋环境可能只是糟蹋了这种特殊建材的结果。

二、日本近代建筑的保护与再利用

1. 观念的转变与更新

在1960年代经济高速增长时期的日本，人们想到的只是现代化和经济高速发展，城市建设和旧城改造过程中拆毁近现代建筑毫不留情。许多有价值的优秀近现代建筑，在很短时间内被迅速拆除，取而代之以摩天大楼。

由于近代建筑处于传统建筑与非传统建筑之间，所以往往会被忽略，特别是对亚洲城市而言，近代建筑与殖民统治的历史有直接关联，有时会将这些建筑作为耻辱的痕迹看待。因此，在经济比较落后的阶段，这些旧建筑由于还有一定的利用价值还能幸存；而在经济发展后，则希望尽早拆除。例如韩国日占时期的总督府就是在这样的情况下被拆除。

历史遗产是人类在生产活动、社会活动和审美活动中积累的知识、技能和方法或其物化成果的遗存，是劳动大众的智慧积累，能工巧匠的艺术结晶，人类社会的共同财富。我们不应只看到近代建筑中殖民者意识形态的方面，这样往往会对外来建筑文化不能正确理解，甚至产生民族情感偏差。日本也是在经济力量雄厚之后，才开始改变对那些被称为"西洋馆"建筑的看法。现在大家已共同认识到，虽然这些近代建筑当初是为外国人而建，对日本人来说，也许是与不愉快的记忆相联系，但从人类遗产角度看，它们还是属于人类记忆，也是城市历史记忆构成。

正是有了对待历史建筑的这种宽容态度，才能真正客观看待近代史，历史地理解城市中的近代建筑。70年代后，在日本各地出现不少近代建筑保护与再利用工程实践项目。如横滨开港资料馆、纪念馆；日本火灾保险公司横滨大厦的立面保护；对1895年德国建筑师设计建造的原法务省大楼的维修；国会议事堂改建；横滨港原大藏省海关红砖仓库保护和再利用工程；横滨港二号石造船坞迁建保存项目等。其中还包括东京火车站、赖特设计的帝国饭店的保存与改造问题，曾引起媒体与大众的广泛关注。

表9.1　　　　　　　　　　　日本指定文化财统计表(截止2007年6月数据)

总数		按项目统计		按建造物数统计		其中国宝数			
		数量	比例	数量	比例	数量	比例	数量	比例
		2317项	100%	4178栋	100%	213项	9%	257栋	6%
其中	近代以前	2077项	90%	3633栋	87%	213项	10%	257栋	7%
	近代部分	240项	10%	545栋	13%				

2. 建筑遗产保护制度的完善

日本的历史建造物保护制度，以明治30年(1897)制定的《古社寺保护法》为起点，至今已有100多年历史。保护对象也从寺院、神社等宗教建筑扩大到私人所有的民居、近代建筑及土木构筑物。但是，实行了一个世纪、以国家指定为主的保护制度，决定了保护对象只能局限于某一时代、某一风格中的代表性作品，或艺术上非常杰出的作品。这样的结果是100年来国家指定的建造物，只有2317项，计4178栋，其中近代建筑遗产只有240项，占10%，近代建、构筑物总计545栋，占13%(表9.1)。

文物建筑的保护方式，必然要求对历史建筑严格管理，对其现状变更严格控制，同时也必须有非常充足的资金保障体系。但近代建筑与古代文物有很大不同，在保护好它的同时，如何使其发挥作用，合理再利用也非常重要。只依靠指定制度来保护近代建筑，无法解决许多现实问题。博物馆冻结式的保存方式不适应近代建筑的当代性需求。而且，只对少数优秀文物进行保护，而更多未能作为文物指定的近代建筑不能得到依法保护，在城市改造或再开发建设中被随意拆除。

基于上述情况，1996年10月，日本国会通过了对《文化财保护法》的修改。这次修改最重要的一点就是引进了在欧美广泛应用的"文物登录制度"。这是日本通过修正《文化财保护法》实现保护与再利用近现代建筑、近代土木遗产目标的重大举措。登录文物制度施行至今，已累计登录有形文化财12970件，基本为近代建筑和近代化产业遗产。

中国目前的《文物保护法》中未对近代建筑保护利用作具体规定，更未确立登录文物制度。对已确定为优秀近代建筑的单体建筑主要参照文物保护的办法执行，如通过划定保护范围和建设控制地带来进行控制性保护。例如1992年施行的《上海市优秀近代建筑保护管理办法》受国家文物指定保护模式影响就很大，一些条款规定过严。如规定在优秀近代建筑保护范围内，不得进行新建工程或擅自对其他建筑进行改建，扩建工程；将保护建筑划为四类提出不同的、相当严格的保护要求，并不利于对众多近代建筑遗产的保护和积极再利用。

3. 保护资金的资助

国外大多通过设立历史环境或自然环境保护基金，来保护自然遗产和文化遗产。1895年，英国设立了历史与自然风景的国家信托基金(National Trust for Places of Historic Interest or Natural Beauty)；1957年，设立了公共信托基金(Civic Trust)。1947年，美国设立了国家历史保护信托基金(National Trust for Historic Preservation)。1968年，日本设立了日本观光资源保护财团(National Trust)。

日本横滨市是近代建筑遗产保存较多的国际大都市。从1980年代开始，由于开发建设带来了对近代文化遗产和历史景观的破坏，引起市民和媒体广泛注意。1983年，横滨市着手进行历史资产的现状调查，结果发现一年内，拆毁传统民居30栋，近代建筑10栋。为了切实保护近代建筑和历史风貌地区，1985年市政府制定了"复苏历史的都市建设规划的基本设想"。1988年，制定并开始实施历史建造物保护与活用的支援制度——《复苏历史的都市建设规划纲要》，全面综合推进"复苏历史的都市建设规划事业"。《复苏历史的都市建设规划纲要》是一个地方性法律，依据该法律对历史建筑保护实行经济资助。资助对象为签订了保护契约的登录历史建造物、市政府认定的历史建造物和历史景观保护地区。对历史

表9.2	横滨市历史保护资助的类别与资金额度表		(单位：日元)
项 目	登录的历史建造物 （已签订保护契约）	认定的历史建造物	历史景观保护地区
1. 调查设计资助比例 限额	1/2 100万	3/4 200万	3/4 200万
2. 外观保护资助比例 限额	1/2 木结构300万； 非木结构2000万	3/4 木结构500万； 非木结构3000万	3/4 木结构500万； 非木结构3000万
3. 外部环境保护资助比例 限额	1/2 200万	3/4 300万	3/4 300万
4. 维持管理 年度限额	0	15万	15万
5. 外观修景资助比例 限额	—	—	1/2 300万
6. 防灾设施资助比例	7/10	9/10	9/10
7. 对外开放 年度限额	100万 （依开放日数确定）	100万 （依开放日数确定）	100万 （依开放日数确定）

建筑的调查、设计，外观保护，户外环境整治直到防灾设施改造，对外公开展示等各项保护活动，都有不同额度的资金资助，保证了历史资产的有效保护与积极的活化利用(表9.2)。

所以说，就日本的经验看，尽快设立历史建筑保护基金和基金委员会，是切实保护我国近代建筑遗产的需要。从目前城市的经济社会发展前景看，也是完全有实力可以实现的近期目标。与此同时还要研究鼓励建筑保护与近代建筑再利用的政策措施、近代建筑保护修缮的工程技术。

4. 近代建筑再利用实例分析

近代建筑是城市景观的构成要素，不加以利用就失去了保护的现实意义。近代建筑的保护与再利用，不仅仅是使旧建筑留存下来，更重要的是要注入新的生命力，使之保持活力，从而让其周围的城市历史环境复苏。因此，对近代建筑不能单纯地保存，而是要予以创造性再利用。下面介绍3处日本近代建筑保护与再利用的成功实例。

(1) 立面保存方式：日本火灾保险公司横滨大楼

1989年竣工的日本火灾保险公司横滨大楼，是近代建筑"立面保存"的成功尝试。"立面保存"方式，即把原建筑外墙加固、保存下来，在内部建造新建筑的保护方式。如果说用混凝土加固老外墙不是长远之计，现在已有用钢骨架进行加固的工程。

建于1922年的原川崎银行横滨支店为砖结构，外墙面花岗石饰面，位于横滨市主要商业干道、也是横滨的代表性景观道路——马车道，是城市历史景观的一个重要组成部分。起初公司决定拆除原建筑，建设新的高层建筑，而城市居民则强烈要求保留这一历史建筑。经过日本建筑学会出面交涉，市政府通过容积率奖励措施补偿业主保留建筑立面的经济损失。公司终于同意在新建大厦时把原立面保存下来。

新大楼的设计由"日建设计"担任，用计算机完成了多方案比较，最后确定了正立面3层全部保留、侧立面保留1层的方案。因为原建筑外墙的3000块花岗石贴面，已经历了1923年的关东大地震灾、空袭及两次大火终于幸存下来，具有重要历史和景观价值。具体做法是把表面贴石一块块拆下后，拆除原有砖墙而代之以新的混凝土墙，再把原贴石重新固定在新墙上。规划决定只对这栋建筑临街正立面和四个转角处的立面保存加以限制，其他部分可以现代化。因此这一建筑竣工后，与相邻的优秀近代建筑——神奈川县立博物馆(原横滨正金银行本店，1904年)和街道对面的现代玻璃幕墙建筑均很协调(图9.6)。

近代建筑的保护与再利用问题不仅是建筑史和遗产保护专家的研究领域，更是广大建筑师应该认真关注的问题。

图9.6 日本火灾保险公司横滨大楼外观和室内

(2) 鞘堂式保存方式：千叶市美术馆·中央区役所综合大厦

许多人认为拆旧房建新房，省力省事、经济效益好。可是大量拆毁旧建筑除了带来建筑垃圾和环境污染外，还会使城市空间失去识别性和场所精神。只有在既考虑保存历史建筑，又克服各种困难设计出的新建筑，才会创造出既有时代气息又有文化品位的好作品。否则，只会在拆除旧建筑的废墟上建起更平庸的建筑。著名建筑师大谷幸夫设计的千叶市美术馆·中央区役所综合大厦，就是一次挑战性创新设计(图9.7)。

千叶市美术馆·中央区役所综合大厦，位于东京以东约30公里处千叶县千叶市。是对一栋并非很出色的旧银行的保存性再利用，充分挖掘了历史建筑的潜在魅力。

原川崎银行千叶支店是1927年建成的两层钢筋混凝土建筑，由矢部又吉设计，后被千叶市市政府购买，准备作为市民活动中心使用。但市议会又决定将其拆毁，改建为中央区役所(区政府)。作为该区内仅存的这一栋二次世界大战前的建筑物，千叶市市民和日本建

图9.7 千叶市美术馆外观、大厅和门厅

筑学会都希望能保存下来。东京大学名誉教授大谷幸夫先生的设计，在新建的地下3层、地上12层的千叶市美术馆·中央区役所综合大厦中保存了这栋旧建筑，使其作为新建筑的入口大堂建筑，得到有效再利用。具体做法为，将原建筑整体保存下来，赋予新的使用功能并组织到新大楼中。这种方式在日本被称为"鞘堂式保存"。

施工时，由于地段狭窄，要将旧建筑后移25米左右，待新建筑的地下主体工程完工后再移回原处。老建筑整体保存修复后，在新大楼底层大厅内，重新焕发青春。这样的做法显然会对工程建设和施工进度都带来影响，但为了新建筑的历史文化感和美术馆建筑的艺术氛围，还是选择了花费多、费时的设计方案。1995年竣工后，这一建筑以其高品位和艺术性，赢得了人们的赞誉和日本建筑学会设计作品奖。

(3) 整体保护方式：东京大学建筑系系馆改建

东京大学为日本著名学府，有120多年历史。东大建筑系被认为是世界上最好的十大建筑院系之一，培育出了丹下健三、槙文彦、黑川纪章、原广司等世界著名建筑师。正因为如此，1995年的建筑系馆改、扩建工程也备受人们关注。

建筑系馆，又称为工学院一号馆。这栋建筑为关东大地震后，按内田祥三的统一规划于1935年建成，是东京大学本乡校区内主体建筑之一。因此有东京大学本乡校园"内田哥特式建筑"之称。原建筑为左右对称矩形平面布局，中间有两处采光中庭，正立面为哥特

图9.8 东京大学建筑系馆改建

式风格，非常富有特征。在"本乡校园再开发再利用规划"中，建筑系馆被指定为保护建筑。当时东大建筑系香山寿夫教授所做的改建设计，在满足改、扩建功能要求的同时，新建和扩建部分都非常明显区别于老建筑，使人能阅读到建筑物的历史信息，而且与老建筑的色彩、质感等方面也很协调。改、扩建的主要内容为：原建筑的背立面(北侧)加筑板状建筑；将两处采光中庭加建金属玻璃屋顶，形成制图室和工作室。

在改建过程中，尽可能保留了老建筑原有材料、质感，如老建筑外墙装饰毛面瓷砖就得到了很好保留和运用。1995年完成建筑北侧的增建工程。增建图书资料室，保留原有外墙壁为室内墙壁，黄褐色和茶色毛面瓷砖既有历史感，又别具情趣。新建筑的外立面为素玻璃幕墙，使扩建的内部空间显得十分明亮、开敞(图9.8)。

1996年完成利用中庭改建工程，利用原中庭改建为制图室、工作室。由于原中庭空间并未完全封死，所以室内空间与室外中庭能完全融合在一起。

改建后的原正立面保持哥特式建筑风格，扩建的背立面为现代风格，新旧协调相处，透过素玻璃幕墙，还可看到原建筑物的外墙；入夜，透过内部照明，更衬映出幻影般的景色。

三、中国近代遗产保护的文化意义

1. 近代史研究的课题与意义

意大利哲学家、美学家贝奈戴托·克罗齐(Benedetto Croce，1866~1952)提出了"一切真历史都是当代史(contemporary history)"这一历史哲学中最为著名的命题。从这层意义上理解，任何保存至今的历史建筑都与当今社会的生活密不可分，近代建筑和城市更是如此。但是，由于国内对近代历史文化的认识存在某些偏差，对近代历史遗产保护必然缺乏应有的重视。所以，对中国近代城市、建筑等文化遗产保护的意义有必要特别加以阐述。

1840年第一次鸦片战争开始，中国逐渐进入半殖民地半封建社会，中国城市开始进入近代。由于中国近代史是中国人民受压迫、受剥削，被帝国主义侵略、奴役的辛酸史，是近代中国遭受列强欺凌的耻辱与苦难的标志。由于历史的原因，过去一段时间对近代史的研究相对较少。总的说来，史学总是跟不上时代的步伐，重古代，轻近代；重政治，轻文

---

① 毛泽东. 改造我们的学习[M]//毛泽东选集 (第3卷).
② 庞朴. 文化的民族性和时代性[M]//中外文化比较研究. 北京: 生活读书新知三联书店.
③ 陈为邦. 经济、文化、城市建筑环境艺术[M]//中国建筑: 评析与展望. 天津: 天津科技出版社, 1989.

化的情况并没有扭转过来。正如毛泽东同志所指出："近百年的经济史，近百年的政治史，近百年的军事史，近百年的文化史，简直还没有人认真动手去研究。"①其实，"中国近代史的内容十分丰富，可以从各个角度去分析、去研究。至今为止，我们大概从政治上研究中国近代史的比较多，比较普遍，也比较成熟"。②

1980年代后期，对近代城市史、近代建筑史的研究，在全国史学界和建筑史学界出现了前所未有的高潮。前者的标志为1989年11月在四川大学召开的全国性首次"近代中国城市研究学术讨论会"，以及作为哲学社会科学"七五"国家重点研究课题的上海、天津、武汉、重庆等地近代城市研究项目的完成和有关著作的出版；后者的代表为1986年起7次"近代建筑史研究讨论会"分别在北京、武汉、大连、重庆、庐山、太原、广州等地召开和会议论文集的出版。现在所要做的就是利用上述研究成果，并将两者综合起来，开展近代城市规划及城市环境空间分析，指导近代城市的历史保护规划与实践。这也是近代城市史、近代建筑史研究的现实意义所在。作为哲学社会科学方面的研究成果，对历史保护更新观念，解放思想有指导性意义；作为近代建筑历史研究的成果，为近代建筑城市文化遗产保护提供丰富、翔实的史料，是近代历史保护的重要依据之一。

2. 历史层积与文化共生

近代城市历史文化未能引起人们重视的原因在于：其一，中国文化深厚，5000年的历史，留下了无数光辉灿烂的文化遗产，因为多，人们可能"眼光高"，而近代文化遗产依年代之"辈分"还排不上号；其二，由于"人类社会越是现代化，就越是珍视历史"③。过去一段时间我们主要是在向现代化奋进，人们更向往新、向往"洋"，实现"小康"社会的发展目标是最为急迫的任务。因而，导致为了发展不顾其他的事情常常发生，如济南火车站等近代优秀建筑的拆除，大多发生在90年代，除了经济利益驱动因素外，也有思想观念的问题(图9.9)。

价值观念是整个城市文化的核心，观念更

图9.9 已拆除的济南火车站

新和转变是保护近代文化遗产的关键。从文化方面看，近代史最显著的特点就是中西文化之争。过去，"天下观"是中国传统文化价值观念的核心，是一种封闭型的中世纪文化心态，它认为"普天之下，莫非王土"[①]，中国是文化优越的天朝上国，外来文化都是低级的，必然为我所"化"。没有树立中外文化是"天下为一家，中国为一人"的平等关系的观念。梁启超先生在《中国史叙述》中将中国史分为三段：上世史为中国之中国；中世史为亚洲之中国；近世史为世界之中国，即中国民族合同全亚洲民族，与西人交涉竞争之时代也。当然，"今天的中国人终于体会了中国只是世界一部分，也体会了在人类缔造的文明中，中国文化不过占了一席而已"[②]。与此同时，我们还应看到：与"世世代代的停滞，劳动生产很低"[③]的封建制度剥削阶级的旧文化相比，资产阶级的新文化是进步、先进的。

外国殖民者的入侵，打破了中国闭关自守的文化环境，带来了大量西方文化，包括中国在殖民地社会形成过程中大量涌现的西方建筑文化。西洋建筑的大批出现，猛烈冲击了数千年来形成的中国传统建筑体系，无论在建筑功能上，还是艺术形式上；无论在建筑结构、技术、材料方面，还是在营造、管理、施工、工艺方面，都产生了深刻影响。近代城市规划布局一反我国整齐，均衡的传统规划模式，以工业、交通运输、公共建筑、市政工程与公用设施的近代化，区别于原有封建城镇性质。虽然带有殖民地色彩，然而同封建城镇相比，它在城市建设技术方面的进步与发展显而易见。

重"道"轻"器"的传统，使人们只看到殖民者意识形态方面的问题，出现了对外来建筑文化的不正确理解和民族情感偏差。历史文化遗产是人类在生产活动、社会活动和审美活动中积累的知识、技能和方法或其物化成果的遗存，是劳动大众的智慧积累，能工巧匠的艺术结晶，人类社会的共同财富。正如《马德里文件》所指出的，"保护20世纪遗产与保护早期重要遗产同等重要"，"20世纪遗产是活的遗产，对其理解、定义、阐释与管理对下一代至关重要"。

3. 保真打假、创新设计

原真性，是一处遗产能够采用真实、可信的方式，通过它的物质特征和非物质价值表达其文化意义。其评估应取决于文化遗产的类型和它的文化环境。重建一个完全消失的遗产或遗产的重要部分并不是真正的保护行为，如果历史文献记录支撑，重建将有利于遗产保护的完整性以及对遗产的理解，才可以考虑有限度的重建。

社会文化历史学派(Sociocultural-historical School)认为：人的高级心理活动不是人自身固有的，而是在与周围人的交往并受社会文化环境的影响中产生与发展起来的，受人类文化历史所制约。建筑作为与人类历史同步进展，与人息息相关的一种文化，是一个时空对象，是实体和空间的统一构成，具有与空间同样重要的时间含义。建筑的时间要素之一就是人的审美观念随着时间的流逝而变，建筑的象征和意义(symbols or meanings)也因时代不同而产生不同的移情(empathetic)。例如，历史上的北京天安门是封建帝王之门，是城楼，随着时代变化，增加了许多新的审美内容："五四"运动、新中国成立的"开国大典"等，对天安门的审美价值十分重要，因而将天安门当作国家形象而放到国徽上面。"由于近代建筑距今很近，其真正价值可能还没有被认识，但在历史上总有一天会变成重要角色，且在十年以后会愈显愈明。"[④]让市民走进身边的历史，就必须加强对近代建筑、工业遗产的保护与再利用。如果没有30年、50年的历史，哪来100年、500年的历史？

"人的生活不论物质上还是情神上都最忌千篇一律"[⑤]，优秀近代建筑已成为城市的标志和象征，其建筑形式和风格构成了城市的独特风貌，展现了城市建筑艺术和技术发展的历史延续性。青岛的"红瓦、黄墙、碧海、蓝天"海滨岛城风光；哈尔滨的"东方莫斯科"景观特征；上海的"东方巴黎"浪漫都市气息；以及大连、长春具有异国情调的城市气质，都与近代建筑息息相关。"鸦片战争以后，我国有107个沿海城市和内地城市先后辟为通商口岸"[⑥]，可见近代外来文化影响范围之广(图9.10)。除了历史文化名城，近代大都会外，汕头、黄石、芜湖等中小城市，也要在城市建设中留意近代历史地段、近现代建筑遗产的保护利用。

对近现代建筑遗产的漠视，与对陈旧符号、语汇的青睐是当今我们城市建设，建筑创作中的怪现象。有从近现代建筑中寻找创作的"灵感""语汇""符号"，加以"时代蜕变"的创新派；更有直接借用近现代建筑形式、构件，如多层住宅也生硬戴个红帽子的模仿派；还有迎合开发商口味的"欧陆风情"大泛滥，等等。

然而，在城市规划建设中，一味依赖某些陈旧的"编码"，反映不了历史前进的步伐和时代精神。并且，协调只是新旧建筑关系处理的基本原则。"新陈代谢""共生""对话"才能更好地体现城市文化的时空延续性。"城市衰败的最明显的标志，城市中缺乏社会人格存

---

① 康有为. 内外篇·觉识篇.
② 许倬云. 中国文化与世界文化[M]. 桂林：广西师范大学出版社，2006.
③ 列宁. 列宁全集，第20卷，297.
④ 藤森照信. 亚州近代建筑之保存与都市风格[J]. (台)建筑师，1989 (7) .
⑤ 郑孝燮. 建筑的性格、品格与风格//建筑·社会·文化[M].北京：中国人民大学出版社.
⑥ 罗澍伟. 关于开展近代中国城市研究的一些管见[J].历史教学，1991 (2)：8~12.

图9.10 世界文化遗产厦门鼓浪屿(陈立群摄)

在的最明显标志，就在于缺少对话——并非一定是沉默不语，我同样指的是那种千语一腔的杂乱扰攘，也都是这种表现。"①

正如英国历史学家霍布斯鲍姆在《传统的发明》中所论述的："那些表面看来或者声称是古老的'传统'，其起源的时间往往是相当晚近的，而且有时候是被发明出来的"，而"发明传统本质上是一种形式化和仪式化的过程。"②而且，传统作为一种历史持久、由社会所传递的文化形式，并非一堆过时的死物，而是活生生的现实，它的生存根植于人们的不断理解和解释中。传统本身就像一条流动的河，不存在纯粹的形式，每个人眼中的传统，都是相应历史条件下一种新的理解，传统便在这种不断理解和解释下实现自己的生存和进化。

---

① 刘易斯·芒福德. 城市发展史：起源、演变和前景[M]. 倪文彦、宋俊岭译. 北京：中国建筑工业出版社，2005.

② 埃里克·霍布斯鲍姆，特伦斯·兰杰编. 传统的发明[M]. 顾杭、庞冠群译. 南京：译林出版社，2020.

第十章 产业遗产的保护与适应性再利用

产业遗产(industrial heritage)是指工业文明的遗存，它们具有历史的、技术的、社会的、建筑的或科学的价值。这些遗存包括建筑、机械、车间、工厂、选矿和冶炼的矿场矿区、货栈仓库，能源生产、输送和利用的场所，运输及基础设施，以及与工业相关的社会活动场所，如住宅、宗教和教育设施等[①]。

产业遗产保护，对中国人而言可能是一个既熟悉又陌生的话题，过去有一些古窑址、冶铁遗址、古酿酒窖池列为全国重点文物保护单位，近年来又有一些具有特殊历史意义的当代工业史迹，如大庆第一口油井、第一个核武器研制基地旧址等列入。应该说在2006年5月国务院公布的第六批全国重点文物保护单位中黄崖洞兵工厂旧址、中东铁路建筑群、青岛啤酒厂早期建筑、汉冶萍煤铁厂矿旧址、钱塘江大桥、南通大生纱厂等近现代产业遗产才是本章所讨论的重点所在。如何对这类产业建筑遗产实施切实保护、如何实现适应性再利用的目标，这里主要结合上海的产业遗产保护规划实践进行分析探讨。

一、国际产业遗产保护潮流概述

1. 产业遗产概念的出现

产业遗产的概念涉及那些直接或间接与工业时代新型生产方式相连的建筑或场所，其中包括工业场地和工业建筑，可能有些时候还包括相关设备和机器。所谓直接关联，指的就是作坊、车间、厂房、仓库等；所谓间接关联，指的是工人住宅和那些应用工业产品的建筑物：桥梁、车站、市场、码头等。

1950年代，随着大规模的设备更新和机器换代，工业革命(industrial revolution)时期遗留下来很多可以作为那个时期见证的工业设施和建筑被拆除，这首先在工业革命的发祥地英国引起了警觉。1955年任教于伯明翰大学的Michael Rix教授发表文章*Industrial Archaeology*，呼吁保护英国工业革命时代的机械与纪念物。考古一词的使用，启发了学术界的讨论与关心，与此同时民间亦兴起一股协助调查、记录和研究工业遗产的热潮，并且成立了一些协会旨在保护这一西方历史上十分重要却被忽略的时代层面的遗迹(strata)。从1965年开始，在"古迹周边地带"中决定把工业建筑遗产如同其他文物古迹一样保护起来，并由巴斯大学(The University of Bath)的工业历史研究中心进行重要工业建筑的普查登录。

---

① TICCIH. The Nizhny Tagil Charter for the Industrial Heritage[Z]. 2003.

从此，工业建筑遗产的概念范畴就不停地扩大。开始时，它包括工业革命前建成的建筑和一些具有先驱意义的建筑，在法国主要是工厂和皇家冶炼厂。后来，其范畴扩展到当代建筑，因此也同一般建筑遗产保护那样遇到了如何划定年代界限的问题。

1969年，依据1935年《历史遗迹法》(*Historic Sites Act*)和1966年《国家历史保护法》(*National Historic Preservation Act*)，美国土木工程师学会、国会图书馆和国家公园管理局创立了"美国历史性工程记录"(Historic American Engineering Record, HAER)项目。考虑到产业和工程资源记录需要一种不同于历史建筑的跨学科文献方法，对这些场所和成就的永久记录，以确保它们在被遗忘或遗忘很久之后，仍然能够为子孙后代所欣赏和学习。自HAER成立以来的1/4世纪里，已经积累了4500多处产业遗址地区和建筑的文献档案资料，它们是美国产业遗产和技术遗产的重要代表。

1986年荷兰开始建立1850~1945年期间的产业遗产资料档案。日本也在1980年代开始调查保护产业遗产，并在秋田县和东京的部分区开展了产业遗产普查工作。在法国，80年代开始对加尼埃(Tony Garnier)设计的屠宰场等产业建筑进行保护，并且成立了20世纪建筑

图10.1 AEG透平机厂房

与城市遗产相关协会。在其他国家，像贝伦斯设计的AEG透平机厂房(图10.1)、格罗皮乌斯设计的法古斯工厂、赖特设计的约翰逊制腊公司大楼和A.D.杰曼仓库等产业纪念物都得到了很好的保护。

2. 从FICCIM到TICCIH

随着"工业考古学"的兴起，越来越多的非专业人士开始了对产业建筑、土木工程遗产的调查和保护。业余研究团体在各地开展对工业革命时期机械、建、构筑物的野外调查和工业考古，并发表了一些调查报告和研究成果[①]。有着120多年历史的英国国民信托(National Trust for Places of Historic Interest or Natural Beauty)组织，二次大战后开始关注产业遗产的保护问题。

1973年，成立了英国产业考古学会，同年在产业革命发祥地之一、世界最早的铁桥所在地——铁桥峡谷博物馆召开了第一届产业纪念物保护国际会议(The First International Congress on the Conservation of Industrial Monuments，简称FICCIM)。来自英国、加拿大、东德、西德、爱尔兰、荷兰、瑞典和美国等8个国家的61位代表参加了大会。世界各地热衷产业遗产保护的人们聚集在一起，在当时的观念与认识条件下很了不起。

1978年，在瑞典召开了第三届产业纪念物保护国际会议，会上成立了有关产业遗产保护的国际组织，即国际产业遗产保护联合会(The International Conference on the Conservation of the Industrial Heritage，简称TICCIH)。从这时起，产业遗产保护的对象开始由产业"纪念物"转向产业"遗产"。产业遗产保护的动机在于关注历史证据的普遍价值，而不仅仅是那些独特遗址的唯一性。

2003年7月10~17日，在俄罗斯召开了TICCIH第12届大会，会上通过了《关于产业遗产的下塔吉尔宪章》(The Nizhny Tagil Charter for the Industrial Heritage)，该宪章是有关产业遗产保护最为重要的国际宪章。至此，除建筑师、工程师外，技术史学者、博物馆专家、保护运动的研究者也加入这一领域。对与产业遗产有关的记录、档案和保护技术进行研究，通过信息交流，推动产业遗产保护的国际合作。产业遗产包括有形的产业见证——景观、遗迹、建筑物、构筑物、机械、制品以及其他工具；无形文化遗产——纪录产业发

---

① Rinio Bruttomess, Edit., *Water and Industrial Heritage: The Reuse of Industrial and Port Structures in Cities on Water*[M]. Venice: Marsilio Editori, 1999.
② 阙维民. 世界工业遗产简析[M]//国家文物局文保司、无锡市文化遗产局. 中国工业遗产保护论坛文集. 南京: 凤凰出版社, 2007, 191-192.

展的绘画、照片、资料，以及与产业发展相关的文字、音像纪录等。

3. 产业遗产与世界遗产

2000年，TICCIH与国际古迹遗址理事会(ICOMOS)签署了在产业遗产领域开展调查、研究和保护工作的合作协议。事实上，TICCIH近年来一直在协同ICOMOS及相关专业人士对将要列入《世界遗产名录》的产业遗产进行备选调查与研究。TICCIH还曾与滨水城市联盟成立专业小组，对欧洲及世界范围内历史港口开展调研。ICOMOS一直鼓励采用多种方法对历史建筑进行保护与适应性再利用，也鼓励更多20世纪历史景观与建筑进入地方与国家遗产的保护名录，同时考虑把更多这类遗产列入《世界遗产名录》。

据有关学者的统计，截至2006年，全世界已有43处产业遗产列入《世界遗产名录》[2]。1994年列入《世界遗产名录》的福尔克林炼铁厂(Völklingen Ironworks)就是其中的代表。作为人类文化遗产，位于德国萨尔州的福尔克林炼铁厂是工业时代的遗迹。在这片纪念地里，人们能看到划时代的技术发展进程，同时也记录着当时人们的日常生活。它代表了劳动与钢铁在整整一个世纪里的历史。

图10.2 德国福尔克林根炼铁厂现状

1873年来自科隆的工程师约里乌斯·布赫开办该厂。在卡尔·吕赫林领导下，福尔克林地区成为德国最大的铁器生产地。在该炼铁厂逐步发展为大型企业的过程中，小镇福尔克林也渐渐演变成一个中型城市，来自整个萨尔州的工人纷纷迁至此地。在工厂全盛期的1890年，这里有2万多个炼钢炉，燃烧着来自萨尔州的煤炭，冶炼着来自法国洛林地区和瑞士的矿石。福尔克林炼铁厂是当时全欧洲最先进的炼铁厂之一，它是钢铁冶炼技术领域的一块里程碑，它所拥有的设备使其在有史以来的生铁生产中占有重要位置。这里包含了有关钢铁制造业的一切领域：从矿石、焦油和熔渣堆放，到配料和原料的存储；从吊车设备、高炉群、气体干燥净化装置和为生铁生产使用的鼓风机房，到保存下来的轧钢机等，可以说应有尽有。

1986年由于技术进步和市场变化，福尔克林炼铁厂被迫停产。后来将原有建、构筑物，改建成了一处包括工业博物馆在内的大型文化活动设施。技术的原真性，使福尔克林炼铁厂成为工业发展史上的代表性遗迹。它是19世纪和20世纪欧洲与北美众多炼铁厂中，唯一被完整保留下来的产业遗址。1994年，被联合国教科文组织列入《世界遗产名录》，这也是曾经在这里工作过的广大工人的骄傲(图10.2)。

2000年，位于英国南威尔士的矿业小镇布莱纳文(Blaenavon)因其在工业革命中所占有的重要地位，也被列入《世界遗产名录》。早在1986年，作为18世纪英国工业革命见证的铁桥峡谷(Ironbridge Gorge)已列入《世界遗产名录》，它位于伯明翰近郊的塞文河谷地带的科尔布鲁克代尔(Coalbrookdale)，1779建成的铁桥横跨塞文河(the River Severn)，是世界上最早的铸铁肋拱桥，主跨长30.5m，由Thomas Pritchard设计(图10.3)。而科尔布鲁克代尔工业区被完整保留下来，成为工业革命和技术史的大型户外博物馆。它包括煤山区、铁桥区、草河谷区、杰克山庄区和煤港区，保留着大量矿场、铸造厂、作坊、仓库、教堂、民居等建构筑物。如今，铁桥峡谷博物馆已成为近现代建筑和产业遗产保护活动的重要基地。

此外，列入《世界遗产名录》的著名产业遗产地还有：德国的埃森煤矿工业区(含鲁尔区，2001)、瑞典的恩格尔斯堡铁矿工场区(1993)、印度山地铁路(大吉岭喜马拉雅铁路，1999，2005)等。

4. 适应性再利用的设计策略

产业遗产具有一定的历史文化价值，包含大量重要的与科学技术史有关的真实信息，其自身作为产业建筑类型的物质形态遗存，又具有独特的美学价值，甚至可以成为城市文化认同的重要内容和当代城市生活的一部分。瓦尔特·本雅明(Walter Benjamin)认为城市是

图10.3 英国的峡谷铁桥(Nigel Hawkes.STRUCTURES: *The Way Things Are Built*. New York: Macmillan Publishing Company)

集体记忆的存储地，是过去的留存处，这些记忆体现在建筑上，"建筑物表明了集体性的神话"，"即便是废弃的建筑物，也会留下种种痕迹，揭示出以往各时期的种种记忆、梦和希望"[①]。

———————————

① 布赖恩·特纳. Blackwell社会理论指南[M]. 李康译. 上海：上海人民出版社, 2003, 527.

困难之处在于即使这些产业遗产已列入保护名单，也并不能确保得到有效保护。正如国际古迹遗址理事会原秘书长迪努·班巴鲁(Dinu Bumbaru)所指出的："工业遗产通常被人们厌恶并与污染或沉痛的回忆联系在一起，它们正面临严峻威胁。一方面，其工业活动的连续扩展迫使它适应于不断发展的生产方式；另一方面，逆工业化的过程使得这些场所废弃不用，同时影响着从属的工人团体。最后，对于这些巨大的或高度专业化的结构的保护，或对污染遗址的保护，给我们提出很难的技术挑战，它要求实际经验和知识的集中共享。"①

如果说，近代产业遗产的人文历史价值、科学技术价值还只局限于一些典型产业纪念物，那么保护与再利用产业建筑的生态环境价值，则是具有普遍意义、可持续发展战略的直接体现。保护历史环境，充分利用有限的资源，和保护自然生态一样，值得人们广泛关注和积极参与。全球性的能源短缺和环境危机，使历史保护运动具有紧迫感。保护和再利用旧建筑，循环使用各种潜在资源，已不是一个孤立事件，而是与整个社会生存与发展息息相关的重大战略问题，并成为城市规划和建筑设计领域的国际性潮流。②

产业遗产的保护与一般文物保护不同，最重要的一点就是要这些产业建、构筑物进行适应性再利用(adaptive reuse)。在尽可能保留、保护其工业建筑遗产生产类特征和所携带历史信息的前提下，一定要注入新的空间元素、开发新功能。近代产业建筑的保护，不仅要使旧建筑留下来，更重要的是复苏产业建筑生命力，使之能融入当代城市生活之中。③

旧建筑适应性改造利用主要有建筑功能更新与能耗技术创新两种策略。第一类策略重在保存场所精神，维系城市文脉连续性，在这个基础上更新功能以适应时代需要。随着建筑的可持续发展需要，第二类策略重在提高旧建筑环保节能的技术方面，并且正逐渐发展为适应性改造利用的未来方向。④

美国马里兰大学建筑、规划与保护学院院长高斯·罗卡尔(Garth Rockcastle)教授认为：适应性再利用(adaptive reuse)在设计运用上有三个重要理念：①把设计理解为一种编辑过

① D. 班巴鲁. 生产遗产[N]. 中国文物报, 2006.4.14.
② Silvio Mendes Zancheti. Conservation and Urban Sustainable Development[M]. Rua do Bom Jesus: CCIUT, 1999.
③ 张松. 发掘工业厂房新价值、维系都市文化多样性——近代上海产业建筑的保护与再利用[J]. 上海画报, 2001 (7)：32~35.
④ 刘少瑜, 杨峰. 旧建筑适应性改造的两种策略: 建筑功能更新与能耗技术创新[J]. 建筑学报, 2007 (6)：60~65.
⑤ 高斯·罗卡尔. 适应性的再利用[J]. 世界建筑, 2006 (5), 17~19.

程(a process of editing)，而不仅仅是一项发明创造；②要意识到"框"(frame)的可变潜力，应考虑如何突破或削弱其中的某些要素；③要认识到可转化的灵活或敏感的(responsive or flexible)建筑所具有的动态而长久的力量。⑤

通过适应性再利用，最终的作品应能有效发现一些能平衡和整合新与旧以及未来兴趣点的方式，向我们传递、说明和展现的形象，可能是单纯修复或拆除新建都不能实现的综合效果。这一过程往往是批判性的，有时甚至是超越一般性逻辑的，但它拓展了我们的世界，在修复裂痕和冲突的同时拓展了利用边界和间断性。正因为如此，国外在城市尺度的适应性再利用探索也越来越多，著名的有德国鲁尔工业区(Ruhr Region)的区域复兴、英国伦敦码头区(Dockland)再生规划、澳大利亚悉尼渥石湾地区(Walsh Bay)的再开发项目。

5. 欧洲适应性再利用的成功实例

(1) 奥赛美术馆——旧火车站变成的世界一流美术馆

坐落在塞纳河左岸的奥赛美术馆(Le Musée d'Orsay)，犹如一颗璀璨的珍珠，与位于右岸收藏丰富、有皇家气息、像钻石般的卢浮宫相互辉映。参观完这座藏品丰富、空间流动、设施先进的艺术殿堂，你一定很难相信这个世界一流美术馆，是由一座废弃旧火车站改建而成。

为了举办1900年的国际博览会，巴黎奥赛车站于1898年建成。随着电气列车的出现，这处车站自1939年起就关闭了。因它废弃已久，1970年代初曾决定予以拆除。后来，由于历史保护思想的转变，在1978年奥赛车站被列入国家保护建筑名册。火车站在以前代表时间和速度，19世纪工业革命之后带来新的技术，改变了我们的生活形态，延伸了我们出行的距离。火车站这一时代的产物也成了技术进步的牺牲品，所以说火车站是非常具有象征意义的建筑类型。

80年代起，在西方将工厂车间、货栈仓库改建为艺术家工作室、文化活动场所成为时尚。将艺术文化引进火车站等产业建筑空间，最重要的意义就在于创造了一般博物馆、美术馆或画廊无法取代的另类创作与展示场所。1986年奥赛车站经过精心改建，成为文化之都巴黎又一处迷人的艺术殿堂。对奥赛旧车站改建，除对原有建筑进行细致整修外，还插入了一套新的建筑要素，创造出"房中房"的特色空间。既保持了旧火车站建筑要素的完整，又创造出适合现代艺术品展示需要的流动空间(图10.4)。

奥赛美术馆，是循环再利用旧建筑物非常成功的实例之一。它告诉我们，将已破旧的厂房、仓库、码头、车站等产业建筑遗产，作为资源保护与再开发利用，不仅有经济效

图10.4.1 奥塞火车站改造前(网络资料)　　　　图10.4.2 奥塞火车站改造后室内

图10.5 罗马啤酒厂改造前后

益,同时也复兴了城市中逐渐衰败的地区,丰富了城市景观的多样性。

(2) 古都罗马啤酒厂改成现代艺术画廊

2000年是欧洲的圣年,也是旅游观光旺季。为了迎接世界各地旅游者到来,许多城市都完成一些大型文化设施建设项目。其中相当一部分是由旧建筑物和产业建筑改建而成。如意大利古城博洛尼亚(Bologna)的大型建设项目中,就有由旧证券交易大楼改建图书馆和多媒体信息中心;由烟草工厂改建文化交流中心和演出中心等旧建筑再利用工程。

在古都罗马，近年已完成的项目中，有利用旧火力发电厂改建的文化中心，由罗马时期屠宰场改建成的展示和出版发行中心，由旧啤酒厂改建的现代艺术画廊，等等。

罗马现代艺术画廊，充分利用一处废弃啤酒厂。为适应现代化美术馆的功能需要，对原有建筑进行了彻底加固和改造。在两幢厂房建筑间，架设了钢架玻璃屋顶，形成了阳光明媚的中庭广场空间。在地下还增建了大的展示厅，扩展了原有建筑的使用空间。中庭广场地面上的玻璃铺面，既为地下展示大厅提供了采光，又为广场上的人提供了"人看人"的趣味空间。在二、三层建筑上加设空中连廊，加强了两幢建筑间的联系与交流。馆内陈列、展示、收藏、灯光、防盗以及电子检索等设备等都达到了一流美术馆的要求，建筑外观也富有个性特征(图10.5)。

二、上海产业遗产的基本状况与保护意义

1. 近代产业遗产的汇聚地

上海的过去不仅为我们留下了风花雪月的故事，更藏有无数记录近代产业发展历程的文化景观。

位于东海之滨和长江入海口咽喉处的优越地理条件，为上海近代工业的发展提供了良好条件。开埠后，外国资本迅速进入工业生产领域，开设各类工厂。1850年代，出现隶属于航运和进出口贸易的船舶修造厂。美商首先在上海建立修船厂，英商则在1862年建立了祥生修船厂，1865年建立了耶松修造厂。

1895年，《马关条约》允许日本和其他国家在中国建厂后，外商工厂增加迅速。如英商怡和纱厂、上海正广和汽水厂、科发药厂、中法(纶昌)印染厂、颐中烟厂和颐中烟草公司、裕丰纺织株式会社、密丰绒线厂、上海船厂(原英联船厂和招商局机器厂)、英商马勒机器造船厂等，都是当时有影响的大工厂。[①]

上海也是我国民族工业的诞生地。洋务运动中上海首先出现的官办军火工厂为李鸿章等人于同治四年(1865)设立的江南制造总局。此外，还有我国最早的机器纺织业——上海机器织布局，最早的机器面粉业——裕泰恒火轮面局，最早的机器造纸工业企业——上海伦章造纸局等。江南制造局以生产枪炮子弹为主，辅以舰船修造，同时开设翻译馆、广方

---

① 张松. 产业遗产: 都市新话题——工业老建筑的保护和利用[N]. 文汇报, 2000.5.8.

图10.6 上海杨树浦煤气厂办公楼(郑宪章摄)

言馆和工艺学堂。其间翻译、推介了大量西方近代科技文献、技术资料和人文思想,可以说,作为中国近代化运动产物的江南制造总局,反过来又开启和影响了上海乃至中国的近代化进程。①

到1930年代,上海工厂总数占全国工厂总数一半以上。1949年上海共有各类工厂1万余家,成为全国最大的工业城市。由于工业生产、交通运输、给排水等条件和因素影响,工业建筑多集中于苏州河北岸和黄浦江西岸。②

在杨树浦一带就坐落着我国最早的煤气厂、发电厂、自来水厂,还有许多早期工业旧址。杨树浦煤气厂的前身是上海创办最早的大英自来火房,其炭化炉房是中国第一座钢铁结构厂房建筑(图10.6)。此后,钢结构单层工业厂房有很大发展。杨树浦发电厂是上海历史最久的火力发电厂,清宣统二年(1910)建成的透平车间钢桁架跨度达20m,并设有50吨吊车,成为当时中国拥有最大吊车吨位的车间之一。一号锅炉间是全国出现最早的一座钢框架结构多层厂房，五号锅炉间是当时全国最高的钢框架结构厂房。杨树浦水厂前身是英商上海自来水公司，也是上海最早使用混凝土的工业建筑。

而江南制造局下属江南弹药厂，为创建于1870年代的清政府军火生产基地，可以说是我国最早的军工企业和国有企业。建于1920年的南市邮电局则是由中国政府创建的第一家为都市邮政电讯服务的设施，从中可以看到在外商独揽电话业务时，开明绅士是如何说服清政府自办华界电话业务的历史。

可以说，对此人们还未引起足够重视。特别是那些存在于城市历史环境之中，建成年代较晚、建筑艺术性并不高的产业建筑，随旧城改建开发和产业结构调整，正迅速在我们眼前消逝。自古以来建筑就是文明的象征、文化的载体。作为"石头史书"的历史建筑在现实环境中向人们讲述着历史，在都市空间中传播着文化。产业建筑遗产既反映都市的发展过程，也是企业发展的历史见证。当人们追寻近代工业发展的轨迹时，就不能不提到上海，因为上海是中国近代工业最发达的都市之一。

2. 技术发展活的见证

产业遗产保护在认识我国生产技术发展史和工业发展史方面有积极意义。上海的近代产业建筑不仅反映了历史的转变，而且反映了生产技术发展的过程。1895年后，随着上海的国际化程度不断提高，城市社会经济发展水平与西方城市的差距逐渐缩小，各类洋行、银行办公楼已逐步摆脱了早期殖民地形式，直接与西方同类建筑接轨，并出现了很多新建筑类型，在上海出现的厂房建筑就是在西方也刚刚出现不久。在建筑技术方面，1860年代逐渐出现新结构、新技术，使上海近代工业厂房面貌发生很大变化。如原怡和纱厂的纺织车间率先采用了钢筋混凝土锯齿形屋顶；杨树浦煤气厂原炭化车间采用了铆接工字钢构架结构。第五毛纺厂纺织车间的首例钢筋混凝土锯齿屋顶和上海啤酒厂及密丰绒线厂仓库的无梁楼盖，可以看出当时科学技术发展的水平(图10.7)。

由于近代工业大规模生产要求建筑的结构与生产工艺流程完美结合，使得工业建筑跳出了建筑式样与风格的约束，表现建筑本身的结构美、材料美，成为功能与形式完美结合的现代建筑雏形。这一点在天利化工厂硝酸车间建筑上得到了充分反映。高低错落的钢构

---

① 伍江. 一份重要的历史文化遗产——近代上海产业建筑的风格与特色[J]. 上海画报, 2001 (5)：10~15.
② 顾承兵. 上海近代产业遗产的保护与再利用——以苏州河沿岸地区为例[D]. 上海：同济大学, 2003.

图10.7 密丰绒线厂绒线仓库(郑宪章摄)

架，或围合或开敞，与大型设备及生产工艺流程有机结合，充分体现了工业文明的特色。

建筑的艺术性是永恒的、独立的，其艺术魅力和价值不会随岁月流逝而丧失，反而会逐渐加强和不断增值。一方面，1990年代的建筑材料和结构技术建成的建筑，其建筑艺术水平不一定高出19世纪建筑的艺术水准。另一方面，建筑技术水平随时间发展而发展，老的建筑技术和建筑材料会被新的技术和材料取代。过去使用过的建筑技术和建筑材料，由于科学技术的发展会逐步淘汰。因此，那些近代技术的结晶应在当今和未来社会中存在，以反映科学技术发展过程，体现技术的美学价值。

3. 资源再利用的有效途径

如果说，近代产业遗产保护的历史文化价值和技术史方面的意义还局限于一些典型例子，产业建筑保护的生态环境意义则是符合"可持续发展"原则的大趋势。为了保护都市环境、维持生态平衡，为了子孙后代，必须尽可能利用旧建筑、老房子，循环使用各种潜在资源。对破旧的厂房、仓库、码头等近代产业遗产及不再使用的车站、码头等交通设施，作为环境资源进行再开发、再利用，不仅有经济效益，更有保护生态环境的现实意义，同时也复兴了都市中逐渐衰败的地区，增加了都市活力和生机。历史建筑本身也可容纳一定的新功能，并将最大限度使用原材料和资源，避免因拆毁重建而消耗更多资源，避免有一定使用价值的建筑成为一堆无用的建筑垃圾，从而污染地球环境。

保护历史环境，充分利用有限的资源，和保护自然生态一样，值得人们关心。能源短缺和环境危机，使历史建筑保护运动具有紧迫感。保护和再利用工业遗产建筑是一件与可持续发展紧密相关的战略问题。保护工业遗产等建成环境遗产，目的是保护了地方文化遗产、社区环境特征，让人们的日常生活呈现出丰富多彩的景象。

显然，现在谈论的工业建筑遗产保护，其实并不是要将所有老工厂、旧仓库都改造成历史博物馆。而是希望在城市规划、城市更新中，多考虑一些历史文化因素，通过城市空间自身来反映城市的历史价值和文化内涵。城市居民不仅有住房、城镇、家乡等物质生活方面的归属需求，在精神境界和文化生活方面也有更高需求。

保护产业建筑遗产与文物古迹保护不同，最重要的是要积极重新利用这些产业文化资本，注入新功能，同时尽可能保留建筑的空间特征和其所携带的历史信息。近代产业建筑也是城市景观的构成要素，不加以利用就失去了保护的现实意义。近代产业建筑的保护与再利用，不仅是使旧建筑物留存下来，更要注入新的生命力，使之重新拥有活力，从而让其周围的历史环境复苏。因此，对近代产业建筑不能单纯地保存，而要加以创造性再利用。将工业区、旧城区等历史地段推倒重来"大拆大建"的开发方式是错误的。

发达国家的许多城市中，都还保留着相当规模的老工业区或旧码头区，从阿姆斯特丹到旧金山都保存着很多厂房、仓库，经翻新改造后变成了地方文化复兴地区。在国外，将工厂、仓库、车站甚至矿区、监狱，改造为商店、学校、旅馆、公园、社区中心等再利用旧建筑的例子比比皆是。城市中旧工业区和码头仓库区的改造获得很大成功，不仅使那些衰败地区恢复了活力，而且有的地方还成为了前卫文化艺术的发源地。适当改造、充分利用产业建筑已成为城市开发建设中的一种真正时尚。

4. 保护日常生活环境中的历史记忆

进入1990年代，随着上海产业结构的调整，第三产业发展战略的全面推进。都市空间结构发生了重大变化。工业重心向新兴工业区或郊外转移，大型市政设施也开始向外拓展。随着新技术的引进与开发，传统工业的发展陷入困境，不少企业面临"关、停、并、转"局面。在这一形势下，如何对大量的近代工业建筑、产业遗产进行保护与再开发、再利用，不仅具有重要的文化意义，而且也是旧城更新改造中所面临的现实问题。

由于生活方式和社会变革周期缩短、速度加剧，旧工业区逐渐衰败废置。特别是40多年来，神州大地土木大兴，旧城改造迅猛推进，推土机第一次在旧城更新改造中被广泛采用。那些并未作为文物指定的工业建筑、产业旧址，其身影正急速从都市空间中消失。近代产业建筑遗产反映了上海工业发展的物质技术水平，是当时社会生产力发展的物证，是属于上海的文化遗产。在开发建设和工业改造中要给予足够重视。旧城改造与新区开发建设不同，要特别重视城市环境的细节，要求非常敏感地对待现存环境中的一切。老码头区、旧工业区常留有许多历史遗构，诸如围墙、车间、仓库、铁轨、烟囱等，是认识历史的直接联想物，也是保持城市识别性和方向感的地标。

在城市规划建设特别是旧城改造时，要善于发现都市与建筑环境中变化缓慢或基本稳定的那些特点，因为它们构成了都市不同的特色类型。就上海正进行的"一江一河"环境提升工程而言，历史文化景观廊道的环境整治与新区开发建设不同，必须非常敏锐地对待现存环境的一切元素。也许面对的是承载着上海百年工业兴衰的一段滨水地段，工业遗产是它独特场所精神之所在。都市中的河流不仅是自然环境要素，也是人文环境要素，"一江一河"的滨水岸线历史建成环境理应予以保护提升，重现价值。

历史不仅属于博物馆和文献资料，都市本身就是一座开放的历史博物馆。时下，"阅读城市"似乎成为一种新时尚。但是，当你面对"千篇一律"的都市空间时，是否还会有阅读的兴致？只有充分保护城乡的历史环境、合理开发文化资产、保持地方特色的勃勃生机，才能阻止"千城一面""千村一貌"现象的蔓延。在目前的历史遗产保护工作中，还必须大力开展"保真打假"运动，那种一方面不惜巨资兴建"假古董"和所谓人造景观；一方面对自己身边真正具有价值的历史真迹和近代遗产却熟视无睹的行为可以休矣。

当你听到"中国人只重视写成文字的历史，不重视保存环境中的历史"这样善意的批评时，有何感想？一个创造了5000年文明的民族，难道真的需要接受"文化价值"的再教育吗？当人们议论"历史上的罗马不是一天建成的，今日上海却是一天建成的"时，作为"阿拉"上海人，是否应在保护与再利用近代建筑遗产的过程中寻找自己的归属呢？

三、上海产业遗产保护利用的实践探索

1. 产业遗产的调查、鉴定和登录保护

上海过去是中国近代工业起源地，今天也是率先对这些彰显城市文脉的产业遗产进行调查和保护的历史文化名城。

1988年11月10日，建设部、文化部联合发出《关于重点调查、保护优秀近代建筑物的通知》。按照通知精神，上海市建设、规划等有关部门主持、展开了近代建筑调查和推荐工作。1989年8月30日，推荐59处优秀近代建筑为全国重点文物保护单位。同时决定在未批准之前，先作为上海市重点文物保护单位加以保护，同年9月25日经市政府批复同意。其中就有上海邮政大楼和杨树浦水厂两处产业遗产建筑。而且，上海邮政大楼在1996年与外滩历史建筑群一道被公布为第四批全国重点文物保护单位。2005年，已有80余年历史的邮政大楼经过全面修缮、改建，并开设了陈列面积超过8000平方米的全国第一家邮政博物馆(图10.8)。

1998年，为配合第三批优秀历史建筑调查、申报工作，市规划局委托同济大学建筑与城市规划学院专门开展了上海市近代优秀产业建筑调查工作，这是国内较早，也是规模较大的一次针对工厂、仓库等产业建筑的基础调查、评估、论证工作。当初根据档案、文献资料查找出的60多家上海历史上的知名老工厂，实地勘察只剩下41家有迹可循。在课题

图10.8.1 上海邮政大楼外观

图10.8.2 邮政博物馆的中庭空间

上海市第三批优秀历史建筑保护技术规定

原名称	现名称	地址	建筑层数
怡和纱厂	上海第五毛纺厂—空压站及仓库、厂房、废纺车间、大仓库	杨树浦路670号	3/2/2/1/2

结构类型	建造年代	设计者或施工者	原使用性质/现使用性质
砖木结构/大仓库钢筋混凝土框架结构	1909~1941	大仓库马海洋行	工业/工业

保护类别	四/三
保护范围	保护建筑基地范围
建设控制范围	北至杨树浦路，南距保护建筑10米，东距保护建筑2~30米，西至厂区边界。
保护重点及要求	锯齿形屋顶、外立面及气楼
内部保护重点及要求	
使用性调整质或置换要求	
其他保护要求或整改建议	
建筑特征/建筑风格	钢筋混凝土锯齿形屋顶，外立面水泥砌筑，窗户高宽比接近1，顶部有弧形券/瓦楞铁皮锯齿式屋顶，由三跨入字形屋顶组合而成，中间升起处为气楼，作采光和通风之用。外立面音调高耸比接近2/1，窗顶部为弧形券/两层砖木结构英国式乡村别墅/钢筋混凝土锯齿式屋顶，是国内工厂采用钢筋混凝土结构的先例。建筑外立面为红色清水砖墙，门墙有墙柱；门窗比例修长，排列有韵律。墙墙、柱、门窗简洁无任何装饰，但色彩、比例显得沉稳和谐/红色清水砖墙外立面，底层窗户弧拱，二层平拱

上海第五毛纺厂

G-Ⅲ-03

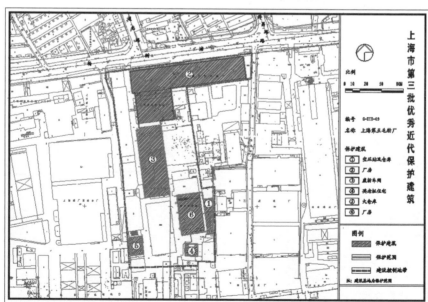

图10.9 优秀历史建筑保护技术规定-表格(上)和优秀历史建筑保护技术规定-图则(下)

表10.1　　　　　　　上海市五批优秀历史建筑中工业遗产建筑数量及占比

批次和公布时间		第一批 1989年	第二批 1993年	第三批 1999年	第四批 2005年	第五批 2015年	合计
优秀历史建筑总数(处)		61	175	162	234	426	1058
其中	产业遗产数(处)	2	12	16	15	34	79
	比　例	3.28%	6.86%	9.88%	6.41%	7.98%	7.47%

组提交的《上海市近代优秀产业建筑鉴定与保护》研究报告中，提出了30处产业遗产列入保护名单的建议。后经专家论证、主管部门审查，最终有15处具有代表性的产业遗产列入1999年市政府公布的第三批优秀历史建筑保护名单，加上一处原救火会建筑，第三批优秀历史建筑中产业建筑占了较大比重。在此基础上，由规划管理局和房屋土地资源局组织编制完成了《第三批优秀历史建筑保护技术规定》，技术规定包含保护等级、保护重点、保护措置以及保护范围和建设控制范围等详细规定(图10.9)(表10.1)。

2. 工业遗产保护的制度建设

上海的优秀近代产业建筑保护，在国内较早制定了相关保护法规。《上海市历史文化风貌区和优秀历史建筑保护条例》(2003年1月1日起施行)第九条规定：建成三十年以上，

图10.10.1 原工部局屠牲场外观

图10.10.2 原工部局屠牲场室内

在我国产业发展史上具有代表性的作坊、商铺、厂房和仓库，必须列入优秀历史建筑，并实施有效保护。

据不完全统计，产业建筑遗产作为城市遗产的一个特殊类型，已有79处被列入上海市分五批公布的优秀历史建筑保护名录，如江南制造局、外滩信号台、外白渡桥、四行仓库、上海造币厂、福新面粉公司、上海啤酒厂、怡和纱厂、工部局宰牲场(图10.10)等重要产业建筑均在这一保护名单中(表10.2)。

由于有了相对完善的保护法规制度，对优秀历史建筑的保护规划管理就能做到有序与合理。例如，1907年建成的外滩信号台，是上海第二批优秀历史建筑，虽在1956年就已停止运行，但作为外滩地区的标志性构筑物，在市民心中留下深刻印象。1993年，外滩道路拓宽时，对其采取易地保护措施，信号台塔楼向东南整体位移18m，复建的附属房屋也改

表10.2　　　　　　列入上海市优秀历史建筑名录的产业遗产建筑

编号	建筑名称	原名称	地址	建成年代	公布时间	备注
1	杨树浦水厂	英商自来水厂	杨树浦路830号	1883	第一批	第七批全国重点文物保护单位
2	上海邮电管理局	上海邮政总局	北苏州路276号	1924	第一批	第四批全国重点文物保护单位
3	江南造船厂	江南制造局	高雄路2号	1867	第二批	合计12处，提篮桥监狱为第七批全国重点文物保护单位
4	上海电力公司	杨树浦电厂	杨树浦路2800号	1929	第二批	
5	仓库	四行仓库	光复路21号	1933	第二批	
6	中国造币厂主楼	中国造币厂	光复西路17号	1933	第二批	
7	高阳大楼	南洋兄弟烟草公司	东大名路817号	1915	第二批	
8	虹口救火会	虹口消防队	哈尔滨路2号	1917	第二批	
9	上海远洋运输公司	耶松船厂	东大名路378号	1908	第二批	
10	外滩陈列馆	外滩信号台	中山东一路1号甲	1907	第二批	
11	外白渡桥	外白渡桥	中山东一路	1907	第二批	
12	乍浦路桥	乍浦路桥	乍浦路	1927	第二批	
13	四川路桥	四川路桥	四川路	1922	第二批	
14	提篮桥监狱	工部局警务处监狱	长阳路147号	1903	第二批	

编号	建筑名称	原名称	地址	建成年代	公布时间	备注
15	国民党淞沪警备区司令部/7315厂	江南弹药厂	龙华路2577号	1876~1945	第三批	
16	上海市城市排水管理技工学校	西区污水处理厂水泵房	天山路30号	1926	第三批	
17	求新造船厂	中法求新机器轮船制造厂	机厂路132号	1920~1930	第三批	
18	上海电话局南市总局	中华路电话局	中华路734号	1920	第三批	
19	上海消防技术工程公司	宜昌路救火会	宜昌路216号	1932	第三批	
20	化工部上海化工研究院	天利淡气制品厂	云岭东路345号	1934	第三批	
21	上海面粉公司	福新面粉厂/阜丰面粉厂	莫干山路120号	1898~1930	第三批	
22	上海啤酒有限公司	上海啤酒厂	宜昌路130号	1933	第三批	合计16处
23	中华印刷有限公司	中华书局上海印刷厂	澳门路477号	1935	第三批	
24	东区污水处理厂	东区污水处理厂	河间路1283号	1923	第三批	
25	杨树浦煤气厂	上海煤气公司/自来火房	杨树浦路2524号	1933	第三批	
26	上海第17棉纺织总厂	裕丰纺织株式会社	杨树浦路2866号	1922	第三批	
27	上海梅林正广和集团有限公司	正广和汽水有限公司	通北路400号	1935	第三批	
28	上海第五毛纺厂	怡和纱厂	杨树浦路670号	1909~1911	第三批	
29	上海17毛纺厂/茂华毛纺厂	蜜丰绒线厂	波阳路400号	1934	第三批	
30	东方船厂内建筑	海底电缆登陆局房	逸仙路3901号	1873	第三批	
31	上海市纺织原料公司新闸桥仓库	中国纺织建设公司第五仓库	南苏州路1295号	1902	第四批	
32	上海电筒厂职工宿舍	大新烟草公司	北京西路1094弄2号	约1910	第四批	
33	"老场坊"文化创意园区	工部局宰牲场（宰牛场）	沙泾路10号29号	1933	第四批	合计15处，工部局宰牲场第七批全国重点文物保护单位
34	上海怡达实业公司及住宅	日本同兴纱厂/十厂工房	平凉路1777弄55号、101-141号100-154号	不详	第四批	
	中国民用航空华东管理局龙华航空站	龙华机场候机楼	龙华西路1号		第四批	
36	华联新泰仓库	百联集团华联商厦新泰路仓库	新泰路57号	1920	第四批	
37	茂联丝绸商厦	中国银行仓库	北苏州路1040号	不详	第四批	

续表10.2

编号	建筑名称	原名称	地址	建成年代	公布时间	备注
38	华联集团电工照明器材有限公司仓库/苏河艺术	福新面粉一厂	光复路423~433号长安路101号	约1912	第四批	
39	上海气象局	徐家汇天文台	蒲西路166号	1902	第四批	
	小南门警钟楼	小南门警钟楼	中华路581号			
41	上海五金交电仓库	厂房及仓库	万航渡路1384号	约1910	第四批	
42	上海商业学校静安分校	戈登路巡捕房	江宁路511号	不详	第四批	
43	小红楼/小红楼餐厅	中国唱片厂办公楼	衡山路811号	1921	第四批	
44	自来大楼	英商自来水公司大楼	江西中路484号	1921年	第四批	
45	自力大楼/自来水公司管线管理所	英商自来水公司办公楼	江西中路464-466号	1888年	第四批	
46	中山小区	复昌仓库、卓成洋行栈房	广东路131弄	不详	第五批	
47	住宅	长丰木行、协隆申庄、永隆号、大中织造厂	泗泾路28号	1910年代	第五批	
48	办公楼	英商上海电车公司大楼	南苏州路185号	1908年	第五批	
49	办公楼	德国邮局	四川中路200号（另有路牌：福州路60、70号）	1905年	第五批	
50	南苏州路仓库	仓库货栈/章华毛绒纺织公司上海货栈、中国垦业银行仓库	南苏州路991号	1929年	第五批	
51	南苏州路955号仓库	仓库货栈/章华毛绒纺织公司上海货栈、中国垦业银行仓库	南苏州路955号	1929年	第五批	
52	南苏河创意园区	天祥实业股份有限公司、上海顾天盛花厂	南苏州路1295~1305号	1933年	第五批	
53	上海当代艺术博物馆	南市发电厂	花园港路200号	1985年	第五批	
54	电信公司北泰电话站	上海电话公司泰兴路分局旧址	泰兴路230号	1931年	第五批	
55	上海长途电话局\邮电520厂	交通部直属上海电话局大楼旧址	永兴路546号	1928年	第五批	
56	创意仓库	交通银行仓库、四行仓库光二分库	光复路195号	1932年	第五批	
57	四行仓库光三分库	福源福康钱庄联合仓库	光复路115-129号(单号)	1910年	第五批	
58	商坊会馆	怡和源打包厂	北苏州路912号	1907年	第五批	

续表10.2

编号	建筑名称	原名称	地址	建成年代	公布时间	备注
59	办公	南区电话局汾阳路分局	汾阳路63号	1929年	第五批	
60	北票码头塔吊	北票码头塔吊		1980年代	第五批	
61	海事瞭望塔/海事塔	海事瞭望塔	徐汇区龙华港、黄浦江河口	1980年代	第五批	
62	北票码头构筑物	龙美术馆西岸馆	龙腾大道3398号	1950年代	第五批	
63	余德耀美术馆	上海飞机制造厂机库	丰谷路35号	1950年代	第五批	
64	西岸艺术中心	上海飞机制造厂厂房	龙腾大道2555号	1980年代	第五批	
65	公安大楼	上海市警察局虹口分局	塘沽路219号	1936年	第五批	
66	上海益民食品一厂历史展示馆	海宁洋行旧址	香烟桥路13号	不详	第五批	
67	隆昌公寓	公共租界杨树浦路巡捕房营房旧址（格兰路巡捕房）	隆昌路362号	1920年代	第五批	
68	杨浦区政府	公共租界榆林路巡捕（1925～1943）旧址	江浦路549号	1930年	第五批	
69	上海市消防总队杨浦中队	公共租界杨树浦救火会旧址	杨树浦路1307号	1920年	第五批	
70	上海市公安局杨浦分局	公共租界格兰路巡捕房旧址	平凉路2049号	1930年	第五批	
71	杨树浦路2086号建筑群	日商上海纺织株式会社旧址	杨树浦路2086号	1922年	第五批	
72	上海船厂修船分厂	瑞镕船厂旧址	杨树浦路640号	1920年代	第五批	
73	住宅	大业印刷厂职员工房	福禄街193～209号（单号）	1910年代	第五批	
74	榆林路308号楼	华生印务公司/华一印刷股份有限公司	榆林308～312号（双号）	1932年		
75	弘基创意国际园	上海长征制药厂	愚园路1107号（8、9号楼）	不详		
76	办公建筑	大中化学化工厂	凯旋北路1555弄	1943年		
77	中国船舶工业集团公司	原英商马勒机器造船厂	浦东大道2789号	1928年		
78	倪葆生旧居	倪葆生住宅、粮管所粮仓	崇明区堡镇财贸村石桥834号	1927年		
79	下塘街16号楼	陈家仓库	金泽镇下塘街16号	民国初年		

图10.11 外滩信号台

作外滩历史陈列馆。这项工程比起2002年实施的上海音乐厅(南京大戏院)整体位移保护工程早了九年(图10.11)。

3. 适应性再利用部分实例

(1) 苏州河沿岸艺术仓库

上海旧城中心区的苏州河沿岸分布有10多处由老工厂、旧仓库改建成的艺术家工作室、画廊和创意园区,称为"创库""藏酷"等。其中,莫干山路50号过去曾是民族资本家荣氏家族、孙氏家族的工厂。开发商原想拆除这些陈旧建筑,艺术家和媒体及时呼吁使旧工业建筑得以保留,避免了面目全

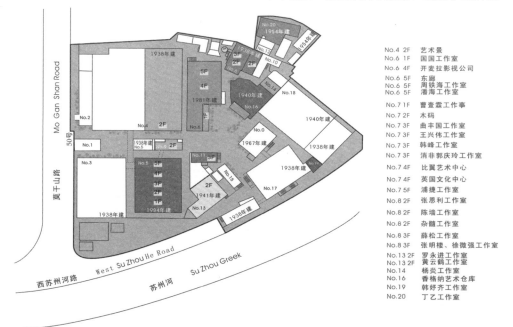

No.4	2F	艺术景
No.6	1F	国国工作室
No.6	4F	开麦拉影视公司
No.6	5F	东廊
No.6	5F	周铁海工作室
No.6	5F	潘海工作室
No.7	1F	曹壹霖工作事
No.7	2F	木码
No.7	3F	曲丰国工作室
No.7	3F	王兴伟工作室
No.7	3F	韩峰工作室
No.7	3F	消非郭庆玲工作室
No.7	4F	比翼艺术中心
No.7	4F	英国文化中心
No.7	5F	浦捷工作室
No.8	2F	张恩利工作室
No.8	2F	陈墙工作室
No.8	2F	杂髓工作室
No.8	3F	薛松工作室
No.8	3F	张明楼、徐微强工作室
No.13	2F	罗永进工作室
No.13	2F	黄云鹤工作室
No.14		杨炎工作室
No.16		香格纳艺术仓库
No.19		韩妤齐工作室
No.20		丁乙工作室

图10.12.1 2000年莫干山路50号—艺术家工作室分布图

图10.12.2 莫干山路50号画廊之一

图10.12.3 莫干山路50号—香格纳画廊

图10.13 泰康路尔冬强艺术中心

非的大规模改造。国内外艺术家、设计师入住，使该地段焕发往日的光彩①(图10.12)。

近年来，上海在加大城市遗产保护力度的同时，对100余处工厂、仓库等近代产业建筑进行保护与合理再利用。老厂房、旧仓库等蕴含大量历史文化信息，内部空间又适宜改建利用，为创意产业发展提供了外部条件。2005年4月上海公布了第一批18家创意产业集聚区，其中如泰康路"田子坊"视觉创意设计基地、昌平路广告动漫影视基地、莫干山路50号艺术产业园、重庆南路"八号桥"、周家桥"创意之门"、西康路"同乐坊"等创意产业区，都是利用老厂房、旧仓库进行适应性再利用的成功案例②(图10.13)。

(2) 上海城市雕塑艺术中心

位于淮海西路570号的上钢十厂，创建于1956年，1989年生产转型后一直处于闲置状态。2005年由市规划局、城市雕塑委员会利用上钢十厂部分车间改建成上海城市雕塑艺术中心(总投资约5000万元)，11月11日正式对外开放。上海城市雕塑艺术中心是为加强城市雕塑建设而设立的一个公共环境艺术机构，合理再利用长180米、宽18~35米的轧钢厂房主体建筑，形成了总建筑面积达6280平方米的城市雕塑艺术中心，集展示交流、艺术创作、雕塑储备、普及教育于一体，是具有开放性、国际性、公益性的城市雕塑艺术活动场馆(图10.14)。

图10.14.1 改造前的上钢十厂(左上)；图10.14.2 城市雕塑艺术中心展示厅一(左下)；图10.14.3 城市雕塑艺术中心展示厅二(右)

图10.15.1 电站辅机厂: 车间原貌(左); 图10.15.2 电站辅机厂: 用作工业遗产国际学生夏令营活动场地

(3) 滨江创意产业园

2004年10月成立的滨江创意产业园, 位于杨浦区滨江工业区, 由区政府利用始建于1923年的美国GE电子公司在这里建起当时亚洲最大的电子工厂(后为上海电站辅机厂)改建形成。滨江创意产业园立足保护杨浦滨江工业地带的产业建筑, 充分体现其历史文化价值, 规划建成集环境设计、建筑设计、工业设计、音像设计于一体的现代服务业基地。经一年多规划建设, 一期5000平方米的老厂房改建工程已完成。原来饱经沧桑的老工业厂房, 已变成露天中庭、设计沙龙、学术展示交流、创意市集等前卫场所(图10.15)。

位于滨江创意产业园中的台湾群裕设计咨询(上海)有限公司, 其设计室就是利用电站辅机厂一个大车间改造而成, 办公空间在尊重原有空间形态和历史架构的前提下, 将车间外墙、窗口、屋顶、钢筋混凝土结构全部保留, 改建设计将整个厂房建筑内部空间视为社区开放空间, 公司运营所需设计、办公、会议、图书等空间, 则以"建筑中的建筑"的形式配置其中, 在原车间大空间中塑造出如同街道、广场一样的流动空间。这一利用旧厂房车间的改建项目, 当时建设成本仅150万元(图10.16)。

4. "工业锈带"转型"生活秀带"的杨浦滨江

工业遗产地区(industrial heritage site)是指工业历史久远、工厂仓库密集、工业景观风

---

① 韩妤齐, 张松. 东方的塞纳河左岸——苏州河沿岸的艺术仓库[M]. 上海: 上海古籍出版社, 2004.
② 阮仪三, 张松. 产业遗产保护推动都市文化产业发展[J]. 城市规划汇刊, 2004 (4) : 53~57.

图10.16 电站辅机厂—车间改为群裕设计公司办公室

貌突出的区域。衰败的工业地段也被称为城市的"棕地"(brown field),或工业"锈带"(rust belt)。面对工业时代留下的斑驳"锈带",无须采用彻底"除锈"的方式,而是将大量代表了工业发展历史及其特征的车间、仓库等建筑场所和景观留存下来,并与新的发展规划有机整合。

杨树浦地区工业遗产地区是上海近代工业化的一个缩影。杨树浦地位于上海中心城区的东北部,东、南面濒临黄浦江。1869年,公共租界工部局开始从外滩沿黄浦江修建马路至杨树浦港,名为杨树浦路,拉开了杨树浦地区近代工业化的序幕。

1894年《马关条约》签订,外商在华设厂合法化,上海出现了第一次兴办工厂的热潮,外商相继在杨树浦地区大办工厂,逐渐形成了长达15.5公里的黄浦江沿岸工业带,成为当时中国最大的工业基地之一。1945年8月,抗日战争胜利后国民政府接管了日伪的产业，官僚资本企业骤增。与此同时，由于内战和通货膨胀影响，民族工业受到政局影响，导致工厂无法正常生产，出现大量减产大批歇业现象。

1949年5月，上海解放。在国民经济按计划发展时期，杨树浦地区的产业结构进行了调整和改组。在此地区建设了一批新兴工厂，其主要产业部类有机械制造、重工业等；1970年代，多数企业缺乏技术改造投资，技术、设备和产品老化，与国际先进水平拉开了距离。1978年改革开放后，逐步从计划经济转向社会主义市场经济，在转轨过程中，老工业基地获得新机遇，也遇到了严峻挑战。90年代，随着浦东的开发开放，在上海市新一轮产业结构调整升级中，第三产业的兴起和高新技术的引进，也使传统工业发展陷入困境，许多企业面临"关、停、并、转"的局面，一部分老的工厂向新兴工业区或者郊区转移，杨树浦工业区迎来转型发展的新机遇。

以杨树浦地区为代表的黄浦江工业码头区，是20世纪上半叶上海近代工业发展最早、最集中的地带，也是上海最大的工业区。在这里诞生了中国第一家发电厂、第一家工业化造纸厂、第一家机器棉纺织厂、第一家自来水厂、第一家工业化制糖厂、第一家城市煤气厂以及上海最大的造船厂船坞等。历史上曾经辉煌的工业文明为这里留下了数量可观的工业遗产，不仅能够反映当时先进的工业生产技术和建筑建造水平，更给杨浦滨江地区留下易于识别的地标建筑和工业地区景观风貌特征。

杨浦滨江"生活秀带"，作为黄浦滨江工业遗产地区保护更新实践中一个段落，是上海"黄浦江两岸综合开发规划"中工业遗产保护与有机更新的亮点。2002年1月起，上海开始实施包括2010年上海世博会会址在内的"黄浦江两岸综合开发规划"，标志着黄浦江两岸地区开发正式上升为全市的重大战略。为了改善浦江两岸的公共空间品质、重塑黄浦江两岸功能和产业，将浦江两岸地区的交通运输、仓储码头、工业生产等功能转换为金融贸易、生活居住、生态休闲、文化旅游等功能。2010年上海世博会以来，随着后世博效益的不断放大后，黄浦江滨水地区由内向外不断延伸，实现了滨水地区的空间贯通，绿化廊道、慢行和骑行系统的全面规划建设。

杨浦滨江曾经是上海典型的工业"锈带"，从最初由区政府邀请台湾建筑师登琨艳以上海电站设备辅机厂为基地，开始将工业遗产作为设计创意中心进行更新再利用，到杨浦滨江岸线工业景观的整体再生，已经历近20年的实践探索。随着杨浦滨江南段5.5公里长完全打通，集商业、休闲、旅游、文化、会展、博览等多种功能于一体，让滨江成为"以人的使用为核心"的城市公共空间。在杨浦滨江地区城市设计中，针对杨浦工业遗产地区的改造确定了基本设计导则，即体现城市文化的层积性(layering)，新的设计要与历史环境协

图10.17 杨浦滨江保留的旧铁轨　　　　　　　图10.18 杨浦滨江新建的水厂栈桥

调或产生关联性，还要考虑人的基本需求、维护城市的多样性①(图10.17、图10.18)。

　　2019年11月2日，习近平总书记考察杨浦滨江公共空间，并做出了"无论是城市规划还是城市建设，无论是新城区建设还是老城区改造，都要坚持以人民为中心，聚焦人民群众的需求"的重要指示。自此以后，杨浦滨江由"工业锈带"转型为"生活秀带"的城市更新实践案例，在全国范围备受关注。

四、我国产业遗产保护的机遇与挑战

1. 从建议呼吁到保护行动

　　2005年10月17~20日于西安举行的ICOMOS第15届大会，将2006年4月18日国际遗产日的主题定为"重视并保护产业遗产"。4月18日，在无锡举行的首次"中国工业遗产保护论坛"上，通过了呼吁加大工业遗产保护力度的《无锡建议》。

　　正如《无锡建议》所指出的，鸦片战争以来，中国各阶段的近现代化工业建设都留下了各具特色的工业遗产，构成了中国工业遗产的主体，见证并记录了近现代中国社会的变革与发展。近年来，随着城市空间结构和使用功能需求的巨大变化，新型工业建设项目开始向城外拓展，城内旧工业区日渐废置；由于现代技术的运用、社会生活方式的转变，使传统工业陷入困境，同时遭遇工业衰退和去工业化过程(De-industrialization)，不少企业面临"关、停、并、转"局面；城市建设进入高速发展时期，一些尚未被界定为文物、未受重视的工业建筑物和相关遗存，没有得到有效保护，正急速从城市中消失。②

保护好不同发展阶段有价值的产业遗产，给后人留下中国工业发展尤其是近现代工业化的风貌，留下相对完整的社会发展轨迹，成为当今社会义不容辞的责任。

如何将产业遗产保护和适应性再利用作为转变城市经济增长方式之一，如何在名城保护规划中，将产业建筑集中地区或生产地段明确地划定为产业遗产地段，等等，还有待于理论与实践两方面的探索。而且，产业遗产既包含景观、遗迹、建筑物、构筑物、机械、制品及其他工具等有形的产业见证，也包含纪录产业发展的绘画、照片、资料，以及与产业发展相关的文字、音像纪录等无形遗产。在国内城市大规模旧城改造的过程中，不仅要保护再利用老工厂、旧仓库，还要注意抢救保护、积极收集机械、设备等文物，以及与产业相关的文献档案等史料。

针对我国城市在"退二进三"过程中，大量工厂面临停产搬迁，房地产开发随之逼近，许多有价值的工业遗产正面临拆毁，大量珍贵档案正在流失的危急状态，俞孔坚教授发表了《关于中国工业遗产保护的建议》一文[3]，呼吁尽快开展工业遗产的认定和抢救性整理刻不容缓。并建议：

① 国家和地方文物部门应尽快组织专家，在全国范围内开展工业遗产的普查、认定、分类，建立遗产清单。以照片、录像、图纸和文字等形式系统发掘整理遗产地的景观和档案，收集包括口述历史和当事人记忆在内的信息，建立工业遗产数据库。

② 尽快建立工业遗产评估标准，以系统认定存留的工业景观、聚落、工场、类型、建筑物、构筑物、机械以及工艺流程。在遗产评价和保护及利用措施上尽量与国际标准具有可比性，以便未来进入国际清单和数据库。

③ 尽快开展工业遗产保护和利用相关政策法规的制定工作。经认定具有重要意义的遗址和建、构筑物应通过法律手段予以强有力的保护。

④ 对重要的工业遗产地必须有明确界定，并针对其未来的保护和利用制定导则。任何必须的法律、政策和财政手段都必须及时落实。在申报世界文化遗产和国家级文物保护单位及地方文物保护单位过程中，应充分重视工业遗产的重要性。

⑤ 尽快甄别和抢救濒危工业遗产，以便采取合适的措施降低被破坏的风险，并制定合

① 张松, 李宇欣. 工业遗产地区整体保护的规划策略探讨——以上海市杨树浦地区为例[J]. 建筑学报, 2012 (1)：18~23.
② 中国工业遗产保护论坛. 无锡建议——注重经济高速发展时期的工业遗产保护[Z]. 2006.4.18.
③ 俞孔坚. 关于中国工业遗产保护的建议[J]. 景观设计, 2006 (4)：70-71.

适的修复与再利用规划。

遗产保护是城市文化发展的重要组成部分，而产业遗产适应新再利用的实践将催生新的文化产业诞生，可实现文化创新与经济发展的双重目标。产业遗产地段的保护与再利用与城市文化发展战略紧密相关，应结合旧城更新、滨水地区复兴，对工业遗产地区实施保护控制、合理开发和适应性再利用。

2. 从适应性再利用到工业地区振兴

2020年6月，国家发改委、工信部等五部委制定了《推动老工业城市工业遗产保护利用实施方案》(以下简称《实施方案》)，确定了"保护优先，以用促保"等基本原则，要求各地"充分认识工业遗产除了物质形态还有制度形态和精神形态，具有区别于其他自然文化遗存的特殊性"，"探索老工业城市转型发展新路径，以文化振兴带动老工业城市全面振兴、全方位振兴"。在全国"打造一批集城市记忆、知识传播、创意文化、休闲体验于一体的'生活秀带'，延续城市历史文脉，为老工业城市高质量发展增添新的动力"。[①]

工业遗产保护更新的有序开展，可以作为当代城市可持续发展的重要实践方向。上海黄浦滨江地带工业遗产保护再生与活化利用的实践探索，在整体风貌保护、城市有机更新和塑造环境品质等方面的实践经验积累，对其他老工业城市的工业遗产保护利用具一定的启迪和参考。

随着国家发改委等部门发布的《实施方案》全面推进，工业遗产地区的整体保护和城市更新实践探索将在全国各地广泛开展。老工业城市和工业地产地区的保护振兴，应当根据各自的历史文化积淀、自然生态环境和资源禀赋条件，在"以人民为中心"的规划建设理念指引下，将工业遗产保护利用作为实现高质量城市建设目标的之一，有序实施，科学实践。

工业遗产地区保护更新不仅要使老旧建筑留存下来，更重要的是要恢复工业建筑的生命力，使之能够融入当代城市生活。工业遗产是城市的集体记忆，与城市文化生活和可持续发展紧密相连，在今后的旧区环境更新、滨水岸线再生等规划设计实践中，工业遗产地区的保护管理必须加强管理，只有这样才有可能塑造独特的场地性格，开发更多适应当代发展需要并具有地域特色的公共空间。

---

① 国家发改委, 工信部等. 推动老工业城市工业遗产保护利用实施方案[Z]. 2020.

第十一章 文化遗产保护国际宪章和重要文件

今天，很难想象一个没有文化遗产的世界是什么样子。世界各地"申遗"的热情依旧高涨，在国内，"世界遗产"这个30多年前人们还相当陌生的词语，如今可以说已是家喻户晓。

回顾文化遗产保护的历史，现代意义的历史遗产保护从20世纪初才刚刚开始，经过120多年的发展演进，相对而言文物古迹保护理论与方法已基本成熟。而对历史地区、历史城镇、历史村落等历史环境进行整体性保护的历史，严格讲来不过60余年。目前，我国的文化遗产保护不仅已逐渐成为有着较为广泛的公众参与的重要实践活动，而且，历史文化名城保护管理和历史文化街区保护整治，也正成为涉及市民利益的普遍性政务，提升城市文化品质所必须面对的艰巨课题。

作为全人类财富的文化遗产，保护它们不仅是每个国家的重要职责，也是整个国际社会的共同义务。因而，为了促进人类社会对文化遗产的切实保护，多年来联合国教科文组织(UNESCO)等国际组织和机构通过了一系列保护文化遗产的国际法律及文件。今天，世界文化遗产保护史业已证明：遗产保护的关键是法制。并且，这些文化遗产的保护宪章、宣言建议，凝聚了世界文化遗产保护理论与实践发展的精髓。学习、领会这些国际宪章的原则精神，全面推进我国的文化遗产保护法制建设，有利于积极保护城市建成遗产，改善城乡历史环境，合理利用历史文化资源，共同参与遗产保护的国际交流。

一、国际保护宪章的萌芽与原型

1. 遗产保护相关国际机构的诞生

"文物是全人类的文化遗产，保护文物不仅是每个国家的重要职责，也是整个国际社会的共同义务。联合国教育、科学及文化组织和其他国际组织为此起草和通过了一系列文物保护的公约和章程，其目的旨在促进国际社会对文物的保护。"[①]国际宪章、公约、建议等是世界保护文化遗产的纲领性、法规性文件，也是国际社会在遗产保护领域的经验总结、原则共识和技术规范。100多年来，国际组织制定了一系列包括国际宪章、保护公约、宣言决议等在内的遗产保护技术文件，回顾这些取得普遍共识的国际文件的发展历程，可以看出相关保护公约、宪章制定的历史并非一帆风顺，有时甚至还十分曲折，有时候对最终努力的结果究竟如何并不十分明了。

为了避免一战血腥的历史重演，以维护世界和平为主旨的国际联盟(League of Natio

---

① 国家文物局法制处编. 国际保护文化遗产法律文件选编[Z]. 北京：紫禁城出版社，1993.
② 黄树卿. 文化遗产国际司法保护的里程碑[J]. 沈阳工业大学学报 (社会科学版)，2014 (1)：10～14.

ns)于1920年成立，该组织由于美国拒绝参加，实际上主要由欧洲国家主导。欧洲第一次在超越国家层面探讨具有普遍性的社会与文化问题，使人们认识到了国际协作、国际条约指导和约束的重要作用。属于国际联盟1922年5月成立的智慧合作国际委员会(International Committee on Intellectual Cooperation，ICIC)，在某种意义上可视为UNESCO的前身。1926年7月建立的国际博物馆办公室(International Museums Office，IMO)也是属于ICIC系统。

"二战"后由国际联盟和ICIC发展为今天的联合国教科文组织(1945年)。两次大战对全球范围建成环境和人居环境造成了空前破坏，大量战后重建面临的急迫行动，与此同时亟待在全球范围推动文化遗产认知提升和遗产保护的国际共识。

今天，与文化遗产保护方面相关的国际组织和机构大致可以分为以下六大类别：①UNESCO和ICCROM等相关类型的政府间公共组织机构；②ICOMOS、TICCIH等专家组成的专业性非政府组织(NGO)；③欧洲委员会、东盟(ASEAN)等地区性政府间组织；④世界遗产城市组织(OWHC)等与历史城市保护相关的城市间合作机构；⑤志愿者组织之类遗产保护方面的义务性、非营利性国际团体；⑥为文化遗产保护相关调查研究或其他保护活动提供资金援助和技术等支持的民间非营利组织(NPO)等。

与建筑遗产保护相关的国际化文件非常多样，具体可分为公约(Convention)、宪章(Charter)、宣言(Declaration)、原则(Principle)、决议(Resolution)、建议(Recommendation)、指南(Guidelines)、文件(Document)、标准(Norm)、协议(Protocol)、备忘录(Memorandum)等。因此，有必要区分"公约""建议"和国家间的"宪章"。公约由联合国教科文组织和欧洲委员会等国际机构负责起草，缔约国政府签字正式生效后，作为国际法对所有签署国具有约束力。建议虽然不具有法律约束力，却是成员国广泛协商的结果，具有很强的规范性和指导性意义。宪章不具有法律效力，但也具有权威、伦理以及道德价值，因为它们包含原则、行为准则以及由区域专家协商一致所建立的准则。

2. 武装冲突下文化财产保护

自古以来，文化财产饱受武装冲突的破坏，不论在哪里这方面的实例不胜枚举。到19世纪初，破坏文化遗产的行为就被确认是违反国际人道法的行为。二战爆发后，欧洲各地的文化遗产遭受了巨大劫难，波兰的华沙古城被炮火摧毁，一战结束后刚修复的比利时卢万大学图书馆再次遭到毁灭，大不列颠博物馆也在空袭中被燃烧弹击中。从巴黎到基辅，无数的绘画、雕像、金银首饰以及其他许多文化和艺术珍品被掠走或毁灭。对文化遗产的这种肆无忌惮的破坏，连同对平民的残杀、对战俘的虐待等多种暴行，使国际社会认识到惩治这些行为的必要性。[②]

《布鲁塞尔会议宣言》被国际法学界认为战争法编纂的起步标志，该宣言全称为《关于战争法和惯例的国际宣言》(*Project of an International Declaration concerning the Laws and Customs of War. Brussels*)。1874年7月27日，在俄罗斯沙皇亚历山大二世的倡议下，15个欧洲国家的代表在布鲁塞尔举行会议，审查俄国提交的《关于战争法和惯例的国际宣言草案》，经过细小修订后会议通过了该草案。然而，由于并非所有国家的政府都愿意接受该宣言作为一项具有约束力的公约，因此最终并没有批准该宣言。

《布鲁塞尔会议宣言》在战争法编纂运动中迈出了重要的一步，它和1880年通过的《牛津战争法和惯例手册》，构成了关于陆战的两项《海牙公约》及其所附条例的基础，直接影响到1899年和1907年通过的两项海牙公约。《布鲁塞尔会议宣言》第八条规定，"市政机关、宗教、慈善和教育机构、艺术和科学机构的财产""历史古迹(historic monuments)、艺术和科学作品的所有扣押、毁坏或故意损坏，应由主管当局提起法律诉讼"。

海牙公约体系中就有保护武装冲突中的"用于宗教、艺术、科学或慈善目的的建筑物"等可以归为文化财产的不动产等相关条文。1899年和1907年的海牙和平会议是世界上最早在国际范围内对武装冲突中的法律和惯例进行成文编纂的尝试，其结果是出台了一系列武装冲突方面的条约和规章，这些条约和规章有一些零星的规则涉及文化财产的保护，尽管文件中并没有使用"文化财产"这一术语[1]。1899年通过的海牙第二公约确定了禁止没收、毁灭和故意损害的原则，标志着国际法对于文化财产保护的萌芽。

然而，直到 1954 年《武装冲突情况下保护文化财产公约》(简称 1954 年《海牙公约》)才第一次在国际条约中出现文化财产(cultural property)这一术语，此后，这一术语在多个国际文件中延续使用至今。

3.《海牙公约》的里程碑意义

1954年《武装冲突情况下保护文化财产公约》(简称《海牙公约》)是世界上第一部在发生武装冲突时全面保护文化遗产的专门性法律和国际公约，系统规定了武装冲突情况下文化遗产保护的原则、范围、缔约国的义务、特别保护制度、保护标记和运输、执行措施等内容。1954 年《海牙公约》是文化遗产国际保护法的重要文件，具有内容全面、针对性强、适用范围广、保护力度大等特点，对于文化遗产的国际保护具有里程碑式的意义[2]。

---

[1] 胡秀娟. 武装冲突中文化财产的国际法保护[D]. 武汉: 武汉大学, 2009.
[2] 唐海清. 论1954年《海牙公约》对于文化遗产的国际保护[J]. 湖南行政学院学报, 2010 (1): 92~94.
[3] 周诗雨. 武装冲突下文化财产的国际法保护[J]. 法制与社会, 2019 (7): 213-214.

第二次世界大战对于文化遗产的严重掠夺和毁坏，在战后引起国际社会对于加强文化遗产国际法律保护的强烈关注。1950年，在联合国教科文组织的第5次大会上，意大利代表团提出了保护武装冲突中文化财产公约的草案文本，交给成员国讨论。教科文组织秘书处根据各成员国的意见修改了公约草案。1952年，教科文组织的工作组对草案提出了进一步修改，并将草案再一次提交给成员国讨论。

1954年4月21日到5月14日，56个国家的代表参加海牙召开的会议。海牙会议对公约草案进行了讨论，在1954年5月14日进行的最后会议上，37个国家的代表在最后文本上签字，《海牙公约》、实施条例及其议定书和政府间会议决议得以通过。

1954年《海牙公约》针对战乱时期文化遗产保护的国际文件，成为教科文组织第一份与文化遗产保护相关的国际公约标志文化遗产国际法保护的正式形成，大力促进了文化遗产的国际保护。战争对任何国家文化财产的损害都是对全人类文化遗产的损害，会给生活在冲突局势中的人民以及全世界人民造成不可逆转的损失。为此UNESCO决心尽一切努力，防止这种情况发生。1999年3月26日于海牙签订《武装冲突情况下保护文化财产公约第二议定书》，《第二议定书》是对《海牙公约》的补充，加强了对遗产的保护和遗产破坏事件中个体刑事责任的认定。迄今已有80多个国家批准了该议定书。

1954年《海牙公约》第一条规定保护的对象为文化财产，可以分为三项：③

第一项通过概括加例举的方式，将保护对象定义为对民族文化财产具有重大意义的财产，不论是可移动还是不可移动的都被纳入保护范畴。如建筑、艺术或历史纪念物，考古遗址，整体具有历史或艺术价值的建筑群，艺术作品等。

第二项为保存或拟用于保存可移动文化财产的建筑，如博物馆、大型图书馆、档案库等。

第三项为"保存有大量前两项所述文化财产的中心"，即"纪念物中心"。

另外，在1998年《罗马公约》中将"故意指令攻击专用于宗教、教育、艺术、科学或慈善事业的建筑物、历史纪念物、医院和伤病人员收容所"作为战争罪纳入国际刑事法院管辖。破坏文化财产作为一项罪行纳入国际刑法管辖，实际上增强了武装冲突下文化财产保护条约的约束力和强制力，使保护文化财产真正成为一项无法推脱的义务。

二、国际保护文件的百年历程

1.《SPAB宣言》及操作指南

国际宪章和声明最初关注的是与历史纪念物修复相关的问题，以维持保护学的学科发展以及作为20世纪工业发展和战争带来变革与破坏的直接反应。在瞬息万变的世界中，文化遗产可以让人们了解自身的历史以及生活的意义。那些文物古迹、历史建筑、工艺美术及语言、风俗习惯、传统技能等，作为清楚表达身份和阐释地区、国家甚至全人类文化的重要手段，得到了越来越广泛的认同。多年来，相关国际组织通过保护宪章、公约、宣言、决议等国际法规、文件推进遗产保护，并取得了巨大的成就。

19世纪，被称为建筑遗产保护巨人的英国思想家约翰·罗斯金(John Ruskin，1819~1900)，在1849年出版的《建筑的七盏明灯》一书中，对古建筑保护和盲目修复带来的问题进行了极其深刻的论述，他明确指出："建筑应当成为历史，并且作为历史加以保护。"应"小心呵护看管一座老建筑，尽可能守卫着它，不惜一切代价，保护着它不受破坏"。而"所谓的修复其实是最糟糕的毁灭方式"。①

1877年，由威廉·莫里斯(William Morris，1830～1896)创立了古建筑保护协会(The Society for the Protection of Ancient Buildings，SPAB)。该协会是历史最悠久、规模最大并拥有最多技术人员的国家组织。当时，中世纪建筑按维多利亚时代建筑风格修复造成破坏。面对无视后来各时代的改建、扩建，完美无缺恢复到维多利亚时代风格的修复潮流。SPAB试图将古建筑从衰败、损坏、摧毁、以及盲目的修复之风中解救出来。1877年，SPAB成立时，威廉·莫里斯、菲利普·韦伯(Philip Webb，1831～1915)和其他创始人共同起草了《SPAB宣言》(SPAB Manifesto，1877)，以回应当时保护修复中存在的问题，宣言将保护对象延伸至"所有时代和形式"(all times and styles)。宣言强烈抨击了欠考虑的修复行为使建筑成为"没有活力和生命力的伪造品"，并号召以保护代替修复(to put Protection in the place of Restoration)。宣言还进一步指出应"通过日常维护防止破败"(stave off decay by daily care)，如通过结构性支撑或修补漏顶等方式使建筑免于衰败和毁灭，同时应拒绝所有对建筑结构或建筑装饰部件的干预。如果古建筑已不适应当代的使用，应修建新的建筑来满足，而不是对古建筑进行随意改变或增建。宣言主张将古建筑看作艺术史的纪念物，应按照过去的方式对待它们，不能用当代艺术的思想来处理它们。

《SPAB宣言》指出："所有的建筑、任何时代和风格，只要是使我们愉悦的，都应该以保存取代修复，用日常维护来阻止衰坏，用支撑危墙、修理屋顶这些明显的措施来支撑或覆盖，不要用其他风格来掩人耳目，此外，也应拒绝所有对建筑结构或是建筑装饰部件的干预；如果老建筑已经不适应当代的使用，应该修建新的建筑来满足，而不是随意改变或者加建老建筑；我们的老建筑是过往艺术的纪念物，由过去的方法建造，今天的艺术不可能干预它们而不造成伤害。"②

《SPAB宣言》距今已有140多年，但宣言的精神传承至今，对历史的尊重是对待遗产的基本态度。当然，宣言中的部分主张也有一定局限性，如拒绝对所有建筑结构或建筑装饰部件的干预，反对改动建筑以适应当代要求等。

在英国和欧洲有影响力的古建筑保护协会(SPAB)于1903年出版了修复指南(Guidelines)，将纲领性文件《SPAB宣言》向实践性和技术性方向进行了拓展，强调要进行"修理不是修复"，"加强日常维护"，"注重研究，尊重岁月价值"，"新的材料要适应老建筑"等[③]。并在1911年后出版古建筑修复手册，总结了保护修复的原则，以及如何以最少的改动完成这项工作，关注一座建筑的工艺、形式、色彩和材质。此后，SPAB还参与组织实地培训，指导历史建筑维修和维护工程的实际执行，从而通过实践经验教育执业建筑师。

1904年，第六届国际建筑师大会(Sixth International Congress of Architects)在西班牙马德里召开，会上讨论了当代建筑中的"当代艺术"、普通建筑教育的研究等多项议题，相关讨论和建议收录在大会通过的《马德里大会建议》中。关于会议第二项议题"建筑纪念物的保护与修复"(The Preservation and Restoration of Architectural Monuments)采用了六条建议，主要内容涉及：将建筑纪念物分为死的和活的两类，对死的建筑纪念物应冻结保存；为继续使用活的历史纪念物，应进行修复；为保持建筑纪念物的统一性，修复应按当初的样式进行。此外，还建议从事"保护与修复"工作应有国家资格或特别的认定制度；每个国家应成立保护建筑和艺术纪念物的组织，共同协作完成国家和地方的建筑文化财产名录编制。

《马德里大会建议》中的"建筑纪念物的保护与修复"六条建议，可以看作世界文化遗产保护相关宣言、公约的起点。此后的110多年里，世界共有100多份有关遗产保护的公约、宪章、建议和宣言问世，这些国际文件见证了世界文化遗产保护的发展历程。

2. 两部《雅典宪章》的贡献

第一次世界大战对欧洲大陆的一些历史城市造成了毁灭性的打击，战后重建面对战争带来的城市废墟产生不同的观念，有保留战争遗迹供后人纪念凭吊，有完全按"田园城市"理论建设现代化新城，有谨慎修复老城重建市民归属感等多种想法。在这样的历史背景下，1931年10月21~30日，"第一届历史纪念物建筑师及技师国际会议"(the First International Congress of Architects and Technicians of Historic Monuments)在雅典召开，来自23个国家的120名代表出席了会议。"雅典会议"就保护学科及普遍原理、管理与法规措施、古迹的

---

① 约翰·罗斯金. 建筑的七盏明灯[M]. 张璘译. 济南：山东画报出版社，2006.
②、③ 陈曦. 建筑遗产保护思想的演变[M]. 上海：同济大学出版社，2016.

审美意义、修复技术和材料、古迹的老化问题、国际合作等议题进行了充分讨论。会议深信，"保护人类艺术和考古财产的问题，是作为文明守护者的国家共同体应当关切之大事"。

20世纪初，伴随着经济快速发展，在旧城更新过程中老旧街区必须拆除和重建，只有极负盛名的地标建筑才幸免被拆。直到保护文化遗产被认为与发展相协调这一愿景被载入《雅典宪章》(1931年和1933年)后，这一现象才开始得到转变。

这是第一批涉及保护问题的国际性文件，其中第一个是由国际博物馆办公室(IMO)发起的《关于历史纪念物修复的雅典宪章》又称《修复宪章》(Carta del Restauro)，其主要精神包括：通过创立一个定期持久的维护体系有计划地保护历史纪念物，摒弃整体重建的做法，以避免可能出现的危险；提出尊重过去的历史和艺术作品，不对历史纪念物各历史时期以及不同的建筑风格都予以尊重并妥善保护，事实上否定了风格性修复的做法；赞成谨慎地运用所有已掌握的现代技术资源，强调这样的加固工作应尽可能隐藏起来，以保证修复后的纪念物原有外观和特征得以保留；所使用的新材料必须是可识别的；应注意对历史纪念物周边地区的保护，新建筑选址应尊重城市特征和周边景观，特别是当其邻近文物古迹时，应给予周边环境特别考虑；一些特殊的建筑群和如画的眺望景观也需要加以保护。《雅典宪章》关心的是纪念物(monuments)修复问题，强调纪念物更多的是进行维护而不是修复；纪念物存在的所有历史时期和风格都应得到尊重；必须尊重纪念物的特性以及避免不协调的使用等基本准则。

《雅典宪章》吸收了《SPAB宣言》基本观念、乔万诺尼的保护思想后所制定的保护策略。不仅如此，《雅典宪章》促进了广泛的国际运动的发展，该运动被《威尼斯宪章》(1964年)和《华盛顿宪章》(1987年)采纳。《雅典宪章》中所确立的主要的保护修复理念和原则得到了继承和发扬。

1933年，国际现代建筑协会(CIAM)第四次会议上通过了另一份《雅典宪章》。这份确立现代城市规划的基本原则的文件，提出的"居住、工作、游憩、交通"等功能分区的理性主义规划思想已为建筑界所熟悉。而该宪章针对"历史遗产"的建议，在理论研究和实际工作中却未能引起同等程度的关注。并且，国内不少文章、著述中经常将这份1933年国际建协《雅典宪章》与1931年的《雅典宪章》混为一谈，这是需要引起注意的。

3. 作为国际准则基石的《威尼斯宪章》

意大利政府于1964年5月25~31日邀请来自61个国家600多名建筑师、技术人员在威尼斯举行《第二届历史纪念物建筑师及技师国际会》，讨论通过了《国际纪念物和场地保护与修复宪章》(*The International Charter for the Conservation and Restoration of Monuments and Sites*，简称《威尼斯宪章》)。

面对社会发展的复杂化和多样化，《威尼斯宪章》对1931年的《雅典宪章》进行了重新审阅和修订，主要内容参照了意大利的范式。尽管其重点依然放在纪念物的保护方面，但此时"历史纪念物"(historic monument)的概念不仅包括单体建筑物，而且包括能从中找出一种独特的文明、一种有意义的发展或一个历史事件见证的城乡环境。不仅适用于伟大的艺术作品，而且适用于随时光流逝而获得文化意义的一些较为朴实的作品。

《威尼斯宪章》更多关注历史纪念物保护的原真性和完整性，宪章开篇即明确申明："世世代代人民的历史纪念物，饱含着过去岁月的信息留存至今，成为人们古老的活的见证。人们越来越意识到人类价值的统一性，并把古代纪念物看作共同的遗产，认识到为后代保护这些古迹的共同责任。传递它们真实性的全部信息(the full richness of their authenticity)是我们的职责。""古代建筑的保护与修复指导原则应在国际上得到公认并做出规定，这一点至关重要。"

《威尼斯宪章》强调：纪念物的保护意味着对一定范围环境的保护。凡现存的传统环境(traditional setting)必须予以保持，决不允许任何导致群体和色彩关系改变的新建、拆除或改造行为(第六条)。"纪念物的场地(sites of monuments)必须成为专门照管对象，以保护其完整性(integrity)，并确保以恰当的方式进行清理和展示开放。"(第十四条)

宪章针对二战后欧洲在保护中过分强调风格性修复所带来的问题，强调指出："修复过程是一个高度专业性的工作，其目的旨在保存和展示纪念物的美学与历史价值，并以尊重原始材料和确凿文献为依据。一旦出现臆测，必须立即予以停止。此外，任何不可避免的添加都必须与该建筑的构成有所区别，并且必须要看得出是当代的东西。无论在任何情况下，修复之前及之后必须对纪念物进行考古及历史研究。"(第九条)

1965年在波兰华沙成立的国际古迹遗址理事会(International Council on Monuments and Sites，ICOMOS)，是致力于保护世界各地的文化遗产地全球性非政府组织。作为一个文化遗产专家网络，从诞生之日起就具有很强的跨学科特性，专业领域涵盖建筑、历史、考古、人类学、艺术、城市规划和工程技术等方面。同年，《威尼斯宪章》由ICOMOS认定为文化遗产保护方面重要的国际宪章，国际上古迹保护的权威性文献，它所确立的保护历史纪念物的价值观及基于这一价值观的方法论，为人们普遍服膺，迄今不失其先进性和成熟性。在国际会议上和学术著作中，直到目前还未见到对《威尼斯宪章》保护原则和理念的异议。自《威尼斯宪章》确立后，文化遗产保护工作在国际上引起普遍重视，并对后来一系列关于历史地区和历史城市保护的宪章、建议等产生了重要影响，成为文化遗产保护的纲领性文件。而且，事实上《威尼斯宪章》已成为UNESCO处理国际文化遗产事务的基本准则，评估世界文化遗产的主要参考。

从1931年《雅典宪章》到1964年《威尼斯宪章》，可以说是同时期欧洲历史保护理论与实践发展的总结。虽然《威尼斯宪章》提及了保护历史城市环境的原则，但其出发点主要还是针对文物古迹、古建筑群和古遗址的。应当说从1972年11月16日联合国教科文组织大会在巴黎通过的《保护世界文化和自然遗产公约》，1975年12月17日生效以来，世界文化遗产和自然遗产的保护才受到世界各国政府和公众的普遍关注和重视。

自《威尼斯宪章》伊始，文化遗产的概念一直在被拓展，包括历史城市、历史园林、历史地区等亦纳入纪念物之范畴。这种理念的形成无疑对历史园林的保护有重要意义。1981年5月ICOMOS与国际风景园林师联合会(IFLA)共同设立的国际历史园林委员会在佛罗伦萨召开会议，起草了一份关于历史园林与景观保护的宪章，即《佛罗伦萨宪章》，1982年由ICOMOS认可，作为《威尼斯宪章》在历史园林与景观保护领域的重要补充。

《佛罗伦萨宪章》开宗明义指出："作为纪念物，历史园林必须根据《威尼斯宪章》的精神予以保存。然而，既然它是一个活的纪念物(living monument)，其保存必须根据特定规则进行，此乃本宪章之议题。"(第三条)同时对历史园林维护、保护和修复的原真性与完整性做了明确规定："历史园林的保存取决于对其鉴别和登录情况。对它们需要采取几种行动，即维护、保护和修复。在某些特殊情况下，重建方式也会得到推荐。历史园林的原真性不仅依赖于它各部分的设计和尺度，同样依赖于它的装饰特征和它每一部分所采用的植物和无机材料。"(第九条)"在对历史园林或其中任何一部分的维护、保护、修复和重建工作中，必须同时处理其所有的构成特征。把各种处理孤立开来将会损坏其完整性 在对历史园林或其中任何一部分的维护、保护、修复和重建工作中，必须同时处理其所有。"(第十条)

三、UNESCO国际公约与建议

1. 保护世界遗产公约

在第一次世界大战和第二次世界大战期间，欧洲许多古老的城镇和一些重要的文化遗址遭到严重的破坏。二次大战结束以后，人类的遗产依然不断受到自然灾害、环境污染、开发建设以及地域贫困等方面的困扰和威胁。快速、过度和不当的旅游开发导致大量的纪念物、遗产地甚至历史城镇的商业化、空洞化。事实上，对文化遗产的最大威胁来自许多人对遗产的无知和忽视。

针对两次世界大战期间文化遗产所遭受到的破坏，国际联盟呼吁，世界各国要互相尊重彼此的遗产，合作保护遗产。第二次世界大战结束后联合国成立，为拯救具有特殊意义的文化遗产，该组织发起了声势浩大的保护运动，起草国际公约保护人类文化财产，前面介绍的《海牙公约》即为重要文件。

第二次世界大战结束之后，现代化进程迅猛如潮，给人类的居住环境和文化遗存带来了巨大的压力和破坏。为了使物质文明的进步与环境保护相协调，为了全人类的可持续发展，联合国教科文组织成员国于1972年倡导并缔结了《世界遗产公约》。公约认为，无论对各国还是对全人类而言，文化和自然遗产都是不可估价且无法替代的财产。这些最珍贵的财富，一旦遭受任何破坏或消失，都是对世界各族人民遗产的一次浩劫。一些遗产具有独一无二的特性，可以认为其具有"突出的普遍价值"，需加以特殊的保护，以消除日益威胁遗产安全的各种危险。

早在五十年前，国际社会对人类有形遗产的保护即已形成共识，《世界遗产公约》确立了国际社会保护人类有形遗产的义务。40多年后，在经济日益全球化和科技迅猛发展的今天，世界各民族所创造的独特的有形、无形以及多种多样的文化表现形式的存续和发展愈为国际社会所普遍关切和重视，在2003年第32届大会上通过了《保护无形文化遗产公约》(2006年4月20日生效)；在2005年第33届大会上通过了《保护和促进文化表现形式多样性公约》。《保护无形文化遗产公约》确立了通过传统方式世代相传的各种社会实践、观念表述、表现形式、知识、技能等和人类物质遗产同等重要的地位。《保护和促进文化表现形式多样性公约》的目标是保护和促进文化表现形式多样性，鼓励通过对话和国际合作提高发展中国家保护和促进文化表现形式多样性的能力，并重申各国拥有在其领土上采取保护和促进文化表现形式多样性的政策和措施的主权。

2. 保护美丽与特征的国际建议

致力于教育、科学与文化发展的UNESCO成立后，颁布的第一个国际建议即《关于适用于考古发掘的国际原则的建议》(1956)。在UNESCO制定的众多国际建议中，与文化遗产保护相关主要还有《关于保护景观和场地的美丽与特征的建议》(1962)、《关于保护受到公共或私人工程危害的文化财产的建议》(1968)、《关于在国家一级保护文化和自然遗产的建议》(1972)等。

1962年通过的《关于保护景观和场地的美丽与特征的建议》(*Recommendation Concerning the Safeguarding of Beauty and Character of Landscapes and Sites*)，基于城市中心区时常发生

的违规开发，大规模工程、工商业发展和设施建设等庞大计划这一时代背景而诞生，是一份非常重要的国际建议。考虑到保护景观和场地的美丽与特征，对人类生活必不可少，它们"代表了一种有力的物质、道德和精神的再生影响，同时正如无数众所周知的事例证明的也有利于人类文化和艺术生活"。因而，建议申明"保护景观和场地的美丽与特征系指保存并在可能的情况下修复自然的、乡村的、城市的景观与场地的任何元素(aspect)，无论是自然的或人工的，具有文化的或审美的趣味、或构成典型的自然环境(surroundings)"。

1968年UNESCO第十五届大会，考虑到当代文明及未来之发展依赖于全世界人民的文化传统、创造力，以及社会与经济的发展等诸多因素；文化财产是过去时代不同传统和精神成就的产物和见证，因而，它也是人类个性特征的基本要素。通过了《关于保护受到公共或私人工程危害的文化财产的建议》，建议指出："各国政府有责任像促进社会和经济发展那样，尽力确保人类文化遗产的保护和保存。"

建议要求保护的"文化财产"，"不仅包括已经确定和列入名录的建筑、考古及历史遗址和建筑，而且也包括未列入目录或尚未分类的古代遗迹，以及具有艺术或历史价值的近代遗址和建筑"。

为了保护或抢救整个遗址、建筑或其他形式的不可移动文化财产可能受公私工程损毁，必须采取预防性和矫正性措施。为保持历史的联系和延续性，应优先考虑采取"就地保护"措施。建议为文化财产免遭"建设性破坏"，从立法、财政、行政措施、保护和抢救文化财产的程序、教育计划等方面做了详尽说明和规定，提出了非常具体、可操作的保护和抢救措施。

3. 从《内罗毕建议》到《HUL建议》

对城市遗产保护具有重要指导意义的两份建议是1976年通过的《关于历史地区的保护及其当代作用的建议》(简称《内罗毕建议》)和2011年11月通过的《关于历史性城市景观的建议》(简称《HUL建议》)，这两份文件，对历史城镇及历史性城市景观的保护管理具有重要推动作用和指导意义。

1975年的"欧洲建筑遗产年"以来，国际社会一方面觉得对历史城市的保护有了比较明晰的原则性理论，另一方面又觉得迫切需要一份可以给各国参考或"遵守"的指导性文件。于是在1976年10月26日~11月30日，在肯尼亚首都内罗毕(Nairobi)召开的UNESCO第19届大会上通过了《内罗毕建议》。这个建议正式提出了保护历史城区的问题，强调"历史地区及其环境应被视为不可替代的全人类遗产的组成部分。其所在国政府和公民应把保护该遗产并使之与我们时代的社会生活融为一体作为自己的义务"。

"历史地区是各地人类日常环境的组成部分,它们代表着形成其过去的生动见证,提供了与社会多样化相对应所需的生活背景的多样性","每一处历史地区及其周围环境应从整体上视为一个相互联系的统一体,其协调及特性取决于它的各组成部分的联合,这些组成部分包括人类活动、建筑物、空间结构及周围环境。因此一切有效的组成部分,包括人类活动,无论多么微不足道,都对整体具有不可忽视的意义"。

《内罗毕建议》指出:"在现代城市化导致建筑尺度和密度大幅增大的情况下,历史地区除了遭受直接破坏的危险外,还存在更现实的间接破坏:新开发区会毁坏临近的历史地区的环境和特征。建筑师和城市规划师应谨慎从事,以确保古迹和历史地区的之间的景观不被破坏,并且历史地区与当代生活和谐相融。"

建议书要求:"维护规划(safeguarding plans)未覆盖地区的城市开发或贫民区治理方案应尊重具有建筑学或历史价值的其他要素及其附属建筑。如果这些要素可能受到这类方案的不利影响,则应在拆除之前制订上述维护规划。""在农村地区,所有引起干扰的工程和所有经济、社会结构的变化都应小心谨慎地加以控制,以保护自然环境中历史性乡村社区的完整性。"

此外,UNESCO还在推动地区文化遗产保护工作方面积极努力。2001年,在越南通过的《会安协议》,制定了在亚洲文化背景下的遗产地保护原真性专业导则;2002年,世界遗产委员会又在非洲帮助制定了《非洲世界遗产与可持续发展》。2005年,在世界遗产委员会第27届会议上通过了《维也纳备忘录》,这份关于历史性城市景观管理和发展的文件被视为一种综合方法的重要声明,它综合考虑了当代建筑、城市可持续发展和景观完整性之间的关系。

2011年,UNSECO在城市保护中引入了历史性城市景观(HUL)方法,在保护物质环境的过程中,HUL提倡共同维护人与环境的相互关联性及其有形与无形的品质。

2011年11月通过了《关于历史性城市景观的建议》(简称《HUL建议》),它是自1976年《内罗毕建议》以来,又一份关注城市保护的重要国际文件。新的建议扩展了2005年《维也纳备忘录》中确定和讨论的相关主题,明确指出迫切需要解决因快速城市化、大规模旅游、历史资源的市场开发和气候变化,对城市遗产带来的挑战和威胁,这些挑战只能通过在整体可持续发展的更大目标范围内,更好地整合和制定城市遗产保护战略的方式来解决。

《HUL建议》将历史性城市景观(HUL)定义为"文化和自然价值及属性在历史层积上形成的城市区域",包括更广泛的城市文脉及其地理环境;建成环境,不论是历史上的还是当代的;地上地下的基础设施;公共空间、土地使用模式和空间安排;感觉和视觉联系;城市结构的所有其他要素;社会和文化方面的实践和价值观、经济进程以及与多样性和特性有关的无形文化遗产方面。

"历史性城市景观"(HUL)又是一个看待历史城市发展的概念和方法，《HUL建议》倡导了以系统和整体的观点看待历史城市的保护。要求各缔约国应根据历史性城市景观方法，将城市遗产保护战略纳入国家发展政策和行动计划。在这一框架下，地方当局应制定周全、考虑到历史形态和传统智慧传承的城市开发规划。景观的价值不局限在视觉美学层面，应当关注促使景观形成的经济、社会因素和物质环境"变化"，需要重视那些普通的日常景观对于城市生活的意义，需要了解和重视社区居民在景观形成和保护管理中的作用。

回顾过去，许多城市历史中心区被列入《世界遗产名录》，但是在实际应用中，文化景观指的是"乡村景观"，然而，事实上城市是极具代表性的文化景观。正如福勒(P. J. Fowler)所说，城市景观可以称得上是突出的文化景观。《HUL建议》，旨在将实现可持续发展的目标与城市景观遗产的保护统一起来；考虑到这些城市中历史遗产的物质空间形态、自然特征、地理位置以及社会、文化和经济价值间的相互关联，建议采用一种景观方法来对其进行确定、保护和管理①。

四、城市保护相关国际文件

1. 从《华盛顿宪章》到《瓦莱塔准则》

1987年，ICOMOS通过了《保护历史城镇与城区宪章》，即《华盛顿宪章》，它虽然只是针对保护历史城镇与街区而制定的宪章，却是总结了颁布《威尼斯宪章》以来20多年科学成果的一份集大成文件。作为《威尼斯宪章》的重要补充，详细规定了保护历史城镇和城区的原则、目标和方法，对历史城市保护具有重要指导意义。宪章指出：值得保存的特性包括历史城镇和城区的特征以及表明这种特征的一切物质和精神的组成部分，这些文化财产无论其规模多小，均构成人类的记忆。它们的损害会威胁到历史城镇和历史地区的原真性。

因此，"为了最有效的实施，历史城镇和其他历史城区的保护，应成为经济与社会发展政策、各层面城市和区域规划的完整组成部分"。"居民参与对保护规划的成功起着重大作用，应加以鼓励"。因为"历史城镇和城区的保护首先关系到他们的居民"。《华盛顿宪章》强调，"保护规划的目的旨在确保历史城镇和历史地区作为一个整体的和谐关系"，"保护规划应得到该历史地区居民的支持"。而且，在历史城市和历史地区，"住宅改善应是保护的基本目标之一"。

在《华盛顿宪章》施行24年后，基于社会发展的重大变化和应当城市化带来的新挑战，ICOMOS国际历史城镇与村落委员会(CIVVIH)在整合《华盛顿宪章》(1987年)和《内罗毕建议》(1976年)的基础上，制定了《关于历史城镇和历史城区维护管理的瓦莱塔准则》(*The Valletta Principles for the Safeguarding and Management of Historic Cities, Towns and Urban Areas*，简称《瓦莱塔准则》)。对于如何维护和管理历史城镇给予重新定义和提出了新方法，包括管理的目标、态度和所需的工具。2011年11月，在巴黎召开的第17届代表大会上被ICOMOS采纳。

《瓦莱塔原则》阐释了历史城市作为活态遗产的特征，反思在全球化下的文化身份认同以及大规模移民、人口迁徙带来的社会变迁的情况下，城镇保护中出现的问题和原有保护框架的局限性，关注历史城镇的动态演变及发展；对维护和管理的目标、原则以及干预工具进行了重新界定。《瓦莱塔原则》的主要目标是提出适用于历史城镇和城区干预的原则和策略，从保护概念、干预标准和具体策略上试图提出一套完整的研究方法、技术标准和实践流程。这些原则强调保护历史城镇及其背景的价值，以及将其与我们时代的社会、文化和经济生活的整合。并且对于确保尊重遗产的有形和无形价值，环境以及居民生活品质都具有重要的意义。

可持续发展的观念已变得如此重要，以至于很多针对建筑规划和干预的导则，如今都基于旨在限制城市膨胀和保护城市遗产的政策。历史城市、城镇和城区的成功维护、修复(rehabilitation)与可持续发展密切相关。必须根据可持续发展原则，以一种系统性方法来审慎引导历史城市、城镇或城区的维护和管理。无论如何，历史城市、城镇和城区的维护必须是对城市结构及其周边环境进行全局性理解不可或缺的一部分。这要求采取连贯一致的经济和社会发展政策，将历史城镇纳入所有规划层面的考虑，同时始终尊重它们的社会肌理结构和文化多样性。

2.《下塔吉尔宪章》和《都柏林准则》

1973年，第一届国际工业纪念物大会(FICCIM)的召开，引起了国际社会对于工业遗产的广泛关注。1978年国际工业遗产保护委员会(TICCIH)宣告成立，成为世界上第一个致力于促进产业遗产保护的国际组织，同时也是ICOMOS产业遗产保护方面的专门咨询机构。2003年7月，在俄罗斯著名工业城市下塔吉尔市召开的国际工业遗产保护委员会大会上，通过了保护产业遗产的《关于产业遗产的下塔吉尔宪章》(简称《下塔吉尔宪章》)，并得到

---

① 吕舟.《中国文物古迹保护准则》的修订与中国文化遗产保护的发展[J]. 中国文化遗产, 2015 (2)：4~24.

ICOMOS的认可。该宪章阐述了产业遗产的定义，指出了工业遗产的价值以及认定、记录和研究的重要性，并就立法保护、维修保护、教育培训、宣传展示等方面提出了原则、规范和方法的指导性意见。

《下塔吉尔宪章》指出，工业遗产应当被视作普遍意义上文化遗产的整体组成部分。而且，对产业遗产的法定保护应当考虑其特殊性，要能够保护好机器设备、地下基础、固定构筑物、建筑综合体和复合体以及产业景观。对废弃的产业区，在考虑其生态价值的同时也要重视其潜在的历史研究价值。为了防止重要工业遗址因关闭而导致其重要构件的移动和破坏，应当建立快速反应的机制。有相应能力的专业权威人士应当被赋予法定的权利，必要时应介入受到威胁的产业遗址保护工作中。

2011年11月，国际古迹遗址理事会第17届大会通过了《关于产业遗产遗址地、结构、地区和景观保护的ICOMOS与TICCIH联合原则》(简称《都柏林准则》)，现已成为各国政府和相关机构在工业遗产保护方面的首要参考文件和执行准则。《都柏林准则》强调："因其不同的生产目的、工艺设计和历史演变，工业遗产旧址是非常多样化的。有的工业遗产以其在生产流程和技术、地域或历史上的独特性而著称，有的工业遗产以其在全球产业迁演中的贡献而闻名。有的工业遗产是由不同工艺技术和历史阶段错综组成的复杂系统，其不同组成部分之间存在相互依赖的关系。"准则不仅强调物质遗产，更强调非物质遗产，强调"工业遗产的价值存在于生产结构或场地本身，包括机械设备等物质组成、工业景观、文献资料，以及在记忆、艺术、习俗中存在的非物质记载"，"在传统产业中，工人的技术和操作知识是一项非常重要的资源，必须被包含在遗产价值评估过程中。"

《都柏林准则》，补充了《下塔吉尔宪章》中未能全面认识到的工业遗产的环境与非物质文化遗产等内容，为工业遗产的完整性保护和研究提供了依据。要求基于遗产价值完整性原则中对工业遗产的价值进行评估，更强调社区生活，关注"整个社会乃至世界的变革"，这与《下塔吉尔宪章》中采取传统的历史价值、科技价值、美学价值、稀缺性与独特性价值有着较大的不同。基于完整性原则，工业遗产的价值不再是孤立的历史价值、科技价值、美学价值或稀缺性与独特性价值，也不能将价值的承载要素、物质遗存环境和非物质文化遗产区分开来对待，而应将其视为一个整体，只有认识到这一点，才能做到基于完整性原则实现工业遗产地区的整体性保护。

3. 其他相关宪章文件

1990年、1996年，ICOMOS分别通过了《关于考古遗址的保护与管理宪章》和《关于水下文化遗产的保护与管理宪章》。1999年，由ICOMOS国际科学委员起草的《关于文化旅游的国际宪章》问世，取代了1976年版的《文化旅游宪章》。在旅游开发日益兴旺的今天，这份关于文化旅游原则和管理指南有着积极的现实意义。与此同时，另一份重要文件《关于乡土建筑遗产的宪章》也在ICOMOS 大会上通过。在世界文化、社会、经济转型过程中的同一化背景下，乡土建筑处于十分脆弱的境地，此份文件作为《威尼斯宪章》的补充，提出了确认乡土建成环境的标准、乡土建筑的保护原则及保护实践中的指导方针。

ICOMOS已逐步形成了一个比较完整的文化遗产保护的理论体系。除了各类保护宪章外，ICOMOS大会还签署了众多国际宣言，如1983年的《罗马宣言》，1998年，为了纪念《世界人权宣言》(*The Universal Declaration of Human Rights*)发表50周年，签署了以"人类共同的文化遗产"为主题的《斯德哥尔摩宣言》。

如果说宪章和宣言更多的是统一了有关国际文化遗产保护理念，解决了逐渐出现的一些重大问题，那ICOMOS通过的一系列决议和原则便是为文化遗产保护工作中的某些具体问题提供指导。如《关于在古建筑群中引入现代建筑的布达佩斯决议》(1972)、《关于保护历史性小城镇的布鲁日决议》(1975)、《关于古建筑、建筑群、古迹保护教育与培训的指南》(1993)等。其他还有如《关于原真性的奈良文件》(1994)，对文化遗产保护中涉及的重要的、具有争议的原真性原则做了具体研究、解释和规定。1999年10月在墨西哥举办的第12届大会通过的《历史性木结构保护原则》。1994年的《关于原真性的奈良文件》，特别关注发掘世界文化的多样性以及对多样性的众多描述，这些描述涵盖纪念物、历史地段、文化景观直至无形遗产。原真性是文化遗产保护的原则问题，业已成为定义、评估、监控世界文化遗产的基本因素，而在每一文化内，对遗产价值的特性及相关信息源的可信性与真实性的认识必须达成共识，这是至关重要、极其紧迫的工作。

2005年10月，第15届ICOMOS大会在古都西安召开，大会通过的《关于遗产建筑、遗迹和区域背景环境保护的西安宣言》，提出了文化遗产保护的新理念，将文化遗产的保护范围扩大到遗产背景环境(setting)以及环境所包含的一切历史的、社会的、精神的、习俗的、经济的和文化的活动。也就是说，过去建筑遗产保护虽然也关心周边环境，但多数情况下这一"背景环境"还是物质实体的，或是基于空间或视觉上的关联性。

《西安宣言》将遗产建筑、遗迹和区域的背景环境界定为直接的和扩展的环境，它是作为或构成遗产重要性和独特性的组成部分。《西安宣言》中指出，除实体和视觉方面的含义外，背景环境还包括与自然环境之间的相互作用；过去的或现在的社会和精神活动、习俗、传统认知和创造并形成了环境空间中的其他形式的无形文化遗产，它们创造并形成了环境空间以及当前动态的文化、社会、经济背景。宣言指出："不同规模的历史建筑、古遗址和历史地区，包括历史城市和城市景观、地景、海洋景观、文化线路和考古遗址，其重要性和独特性来自人们所理解的其社会、精神、历史、艺术、审美、自然、科学或其他文化价值，也来自它们与物质的、视觉的、精神的以及其他文化背景和环境之间的重要联系。"

4. ICOMOS国家委员会的重要文件

上述有关文化遗产保护的决议和原则，多由ICOMOS所属国际学术委员会制定。近年来，ICOMOS各国家委员会也针对本国具体情况制定了一些重要的保护宪章。其中在国际上影响较大的当属ICOMOS澳大利亚国家委员会通过的《保护具有文化意义场所的巴拉宪章》(*The Australia ICOMOS charter for places of cultural significance*)，即《巴拉宪章》(*The Burra Charter*)。《巴拉宪章》于1979年在澳大利亚巴拉(Burra)通过，于1981年、1988年和1999年进行了修订。《巴拉宪章》既秉承了《威尼斯宪章》的精髓，结合了澳大利亚本国的遗产保护特征，以"场所"(place)取代"文物遗址"(monument and site)的概念，扩展了文化遗产的内涵。

《巴拉宪章》由正文和多个附件所组成，这个框架不但反映了保护理论的纲目层次关系，更重要的是反映了认识的逻辑和视角。正文可分为三个部分。第一部分是对若干特定概念的解释，实际上是在"保护"(conservation)这一总任务下涉及的工作性质和范围；第二部分是保护原则，其中引进了一些新观念；第三部分是实施保护过程中为贯彻这些原则必须遵守的一些准则。"文化意义""保护工作政策""进行研究与书写报告的程序"这三个《指导纲要》，则是在实施保护工程前必须完成的基本工作，或者说是指导保护工程的操作依据。

ICOMOS美国、巴西、新西兰、加拿大等国家委员会也制定了适合本国国情、并有一定特色的保护宪章或原则文件。2000年，ICOMOS中国委员会与美国盖蒂保护研究所(The Getty Conservation Institute)、ICOMOS澳大利亚委员会合作，在《威尼斯宪章》文件精神指导下，制定了适合我国国情的《中国文物古迹保护准则》(*Principles for the Conservation of Heritage Sites in China*)，并于2002年在国际上正式出版英文版。《中国文物古迹保护准则》的颁布，提升了中国文物保护的理论水平，规范了中国文物保护的实践工作，促进了中国和国际文物保护理论的交流和学习。使中国文物保护进入一个规范化管理的时代，最大限度地统一了对文物保护原则的基本认识[①]。

随着经济社会的快速发展，对文化遗产保护提出了新的要求，需要对2000版《中国准则》及时做出相应的修订与补充，以更好地解决当今文化遗产保护面临的主要问题。而10

多年来的文化遗产保护实践的经验积累和理论探索也为《中国准则》的修订创造了条件。2015年新版《中国准则》发布，比旧版在章节和条文数量上都有了一定扩充，并在文化遗产价值认识、保护原则、新型文化遗产保护、合理利用等方面充分体现了当今中国文化遗产保护的认识水平，更具针对性、前瞻性、指导性和权威性。

在价值认识方面，新版《中国准则》在强调文物的历史、艺术和科学价值的基础上，又充分吸纳了国内外文化遗产保护理论研究成果和文物保护、利用的实践经验，进一步提出了文物的社会价值和文化价值。强调了"保护文物古迹的目的在于保存人类历史发展的实物见证，保存人类创造性活动和文化成就的遗迹，继承和弘扬优秀文化"。新版《中国准则》丰富了中国文化遗产的价值构成和内涵，对于构建以价值保护为核心的中国文化遗产保护理论体系，将产生积极的推动作用。

5. 欧洲委员会相关宪章文件

除UNESCO、ICOMOS以外，国际上还有一些地区、国家或组织制定了关于文化遗产保护的重要宪章和文件。欧洲国家是遗产保护运动的先驱，也是文化遗产的积极推动者，在欧洲议会系统内，欧洲委员会积累了欧洲地区遗产保护的共同经验，制定了大量宪章、宣言和决议，如1954制定《欧洲文化公约》、1966年制定《关于纪念物再生的决议》、1969年制定《保护考古遗产的欧洲公约》。

1960年代以后，随着战后大规模的住宅重建和新建，城市中的大量历史环境迅速消失，导致人们的怀旧情绪加重和保护意识增强。70年代则是欧洲历史城市保护中最有意义的时期，这与当时的经济背景相关。石油危机以及由此引发的经济问题，使新开发建设项目出现了滑坡现象，也促使人们开始思考充分利用旧城区原有设施和现有资源。1975年欧洲议会为振兴萧条和衰退中的欧洲历史城市和保护文物古迹，发起了"欧洲建筑遗产年"活动。

"欧洲建筑遗产年"是文化遗产保护领域的划时代事件，制定了具有重大影响的《关于建筑遗产的欧洲宪章》(《阿姆斯特丹宪章》)和《阿姆斯特丹宣言》。提出了整体性保护的理念和原则，全面论述文化遗产保护的社会意义和积极作用。欧洲议会部长委员会通过的《关于建筑遗产的欧洲宪章》，特别强调建筑遗产是"人类记忆"重要组成部分，它提供了一个均衡和完美生活所不能或缺的环境条件。城镇历史地区的保护必须作为整个规划政策中的一部分；这些地区具有历史的、艺术的、实用的价值，应该受到特殊的对待，不能把

---

① 塞西莉亚·索达诺. 国际章程中的文化景观[J]. 赵郁芸译. 国际博物馆 (中文版), 2018 (Z2)：67~72.

它从原有环境中分离出来，而要把它看作是整体的一部分，尽量尊重它们的文化价值。宪章指出："在历史进程中，城镇中心和一些村落都在逐渐衰退，变成了质量低劣的住宅区。处理这种衰退问题必须基于社会公正，而不是让那些较贫穷的居民搬离。""所有的城市和区域规划必须把保护作为首要考虑的因素之一。"

作为"欧洲建筑遗产年"的重要事件，在阿姆斯特丹举行了"欧洲建筑遗产大会"，会议通过的《阿姆斯特丹宣言》指出：在城市规划中，建筑遗产和历史地区的保护至少要放在与交通问题同等重要的地位。而且，上述两份文件都对"整体性保护(Integrated Conservation)"的理论与方法做了充分阐述。从此，整体性保护的实践探索在欧洲开始走向成熟，并影响到其他国家。

近年来，欧洲地区在农村建筑遗产，工业、技术和工程遗产，20世纪建筑遗产，文化景观地区、文化线路(cultural routes)，遗产教育，欧洲景观等新的遗产保护领域又有全面拓展和积极推进。

6. 国际建筑宪章中的基本共识

上文提到1933年CIAM制定的《雅典宪章》，虽说它是针对功能主义现代城市规划的，但在其中一节关于"历史遗产"的六条建议(第65条~第70条)，对历史建筑的保护以及在历史地区的新建筑设计等问题，也提出了极有远见的原则建议。宪章认为："好的建筑，不管是建筑单体还是建筑群，都应该得到保护免受损毁。""但是它们的保护并不意味着人们应该居住在不利于健康的条件中。""建筑保护的基础在于它应作为较早时期文化的表达和符合公共利益的保留(retention)。"

针对解决保护与开发的矛盾和冲突问题，宪章指出："如果它们现在的位置妨碍了开发，也可采取一些治本的/彻底的措施，诸如：改变环状交通干道，甚至搬迁城市中心区——这些通常被认为是不可能的方法。""清理历史纪念物周边的贫民窟，为创造新的开放空间提供机会。""以艺术审美的借口，在历史地区内采用过去的建筑风格建造新建筑是灾难性的推论，无论以何种形式延续或引导这一习惯都是无法容忍的。"

1977年12月，一些建筑师、城市规划师聚集秘鲁首都利马(Lima)，以《雅典宪章》为出发点，围绕建筑与城市规划的现代运动进行了充分讨论，通过了代表新的规划设计思想的《马丘比丘宪章》(Charter of Machu Picchu)。其中对"文物和历史遗产的保存和保护"也提出了许多积极理念。宪章指出："城市的个性和特性取决于城市的体型结构和社会特征。因此不仅要保存和维护好城市的历史遗址和古迹，而且还要继承一般的文化传统。一切有价值的说明社会和民族特性的文物必须保护起来。"

"保护、修复和重新使用现有历史遗址和古建筑必须同城市建设过程结合起来，以保证这些文物具有经济意义并继续具有生命力。""在考虑再生和更新历史地区的过程中，应把设计优秀的当代建筑物包括在内。"

《马丘比丘宪章》强调："规划过程包括经济计划、城市规划、城市设计和建筑设计，必须对人类的各种需求做出解释和反应。它应按照可能的经济条件和文化意义提供与人民要求相适应的城市服务设施和城市形态。为达到这些目的，城市规划必须建立在各专业设计人、城市居民以及公众和政治领导人之间系统的不断的互相协作配合的基础上。"

1999年，在古都北京召开的国际建协第20次大会上通过了《北京宪章》。宪章对20世纪总的判断为：一个"大发展"与"大破坏"的世纪，"既是人类从未经历过的伟大而进步的时代，又是史无前例的患难与迷惘的时代"。无可否认的是，20世纪的"许多建筑环境难尽如人意"；"人类对自然以及对文化遗产的破坏已经危及其自身的生存"；"始料未及的'建设性破坏'屡见不鲜"等社会问题、环境问题依然严峻。

面对"混乱的城市化"所带来的"建筑魂的失落"，如技术和生产方式的全球化带来了人与传统地域空间的分离；地域文化的多样性和特色逐渐衰微、消失；城市和建筑物的标准化和商品化致使建筑特色逐渐隐退；建筑文化和城市文化出现趋同现象和特色危机等挑战与困境，《北京宪章》强调："文化是历史的积淀，存留于城市和建筑中，融合在人们的生活中，对城市的建造、市民的观念和行为起着无形的影响，是城市和建筑之魂。"

由于建筑形式的精神意义植根于文化传统，因而"宜将规划建设、新建筑的设计、历史环境的保护、一般建筑的维修与改建、古旧建筑合理重新使用、城市和地区的。整治、更新与重建及地下空间的利用和地下基础设施的持续发展等，纳入一个动态的，生生不息的循环体系之中。这是一个在时空因素作用下，建立对环境质量不断提高的建设体系，也是可持续发展在建筑与城市建设中的体现。"

五、国际宪章带给我们的启示

纵览遗产保护宪章、公约、建议等国际文件产生背景和发展过程，我们可以发现，随着保护对象和保护范围的不断扩展，文化遗产保护理念和保护方法也在不断创新与进步。国际文化遗产保护理念发展经历了一个由单体到整体、由局部到全局的过程。这一过程，实际上伴随着人类经济和社会的发展同步展开。回顾历史，从中可以看出国际宪章、法规文件演进的若干脉络。

(1) 1960 年以前，以保护纪念物、遗址、建筑和制定文物古迹保护的基本原则为主，如《关于历史性纪念物修复的雅典宪章》(1931)、《关于适用于考古发掘的国际原则的建议》(1956)等。此时，国际公约、建议主要关注避免武装冲突、战争给文化遗产带来的破坏。

(2) 1960~1990年代间，涉及历史地区、历史园林、历史城市等历史环境保护的宪章、宣言逐渐增加，如《内罗毕建议》(1976)、《华盛顿宪章》(1987)。随着战后经济快速增长，工业化、城市化以及旧城更新给文化遗产带来的"建设性破坏"，一直是这一阶段保护宪章、国际法规着重关注的问题。

(3) 1990年代之后，开始关注乡土建筑遗产、历史性木结构保护、文化旅游管理等特定问题和保护利用中出现的相关课题。对全球范围的大尺度、大规模的人居环境、文化景观、地域特征的保护工作得到加强。

(4) 进入21世纪，保护范围有了进一步扩展，从产业遗产到历史性城市景观；从《世界遗产公约》到无形文化遗产、文化多样性皆有涉及，如《世界文化多样性宣言》(2001)、《保护无形文化遗产公约》(2003)等。

(5) 此外，文化遗产保护相关国际宪章的发展过程，也是以《威尼斯宪章》精神为基础，伴随着保护运动深化和不断出现的新情况，对《威尼斯宪章》补充、完善的过程。如1994年《奈良文件》对不同文化背景下原真性的解释，2005年，《西安宣言》有关文化遗产保护的背景环境及其完整性问题的全面阐述。

受《世界遗产公约》和国际遗产保护理念的影响，我国的文化遗产、建成环境遗产保护理论与实践有了全面发展，文化遗产保护在广度和深度两方面都得到了极大地拓展。不仅列入《世界遗产名录》中的文化遗产得到很好的保护与管理，其他各类文化遗产的保护也从世界文化遗产保护的理论与方法上汲取了营养，在保护、监测、展示等方面的先进理念和方法在我国得到了比较普遍的运用，文化遗产保护管理水平得到整体提升，同时也带动了遗产地的经济社会可持续发展。

与此同时，文化遗产在社会发展中的影响不断凸显，对文化遗产保护提出了更高的要求。在保护管理机制和技术方面，原真性和完整性原则，活态保护和整体性保护观念越来越深入人心，体现了我国文化遗产保护理念既丰富又深刻的内涵。文化遗产保护管理具有综合性，学科交叉特征明显，未来需要在更加广泛的科学实践基础上，建立起具有中国特色的完整的保护理论体系。

第十二章 世界文化遗产保护的理念与方法

世界遗产是全人类的共同财富，既承载着人类的精神文化价值，又关乎地球环境生态。世界遗产保护是社会发展的必然选择，源于人类保存自己的文化、保护自身生存环境的意愿。无论对各国还是对全人类而言，文化遗产和自然遗产都是不可估价且无法替代的财产，这些珍贵的财富一旦遭到破坏或灭失，都将是对地球村全体人民生存和发展的浩劫。

从1972年《保护世界文化和自然遗产公约》(简称《世界遗产公约》)诞生到今天，尽管只有不到50年历史，但随着时代变化，世界遗产保护的观念在全球得到广泛认同，而且保护实践已融入可持续发展政策框架。全球实践证明，《世界遗产公约》是一个旨在保护人类遗产有远见的国际文件。世界遗产保护实践取得了重大成果，一些具有"突出的普遍价值"(Outstanding Universal Value，OUV)遗产被列入《世界遗产名录》得到全面保护。如今，实施公约的国际环境已有很大变化，公约的成功让世界遗产保护相关活动规模越来越大，与此同时，保护管理的复杂性和多样性也在不断增加。

一、世界遗产的基本理念

1.《世界遗产公约》的诞生背景

1972年《世界遗产公约》的通过及各种咨询机构的建立，是在二次大战结束后出现的国际合作与监管体系创设等更广泛背景下开始的。1945年10月，为了促进国际合作以解决经济、社会和人道主义问题，成立了联合国这一国际组织，并签署《联合国宪章》。数月后，联合国教科文组织(UNESCO)迅速成立，1946年11月生效的《教科文组织组织法》(UNESCO Constitution)指出，正是对差异的误解、对共同人性的无知造成了不同人群之间的战争、暴力和不信任。

UNESCO认识到"文化之广泛传播以及为争取正义、自由与和平对人类进行之教育为维护人类尊严不可缺少之举措，亦为一切国家关切互助之精神，必须履行之神圣义务"，必须"通过世界各国人民间教育、科学及文化联系，实现《联合国宪章》所宣告的国际和平与人类共同福祉之宗旨"。

因此，在UNESCO的宗旨与职能中，就有"确保对具有历史和科学价值的书籍、艺术品、纪念物等世界的遗产(the world's inheritance)之保存与保护，并向相关国家推荐必要的国际公约"。

1954年5月，UNESCO通过《关于发生武装冲突时保护文化财产的公约》(简称《海牙公约》)，其导言部分宣称"确信破坏任何人的文化财产也就意味着破坏全人类的文化遗产，因为每个人都对世界的文化做贡献"，"考虑到文化遗产的保存对世界上所有人都至关重要，因而这一文化遗产必须获得国际保护"。

1970年11月，UNESCO通过《关于禁止和防止非法进出口文化财产和非法转让其所有权的方法的公约》，指出，"考虑到文化财产是构成文明和民族文化的基本要素之一，只有在与其起源、历史和传统背景(traditional setting)相关尽可能充分的信息中，才能理解它的真正价值"，因此，"各国都必须意识到尊重本国和所有国家的文化遗产是一项道德义务"。

可以说，这些由UNESCO公约所提倡的国际文化遗产认知和共识，为《世界遗产公约》的诞生提供了比较充分的思想准备。

2.《世界遗产公约》的宗旨

保护世界文化遗产和自然遗产，是从1972年11月16日联合国教科文组织大会(The General Conference of the UNESCO)在巴黎通过的《保护世界文化和自然遗产公约》(简称《世界遗产公约》)于1975年12月17日生效以来，才受到世界各国政府和公众的普遍关注和逐步重视。

尽管发起一场国际运动，以保护他国境内文化遗址的构想产生于第一次世界大战后。但是，埃及修建阿斯旺大坝的决定，却是一件引起一系列史无前例国际抢救行动的里程碑事件。1950年代埃及政府决定兴建阿斯旺高坝。该项目设计将使尼罗河水位上涨62米，创造出沿着尼罗河谷一直延伸到苏丹约500公里长的巨大人工湖，将导致古埃及文明的瑰宝——阿布辛拜勒(Abu Simble)和菲莱神庙(Philae Island)等重要努比亚遗迹被淹没的威胁。

为此UNESCO决定发起一场国际抢救保护运动，将阿布辛拜勒神庙和菲莱神庙进行搬迁，易地保护。自此以后，UNESCO已承担了数项重大的文化古迹保护项目，如抢救佛罗伦萨的艺术品，拯救历史名城威尼斯，还有斯里兰卡的文化三角、巴基斯坦的莫亨朱达罗，以及印度尼西亚的婆罗浮屠等文化遗产的抢救保护运动，这些保护运动为子孙后代拯救了一批精美的文化遗产。这些行动促进了世界各国在遗产保护领域的合作，促进了人类共同遗产概念的形成和发展。

鉴于此，UNESCO为了指导各国文化遗产的保护工作，使其达到国际水准，并使保护工作成为一项持久的国际行动计划。在保护文化遗产和自然遗产的国际原则和国际协定制定方面花了很大精力。将保护文化遗产和自然遗产结合起来的想法源于美国①。1965年12月，在美国首都华盛顿召开的国际合作的白宫会议上呼吁设立"世界遗产信托基金"(A

---

① 何谓世界遗产? [J].信使，1997 (12)，6.

Trust for the World Heritage)，以促进国际合作，为全世界人民的现在和未来，保护"人类遗产的风景、历史和自然资源"。1968年国际自然和自然资源保护联盟(IUCN)也向其成员国提出了类似建议。1972年，这些建议提交在瑞典斯德哥尔摩举行的联合国人类环境会议讨论。1972年11月16日，UNESCO大会通过了由这些建议形成的文本，即《世界遗产公约》。从此，一个规模巨大的国际性工程开始实施：确认具有突出的普遍价值、人人有责加以保护的自然景观和文化古迹，并将其列入《世界遗产名录》。

从1978年第一次公布的12处遗产名录至今，全世界共有194个国家加入了《世界遗产公约》，其中167个国家的1154处遗产列入了《世界遗产名录》，由此可以证明公约的卓著成就。对这些文化遗产和自然遗产的保护，将关系到所有国家和全人类的命运。

《世界遗产公约》以一种崭新的概念为基础，开辟了保护领域的新天地，肯定了属于全人类的世界文化和自然遗产的存在，人类只是世界自然和文化史上一切伟大里程碑的托管者。其宗旨是"建立一个依据现代科学方法制定的永久有效的制度，共同保护具有突出的普遍价值的文化和自然遗产"。公约规定，设立世界遗产委员会(World Heritage Commit-tee，WHC)，并由该委员会公布《世界遗产名录》和《濒危世界遗产名录》。同时强调"缔约国本国领土内的文化和自然遗产的确认、保护、保存、展出和移交给后代，主要是该国的责任。"因此，世界各国在保护立法、财政、技术和行政方面都采取了相应措施，并得到了UNESCO的大力支持和鼓励。

3. 人类的共同遗产
遗产(Heritage)这个人们普遍了解的名词，过去往往仅被狭义地理解为直系亲属留给子孙后代的财产。而《世界遗产公约》所阐明的"世界遗产"概念，是指"人类共同继承的文化及自然财产"。遗产开始被理解为历史的见证，在整体上被认为是现今社会的继承物。1988年，时任UNESCO总干事费德里科·马约尔·扎拉戈兹(Federico Mayor Zaragozd)在《信使》杂志发表文章，强调世界遗产为"人类共同的遗产(A Legacy For All)"。

现在，人们已普遍认识到世界文化与自然遗产是全人类的共同财富。它们既是先人留下的遗物，又是我们要传递给后人的馈赠；既是过去文明汇聚和交流的见证，又是未来的记忆与希望之表达。因而，《世界遗产公约》以国际法的形式，确定了分布在不同国家和地区的1154处世界自然与文化遗产为"世界"的"遗产"(表12.1)。

对具有突出的普遍价值的遗产进行登录保护，是一项振奋人心的行动。但有关遗产的概念需要有一个比较严格的定义，由于受到科学发展和历史、文化概念不断扩展的影响，

表12.1　　　　　　　　　　　世界遗产的分布情况一览表　　　　　　　　单位：(处)

世界遗产分区	边界划分	自然遗产	文化遗产	复合遗产	小计	比例
非洲	只含撒哈拉以南地区	39	54	5	98	8.5%
阿拉伯国家	中东和北非	5	80	3	88	7.6%
亚太地区	除土耳其外的亚洲全境、澳大利亚和大洋洲，加上俄罗斯境内的乌布苏湖盆地	69	194	12	275	23.8%
欧洲及北美	包括海外领土的欧洲全境、土耳其和高加索国家，加上加拿大与美国，但除墨西哥外	65	468	11	544	47.1%
拉丁美洲及加勒比海地区	始于墨西哥的、美国以南的美洲大陆与岛屿	38	100	8	146	12.7%
跨地区		2	1	0	3	0.3%
合计		218	897	39	1154	100%

遗产的概念有包罗万象之势。诚然，一切都属于历史，整个大自然和人类社会留下了众多珍贵的纪念物、历史遗迹。但是，世界在迅速变化，如果真正重要的文化遗产得不到普遍承认，那么即便这样的遗迹也会被迅猛变化之势一扫而尽。如果发生这种情况，就具体的遗址、文物古迹和历史城镇而言，有关永久价值的观念及其表达方式就可能丧失殆尽。

　　世界遗产的登录工作并不是一种纯学术活动，而是一项具有司法性、技术性和实用性的国际任务，其目的是动员全人类团结一致，积极保护文化和自然遗产。当然，这并不是说只有列入《世界遗产名录》的各种遗产才值得保护，《世界遗产名录》是想把列入该名录的遗产作为榜样，鼓励不同国家或地方制定政策保护整个人类的生存环境。因此，《世界遗产公约》的目标是宏伟的，也是可信的。

4. 文化和自然遗产的定义

　　《世界遗产公约》第一条，对文化遗产的定义如下：

　　① 纪念物(monuments)：从历史、艺术或科学角度看，具有突出的普遍价值的建筑作品、纪念性雕塑和绘画，考古性质素材或遗构，碑刻、窑洞民居以及景观组合；

　　② 建筑群(groups of buildings)：从历史、艺术或科学的角度看，因其在景观中的建筑风格、统一性(homogeneity)或场所而具有突出普遍价值的一组独立或相连的建筑群；

　　③ 地区(sites)：从历史、美学、民族学或人类学的角度看，具有突出普遍价值的人类作品、或人与自然的共同作品，以及包括考古遗址在内的区域。

《世界遗产公约》第二条，对自然遗产的定义如下：

① 从美学或科学角度看，具有突出的普遍价值由自然和生物构造或这类构造群所组成的自然面貌；

② 从科学或保护角度看，具有突出的普遍价值构成濒危动植物物种栖息地的地质和地貌构造以及明确划定的区域；

③ 从科学、保护或自然美景的角度看，具有突出的普遍价值的自然场地(natural sites)或明确划定的自然区域。

5. 世界遗产登录评估标准

世界遗产委员会(WHC)认为只有具有"突出的普遍价值"(OUV)的财产才能列入《世界遗产名录》。所谓突出的普遍价值是指罕见的、超越了国家界限的、对全人类的现在和未来均具有普遍性重要意义的文化和/或自然价值。因此，该项遗产的永久性保护对整个国际社会都具有至高的重要性。

世界遗产委员会在《实施〈世界产公约〉操作指南》(*Operational Guidelines for the Implementation of the World Heritage Convention*)中具体规定了列入《世界遗产名录》的标准(第77条)，对所申报遗产的"突出的普遍价值"进行评估，必须符合下列一项或多项标准：

① 作为人类天才的创造力的杰作；

② 在一段时期内或世界某一文化区域人类价值观的重要交流，对建筑、技术、纪念性艺术、城镇规划或景观设计的发展产生重大影响；

③ 对一种文化传统、或延续至今、或业已消逝的文明或提供独特的或至少是特殊的见证；

④ 一种建筑类型、建筑或技术整体、或景观的杰出范例，可以说明人类历史上一个(或几个)重要阶段；

⑤ 代表一种(或多种)文化的传统人居环境、土地利用或海洋利用的杰出范例，或人类与环境的互动，特别是在不可逆的变化影响下变得脆弱时；

⑥ 与具有突出的普遍意义的事件或活的传统、观念或信仰、艺术和文学作品直接或有形地相关联(委员会认为，这一标准最好与其他标准结合使用)；

⑦ 绝妙的自然现象或具有罕见自然美景和美学价值的地区；

⑧ 地球演化史上重要阶段的突出例证，包括生命记录、地貌演变中的重要地质过程、或显著的地质或地貌特征；

⑨ 代表陆地、淡水、海岸和海洋生态系统以及动植物群落演变、发展的重要生态和生

理过程的突出例证

⑩ 对于原地保护生物多样性最重要和最有意义的自然栖息地，包括从科学或保护的角度看，具有突出普遍价值的濒危物种。

6. 世界遗产的登录与管理

(1) 世界遗产委员会

为了尽可能保证对世界遗产的确认、保护、保存和展示，并将其完好的交给下一代。1972 年通过的《世界遗产公约》确认了世界遗产委员会和世界遗产基金(The World Heritage Fund, WHF)的建立，并于 1976 年正式开始运行。为了更好地落实《世界遗产公约》中的各项规定，1992年成立了其日常办公机构——UNESCO世界遗产中心。

世界遗产委员会由《世界遗产公约》缔约国中的21个国家组成，具体执行遗产保护的经常性工作。世界遗产委员会每年举行一次会议，主要进行以下3项工作：

① 根据缔约国申请，审议确定列入《世界遗产名录》的申报项目，经缔约国代表会议通过后予以公布。

② 管理"世界遗产基金"、审定各缔约国提出的财政和技术援助的申请项目。

③ 对已列入《世界遗产名录》的文化与自然遗产项目的保护和管理情况进行监测，以促进改善与提高其保护与管理水平。

《世界遗产公约》的执行工作由UNESCO世界遗产中心承担。作为咨询机构开展活动的则有非政府组织(NGO)——国际古迹遗址理事会(ICOMOS)、世界自然保护联盟(IUCN)和国际文物保护与修复研究中心(ICCROM)。国际古迹遗址理事会是UNESCO于1965年建立的非政府组织，评估申报世界遗产的项目，监督世界文化遗产保护状况，审查由缔约国提交的国际援助申请，以及为能力建设活动出力献策和提供支持。IUCN1948年成立时名称为国际自然保护联盟(International Union for the Protection of Nature)，负责向世界遗产委员会提出有关自然遗产地的选择和保护建议。国际文物保护与修复研究中心设在罗马，由UNESCO于1965年创建，是一个国际政府间组织，主要负责提供有关文物保护和技术培训的专业指导，监督世界文化遗产保护状况、审查由缔约国提交的国际援助申请，以及为能力建设活动提供支持等。

编纂《世界遗产名录》，包括《预备名录》和《濒危名录》，可以对世界上极其丰富的文化和自然遗产做出评估。世界遗产委员会不仅仅是列出这些遗产，它还试图拟定一份尽可能全面和具有连续性的《世界遗产名录》，按类别和地区排列，反映相互依存性和时空生态系统的互补性。显而易见，《世界遗产名录》必须具有代表性，而且完全真实可靠，没有价值的遗产不应列入名录。但是，世界遗产概念的发展和成功需要人们提高警惕。不要把超国家的管理看成是侵犯国家主权，因为这些国家是在权衡了利弊后自主做出承诺的。任何国家都可以向公约寻求支持，保持其文化特性。这种支持不仅限于物质援助，而且可以同不尊重遗产利益的集团进行斗争。

列入《世界遗产名录》使那些自然和文化遗产声名大增，会得到更好保护。对一个拥有世界遗产的国家的人民而言，这种国际认可为所在国调查评估文化遗产提供了非常好的机会，并能发现一系列更好、更重要的文化和自然遗产。更为重要的是，其他国家的人民由此也得到了发现和珍惜这些遗产的机会，虽然有的已闻名遐迩，但有些可能还鲜为人知。

现在，对世界文化和自然遗产的保护已取得共同的国际性认识。即：为了人类的幸福和人类社会的繁荣，必须对文化遗产和自然遗产进行有效的保护与利用。通过对文化遗产和自然遗产的认定、保护、保存、修复、整治、利用，使其世代传承。不论是古代纪念性建筑还是近代建筑群，是风景名胜地还是自然保护区，这些遗产都因时间的消逝、人类不负责的行为、侵蚀、潮湿、污染、快速城市化和旅游观光客激增等原因，不断处于被破坏的危机之中。面对世界各地这种日趋严重的危险，全世界人民重新意识到保护遗产的必要性，重新燃起为保护遗产并向公众展示其积极合作的热望。

(2) 世界遗产基金

《世界遗产公约》最重要的成就之一是建立了世界遗产基金(WHF)，使其能要求国际社会为保护列入名录的文化和自然遗产提供资助。基金将用于各种方式的援助和技术合作，其中包括为消除恶化的原因及保护措施而进行的专家研究，现场培训保护或修复技术方面的专业技术人员，提供设备以保护自然公园或修复古迹，等等。

世界遗产基金的主要来源是缔约国常年向UNESCO所缴会费1%的款项和缔约国政府及其他机构与个人的捐赠。每年收到的款项不超过300万美元，这笔经费虽然为数不多，但它对促进世界各国特别是对发展中国家和不发达地区某些重要文化和自然遗产项目的保护起到了积极作用。

缔约国将本国认为具有突出价值的文化和自然遗产向委员会提出名单，与此同时必须承担起保护这些遗产的责任。当然，如果它们的提名为委员会所接受，那么根据该公约设立的世界遗产基金的规定，它们还有可能获得国际社会的某些援助。在发生灾难的情况下，世界遗产基金将向缔约国已列入名录中世界遗产提供具体援助和必要的保护措施支持。

对世界遗产的援助，需要对其情况进行长期监测，保证公约受到尊重，保证财政援助使用得当。由于《世界遗产公约》的适用范围正在逐步明确和扩大，因此人们越来越清楚，为达到保护目的所需要的资金远远超出了世界遗产委员会的财力范围，该委员会所能资助的只是一些紧急项目。

(3) "世界遗产" 的使命

2002年时值《世界遗产公约》通过30周年之际，联合国将2002年作为文化遗产年加以纪念。而在匈牙利布达佩斯召开的26届世界遗产大会，为纪念这一时刻，专门通过"关于世界遗产的布达佩斯宣言"。再次强调《世界遗产公约》所具有的普遍意义，认为有必要将公约应用于多样的遗产保护中，成为促进社会全体在对话和相互理解基础上实现可持续发展的手段。

① 鼓励那些尚未加入公约的国家，尽早签署《世界遗产公约》以及其他遗产保护的相关国际文件；

② 激励《世界遗产公约》缔约国，鉴别和申报那些代表文化与自然遗产多样性的各类遗产，以列入《世界遗产名录》；

③ 努力寻求在保护、可持续性和发展之间适当而合适的平衡，通过适当的工作使世界遗产资源得到保护，为社会、经济的发展和提升社区生活质量做贡献；

④ 在遗产保护过程中应通力合作，必须认识到对任何遗产的损害，同时都是对人类精神和世界遗产整体的损害；

⑤ 通过交流、教育、研究、培训和公众舆论等策略宣传推广世界遗产；

⑥ 在鉴别、保护和管理世界遗产资产方面，努力推动包括本地社区参与在内等各层面的保护活动。

二、遗产保护的原真性与完整性

1. 原真性与完整性的含义

1964年《威尼斯宪章》确立了遗产保护的基本原则和科学理念，即原真性(authenticity)和完整性(integrity)，对国际遗产保护运动的发展产生了巨大而深远的影响。原真性(authenticity)，又译真实性、原生性、确实性、可靠性等，主要有原始的、原创的、第一手的、非复制、非仿造等意思。对于一件艺术品、文物建筑或历史遗址，原真性可以被理解为那些用来判定文化遗产意义的信息是真实的。一般认为：判定一件艺术品应该考虑它的两个基本性质，即艺术品的创作和艺术品的历史。创作由思维过程和实物营造所组成，由此导致了艺术品的问世；历史包含了能够界定该作品时代性的那些重大历史事件以及其变化、改动以至风雨剥蚀的现实情况的全部内容。

因此，文化遗产保护方面的原真性和完整性原则，表现了对文化遗产的创作过程与其物体实现过程的内在统一、真实无误的程度以及历经沧桑受到侵蚀的状态的高度关注。

原真性与完整性是验证世界文化遗产的一条重要原则。遗产必须同时符合完整性和/或真实性的条件并有足够的保护和管理机制确保其得到保护。

对申报世界文化遗产的项目，依据文化遗产类别及其文化背景，参照《奈良文件》相关条文进行评估，如果遗产的文化价值(申报标准所认可的)之下列特征是真实可信的，则被认为具有真实性：形式和设计；材料和实体；用途和功能；传统，技术和管理体制；位置和背景环境(Setting)；语言和其他形式的无形遗产；精神和感觉；以及其他内外因素。

对文化景观而言，其出众的特点和各组成部分亦须符合此要求。重建的文物古迹项目一般不作为世界文化遗产的登录对象，只有基于对原状完整而详细的考证且是毫无臆测的重建，才是可以接受的(表12.2)。

"完整性"(integrity)一词源于拉丁词根，有两层意思，其一为安全的，二为完整的、完全的。现代语言中一般将其理解为完整的性质和未受损害的状态。完整性意即尚未受到人类干扰的"完好无损状态"(intact and original condition)。

所有申报《世界遗产名录》的遗产必须具有完整性。完整性用来衡量自然和/或文化遗产及其特征(attributes)的整体性和无缺憾状态。因而，审查遗产完整性需要评估遗产符合以下特征的程度。

表12.2   原真性的维度

位置与环境	形式与设计	用途与功能	本质特性
场所	空间规划	用途	艺术表达
环境	设计	使用者	价值
场所感	材质	联系	精神
生境	工艺	因时而变的用途	感性影响
地形与景致	建筑技术	空间布局	宗教背景
周边环境	工程	使用影响	历史联系
生活要素	地层学	因地制宜的用途	声音、气味、味道
对场所的依赖程度	与其他项目或遗产地的联系	历史用途	创造性过程

(《会安草案——亚洲最佳保护范例》，2005)

① 包括所有表现其突出的普遍价值的必要因素；

② 具有足够的大小，以确保能完整地表现其传达遗产意义的特征和过程；

③ 遭到开发和/或忽视带来的不利影响。

对以上因素要着眼于整体性评价，包括对文化遗产各种特征的客观评定，将这些特征与其他类似文化遗产的特征进行比较后，判定其可识别性程度，以确定其特征在文化遗产总体上的重要性。世界遗产保护是一个持续不断的过程。为了保证世界遗产的原真性与完整性，UNESCO要求缔约国政府就登录遗产的状况、保护措施、提高公众文化遗产保护意识方面，定期向UNESCO有关机构提出报告。

而且，列入世界遗产名录的所有遗产必须有长期、充分的从立法、规范、机制和/或传统/契约性等各方面的保护及管理以确保遗产得到保护。该保护必须包括充分描述的边界范畴。同样，缔约国应在国家、区域、城市和/或传统的各层面，适当保护申报遗产。申报文件上也需要附加明确解释保护措施的说明。

2. 《奈良文件》中的国际共识

每个国家都有其自己的文化遗产和自然遗产，越来越多的遗产列入了《世界遗产名录》。但是，为什么《世界遗产公约》在开始5年(1972~1977)只有35个缔约国，各缔约国、UNESCO和国际古迹遗址理事会(ICOMOS)为确定国际合作，在一些领域(如具有共同的文化、信仰和建筑技术的地区或主要交通、贸易和文化交流路线等)所作的努力有时会受到阻碍，这是因为国与国之间的社会、经济制度，价值观、文化观以及保护观的差异所造成的。

显然国与国之间有着巨大的差异，因为它们在幅员大小、人口规模、文化背景、历史兴衰以及对保护遗产的关注程度等方面都各不相同。因此对文化遗产保护原真性的理解也不一样。

亚洲的传统建筑多以木结构为主，为了保护和维修，需要修理和更换部件。在中国、日本对传统木构建筑都有落架大修的方式。而日本的伊势神宫所有宫殿建筑的"轮回重建"方式，更是具有特殊原因的极端案例。伊势神宫自古就是敬奉日本天皇先祖的圣地，自然就有特殊保存条件，按照"式年造替"的祭祀传统，每隔20年会重建宫殿。在伊势神宫有两块并列的基地，一般情况下，当一块基地内的宫殿建成数年后，按照传统惯例要在另一相邻基地内，开始按原样建设新宫殿，工期大约10多年。所以在伊势神宫20年以上历史的建筑是不可能存在的，其宫殿建筑是既新且古的传统风格建筑，并且完好保持了奈良时代的式样。这种做法既有传统宗教习俗的因素，也有防范木构建筑腐坏的客观考虑。在现代修缮技术和保护技术条件下，这些拆除下来的旧建筑材料在修缮其他文物建筑时予以利用。今天，日本

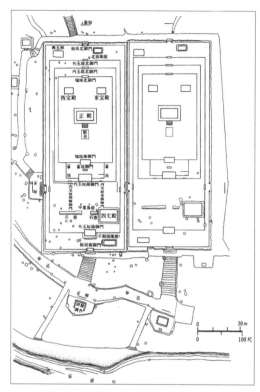

图12.1.2 伊势神宫外宫一小宫殿的两块基地

图12.1.1 伊势神宫内宫大宫院基地平面图(左)(《日本建筑史图集》, 彰国社, 1980);

图12.1.3 伊势神宫外宫正殿建筑

人比较自豪的, 就是这一"式年造替"传统, 较好保护和传承了木结构建造的传统技术, 尤其是皇室御用工匠技术的传承与发扬。当然, 这还需要足够的经济条件支撑(图12.1)。

但是, 按照欧洲的保护观念, 这一建筑显然不符合世界文化遗产的登录标准。也就是说, 重建后的历史建筑, 其"原真性"如何判定成了一个很大的问题。按照《国际保护与修复古迹及遗址宪章》(简称《威尼斯宪章》), 文化遗产作为历史的见证物, 希望能够保护"传递它们真实性的全部信息", 这对于亚洲等地的木构建筑或生土建筑有更大的挑战。但是, 木文化的保护问题同样是非常重要的课题, 于是产生了东西方"原真性"问题的讨论与争论。1994年11月为此专门在日本古都奈良召开了国际"关于原真性的奈良会议"(Nara Conference on Authenticity), 会议讨论的成果形成了与《世界遗产公约》相关的《关于原真性的奈良文件(Nara Document on Authenticity)》(简称《奈良文件》)。

与会专家一致认为：虽然在世界上的一些语言中，没有词语来准确表达原真性这一概念，但原真性是定义、评估和监控文化遗产的一项基本因素。会议制定的《奈良文件》指出：原真性不应理解为文化遗产的价值本身，而是我们对文化遗产价值的理解取决于有关信息来源是否确凿有效，原真性的原则性就在于此。所有的文化和社会扎根于由各种各样的历史遗产所构成的有形或无形的固有表现形式和手法之中，对此应给予充分尊重。将文化遗产价值与原真性的评价基础，置于固定的评价标准中，也是不可能的[①]。

《奈良文件》中肯定并强调了文化多样性和文化遗产的多样性。作为人类发展的一个本质方面，应大力提倡保护和增进我们这个世界的文化与遗产多样性，而且必须从原真性的原则出发，寻找各种文化对自己文化遗产保护的有效方法。

三、文化景观的价值与类别

1. 人与自然的共同作品

按照德国地理学家、景观生态学的开创者C.特罗尔(Carl Troll，1889~1975)的定义，景观是一个广义的"人类生存空间的'空间和视觉总体'包括地圈、生物圈(Biosphere)和智能圈(Noosphere)的人工产物"[②]。景观被人类开发利用，不可避免要被改造。人类为了满足生存与发展需要，还要建造新的地物和实体。这种部分或整体被改造的自然景观和人工实体，统称为文化景观。文化景观是地球表面的一部分，其中被改造的和修复的自然景观和建成环境景观并存。今天在很多地区自然景观与文化景观的界限很难划分。

世界遗产中的文化景观(Cultural Landscapes)代表了《世界遗产公约》中第一条中指明的"人与自然的共同作品(Combined Works of Nature and Man)"。在1984年世界遗产委员会第8届大会上，委员们认为：在现代社会中，完全未受人类影响、纯粹的自然区域是极其稀少的。而在人类与土地共存的前提下，有突出的普遍价值的自然地域却大量存在。评估世界遗产的咨询机构IUCN和ICOMOS通过商议，以严密的协议为基础，提出了有必要设定一项新的规定，即与自然遗产和文化遗产两者相关的优异景观类别及其登录标准的提案。1992年12月召开的世界遗产委员会第16届大会，终于将"文化景观"列入文化遗产的范畴，并对登录标准进行了增补。这类遗产地的提名须经ICOMOS和IUCN这两个国际咨询机

① Larsen. K. E. Edit.. *Nara Conference on Authenticity.* Tapir Publ., 1995.
② 转引自董雅文. 城市景观生态[M]. 北京: 商务印书馆, 1993, 2.

构分别进行评估审议。

文化景观是人类社会和聚居环境演变的例证，超越了受物质条件约束和/或由自然环境提供机会的影响以及连续的社会、经济和文化力量(包含外部和内部的)影响的时代。其入选依据既在于其突出的普遍价值，也在于其代表某个明确划定的文化地理区域，同时亦是能够阐明这一地域的基本而独特文化要素的例证。"文化景观"包含了对人与自然相互影响多样性的说明。

考虑到文化景观的特点和对其自然环境的限制以及与自然特别的精神联系，它常反映了可持续的土地使用的特别技术。保护文化景观对可持续的土地使用的现代技术、保持或提升景观中的自然价值有所裨益。传统土地使用形式的连续存在维持了世界许多地域的生物多样性(Bio-diversity)。因此，保护传统文化景观也有助于保持生物的多样性。

2. 文化景观的类别与登录

景观在我们周围随处可见。为评价和保护那些文化景观制定切实可行的标准，至今并未形成统一的意见。这是因为每一种文化都用不同的眼光看待景观，使得这项工作变得更加困难。这些由大自然与文化形成的复杂和持续的结合体，在许多方面与其他世界遗产大不相同。景观特征形式多样、不断发展，而且有周期性变化，因此景观范围就更难划定。目前全球评价标准有其一致性，同时又是非常灵活的。

依照《实施世界遗产保护的操作性导则》的有关条款，文化景观可分为以下3个主要类别：

(1) 设计的景观(Designed Landscape)

这一类是最易认明的、有着明确界定、由人类刻意设计和创造的景观。包括出于审美原因建造的花园和园林景观，它们常常(但不总是)与宗教的或其他纪念性建筑和建筑群相联系。如西班牙阿兰胡埃斯花园、法国凡尔赛花园。

(2) 进化而成的景观(Evolved Landscape)

第二类为有机发展起来的景观。这起因于一项最初的社会、经济、管理和/或宗教要求，与这些需要相关联并回应自然环境，发展成现在的形态。这样的景观反映了其形式和组成特征的进化过程。它们可分为两个子类别：

① 残留(或称化石)景观(Relict [or Fossil] Landscape)，其进化过程在过去某一时刻终止了，或是突然的，或是经历了一段时期的。然而其重要的独特外貌仍可从物态形式中看出。

② 连续景观(Continuing Landscape)，它既担任当代社会的积极角色，亦与传统生活方式

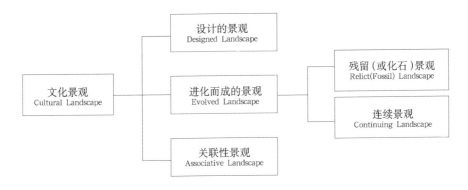

图12.2　文化景观的类型

紧密联系,其进化过程仍在发展之中。同时它是揭示其整个历史进化过程的重要实物证据。

(3) 关联性景观(Associative Landscape)

第三类是关联性的文化景观,又可称为文化的复合景观。《世界遗产名录》登录此类的标准为:取决于自然要素与强力宗教、艺术或文化的关联性,而并非物质文化的证据,其物质文化要素可以不重要甚至没有。所以这一类别并不属于文化遗产,而是先作为自然遗产登录、而后再作为文化遗产登录,或者是复合遗产类的登录地(图12.2)。

登录《世界遗产名录》的文化景观的空间范围与其功能、可理解性相关。无论如何,所选遗产必须足够重要以全面代表此项文化景观所表明的全部内容。不排斥选定代表历史上重要的文化传播和交流线路上的带状区域。

必须有足够的法律性和/或契约性和/或传统方式的防护与管理机制来确保保护提名的文化资产或文化景观。因此,现有的国家、省或市县一级的保护法规(protective legislation)和/或良好的既定契约或传统的保护方式以及足够的管理和/或规划控制机制必不可少。此外,为完整保护文化遗产,尤其是那些对大量游客开放的遗产地,对遗产管理、保护以及对公众的开放问题,有关缔约国应提供其合适的安排与管理证明。对景观所代表的全部文化和自然价值给予应有的关注非常重要。此类提名应与地方社团组织(local communities)共同准备,并得到他们的完全赞同。

对"文化景观"的评估,需考虑其与文化和自然遗产相关所具有独特性与重要性时,遗产地突出的普遍价值须依据评估文化和自然遗产的两组标准来判定。1995年,中国的庐山风景名胜区开始申报世界遗产工作。1996年12月6日,在墨西哥的梅里达市召开的UNESCO世

图12.3 庐山牯岭(陈立群摄)

界遗产委员会上，通过庐山作为世界"文化景观"，列入《世界遗产名录》。认为"庐山的历史遗迹以其独特的方式融会在具有突出的普遍价值的自然美之中，有极高的美学价值，形成了与中华民族精神和文化生活紧密相连的文化景观"(图12.3)。

按照《世界遗产公约》的标准，庐山在以下几方面具有突出的特征[1]：

① 在相当一段时间内，对中国宗教、理学、建筑艺术、风景园林设计等领域已产生重大影响；

② 与具有重大历史意义的思想、信仰、事件和人物有着十分重要的联系；

③ 独特、稀少和绝妙的自然现象(云海、雾淞、雪淞等)，地貌和具有罕见自然景观的地带(山峰、瀑布、长江和鄱阳湖等)；

④ 构成了代表重要地质演变过程的典型例证(第四纪冰川)。

四、文化遗产与自然遗产的关系

1. 文化与自然的连续性

过去人们对遗产(Heritage)概念的理解，只是习惯性地按照传统的法律概念，认为是专

---

[1] 转引自欧阳怀龙，庐山近代建筑史研究和世界自然与文化遗产的申报[C]//第五次中国近代建筑史研究讨论会论文集，188-189.

指先辈遗留给法定继承人的财富。其实大自然经历了亿万年演变，同样给全人类留下了无数珍贵的共同遗产，其价值远远超过了任何亿万富翁的遗产，只不过迄今还没有得到应有的重视和保护罢了。

文化遗产与自然遗产，两者之间表面看来似乎没有或甚少共同之处。人们曾片面地认为文化与自然是相互对立的两种因素。其实大自然与人类文化相辅相成。纵观地球演变史和人类发展史，各民族的文化特性是在各自所生活的环境中形成的，人类所创造的古老文化与地球上的风景名胜以及各类遗址古迹，美化了大自然的景色，而自然风光本身又是真善美的源泉。这些壮观的大自然遗址，既具有当时能提供人类赖以长久生存并发展的优越条件，又保留了人类活动的遗迹。这些珍贵的文化和自然遗产，在当今世界中受到了不应有的破坏和威胁。鉴于这一现状，UNESCO在《世界遗产公约》的概念中体现了自然与文化连续性的观念，要求对文化和自然两种遗产都予以保护。

从世界遗产的标志中即可体现这一信息，由比利时艺术家米歇尔·奥利夫(Michel Olyff)设计的世界遗产标志，象征世界自然和文化多样性的相互依存关系(Interdependence)。中间的正方形代表人类技能与灵感所创造的结果，圆形的外圈则是对大自然赠予的赞美，两者紧密相连。标志整体呈圆形，既象征着全世界，寓意全球性保护(图12.4)。

世界上所有的一切，概括起来不外乎自然与人工两个方面。举凡山川河岳、树木花草、鸟兽虫鱼等皆为自然之存在；而琼楼玉宇、大厦高楼等皆为劳动之成果，所谓人工之创造。自然之存在与人工之创造二者虽有不同的性质，但是二者之间又有其不可分割的联系。尤其是在风景名胜、文化遗产方面，二者更是相互依存、不可分离。

文化和自然并蓄的观念是中国文明的基本观念。自然美景曾经启迪政教领袖、哲人、诗人、艺术家和社会各界人士。这一点在这些遗产登录地的文化创造力上是有体现的。中国各族人民所信奉的祖先崇拜和万物有灵信仰，如今仍在贡献其力量，使崇尚自然之风成为中国文明的精髓。中国是世界闻名的文明古国，有悠久的历史文化和丰富的文物古迹，同时又是一个疆域辽阔、河山锦绣的国家，因而文化和自然遗产非常丰富。

泰山、华山就是很好的实例。众所周知，泰山和华山自古以来就被尊为五岳的东岳和西岳，均为壮丽的自然风景名胜区，历代墨客骚人曾为之留下传世

图12.4 世界遗产标志图(WH EMBLEM)

诗文与摩崖石刻，形成文化与自然的结合体。泰山是中华文明的发祥地之一，在其北部和南部分别孕育和发展了享誉全球的大汶口文化和龙山文化。而华夏民族则与华山与夏水紧密相连。华山是一个风景资源丰富，生态完整的典型花岗岩山岳型地貌区，春花秋叶，云海日出，高山古柏，有千余种植物群落，还具有特殊的中华道教文化和古建筑群(如西岳庙等)。具有重要的科学和美学价值。华山的"奇拔峻秀"，被誉为"奇险天下第一山"，是因为其主体为一巨大花岗岩体，而且是以燕山期为主体的复合侵入岩体。由于这个巨大花岗岩体具有一组很发育的近水平的和二组近垂直的节理面，并不断受地壳运动的造山作用和外动力的风化作用影响而不断抬升，因而在地质演变史上，促使它形成巍然壮观的东峰、南峰、西峰、北峰和中峰，而且还有70多座小峰环卫而立，形成了众所周知的千尺幢、百尺峡、苍龙岭、擦耳石、上天梯、长空栈道等险道。也就是说华山的风景资源是地球内外动力的产物，而不是"劈山救母"之神功。因此我们必须对"世界天然名胜"的含义及其保护的重要性及科学价值有足够认识。

自然和文化两方面的财富是人类赖以生存的基础和祖先世代劳动创造的成果，是人类的无价之宝。如何把它们保护好，传之于子孙后代，成了全人类共同的责任，它的重要性越来越被人们所认识。

2. 遗产保护的环境意识

伴随"文化遗产"一词的使用率快速提升，其深层含义也在拓展。这些，多少与《世界遗产公约》的影响有关。从这个意义上讲，围绕"文化遗产"所发生的观念转变，是在接受、滋长和培育一种新的文明意识。在这种新的文明意识中，环境意识十分重要。这是因为：首先，保护文化遗产，事关能否为社会和人的发展提供一个良好的生存环境。UNESCO在有关文件中提道："在生活条件加速变化的社会中，为了保存与其相称的生活环境，使之在其中接触到大自然和先辈遗留的文明见证，这对人的平衡和发展十分重要。"人是有感情的动物，是有历史、有文化的生物。文化遗产可以提供、或者参与营造一种适宜于人的生存和发展的人文环境。而这对于生活在钢筋混凝土森林中的现代人来讲，意义特别重要。

其次，文化遗产还反映了历史上人类所处的生存环境。保护世界文化和自然遗产在国际上被认为是代表文明素质和综合水平的一项高尚事业。之所以如此，一个很重要原因，就是它与保护与人类命运休戚相关的环境联系在一起。这种突出环境的意识，一方面可直接转变为保护人文与自然环境的实践活动，另一方面，也能推动环境教育的全面开展。借助文化遗产保护，可以强化人的环境意识，建立正确的环境观念。

环境保护是我国的一项基本国策，《环境保护法》第2条指出："环境，是指影响人类生存和发展的各种天然的和经过人工改造的自然因素的总体，包括大气、水、海洋、土地、矿藏、森林、草原、野生生物、自然遗迹、人文遗迹、自然保护区、风景名胜区、城市和乡村等。"

自然界作为历史的前提和基础，作为现存感性世界之源，作为对人类历史的永恒限制和制约而存在。而历史是主——客体的统一。马克思认为，历史是自然的复活，"社会是人同自然界完成了的本质的统一，是自然界的真正复活，是人们实现了的自然主义和自然界的实现了的人道主义"。[①]这主要表现为，自然是历史的自然；历史是自然的历史；自然主义与历史主义的同一。

每个民族的文化遗产都是这个民族各方面创造才能的表现，同时也显示出一种神秘的连续性，把这个民族以往创造的一切和将来可能创造的一切联系了起来。保护这些遗产是一个具有生命力和创造力民族的固有活动。一个民族所处的自然环境对该民族文化特性的形成也有影响。人类创造的成果美化了自然景色，而自然景色本身又是灵感和美的源泉。自然遗产与文化遗产互为补充，相辅相成，两者不可分割。自然遗产对科学研究和保护动植物品种具有重大意义，而这些动植物物种乃是不可欠缺的资源，没有这些资源就不能维持我们星球上的生命。

由于发展不平衡或保护不当，文化和自然遗产正不断受到威胁。必须进行国际合作才能使可能消失的各种文化遗迹得以保存，使当代文化丰富多彩，并拯救物种摆脱灭绝的命运，持久地维护自然资源，保持生态平衡。

3. 自然环境与自然遗产的保护

20世纪，由于现代工业和采矿业的不平衡发展和不合理开采，使一些世界著名的自然风景、名胜古迹遭到破坏。人类正面临着十大环境问题：土地沙漠化、森林锐减、水资源危机、物种灭绝、酸雨污染、温室效应、臭氧层遭破坏、水土流失、有毒化学品污染、垃圾成灾，它们都对文化遗产的保护构成了极大威胁。因此全面规划，加强保护工作，已经迫在眉睫。

土地沙漠化和水资源短缺问题密切相关，由此导致一些重要的地貌特征、自然景观完全消失，罕见的古生物及文化遗址被埋藏，而森林锐减使一些应成为国家公园的森林和古迹遗址，受到不应有的破坏，造成土壤流失和物种灭绝，促使气候改变和大面积环境异

---

① 马克思恩格斯全集，第42卷，122.

常，进而破坏了自然生态平衡。

正如UNESCO人与生物圈计划中所设想的，保护生物圈的目的，是协调自然生境与人的需要。如今人们正按照这一观点来保护世界遗产中的天然景观。按最好的设想，生物圈保留地应是一个变化最小的自然生境中心，四周有一个或数个缓冲地带，人们对这些缓冲地带的开发利用不致影响中心区的继续存在。生物圈保留地的建立构成了世界范围的保护网，其目的在于保护生物多样性，提供有助于人类与大自然和谐相处的环境。要想做到这一点，关键在于对缓冲地带的开发要有节制，使之既能提供经济利益，又能为当地居民树立一种有益于环境的道德规范。建立生物圈保留地的目的是保护地球上的生物多样性。

中国的自然保护区、风景名胜区、各类自然与文化遗址应得到有效保护，规划管理工作要有明显改进。虽然在这些方面出现了可喜的新面貌，但与当前国际动态相比，仍需继续努力。因为有的国家已把冰川、海岸、峡谷地形、生物化石遗址、名山大川等都列入重点游憩保护地。新西兰、墨西哥、罗马尼亚、瑞士的旅游教育相当普遍而深入，既有电化教育中心，又有普及到中小学的旅游教材。而中国的自然风景名胜区的导游大都偏重神话和传说方面，在不同程度上缺乏关于大自然科学知识的引导与解说。

大自然的遗产——自然风景区及地质(含化石)遗址，是全人类的科学档案，由于人类对天体、地球、许多生物以至人类自身的起源、演化都还没有完全研究清楚，因此对于具有全球普遍价值的自然遗产，必须如同对待文明财富和文化遗产一样，给予同等重视和保护，免遭人为毁灭。1980年代以来，欧美各国已开始对本国具有重要地质科学价值的地质"名胜古迹"广泛进行保护，列为地质"保护区"或"保护点"。不少国家的矿物、岩石及其产地都在法律保护范围之内。例如，英国已将全国重要的地质露头点进行了登录，汇编成两大册。并设立了"英国地质露头保护委员会"管理这项工作。在美国的50多处著名国家公园和80多处名胜中，具有科学意义的自然风景区占了一半以上，如黄石公园、科罗拉多大峡谷等，不仅有地质学家做导游，还有相关地质专著出售。

自然风景区是地球岩石圈、生物圈与水圈的综合产物，它们是地球内、外动力的地质作用的结果。世界著名风景区的形成与地质学、地貌学、地理学的研究密切相关，人们通过到这些风景区旅游参观，能了解有关这方面的科学知识。1999年，UNESCO正式启动"世界地质公园计划"(UNESCO Geopark Programme)，以建立全球地质遗迹保护网络体系。中国作为这一计划的试点国家，也是世界上地质遗迹资源丰富，种类齐全的少数国家之一，积极投入地质遗址保护工作中，将严格保护和合理利用地质遗迹作为环境保护、生态文明以及可持续发展战略的内容，全面提高公众地质遗迹和景观保护的意识。

4. 历史环境保护

人类意识到生物多样性对进化和保持生物圈生命维持系统的重要性，确认生物多样性保护是全人类共同关切的事业。其实，生物多样性的内在价值，同样包含着社会、经济、科学、教育、文化、娱乐和美学价值。一个物种的灭绝是重大的损失，一种文化及其表达方式的灭绝也是无法弥补的损失。对此，人类社会还未引起足够重视。特别是那些存在于古村落、传统街区、历史城镇所构成的历史环境(Historic Environment)中，由各族人民在数百甚至上千年的时间里，创造、积累、提炼而成的乡土文化、民间文化、民俗文化、地方文化、民族文化，正迅速在我们眼前消失殆尽。

过去，文化遗产常会被人仅看作是一些孤立的历史遗留物，国际博物馆协会(ICOM)1970年代所修订的有关"博物馆"的定义，明确对这种认识予以纠正。该定义强调，博物馆所搜集、保存、研究和展览的，是"人类及其生存环境的见证物"。1989年修改为"世界各民族及他们的生存环境的见证物(Material Evidence of People and their Environment)"。事实上，在UNESCO和国际文博界的实践中环境的要素愈益突显出来。有关文件不仅倡议，"每一历史地区及其周围环境，应从整体上视为一个相互联系的统一体"，而且在"文化遗产"概念中还加入了"具有特殊环境价值的地区"或"具有特殊价值的环境地区"等内涵。"文物+环境"，作为历史文化遗产保护的一条重要原则，已被越来越多的人士接受。

1980年代以来，人们越来越重视对传统民居、近现代建筑、环境设施、土木工程等构成的历史环境的保护。美国的历史保护学者认为："历史环境保护与自然环境保护是同一枚硬币不同的两个面。"[①]历史环境是一个城市的集体记忆，是城镇或乡村的根基，是城乡居民的精神纽带。历史环境的破坏会使一座城镇面目全非，失去场所精神和文化内涵，以致没有个性、没有魅力。今天，遗产保护正进入普通民众的日常生活之中。历史环境是实现美好生活的基础，与居民非常接近，而"让市民走进身边的历史"正成为文化遗产保护运动的主旋律。

要实现绿色发展和生态文明建设目标，在广大城乡全面展开历史环境保护工作是刻不容缓的工作。实施环境保护这一基本国策，要在保护好自然环境的同时保护好历史环境。在历史城镇中，那种为解决交通问题而采取的"拓宽取直"大改造，忽视了城市文脉(urban context)的历史性，社会网络的整体性。为追求经济效益的"大拆大建"再开发方式，在历

---

① Murtagh, W. J.. *Keeping Time-The History and Theory of Preservation in America.*

史城镇或历史街区内并不适当，它将彻底清除、摧毁在时间长河中形成的历史环境和场所精神。另一方面，要维持历史环境的延续性，防止城市衰老和衰败，必须使历史城镇成为环境宜人的美好家园(beautiful hometown)，确保城镇个性与地方特色的延续与发展。

五、世界遗产城镇的保护

1. 历史城镇的类型与登录条件

在有关世界遗产登录的国际文件中，把历史城镇(包含城市建、构筑物群，历史街区)分为以下3种主要类型(图12.5)：

(1) 已无人居住的遗址型街区

那些再也无人居住，但提供关于过去的、不变的考古学方面见证的城镇，大体符合原真性标准，而且其保护状态相对易于控制。对再也无人居住的城镇的评价大体无异于考古遗址。其评价标准为：建筑群的统一风格，或与其中重要纪念物的关联、有时是其重要的历史性联系方面的独特性和范例性。城市考古意义的遗址应以完整的单位列入。一组纪念物或一小群建筑不足以说明已消逝城市多样而复杂的功能，在可能条件下，这样的城市应与周边自然环境一起予以完整保护。

(2) 仍有人居住的历史街区

仍旧有人居住的历史城镇，自然已有所发展，并将在社会经济和文化变化的影响下继续发展。因此，对有人居住的历史城镇不应过分强调保护旧建筑而牺牲城市环境的舒适性和创造性，要使城市有机生长、协调发展。对有人居住的历史城镇的评价，难度较大，

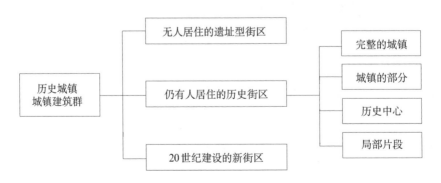

图12.5 历史城镇的类型

某些保护政策也将面临挑战，这主要是由于这些城市肌理的脆弱性。在许多情况下，由于工业时代的来临而严重受损，而且周围环境正迅速城市化。符合收录标准的城镇必须考虑建筑学上的重要性、价值和易识别性，而不仅仅是在它的知识性层面(Intellectual Grounds)中，过去曾扮演的角色或是其作为历史性标志的价值符合世界文化遗产登录标准。为使其合格登录在目录上，建筑群在空间组织、结构、材料、形式(可能时包括功能)等方面，应从本质上反映使其被提名的文明或文明的传承。这些历史城镇可明显区分为以下四类：

① 特定时期或文化典型代表的城镇，保护近乎完整，且随后的发展对其影响甚微。对此，整个城镇及周围环境必须一起保护，作为整体登录。

② 沿着自己的特征线索发展并得到保存的城镇，有时出人意料地处于那些典型的后继历史阶段形成的自然环境、布局和结构之中。在此已清晰划定的历史部分优先于当代环境。

③ 准确地位于古城的原址，现被围合于现代都市之内的"历史中心(Historic Centers)"。在此，必须从其最广泛的历史范围内认证其精确界线，并对其毗邻环境做出恰当的规定。

④ 独立单元、地区、甚至是幸存的残留状态，能提供一个已消失的历史城镇的特征的相关证据。在此，留存的区域或建筑应具有足够的信息以证实已消失的整个城镇。

可以登录的历史中心和历史地区应有大量有纪念意义的古建筑，这些古建筑直接表明一个有独特趣味城镇的个性化特征。几个孤立和不相关的建筑，其所勉强代表的城市组织已消逝到难以辨认的程度，这样的提名不受鼓励。然而，占地有限但对其所在城镇的规划史有主要影响的遗产可获提名。在此，提名须言明被登录的是有纪念性群体(Monumental Group)，城镇被附带提及仅由于它是遗产的区位所在。与之类似，当一座具有清晰的普遍价值的建筑位于一个严重衰败或不具有代表性的城市环境中时，此建筑应被登录但并不特别涉及该城镇。

(3) 20世纪建设的新街区

20世纪建设的新城镇，与以上类型似有一定共性：虽然其原初的城市组织清晰可辨、其原真性无可否认，但因其发展在很大程度上难以控制，所以其未来状况并不明朗。对20世纪新城镇的评估是困难的。历史本身将鉴别出何者最可作为当代城镇规划的范例。除了一些特殊情况外，对这些城镇文件的审查应予以延期。

总之，当前世界遗产的登录应优先考虑中小城市的地区，它们处于可胜任任何潜在成长的阶段，而不像大都市无法为其整体登录提供令人满意的根据，即足够的完整信息和记录(documentation)。

鉴于一个城镇被载入《世界遗产名录》后，将影响其未来的发展，这样的登录应是独特的。登录于《世界遗产名录》意味着此地已采取法律和管理措施，以确保建筑群及其环境的保护。与此有关的人们对此项工作的关注亦不可或缺，没有其积极参与，任何保护规划将很难实施。

2. 历史城镇所面临的威胁

目前历史城镇的传统性和功能性常常受到威胁，尤其在发展中国家。引起历史城镇衰落的众多原因包括以下几点：

① 人口增长以及世界范围的从农村涌向城市的人口潮，导致社会变迁与历史中心崩塌，在这里历史性纪念建筑被商业化，居住区常常高密度而且是不卫生；

② 私人机动车辆的不断增加及其无处不在，产生了大量废气和有害振动；

③ 高层建筑的开发，导致小气候变化，历史城镇中心窒息；

④ 工业生产方式和规模的改变以及商业运作方式的变化，影响历史地区的经济功能；

⑤ 由手工生产转向批量生产的浪潮，需要大规模的建筑并导致大量的、历史地区无法承受的交通聚集；

⑥ 现代化功能和服务的导入，取代了传统设施，引起现代大型设施过多、过剩的问题；

⑦ 旧建筑由于缺乏维护以及人们对它们文化意义和功能价值认识不够，旧建筑倒塌、衰落的危险性在增加。

3. 历史文化名城与世界文化遗产

截至2021年7月，中国已被批准列入《世界遗产名录》的文化和自然遗产共56处，其中文化和自然复合遗产4处：泰山，黄山，峨眉山—乐山大佛，武夷山；自然遗产14处：武陵源，九寨沟，黄龙，三江并流，四川大熊猫栖息地，中国南方喀斯特，三清山风景名胜区等；文化遗产38处：万里长城，故宫，莫高窟，秦始皇陵及兵马俑，周口店"北京人"遗址，承德避暑山庄及周围庙宇，孔庙—孔林—孔府，布达拉宫，武当山古建筑群，庐山，丽江古城(图12.6)，平遥古城，苏州古典园林，颐和园，天坛，大足石刻，徽州古村落西递、宏村，明清皇家陵寝，龙门石窟，青城山与都江堰，云冈石窟，高句丽王城、王陵及贵族墓葬，澳门历史城区，河南殷墟，开平碉楼与村落，福建土楼等(表12.3)。

中国拥有堪称世界之最的文化和自然遗产，将代表中华民族的文化古迹、历史街区，景色秀丽壮观的自然风景中具有突出的普遍价值的部分列入《世界遗产名录》，为子孙后代留下美好珍贵的遗产，达到永久保存的目的，可以成为可持续保护地球及生物中的重要篇

图12.6 丽江古城大石桥(黄慧鸣摄)

章，为人类社会做出贡献。

现在，《世界遗产名录》中位于发展中国家的历史城镇已超过100个，宗教圣地近200处[①]。在经济发展和环境保护过程中，如何保护好历史城镇和文化遗产，成为这些国家极为重要的任务。各国都在寻找适合本国国情、当地文化、历史传统、经济条件的发展与保护途径和模式。

创立于1982年的历史文化名城保护制度，是具有中国特色的文化遗产和历史环境保护体系。切实保护好国家历史文化名城和其他省级历史文化名城、历史文化名镇以及古村落，无疑有助于中国的文化遗产保护与发展。特别是在1997年12月3日于意大利的历史名城那不勒斯(Naples)召开的UNESCO世界遗产委员会第21届大会上，我国的历史文化名城平遥、丽江被登录为世界文化遗产，这是中国历史城镇第一次列入《世界遗产名录》，它标志着中国历史文化名城的保护工作已经得到世界的肯定。

历史文化名城是一个集社会生活和经济活动于一体的多功能有机体。因此，名城保护规划(conservation planning)不应只是城市总体规划中的一项专项规划，而应是贯穿总体规

---

① Serageldin, I. Shluger, E. Martin-Brown, J. Edit.. *Historic Cities and Sacred Sites-Cultural Roots for Urban Futures*, Introduction.

表12.3   中国的世界遗产一览表

序号	世界遗产名称	遗产类别	登录标准	登录及扩展时间	核心区/缓冲区面积	国家风景名胜区批准时间	全国重点文护单位公布时间	历史文化名城公布时间
1	北京及沈阳故宫 Imperial Palace of the Ming and Qing Dynasties in Beijing and Shenyan	文化遗产	①,②,③,④	1987 2004	12.96ha/ 153.100006ha		1961	1982(北京) 1986(沈阳)
2	秦始皇陵及兵马俑坑 Mausoleum of the First Qin Emperor	文化遗产	①,③,④,⑥	1987			1961	1982(西安)
3	莫高窟 The Mogao Caves	文化遗产	①,②,③,④,⑤,⑥	1987			1961	1986(敦煌)
4	泰山 Mount Taishan	复合遗产	①,②,③,④,⑤,⑥,⑦	1987	25000ha/	1982		
5	周口店"北京人"遗址 Peking Man Site at Zhoukoudian	文化遗产	③,⑥	1987			1961	1982(北京)
6	万里长城 The Great Wall	文化遗产	①,②,③,④,⑥	1987		1982	1961	1982(北京) 2001(山海关)
7	黄山 Mount Huangshan	复合遗产	②,⑦,⑩	1990	15400ha/	1982		
8	黄龙 Huanglong Scenic and Historic Interest Area	自然遗产	⑦	1992	70000ha/	1982		
9	九寨沟 Jiuzhaigou Valley Scenic and Historic Interest Area	自然遗产	⑦	1992	72000ha/	1982		
10	武陵源 Wulingyuan Scenic and Historic Interest Area	自然遗产	⑦	1992	26400ha/	1988		

序号	世界遗产名称	遗产类别	登录标准	登录及扩展时间	核心区/缓冲区面积	国家风景名胜区批准时间	全国重点文护单位公布时间	历史文化名城公布时间
11	武当山古建筑群 Ancient Building Complex in the Wudang Mountains	文化遗产	①、②、⑥	1994		1982	1961（金殿）	
12	布达拉宫、大昭寺、罗布林卡 Historic Ensemble the Potala Palace，Lhasa	文化遗产	①、④、⑥	1994 2000 2001			1961	1982(拉萨)
13	承德避暑山庄及周围庙宇 The Mountain Resort and Outlying Temples, Chengde	文化遗产	②、④	1994		1982	1961	1982(承德)
14	孔庙、孔林、孔府 Temples and Cemetery of Confucius and the Kong Family Mansion in Qufu	文化遗产	①、④、⑥	1994			1961	1982(曲阜)
15	庐山 Lushan National Park	文化遗产	②、③、④、⑥	1996		1982	1996	
16	峨眉山—乐山大佛 Mount Emei Scenic Area, including Leshan Giant Buddha Scenic Area	复合遗产	④、⑥、⑩	1996	15400ha/	1982	1982(乐山大佛)	1994(乐山)
17	平遥古城 Ancient City of Ping Yao	文化遗产	②、③、④	1997			1988(城墙、镇国寺、双林寺等)	1986

序号	世界遗产名称	遗产类别	登录标准	登录及扩展时间	核心区/缓冲区面积	国家风景名胜区批准时间	全国重点文护单位公布时间	历史文化名城公布时间
18	苏州古典园林 Classical Gardens of Suzhou	文化遗产	①,②,③,④,⑤	1997 2000			1961(拙政园、留园) 1982(网师园) 1988(环秀山庄) 2001(耦园、退思园)	1982(苏州)
19	丽江古城 Old Town of Lijiang	文化遗产	②,④,⑤	1997		1988	1996(大宝积宫与琉璃殿) 2006(宝山石头城、黑龙潭古建筑群) 2013(丽江普济寺、大觉宫壁画、金沙江岩画)	1986
20	颐和园 Summer Palace: an Imperial Garden in Beijing	文化遗产	①,②,③	1998			1961	1982(北京)
21	天坛 Temple of Heaven: an Imperial Sacrificial Altar in Beijing	文化遗产	①,②,③	1998			1961	1982(北京)
22	大足石刻 Dazu Rock Carvings	文化遗产	①,②,③	1999			1961	

序号	世界遗产名称	遗产类别	登录标准	登录及扩展时间	核心区/缓冲区面积	国家风景名胜区批准时间	全国重点文护单位公布时间	历史文化名城公布时间
23	武夷山 Mount Wuyi	复合遗产	③,⑥,⑦,⑤	1999	99975ha/	1982		
24	皖南古村落：西递、宏村 Ancient Villages in Southern Anhui - Xidi and Hongcun	文化遗产	③,④,⑤	2000	52ha/ 730ha		2001	
25	明清皇家陵寝 Imperial Tombs of the Ming and Qing Dynasties	文化遗产	①,②,③,④,⑥	2000 2003 2004		1982	1961(十三陵、清东陵、清西陵等) 1987(显陵)	1982(北京) 1994(钟祥)
26	龙门石窟 Longmen Grottoes	文化遗产	①,②,③	2000		1982	1961	1982(洛阳)
27	青城山-都江堰 Mount Qincheng and the Dujiangyan Irrigation System	文化遗产	②,④,⑥	2000		1982	1982	1994(都江堰)
28	云冈石窟 Yungang Grottoes	文化遗产	①,②,③,④	2001	348.75ha/ 846.809998ha		1961	1982(大同)
29	三江并流 Three Parallel Rivers of Yunnan Protected Areas	自然遗产	⑦,⑧,⑨,⑩	2003	939441.375ha/ 758977.875ha	1988		
30	高句丽王城、王陵及贵族墓葬 Capital Cities and Tombs of the Ancient Koguryo Kingdom	文化遗产	①,②,③,④,⑤	2004	4164.859863ha/ 14142.44043ha		1982	1994(集安)
31	澳门历史城区 Historic Centre of Macao	文化遗产	②,③,④,⑥	2005	3.7137ha/ 86.138496ha		澳门地区保护纪念物	

序号	世界遗产名称	遗产类别	登录标准	登录及扩展时间	核心区/缓冲区面积	国家风景名胜区批准时间	全国重点文护单位公布时间	历史文化名城公布时间
32	四川大熊猫栖息地 Sichuan Giant Panda Sanctuaries	自然遗产	⑩	2006	924500ha/ 527100ha			
33	河南殷墟 Yin Xu	文化遗产	②,③,④,⑥	2006	414ha/ 720ha		1961	
34	开平碉楼与村落 Kaiping Diaolou and Villages	文化遗产	②,③,④	2007	371.948ha/ 2738.052ha		2001	
35	中国南方喀斯特 South China Karst	自然遗产	⑦,⑧	2007	47588ha/ 98428ha	1982(云南石林) 1994(贵州荔波)		
36	福建土楼 Fujian Tulou	文化遗产	③,④,⑤	2008	152.65ha/ 934.59ha		2019(泰山楼)	
37	三清山风景名胜区 Mount Sanqing shan National Park	自然遗产	⑦	2008	22950ha/ 16850ha	1988		
38	五台山 Mount Wutai	文化遗产	②,③,④,⑥	2009	18415ha/ 42312ha	1982		
39	中国丹霞 China Danxia	自然遗产	⑦,⑧	2010	82151ha/ 136206ha	1988		1986(张掖)
40	登封"天地之中"历史古迹 Panorama of Zhongyue Temple	文化遗产	③,④	2010	825ha/ 3438.1ha	1982(嵩山风景名胜区)		1994(郑州)
41	杭州西湖文化景观 A bird's eye view of Su Causeway and Yudai Bridge	文化遗产	②,③,④	2011	3322.88ha/ 7270.31ha	1982		1982(杭州)

续表12.3

序号	世界遗产名称	遗产类别	登录标准	登录及扩展时间	核心区/缓冲区面积	国家风景名胜区批准时间	全国重点文护单位公布时间	历史文化名城公布时间
42	元上都遗址 The western part of the city wall of the Palace City	文化遗产	②,③,④,⑥	2012	25131.27ha/ 150721.96ha		1988	
43	澄江化石遗址 Chengjiang Fossil Site	自然遗产	⑧	2012	512ha/ 220ha			
44	红河哈尼梯田文化景观 Cultural Landscape of Honghe Hani Rice Terraces	文化遗产	③,⑤	2013	16603.22ha/ 29501.01ha			
45	新疆天山 Xinjiang Tianshan	自然遗产	⑦,⑨	2013	606833ha/ 491103ha	1982		
46	丝绸之路：长安-天山廊道的路网 Silk Roads: the Routes Network of Chang'an-Tianshan Corridor	文化遗产	②,③,⑤,⑥	2014	42668.16ha/ 189963.1ha			1982(西安、敦煌) 1986(张掖、喀什) 1994(天水) 等
47	大运河 The Grand Canal	文化遗产	①,③,④,⑥	2014	20819.11ha/ 55629ha		2006	1982(北京、扬州、杭州、苏州) 1986(天津) 等
48	土司遗址 Core area of the domain and Lingxi river, Laosicheng	文化遗产	②,③	2015	781.28ha/ 3125.33ha		2006(湖北唐崖土司城遗址)	
49	左江花山岩画文化景观 Zuojiang Huashan Rock Art Cultural Landscape	文化遗产	③,⑥	2016	6621.6ha/ 12149.01ha		1988	

序号	世界遗产名称	遗产类别	登录标准	登录及扩展时间	核心区/缓冲区面积	国家风景名胜区批准时间	全国重点文护单位公布时间	历史文化名城公布时间
50	湖北神农架 Hubei Shennong-jia	自然遗产	⑨,⑩	2016	73318ha/41536ha			
51	鼓浪屿：历史国际社区 Kulangsu, a Historic International Settlement	文化遗产	②,④	2017	316.2ha/886ha	1988	2006(鼓浪屿近代建筑群)	
52	青海可可西里 Qinghai Hoh Xil	自然遗产	⑦,⑩	2017	3735632ha/2290904ha			
53	梵净山 Fanjingshan	自然遗产	⑩	2018	40275ha/37239ha			
54	中国黄(渤)海候鸟栖息地(第一期) Migratory Bird Sanctuaries along the Coast of Yellow Sea-Bohai Gulf of China Phase I	自然遗产	⑩	2019	188643ha/80056ha			
55	良渚古城遗址 Archaeological Ruins of Liangzhu City	文化遗产	③,④	2019	1433.66ha/9980.29ha		1996	1982(杭州)
56	泉州：宋元中国的世界海洋商贸中心 Quanzhou: Emporium of the World in Song-Yuan China	文化遗产	④	2021	536.08ha/11,126.02 ha		1961,1982,1988等	1982(泉州)

划的灵魂所在，是总体规划有机的重要组成部分。整体性保护(integrated conservation)意味着使保护规划的需求和城镇规划的目标协调一致。也就是说，现存的历史性网络结构的价值和重要性，等同于总体规划过程中的其他一些重要因素。历史保护的思想要贯穿在城市规划全过程中，城市建设、旅游业发展、各项基础设施规划以及近期发展计划都要以历史

保护的精神为指导，以环境改善为目标，协调、有序推进。这一点比单纯强调或制定一个面面俱到的保护规划更为重要且更有实际意义和可操作性。

对世界遗产划定缓冲保护地带，主要是出于履行《世界遗产公约》的需要，以避免文化遗产和自然遗产受到各种威胁和不正当使用情况的发生。各种方式的开发经常会在世界遗产周边发生，这些入侵式开发将破坏遗产的周边环境或影响世界遗产的内外视觉景观效果。工业化进程中的空气污染或水污染也会对遗产造成威胁，道路网设施、大型度假设施和机场的兴建，将吸引更多的、超越世界遗产登录地正常状态下的承载能力。

由于历史中心区、历史城区是一个城市有机组织的基础，所以历史保护区应被适当地划定，而且各项功能应充分考虑并加强规划管理。早在1976年，UNESCO第19次大会上通过的《关于历史地区保护及其在当代作用的建议》(简称《内罗毕宣言》)就明文指出："历史地区为文化、宗教及社会活动的多样化和财富提供了最确切的见证，保护历史地区并使它们与现代社会生活相结合是城市规划和土地开发的基本因素。""保护历史地区能对维护和发展每个国家的文化和社会价值做出突出贡献。"

历史文化名城的保护不仅意味着对文物古迹，历史街区的保护，还应综合城市经济、社会文化中的积极因素，成为社会发展的深层控制力。这是因为"一切脱离人或文化背景的开发建设都是没有灵魂的发展，文化不仅是发展的手段，同时也是发展的目标。"[1]历史城镇总体规划的内容要充实、发展，规划制定阶段需积极听取历史城镇居民的意见，城镇社会经济发展计划必须与历史文化保护相协调，在实地调查基础上，客观公正地评价历史建筑、传统民居的价值。保证城乡历史环境和整体传统风貌的协调，并与周边自然环境取得良好的和谐关系。文物古迹的修复要谨慎从事，按照国际惯例与修复原则稳妥进行。不要生硬制造人文景观，不要把珍贵的文物古迹、真实的历史环境当作"假古董"来经营管理。

六、21世纪遗产保护面临的挑战与课题

"世界遗产"是指"人类共同继承的文化及自然财产"，人类只是世界自然和文化史上一切伟大里程碑的托管者。缔约国本国领土内的文化和自然遗产的确认、保护、保存、展出和移交给后代，主要是该国的责任。《世界遗产公约》的宗旨为："建立一个依据现代科

---

① UNESCO, Stockholm Action Plan on Cultural Policies for Development, 1998.

学方法制定的永久性的有效制度，共同保护具有突出的普遍价值的文化和自然遗产。"世界遗产的登录工作并不是一种学术活动，而是一项具有司法性、技术性和实用性的国际任务，其目的是动员人们团结一致，积极保护文化和自然遗产。

"文化景观"代表"人与自然的共同作品"，是人类社会和聚居环境演变的例证，包含了对人与自然相互影响多样性的说明。文化和自然遗产的保护与开发是辩证统一的关系，两者不可偏废。切实保护是开发利用的基础条件，恰当适度的开发利用则是保护的高层次目标。

原真性和完整性是定义、评估和检验文化遗产的一项基本原则。对原真性原则不应理解为文化遗产的本体自身，而是我们对文化遗产价值的理解取决于有关信息来源是否确凿有效。所有的文化和社会皆扎根于由各种各样的历史遗产所构成的有形或无形的固有表现形式和手法之中，对此应给予充分尊重。作为人类发展的一个本质的方面，保护和增进我们这个世界文化与遗产的多样性应得到大力提倡。

1. 问题与挑战

自1975年《世界遗产公约》正式生效以来，全球范围内保护世界文化和自然遗产的理念和行动，从来没有像今天这样深入人心、深得民意。世界遗产保护已成为全球最为广泛、最受欢迎的国际行动。世界各国在立法、财政、技术和行政方面都采取了相应措施，同时也得到了联合国有关机构的大力支持和鼓励。

《世界遗产公约》公约肯定了属于全人类的世界文化和自然遗产的存在。在多年的保护实践中已经达成共识，人类只是世界自然和文化史上一切伟大里程碑的托管者，对这些文物古迹和风景名胜的保护，将关系到所有国家和全人类的命运。

然而令人遗憾的是，无论是纪念性建筑物、历史城镇、还是自然保护区，这些世界遗产都因时间的消逝、人类不负责的行为、侵蚀、潮湿、污染、快速城市化和旅游观光客激增等原因，不断处于被破坏的危机之中。世界文化多样性的观念对《世界遗产公约》所建立的价值标准和保护理念也提出了挑战，2011年，在《世界产公约的未来》的报告，指出了实施《世界遗产公约》的优势与不足，反映世界遗产委员所察觉到的机会与威胁。

坦率地讲，21世纪世界文化和自然遗产的保护管理也面临一系列问题和挑战，具体表现在：①由于发展不平衡或保护不当，发展中国家的文化和自然遗产正受到更为严重的威胁。也就是说，随着世界遗产清单的增多，列入《濒危名录》的世界遗产数字也在增大。如今，除了阿曼的"阿拉伯羚羊保护区"、德国的"德累斯顿易北河谷"、英国的"利物浦海事商城"已从《世界遗产名录》中除名外，依照《世界遗产公约》第11条第4款之规定，阿富汗的巴米扬谷地文化景观和考古遗址(2003)、埃及的阿布米纳遗址(2001)、也门的扎比得历史古城(2000)等52项世界遗产被列入《濒危世界遗产名录》。我国的三江并流、丽江古城、故宫等世界遗产项目的保护状况，也曾受到国际遗产保护组织的高度关注。因此，必须进行国际合作才能使有可能消失的各种文化遗迹得以永久保存，使当代文化丰富多彩，并拯救物种摆脱灭绝的命运，持久保护全球资源环境，保持生态平衡。

② 自然环境的恶化，对文化与自然遗产的保护也形成了威胁。土地沙漠化和全球性水资源短缺，使一些重要的地貌、景观消失，罕见的古生物及文化遗址被埋藏。而森林锐减使一些应成为国家公园的森林和古迹遗址，受到不应有的破坏，带来了水土流失和物种灭绝，促使气候改变和大面积环境异常。

③ 列入《世界遗产名录》使那些自然和文化遗产声名大增，本应得到更好的保护。然而少数国家和地区对世界遗产缺乏有力保护，过度的旅游开发和频繁的观光活动，已变为遗产保护的潜在威胁。因此，为完整保护遗产，尤其是那些对大量游客开放的遗产登录地，UNESCO要求对遗产管理、保护以及对公众的开放问题，有关缔约国应提供合适的安排与有效的管理。我国某些地方在争得世界遗产荣誉后，即开始建造不利于景观环境保护的缆车、索道。在不适当的地方增建宾馆、商店等设施，滥建人造景观，甚至以文化遗产为招牌招商引资等。有的保护区不控制旅游容量，超负荷开发旅游业，只图一时之利。凡此种种，都会给世界遗产保护工作带来严重的负面影响，必须尽快处理，妥善解决。

④ 虽说世界遗产的登录工作是一项具有司法性、技术性和实用性的国际任务，然而世界遗产委员会的劝告并不具有法律约束力，对现实中遗产遭受破坏的危机往往不能遏制。如澳大利亚卡卡杜国家公园，面临开采铀矿的环境问题，在世界遗产委员会过问后，依然我行我素。因此，世界遗产概念的发展和成功需要人们提高警惕，不要把超国家的管理看成是侵犯国家主权。任何社会都可以向公约寻求支持，保持其文化特性。这种支持不仅局限于物质援助，而且包括积极参与反对不尊重遗产价值的各种行为。

⑤ 文化遗产与自然遗产，两者之间表面看来似乎没有或甚少共同之处。其实大自然与人类文化相辅相成。《世界遗产公约》的理念中体现了自然与文化连续性的观念，要求对文化和自然两种遗产都予以保护。而近年来登录的自然遗产与文化遗产数量有些失衡，比如2000年登录的文化遗产数为自然遗产数的5倍。世界遗产委员会提醒人们注意这一问题，这是因为一处文化遗产可能是一座孤零零的小建筑，或者是荒野中的一处古迹，而一处自然遗产却可能是一个比某些国家还要大的广阔的国家公园，对人类社会的生存与发展影响更大。

总之，面对着世界各地种种日趋严重的危险，全世界人民必须重新意识到保护文化

表12.4　　　　　　　　1994年以来世界遗产登录情况一览表　　　　　　单位：（处）

年度	世界遗产登录数量				其中中国的世界遗产			
	总 数	其 中			总 数	其 中		
		文化遗产	自然遗产	复合遗产		文化遗产	自然遗产	复合遗产
1994	440	327	96	17	14	9	3	2
1995	469	350	102	17	14	9	3	2
1996	506	380	107	19	16	10	3	3
1997	552	418	114	20	19	13	3	3
1998	582	445	117	20	21	15	3	3
1999	630	480	128	22	23	16	3	4
2000	690	529	138	23	27	20	3	4
2001	721	554	144	23	28	21	3	4
2002	730	563	144	23	28	21	3	4
2003	754	582	149	23	29	21	4	4
2004	788	611	154	23	30	22	4	4
2005	812	628	160	24	31	23	4	4
2006	830	644	162	24	33	24	5	4
2007	851	660	166*	25	35	25	6	4
2008	878	679	174	25	37	26	7	4
2009	890	690	175*	25	38	27	7	4
2010	911	705	179	27	40	28	8	4
2011	936	724	183	29	41	29	8	4
2012	962	744	188	30	43	30	9	4
2013	981	758	193	30	45	31	10	4
2014	1007	779	197	31	47	33	10	4
2015	1031	802	197	32	48	34	10	4
2016	1052	814	203	35	50	35	11	4
2017	1073	832	206	35	52	36	12	4
2018	1092	845	209	38	53	36	13	4
2019	1121	869	213	39	55	37	14	4
2021	1154	897	218	39	56	38	14	4

（*2007年31届世界遗产大会确定将阿曼的"阿拉伯羚羊保护区"从《世界遗产名录》中除名
2009年33届大会将德国"德累斯顿易北河谷"除名，2021年44届大会将英国"利物浦海事商城"除名）

表12.5　　　　　　　　　实施《世界遗产公约》的SWOT分析

优　势	劣　势
• 公约已实施 40 年 • 是一项达成普遍共识的政府间协定 • 接近普遍加入，加入公约的发展中国家和发达国家均很多	• 变化缓慢 • 重申报，将其作为唯一目的 • 缔约国、咨询机构和秘书处对公约、突出普遍价值和管理标准的解释各异 • 决策的技术依据在削弱 • 委员会、咨询机构和秘书处的工作量日益加大
机　会	威　胁
• 作为联合国大家庭的一分子，能够加强与其他国际文件的联系 • 遗产可以作为可持续发展的驱动器 • 能改进企业的构成、计划和做法 • 能取得民间社会的支持 • 新技术使提高认识和知识交流的速度加快、效率得以提高	• 接近普遍加入，全球经济增长放缓对资金预算带来的压力 • 出现新的竞争性组织/名录以及带来的品牌混淆 • 对遗产地带来的政治、经济、环境和社会压力

资料来源: UNESCO, 2011

和自然遗产的必要性，重新燃起为保护遗产而奋斗的热情。保护世界遗产，有利于自然保护、环境保护、生态平衡以及地方文化的建设与发展。保护世界遗产就是走可持续发展之路，或者说，可持续发展的实质包含着文化和自然遗产的保护与利用等重要课题。同时，处于各自文化背景中的不同国度，必须依照世界遗产保护的原真性原则，努力寻找保护人类自己的文化和自然遗产的有效途径。

2. 21世纪的重要课题

20世纪，随着社会生活的麦当劳化(McDonaldlization)，通俗文化成了流行时尚。在城市建设中，市中心的贵族化(Gentrification)现象也日益突出。工业化、城市化特别是经济全球一体化倾向，将给人类文明、地球环境、民族文化、地方特色带来更大冲击。今后，保护与利用世界文化与自然遗产显得更为重要。除了切实保护好这些人类共同的财富外，还要通过适当的利用规划，使文化遗产及其所具有的意义、价值和重要性，在当代和未来的社会、经济、文化等方面的环境创造中发挥作用。特别是在学术研究、文物保护与修复利用、文化传统继承、专家和技术人才培育、环境教育、文化观光事业、社会文化发展、精神文明建设等方面应积极、有效利用。具体而言，要从以下几方面寻找世界遗产保护与利用的方向。

(1) 可持续发展

保护世界遗产，有利于自然保护、环境保护、生态平衡及地方文化的建设与发展。保护世界遗产就是走可持续发展(Sustainable Development)之路，或者说，可持续发展的实质包含着文化和自然遗产的保护以及历史环境保护与利用等重要课题。尊重历史、尊重传统：前人创造的文化资本(Stock)、悠久历史中孕育出的地方特色、珍贵的自然地域个性，都要极认真地守护并维持其生命力，以实现调和型城镇规划建设。发展是一个过程，是对更好生活的向往，对幸福的寻求。

可持续发展是21世纪的战略目标，通过它可以在保护和发展之间达成长期一致的和谐。"可持续发展"被定义为满足当代人需要，而又不妨碍后代人满足其需求能力的发展。而城市历史保护正是保障我们的建筑遗产的历史、文化和美学价值不被破坏，并能传达给后人。城市可持续发展包括经济、社会及文化等方面。在现实中有活力的城市必须为经济提供发展机会，增加社会凝聚力，保障健康安全的居住环境以及加强居民的场所归属感和认同感。城市保护的目标也与上述可持续发展目标一致。历史文化与生态要素都是支撑城市持续发展的重要方面。

(2) 景观保护(landscape conservation)

保护自然环境、保护风景名胜区、保护历史景观和传统风貌，以免遭人为破坏。使人们意识到一旦破坏，将永远不可再生。自然风景名胜区切不可建设过量游乐设施，变成"旅馆林立"的"城市化"休闲度假地。否则，久而久之将会出现生态失衡问题，人类自身亦将受到损害。城镇景观的创造，必须以历史环境要素为基本出发点，注重地方特色和场所精神的维持与发扬。

如今我们赏识的文化并非纪念性建筑物，而是有着极大文化价值的风景区。过去那种单一的点状的文物古迹保护，现在正转变为通过保护视觉环境、日常生活环境来关注所有景观问题的探索，在景观控制、环境教育等方面展开的保护运动尤为重要。今后，如何在历史景观保护与现代景观创造两者之间架起一道桥梁来，培育根植于传统文化和自然风土中的现代景观，是非常值得探索的发展方向。

(3) 保护人类的口述和无形遗产(oral and intangible heritage)

1997年，UNESCO大会接受了人类的口述和无形遗产的概念，并做出保护世界各地不同区域"各种文化表现形式"的承诺。人类的口述和无形遗产是指具有特殊价值的文化活动空间和口头文化表述形式，包括语言、故事、音乐、舞蹈、游戏、神话、仪式、风俗、手工艺技术及各种民间艺术表达手段。随着经济全球化时代的到来，世界各地的许多非物质形态的文化遗产正在面临消亡危机。建立"人类口述和无形遗产杰作名录"是对世界文化遗产保护活动的必要补充。

2001年5月18日，时任UNESCO总干事松浦晃一郎在巴黎总部宣布，世界19个文化活动和口头文化表现形式作为首批"人类口述和无形遗产杰作"，列入"口述和无形遗产名录"，其中包括中国的昆曲、日本的能乐等世界古老的传统剧种。今后每隔两年会增加一批新项目。遴选"人类口述和无形遗产杰作"的目的就是要鼓励各国政府、非政府组织及各地方团体鉴别、保护和利用口述和无形文化遗产。这种遗产是世界各国人民智慧的结晶，只有保护好这类文化遗产，才能够确保世界文化多样性的传承。

(4) 地方性保护(local conservation)

在文化遗产保护中，最大的挑战就是如何认识个别情况与纲领原则之间的联系，这些联系在国际宪章、公约文件以及向各个国家、地区、城镇中具体推广的政策、协议精神中均有体现。这里需要指出的是，不同的国家有着不同的历史保护的发展历程。文化遗产保护并无固定模式可循，因为每个国家和地区的发展动力各不相同。我们必须在实践中，寻找适合本国国情的保护方法和对策。

而且，很多成功的保护工作，往往仅限于某一时期，而尽力并持久保护文化和自然遗产的关键在于地方当局和热爱自然、热爱家乡的民众。因此要调动社会各方面的积极因素来开展保护工作，通过地方立法和当地乡规民约来保护文化与自然遗产。在保护实践中，要谋求居民的参与、协助和支持，尊重居民意向与选择权利。努力推进可享受文化内涵丰富的生活环境的城镇建设，提高居民日常生活空间品质，促使历史城市成为新文化的创造之源。

(5) 遗产保护的公众意识(conservation and public Awareness)

我们希望探讨一种好的办法，说服人们增强对保护遗产的观念以及对保护工作的重视。实现从点到线再到面的保护过程，不仅仅是改善单体的、点状的文物古迹，要以点带线改善历史环境和强化基础设施的承载力，进而推广到面——彻底改善历史城镇的整体环境质量，以实现丰富多彩的城镇文化建设目标。保护、宣传世界遗产的价值和保护意义，是当前的重要任务，任重而道远。经济建设上去了，科学文化水平提高了，保护意识也必将加强。历史保护规划应被视为一项具有内在动力的过程，公众同决策者、专家一样，参与其中是该过程非常重要的一环。这就需要在信息管理、教育及人员培训等方面建立一种适当且有效的运作机制。

参 考 文 献

英文部分：

[1] B. M. Feilden，J.Jokilehto. Management Guidelines for World Cultural Heritage Sites[R]. Rome：ICCROM, 1993.

[2] C. Richard Hatch，edit. The Scope of Social Architecture[C]. New York：Van Nostrand Rein hold，1984.

[3] Christine Inglis. Multiculturalism：New policy responses to diversity, Management of Social Transformations[M]. UNESCO，1996.

[4] Collins, R. C. America's Downtown: Growth Politics & Preservation[M]. Lafayette, LA：The Preservation Press, 1991.

[5] Dennis Sharp，Catherine Cooke，edit. The Modern Movement in Architecture：Selections from the DOCOMOMO Registers[M]. Rotterdam, 2000.

[6] Duerksen, C. J. A Handbook on Historic Preservation Law[S]. Washington, D.C., The Conservation Foundation and The National Center for Preservation Law, 1983.

[7] Hagman, D.G., Juergensmeyer, J.C.. Urban Planning and Land Development Control[M]. West Publishing CO. 1986.

[8] I. Serageldin，E. Shluger,，J. Martin-Brown，edit. Historic Cities and Sacred Sites：Cultural Roots for Urban Futures[C]. Washington, D.C.: The World Bank, 2001.

[9] K. Frank, P. Petersen，edit. Historic Preservation in the USA[M]. Hannah M. Mowat, Jeff Smith, translate. Springer-Verlag Berlin Heidelberg GmbH，2002.

[10] Larsen, K., E. & Marstein, N. edit. Conference on Authenticity in Relation to the World Heritage Convention[C]. Norway: Tapir Forlag, 1994.

[11] Minors, C.. Listed Buildings and Conservation Areas[M].London: Longman, 1989.

[12] M. Ross. Planning and the Heritage[M]. London: E.& P. N. Spon, 1991.

[13] Murtagh, W. J. Keeping Time：the History and Theory of Preservation in America[M]. Pittstown, New Jersey: The Main Street Press, 1988.

[14] National Park Service, National Register of Historic Places 1966 to 1994：cumulative list thr

ough January 1,1994[M]. Lafayette, LA：The Preservation Press, 1994.

[15] Rinio Bruttomess, Edit. Water and Industrial Heritage: The Reuse of Industrial and Port Structures in Cities on Water[C]. Venice：Marsilio Editori, 1999.

[16] R.W. Suddards. Listed Buildings[M]. London: Sweet & Maxwell, 1988.

[17] Silvio Mendes Zancheti. Conservation and Urban Sustainable Development[M], Rua do Bom Jesus：CCIUT，1999.

[18] UNESCO. Convention for the Protection of the World Cultural and Natural Heritage[S]. Paris, 1972.

[19] UNESCO. Operational Guidelines for the Implementation of the World Heritage Convention [S]. Paris, 1997.

[20] UNESCO. The Stockholm Action Plan on Cultural Policies for Development[R].1998.

[21] UNESCO. Recommendation on the Historic Urban Landscape[R]. 2011.

[22] Weinberg, N. Preservation in American Towns and Cities[M].Colorado: Westview Press, 1979.

[23] Wolfensohn, J. D. etc, Culture Counts-Financing, Resources, and the Economics of Culture in Sustainable Development[M]. Washington，D. C.：The World Bank，2000.

日文部分：
[1] 大河直躬主编. 都市の歴史とまちづくり[M].京都：学芸出版社，1995.
[2] 大河直躬主编. 歴史的遺産の保存·活用とまちづくり[M].京都：学芸出版社，1997.
[3] 大野輝之. 現代アメリカ都市計画—土地利用規制の静かな革命[M].京都：学芸出版社，1997.
[4] 大藏省印刷局编. 木の国—日本の世界遺産[M]. 東京：大藏省印刷局，1994.
[5] 河野靖. 文化遺産の保存と国際協力[M].東京：風響社，1995.
[6] 河野祥宣编，世界遺産データ·ブック，東京：せとうち総合研究機構，1995.
[7] 木原啓吉. 歴史的環境—保存と再生[M].東京：岩波新書，1982.
[8] 西村幸夫. アメリカの歴史的環境保全[M].東京：実教出版，1994.
[9] 西村幸夫. 町並みまちづくり物語[M].東京：古今書院，1997.
[10] 西村幸夫. 環境保全と景観創造—これからの都市風景へ向けて[M].東京：鹿島出版会，1997.

[11] 西村幸夫+町並み研究会編著. 都市の風景計画—欧米の景観コントロール手法と実際 [M].京都：学芸出版社，2000.

[12] 西村幸夫. 西村幸夫都市論ノート—景観・まちづくり・都市デザイン[M].東京：鹿島出版会，2000.

[13] 西村幸夫. 都市保全計画[M].東京：東京出版会，2004.

[14] 西村幸夫. 風景論ノート[M]. 東京：鹿島出版会, 2008.

[15] 西村幸夫. 文化・観光論ノート—歴史まちづくり・景観整備[M]. 東京：鹿島出版会, 2018.

[16] 西野嘉章. 博物館学—フランスの文化と戦略[M]. 東京：東京大学出版会，1995.

[17] 矢作弘. 町並み保存運動 in U.S.A. [M]. 京都：学芸出版社，1989.

[18] 日本建築学会関東支部歴史意匠部会編. 歴史的資産10万件を保護するために—文化 財登録制度を考える[R].東京：日本建築学会，1995.

[19] 日本建築学会編. 建築雑誌，特集・広がり変化する"保存"の世界[J].東京：日本建築 学会，1997.

[20] 日本建築学会編. 暮らしのあるまちなみ保存[M].東京：建築ジャーナル，1994(2).

[21] 日本建築学会近畿支部環境保全部会編. 近代建築物の保存と再生[M]. 東京：都市文 化社，1993.

[22] 文化庁監修. 文化財講座・日本の建築5，近世Ⅱ・近代[M]. 東京：第一法規，1976.

[23] 日本ユネスコ協会連盟編. ユネスコ世界遺産1996[M].東京：日本ユネスコ協会連盟，1997.

[24] 日本National Trust編. 歴史的町並み事典，1981；西山卯三主编，路秉杰译.历史文化城 镇保护[M]. 北京：中国建工出版社，1991.

[25] 宮澤智士编. 町並み保存のネットワーク[M]. 第一法規出版株式会社，1987.

[26] Gallids, D. L. 著，堀田牧太郎译. アメリカ土地利用法[M].京都：法律文化社，1994.

[27] 真鍋博. 歩行文明[M].中央公論社，1985.

[28] 林 迪廣，江頭邦. 道歴史的環境権と社会法[M]. 京都：法律文化社，1984.

[29] 宇都宮深志. 環境創造の行政学的研究[M].東京：東海大学出版会，1984.

[30] 清水慶一. 建設はじめて物語[M]. 東京：大成建設株式会社，1994.

[31] 窪田亜矢，西村幸夫. ニューヨーケ市における歴史的環境保全条例制定の経緯と現 状の保全システムに関する研究[J]. 都市計画，2000(1)Vol.49.

[32] 窪田亜矢，西村幸夫. ニューヨーケ市におけるヒスリック・ディストクトの経年的変 遷に関する研究[C]. 2000年度第35回日本都市計画学会学術研究論文集，2000.

中文部分：

[1] 阿尔多·罗西. 城市建筑学[M]. 黄士钧译. 北京：中国建筑工业出版社，2006.

[2] 阿兰·马莱诺斯. 法国重现城市文化遗产价值的实践[J]. 张恺译. 时代建筑，2000(3).

[3] 埃德加·莫兰. 迷失的范式：人性研究[M]. 陈一壮译. 北京：北京大学出版社，1999.

[4] 岸根卓郎. 迈向21世纪的国土规划—城乡融合系统设计[M]. 高文琛译. 北京：科学出版社，1990.

[5] 保继刚等. 旅游开发研究—原理、方法、实践[M]. 北京：科学出版社，2000.

[6] 保继刚，潘兴连，杰弗里·沃尔. 城市旅游的理论与实践[M]. 北京：科学出版社2001.

[7] 保罗·鲍克斯著. 胡明星，地理信息系统与文化资源管理：遗产管理者手册[M]. 董卫译. 南京：东南大学出版社，2001.

[8] 保罗·克鲁格曼，发展、地理学与经济理论[M]. 蔡荣译. 北京：北京大学出版社、中国人民大学出版社，2000.

[9] 北京大学世界遗产研究中心. 世界遗产相关文件[S]. 北京：北京大学出版社，2004.

[10] 布赖恩·特纳. Blackwell社会理论指南[M]. 李康译. 上海：上海人民出版社，2003.

[11] 布伦特·C. 布罗林. 建筑与文脉—新老建筑的配合[M]. 翁致祥等译. 北京：中国建筑工业出版社，1988.

[12] 曹瑞钰编著. 环境经济学[M]. 上海：同济大学出版社，1993.

[13] 常青. 历史环境的再生之道：历史意识与设计探索[M]. 北京：中国建筑工业出版社，2009.

[14] 常青. 对建筑遗产基本问题的认知[J]. 建筑遗产，2016(1).

[15] 池泽宽著. 城市风貌设计[M]. 郝填均译. 天津：天津大学出版社，1989.

[16] 陈曦. 建筑遗产保护思想的演变[M]. 上海：同济大学出版社，2016.

[17] 陈正祥. 中国文化地理[M]. 北京：生活·读书·新知三联书店，1983.

[18] 陈志华. 意大利古建筑散记[M]. 北京：中国建筑工业出版社，1996.

[19] 陈志华. 乡土建筑的价值和保护[J]. 建筑师(78)，1997.

[20] 陈志华. 北窗杂记—建筑学术随笔[M]. 郑州：河南科学技术出版社，1999.

[21] 陈志华. 楠溪江中游古村落[M]. 北京：生活·读书·新知三联书店，1999.

[22] 仇保兴. 追求繁荣与舒适—转型期间城市规划、建设与管理的若干策略[M]. 北京：中国建筑工业出版社，2002.

[23] 村松贞次郎. 近代建筑史的研究方法近代建筑的保存与再利用[J]. 世界建筑，1987(4).

[24] 村松贞次郎. 近代建筑的保存意味着新的创造[C]//汪坦、张复合. 第四次中国近代建筑史研究讨论会论文集, 北京: 中国建筑工业出版社, 1993.

[25] 戴维·思罗斯比. 经济学与文化[M]. 王志标、张峥嵘译, 中国人民大学出版社, 2011.

[26] 丹尼尔·布鲁斯通. 建筑、景观与记忆——历史保护案例研究[M]. 汪丽君, 舒平, 王志刚译. 北京: 中国建筑工业出版社, 2015.

[27] 蒂耶斯德尔等. 城市历史街区的复兴[M]. 张玫英, 董卫译. 北京: 中国建筑工业出版社, 2006.

[28] 迪耶·萨迪奇. 城市的语言[M]. 张孝铎译. 北京: 东方出版社, 2020.

[29] 董鉴泓, 阮仪三. 名城文化鉴赏与保护[M]. 上海: 同济大学出版社, 1993.

[30] 董雅文, 城市景观生态[M]. 北京: 商务印书馆, 1993.

[31] 饭岛伸子. 环境社会学[M]. 包智明译. 北京: 社会科学文献出版社, 1999.

[32] 方可. 当代北京旧城更新: 调查·研究·探索[M]. 北京: 中国建筑工业出版社, 2000.

[33] 菲利普·巴格比. 文化: 历史的投影[M]. 夏克等译. 上海: 上海人民出版社, 1987.

[34] 冯天瑜等. 中华文化史[M]. 上海: 上海人民出版社, 1990.

[35] 弗朗索瓦丝·萧伊. 建筑遗产的寓意[M]. 寇庆民译. 北京: 清华大学出版社, 2013.

[36] 弗里德里克·詹姆逊. 文化转向[M]. 胡亚敏等译. 北京: 中国社会科学出版社, 2000.

[37] 弗里德利希·冯·哈耶克. 自由秩序原理(上、下)[M]. 邓正来译. 北京: 生活·读书·新知三联书店, 1997.

[38] G. 阿尔伯斯. 城市规划理论与实践概论[M]. 吴唯佳译. 北京: 科学出版社, 2000.

[39] 高科. 1872~1928 年美国国家公园建设的历史考察[D]. 沈阳: 东北师范大学, 2017.

[40] 顾孟潮, 张在元. 中国建筑评析与展望[M]. 天津科学技术出版社, 1989.

[41] 韩好齐, 张松. 东方的塞纳河左岸——苏州河沿岸的艺术仓库[M]. 上海: 上海古籍出版社, 2004.

[42] 郭志恭. 中国文物建筑保护及修复工程学[M]. 北京: 北京大学出版社, 2014.

[43] 国家文物局、中国文物报社. 中华文明遗迹通览: 第五批全国重点文物保护单位518处[M]. 上海: 上海古籍出版社, 2002.

[44] 国家文物局法制处. 国际保护文化遗产法律文件选编[S]. 北京: 紫禁城出版社, 1993.

[45] 何清涟. 现代化的陷阱—当代中国的经济社会问题[M]. 北京: 今日中国出版社, 1998.

[46] 胡秀娟. 武装冲突中文化财产的国际法保护[D]. 武汉: 武汉大学, 2009.

[47] 黄树卿. 文化遗产国际司法保护的里程碑[J]. 沈阳工业大学学报(社会科学版), 2014(1).

[48] 翁乃群. 全球化背景下的文化再生产——以纳西文化与旅游业发展之间关系为例[C]. 人文世界: 中国社会文化人类学年刊, 北京: 华夏出版社, 2001.

[49] 加埃唐·拉弗朗, 朱丽·拉弗朗. 拯救城市[M]. 贾颉译. 深圳: 海天出版社, 2018.

[50] 建设部城乡规划司、国家文物局编. 中国国家历史文化名城[M]. 北京: 中国青年出版社, 2002.

[51] 简·雅各布斯. 美国大城市死与生[M]. 金衡山译. 南京: 译林出版社, 2005.

[52] 杰里米·里夫金, 特德·霍华德著. 熵: 一种新的世界观[M]. 吕明, 袁舟译. 上海: 上海译文出版社, 1987.

[53] J. 柯克·欧文著. 秦丽译, 西方古建古迹保护理念与实践[M]. 北京: 中国电力出版社, 2005.

[54] 杰弗里·巴勒克拉夫. 当代史学主要趋势[M]. 杨豫译. 上海: 上海译文出版社, 1978.

[55] 金瑞林, 汪劲. 中国环境与自然资源立法若干问题研究[M]. 北京: 北京大学出版社, 1999.

[56] 卡米诺·西特. 城市建设艺术——遵循艺术原则进行城市建设[M]. 仲德昆译. 东南大学出版社, 1990.

[57] 卡米洛·西特. 遵循艺术原则的城市设计[M]. 王骞译. 武汉: 华中科技大学出版社, 2020.

[58] 康拉德·洛伦茨. 文明人类的八大罪孽[M]. 徐筱春译. 合肥: 安徽文艺出版社, 2000.

[59] 理查德·伊尔斯, 克拉伦斯·沃尔顿. 城市和城市问题[M]. 古潜译. 香港: 今日世界出版社, 1977.

[60] 李晓东. 文物保护法概论[M]. 北京: 学苑出版社, 2002.

[61] 李雄飞. 城市规划与古建筑保护[M]. 天津: 天津科学技术出版社, 1989.

[62] 廖雪芳主编. 反发展的先驱、历史保护的典范——波隆尼亚[J]. 汉声, 1995.

[63] 罗杰·W·芬德利、丹尼尔·A·法伯. 环境法概要[M]. 杨广俊, 刘予华, 刘国明译. 北京: 中国社会科学出版社, 1997.

[64] 芦原义信著. 尹培桐译. 街道的美学[M]. 武汉: 华中理工大学出版社, 1979.

[65] 刘红婴. 世界遗产精神[M]. 北京: 华夏出版社, 2006.

[66] 刘易斯·芒福德著. 城市发展史——起源、演变与前景[M]. 倪文彦, 宋俊岭译. 北京: 中国建筑工业出版社, 2005.

[67] 刘易斯·芒福德著. 城市文化[M]. 宋俊岭, 李翔宁等译. 北京: 中国建筑工业出版社, 2009.

[68] 吕舟. 《中国文物古迹保护准则》的修订与中国文化遗产保护的发展[J]. 中国文化遗产, 2015(2).

[69] 马传栋. 城市生态经济学[M]. 北京: 经济日报出版社, 1989.

[70] 马克·第亚尼. 非物质社会——后工业世界的设计、文化与技术[M]. 藤守尧译. 成都: 四川人民出版社, 1997.

[71] 马武定. 城市美学[M]. 北京: 中国建筑工业出版社, 2005.

[72] 马以工. 历史建筑[M]. 台北: 北屋出版事业股份有限公司, 1983.

[73] 迈克尔·多宾斯. 城市设计与人[M]. 奚雪松等译. 北京: 电子工业出版社, 2013.

[74] 梅棹忠夫著. 文明的生态史观[M]. 王子今译. 上海: 上海三联书店, 1986.

[75] 名城研究会主. 中国历史文化名城保护与建设[M]. 文物出版社, 1987.

[76] 名城研究会. 中国历史文化名城保护管理法规文件选编[S]. 西安: 名城研究会, 1997.

[77] 纳赫姆·科恩. 城市规划的保护与保存[M]. 王少华译. 北京: 机械工业出版社, 2004.

[78] 尼克·沃特斯著, 社区规划手册[M]. 卢钢波等译. 北京: 科学普及出版社, 2003.

[79] О.И.普希金著, 建筑与历史环境[M]. 韩林飞译. 北京: 社会科学文献出版社, 1997.

[80] 帕特里夏·法拉, 卡拉琳·帕特森. 记忆(剑桥年度主题讲座)[C]. 户晓辉译. 北京: 华夏出版社, 2006.

[81] 编辑委员会. 中国文化遗产年鉴·2006[M]. 北京: 文物出版社, 2006.

[82] 潘江. 中国的世界文化与自然遗产[M]. 北京: 地质出版社, 1995.

[83] 乔尔·科特金. 全球城市史[M]. 王旭等译. 北京: 社会科学文献出版社, 2006.

[84] 切萨雷·布兰迪. 修复理论[M]. 陆地译. 上海: 同济大学出版社, 2016.

[85] 青木信夫. 文化遗产的保护、继承和登录制度的导入[C]. 张复合主编, 中国近代建筑研究与保护(一), 北京: 清华大学出版社, 1999.

[86] 阮仪三. 中国历史文化名城保护规划[M]. 上海: 同济大学出版社, 1995.

[87] 阮仪三. 历史环境保护的理论与实践[M]. 上海: 上海科学技术出版社, 2000.

[88] 阮仪三. 护城踪录[M]. 上海: 同济大学出版社, 2001.

[89] 阮仪三. 护城纪实[M]. 北京: 中国建筑工业出版社, 2003.

[90] 阮仪三. 城市遗产保护论[M]. 上海: 上海科学技术出版社, 2005.

[91] 阮仪三. 古城笔记[M]. 上海: 同济大学出版社, 2006.

[92] 塞西莉亚·索达诺. 国际章程中的文化景观[J]. 赵郁芸译. 国际博物馆(中文版), 2018(Z2).

[93] 单霁翔. 城市化发展与文化遗产保护[M]. 天津: 天津大学出版社, 2006.

[94] 单霁翔. 城市化进程中的文化遗产保护[J]. 求是, 2006(14).

[95] 单霁翔. 从"功能城市"走向"文化城市"[M]. 天津: 天津大学出版社, 2007.

[96] 沈玉麟. 外国城市建设史[M]. 北京：中国建筑工业出版社，1989.

[97] 石雷，邹欢. 城市历史遗产保护：从文物建筑到历史保护区[J]. 世界建筑，2001(6).

[98] 斯蒂芬·贝利、菲利普·加纳. 20世纪风格与设计[M]. 罗筠筠译.成都：四川人民出版社，2000.

[98] S. 朱克英. 城市文化[M]. 张廷佺译. 上海：上海教育出版社，2006.

[99] 谭白英. 文物与旅游[M].武汉：武汉大学出版社，1996.

[100] 唐海清. 论1954年《海牙公约》对于文化遗产的国际保护[J]. 湖南行政学院学报，2010(1).

[101] 唐子来，李明. 英的城市设计控制[J]. 国外城市规划，2001(2).

[102] 藤森照信. 亚洲近代建筑之保存与都市风格[J]. 建筑师，1989(7).

[103] 涂平子. 容积移转与都市品质：纽约市古迹保存与扩大使用发展权移转办法争议[J]. [台]城市与设计学报，1999，No.7/8.

[104] 托波尔斯基. 历史学方法论[M]. 张家哲等译. 北京：华夏出版社，1990.

[105] W·鲍尔. 城市的发展过程[M]. 倪文彦译. 北京：中国建筑工业出版社，1981.

[106] 王化君，顾孟潮主编. 建筑·社会·文化[C]. 北京：中国人民大学出版社，1991.

[107] 王红军. 美国建筑遗产保护历程研究[D]. 上海：同济大学，2006.

[108] 王建国. 现代城市设计理论和方法[M]. 南京：东南大学出版社，1991.

[109] 王建国. 城市设计[M]. 南京：东南大学出版社，1999.

[110] 王景慧，阮仪三，王林. 历史文化名城保护理论与规划[M]. 上海：同济大学出版社，1999.

[111] 王军. 日本的文化财保护[M]. 北京：文物出版社，1997.

[112] 王瑞珠. 国外历史环境的保护与规划[M]. 台北：淑馨出版社，1993.

[113] 王受之. 世界现代建筑史[M]. 北京：中国建筑工业出版社，1999.

[114] 王旭. 美国城市史[M]. 北京：中国社会科学出版社，2000.

[115] 王毅捷. 美国旧城区改造策略与若干典型实践[J]. 城市规划汇刊，1998(4).

[116] 王世仁. 为保存历史而保护文物—美国的文物保护理念[J]. 世界建筑，2001(1).

[117] 汪劲. 环境法律的理念与价值追求—环境立法目的论[M]. 北京：法律出版社，2000.

[118] 吴承照. 现代旅游规划设计原理与方法[M].青岛：青岛出版社，1998.

[119] 吴承照. 现代城市游憩规划设计理论与方法[M]. 北京：中国建筑工业出版社，1998.

[120] 吴良镛. 城市规划设计论文集[C]. 北京：燕山出版社，1988.

[121] 吴良镛. 世纪之交的凝思：建筑学的未来[M]. 北京：清华大学出版社，1999.

[122] 吴志强，吴承照. 城市旅游规划原理[M]. 北京：中国建筑工业出版社，2005.

[123] 西村幸夫著, 张松译. 城市设计思潮备忘录[J]. 新建筑, 1999(6).

[124] 西村幸夫+历史街区研究会. 城市风景规划：欧美景观控制方法与实务[M]. 张松, 蔡敦达译. 上海：上海科学技术出版社, 2005.

[125] 西村幸夫著. 再造魅力故乡：日本传统街区重生故事[M]. 王惠君译. 北京：清华大学出版社, 2007.

[126] 西山卯三. 历史文化城镇保护[M]. 路秉杰译. 北京：中国建筑工业出版社, 1991.

[127] 宿白. 中国古建筑考古[M]. 北京：文物出版社, 2009.

[128] 徐嵩龄. 第三国策：论中国文化与自然遗产保护[M]. 北京：科学出版社, 2005.

[129] 徐嵩龄, 张晓明, 章建刚. 文化遗产的保护与经营—中国实践与理论进展[M]. 北京：社会科学文献出版社, 2003.

[130] 许倬云. 中国文化与世界文化[M]. 贵阳：贵州人民出版社, 1991.

[131] 岩佐茂. 环境的思想——环境保护与马克思主义的结合处[M]. 韩立新等译. 北京：中央编译出版社, 1997.

[132] 杨福泉. 多元文化与纳西社会[M]. 昆明：云南人民出版社, 1998.

[133] 杨东平. 未来生存空间[M]. 上海：上海三联书店, 1998.

[134] 杨小波, 吴庆书等. 城市生态学[M]. 北京：科学出版社, 2000.

[135] 杨兆麟. 原始物象——村寨的守护与祈愿[M]. 昆明：云南教育出版社, 2000.

[136] 叶易. 中国近代文艺思潮[M]. 北京：高等教育出版社, 1990.

[137] 耶日·托波尔斯基, 张家哲等译. 历史学方法论[M]. 北京：华夏出版社, 1990.

[138] 伊利尔·沙里宁著. 城市：它的发展、衰败与未来[M]. 顾启源译. 北京：中国建筑工业出版社, 1986.

[139] 约翰·罗斯金著. 建筑的七盏明灯[M]. 张璘译. 济南：山东画报出版社, 2006.

[140] 约翰·斯沃布鲁克著. 景点开发与管理[M]. 张文等译. 北京：中国旅游出版社, 2001.

[141] 尤·约奇勒托著. 刘临安译. 文物建筑保护的真实性之争[J]. 建筑师(78), 1997.

[142] 尤嘎·尤基莱托著. 郭栴译. 建筑保护史[M]. 北京：中华书局, 2011.

[143] 张松. 历史城镇保护的目的与方法初探——以世界文化遗产平遥古城为例[J]. 城市规划, 1997(7).

[144] 张松. 日本的文化财保护制度与近代建筑保护[C]//张复合. 中国近代建筑研究与保护(一), 北京：清华大学出版社, 1999.

[145] 张松. 日本历史环境保护法制的形成与特征过程[J]. 同济大学学报(自然科学版),

1999，Vol.27，Suppl.

[146] 张松. 国外文物登录制度的特征与意义[J]. 新建筑，1999(1).

[147] 张松. 产业遗产：都市新话题——工业老建筑的保护和利用[N]. 文汇报，2000.5.8.

[148] 张松，周旋旋. 美国历史性场所国家登录制度初探[C]//李百浩主编. 第二届中德现代建筑技术研讨会论文，武汉理工大学出版社，2002.

[149] 张松. 21世纪世界遗产保护面临的挑战[J]. 同济大学学报(社会科学版)，2003(3).

[150] 张松. 中国历史文化名城保护规划的得与失[J]. 中国文化遗产，2004(秋季号).

[151] 张松，周瑾. 论近现代建筑遗产保护的制度建设[J]. 建筑学报，2005(7).

[152] 张松. 留下时代的印记 守护城市的灵魂——论城市遗产保护再生的前沿问题[J]. 城市规划汇刊，2005(3).

[153] 张松. 上海产业遗产的保护与适当再利用[J]. 建筑学报，2006(8).

[154] 张松. 建筑遗产保护的若干问题探讨[J]. 城市建筑，2006(12).

[155] 张松编. 城市文化遗产保护国际宪章与国内法规选编[M]. 上海：同济大学出版社，2007.

[156] 张庭伟. 城市高速发展中的城市设计问题：关于城市设计原则的讨论[J]. 城市规划汇刊，2001(3).

[157] 赵鑫珊. 建筑是首哲理诗——对建筑艺术的哲学思考[M]. 百花文艺出版社，1998.

[158] 郑国铨. 水文化[M]. 北京：中国人民大学出版社，1998.

[159] 郑易生，钱薏红. 深度忧患——当代中国的可持续发展问题[M]. 北京：今日中国出版社，1998.

[160] 中国社会科学杂志社. 社会转型：多文化多民族社会[M]. 北京：社会科学文献出版社，2000.

[161] 中华人民共和国国家标准. 历史文化名城保护规划标准[S]. 北京：中国建筑工业出版社，2018.

[162] 中华人民共和国建设部. 中国的世界遗产[M]. 北京：中国建筑工业出版社，1998.

[163] 周干峙.城市化与历史文化名城[J]. 城市规划，2002(4).

[164] 周俭，张恺. 在城市上建造城市——法国城市历史遗产保护实践[M]. 北京：中国建筑工业出版社，2003.

[165] 周诗雨. 武装冲突下文化财产的国际法保护[J]. 法制与社会，2019(7).

[166] 朱伯龙，刘祖华. 建筑改造工程学[M]. 上海：同济大学出版社，1998.

[167] 朱玲玲. 文物与地理[M]. 北京：东方出版社，2000.

[168] 朱晓明. 当代英国建筑遗产保护[M]. 上海：同济大学出版社，2007.

[169] 邹德侬. 中国现代建筑史[M]. 天津：天津科学技术出版社，2001.